高等职业学校“十四五”规划智能制造专业群特色教材

AutoCAD 2022 从入门到工程图

主　编　李奉香　高会鲜
副主编　周　川　任新民　王金娥
参　编　王　伟　杜露露　陆俞辰
　　　　张　超　周松艳　徐晓玲
主　审　邹建荣　张传清

华中科技大学出版社
中国·武汉

内 容 简 介

本书以 AutoCAD 2022 软件为蓝本，结合教学改革的实践经验编写而成。全书包括 8 个项目，从绘制平面图到绘制工程图，以项目为载体详细介绍了 AutoCAD 2022 的绘图功能、编辑功能、文字输入功能、尺寸标注功能与工程图绘制的方法和技巧。全书以双色图解为主，示例丰富翔实，操作思路清晰，语言通俗易懂，便于读者理解和掌握。书中大量实例配有讲解视频，扫相应二维码即可观看。本书可用作学习 AutoCAD 的教材，也可供工程技术人员学习参考。

图书在版编目(CIP)数据

AutoCAD 2022 从入门到工程图/李奉香，高会鲜主编. —武汉：华中科技大学出版社，2023.9
ISBN 978-7-5680-9818-2

Ⅰ. ①A… Ⅱ. ①李… ②高… Ⅲ. ①工程制图-AutoCAD 软件 Ⅳ. ①TB237

中国国家版本馆 CIP 数据核字(2023)第 164472 号

AutoCAD 2022 从入门到工程图　　李奉香　高会鲜　主编
AutoCAD 2022 cong Rumen dao Gongchengtu

策划编辑：万亚军
责任编辑：戢凤平
封面设计：廖亚萍
责任监印：周治超
出版发行：华中科技大学出版社(中国・武汉)　　电话：(027)81321913
武汉市东湖新技术开发区华工科技园　　邮编：430223
录　　排：华中科技大学惠友文印中心
印　　刷：武汉市籍缘印刷厂
开　　本：787mm×1092mm　1/16
印　　张：16
字　　数：408 千字
版　　次：2023 年 9 月第 1 版第 1 次印刷
定　　价：58.00 元

前　言

AutoCAD 是计算机绘图软件，现广泛用于机械、电子、建筑、电力和工业设计等多个行业。掌握计算机绘图技术是对现代工程技术人员的基本要求，读者通过本书的学习和训练，可以熟练掌握 AutoCAD 的绘图方法和操作。

本书主编一直从事计算机绘图方面的教学和设计绘图工作，具有丰富的教学经验、教材编写经验与 CAD 绘图实践经验，能够准确地把握读者的学习心理与实际需求。本书以 AutoCAD 2022 软件为蓝本，结合多年教学改革的成果编写而成，采用体验—知识介绍—实例讲解的编排结构，内容由浅入深、循序渐进。体验就是展示一个简单的绘图实例，重点在于让读者了解操作思路，并与各过程界面"初相识"，从而增加成就感，培养继续学习的兴趣。这样的编排结构既可避免学习知识时的枯燥乏味，又可保证知识系统的完整。

本书在知识讲解和操作演示中配有大量图片，可帮助读者快速掌握相关操作；示例丰富翔实，操作思路清晰，语言通俗易懂，还配有相关操作演示视频。本书采用双色印刷，操作过程中的关键信息得到突出展示。书中示例和训练题的设计充分体现青年特色，如在文本输入示例中，用"青年强则国强""奋斗的青春最美丽"；在图案填充部分，设计了绘制团旗和国旗，既可以加强计算机绘图技能训练，又可以培养素养。

书中列举的一些示例，具体绘图时，可以按本书介绍的方法和步骤进行，也可以根据个人习惯绘图，但最终图形要满足图样要求。为方便读者辨识，书中对话框上的按钮名称、键盘按键以及菜单名称均书写在"【】"中，书中的"↙"表示按回车键。

本书由武汉船舶职业技术学院李奉香教授和高会鲜担任主编，武汉船舶职业技术学院周川、招商局工业集团友联船厂（蛇口）有限公司任新民高级工程师和武汉船舶职业技术学院王金娥副教授担任副主编。武汉船舶职业技术学院王伟副教授、杜露露，广东环境保护工程职业学院陆俞辰，安徽国防科技职业学院张超，武汉交通职业学院周松艳和武汉航海职业技术学院徐晓玲参与了本书的编写或图的绘制。具体分工如下：李奉香和高会鲜编写了项目 1 至项目 4，李奉香、高会鲜和杜露露编写了项目 5，李奉香、高会鲜和王伟编写了项目 6，李奉香、高会鲜和王金娥编写了项目 7，李奉香、高会鲜和周川编写了项目 8，任新民参与了示例和操作步骤的确认，陆俞辰、张超、周松艳和徐晓玲参与了结构、内容研讨，并完成了部分图的绘制。本书配套的视频由李奉香、高会鲜、周川、王伟与杜露露录制。全书由李奉香统稿和修订。

本书由南通职业大学邹建荣教授和招商局南京油运股份有限公司张传清高级轮机长主审。

本书在编写过程中参考了有关作者的教材和文献，并得到了各级领导和同行的帮助，在此一并表示衷心的感谢！

由于编者水平有限，疏漏和错误之处在所难免，敬请读者批评指正。

编　者

2023 年 6 月

目　　录

项目 1　初识 AutoCAD 2022

【本项目之目标】

熟悉 AutoCAD 2022 的工作界面及绘图的基本操作方法，掌握图形显示、图形文件管理、绘图状态设置、对象特性设置和更换绘图区背景颜色等的操作方法。

1.1　启动 AutoCAD 2022

使用前，要在计算机上安装 AutoCAD 2022 软件。软件成功安装后，在桌面上会出现快捷图标，双击此图标便可启动 AutoCAD 2022 软件。启动软件后即进入开始界面，如图 1-1 所示。单击左边【新建】选项，则进入绘图界面，如图 1-2 所示。

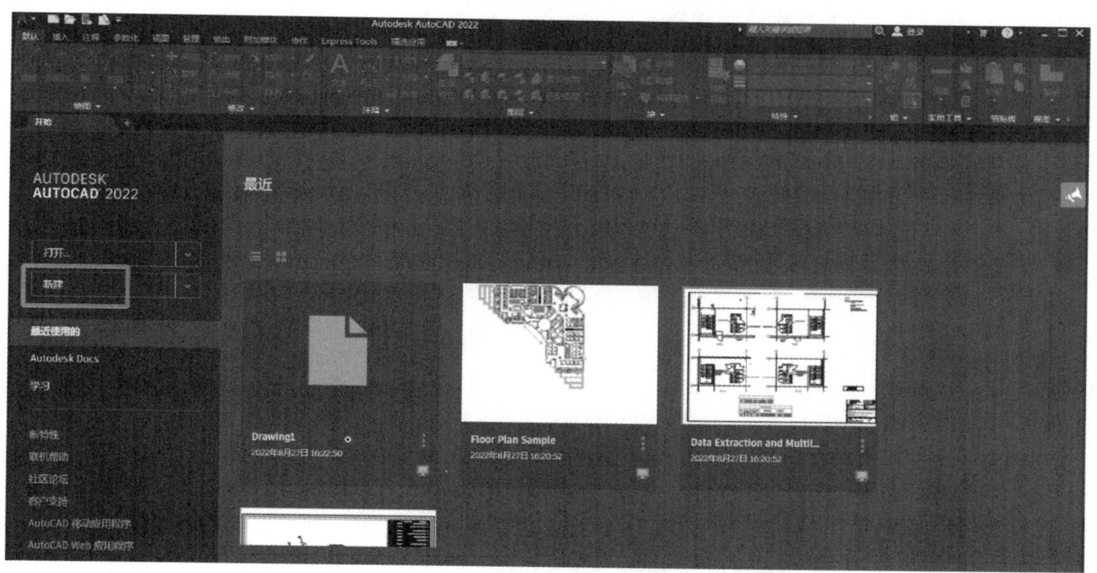

图 1-1　AutoCAD 2022 开始界面

【体验 1】　绘制任意直线、圆和矩形图形。

体验 1-1　在 AutoCAD 2022 中绘制如图 1-3 所示直线图形。

体验 1-1

操作步骤如下：

(1) 双击快捷图标启动 AutoCAD 2022，进入开始界面。

(2) 单击左边【新建】选项，进入绘图界面。

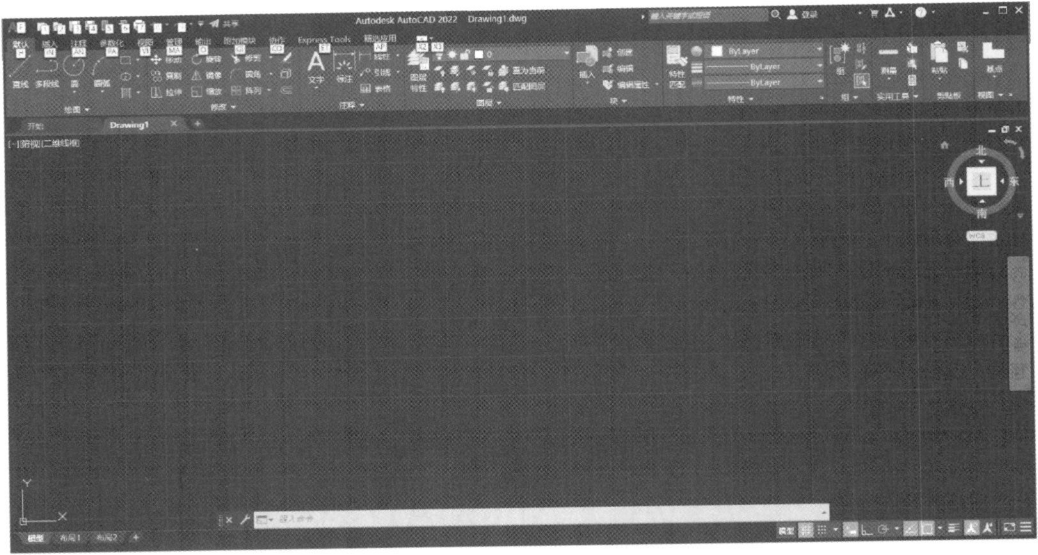

图 1-2　AutoCAD 2022 绘图界面

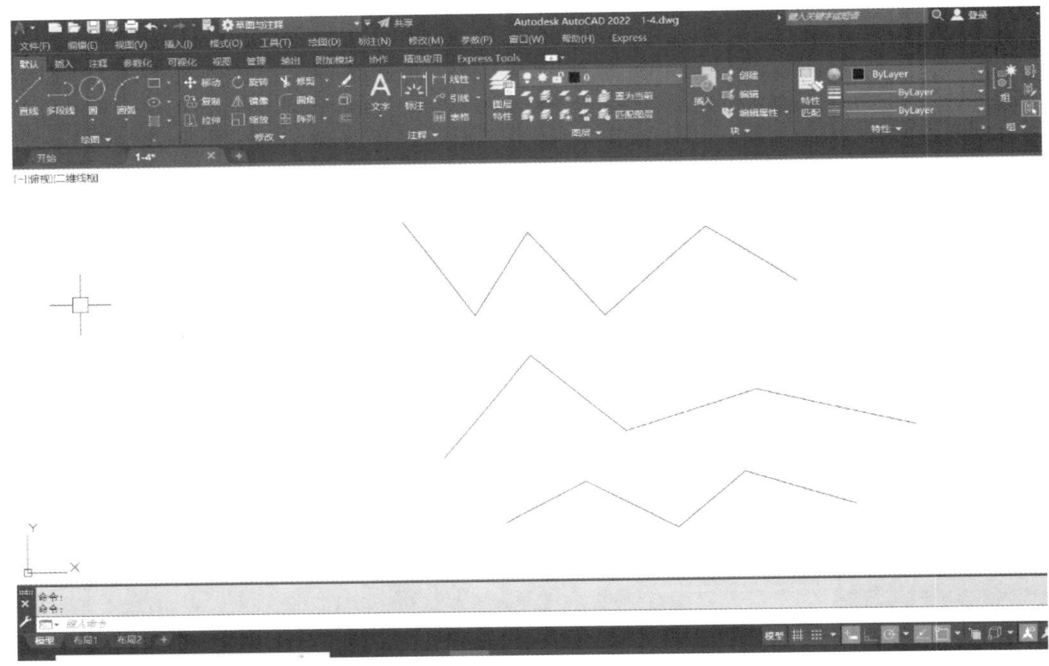

图 1-3　任务图(直线)

(3) 如图 1-4 所示,单击右下角【显示图形栅格】按钮,关闭绘图区域显示的网格。

(4) 移动光标,在左上方【绘图】显示面板"直线"命令按钮上单击,移动光标到绘图区单击,向右下移动光标单击,向右上移动光标单击,向右下移动光标单击,向右上移动光标再单击,向右下移动光标再单击,然后按回车键,即结束直线的绘制,完成第一组直线图形的绘制,如图 1-5 所示。

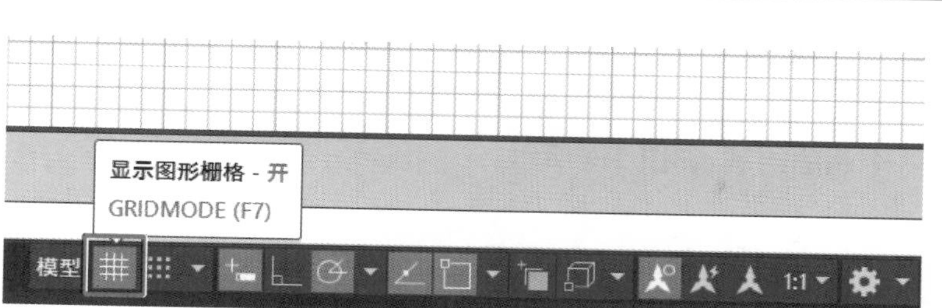

图 1-4　“显示图形栅格”按钮

（5）移动光标，在左上方【绘图】显示面板“直线”命令按钮上单击，移动光标到绘图区单击，重复上述操作，绘制第二组直线，如图 1-6 所示。

（6）重复上述操作，完成第三组直线绘制，如图 1-7 所示。

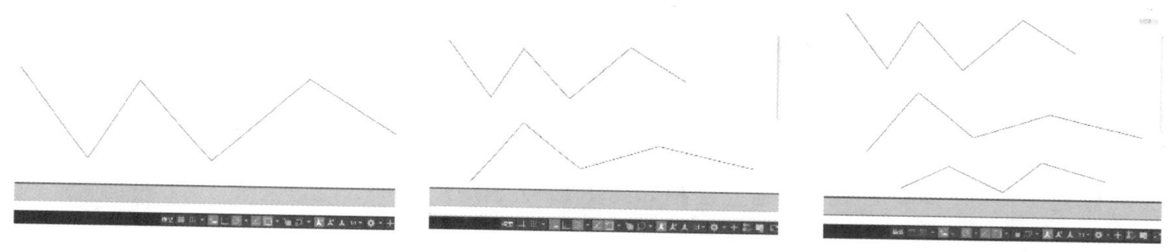

图 1-5　直线(1)　　图 1-6　直线(2)　　图 1-7　直线(3)

体验 1-2　继续在 AutoCAD 2022 绘图界面中，绘制如图 1-8 所示圆的图形。

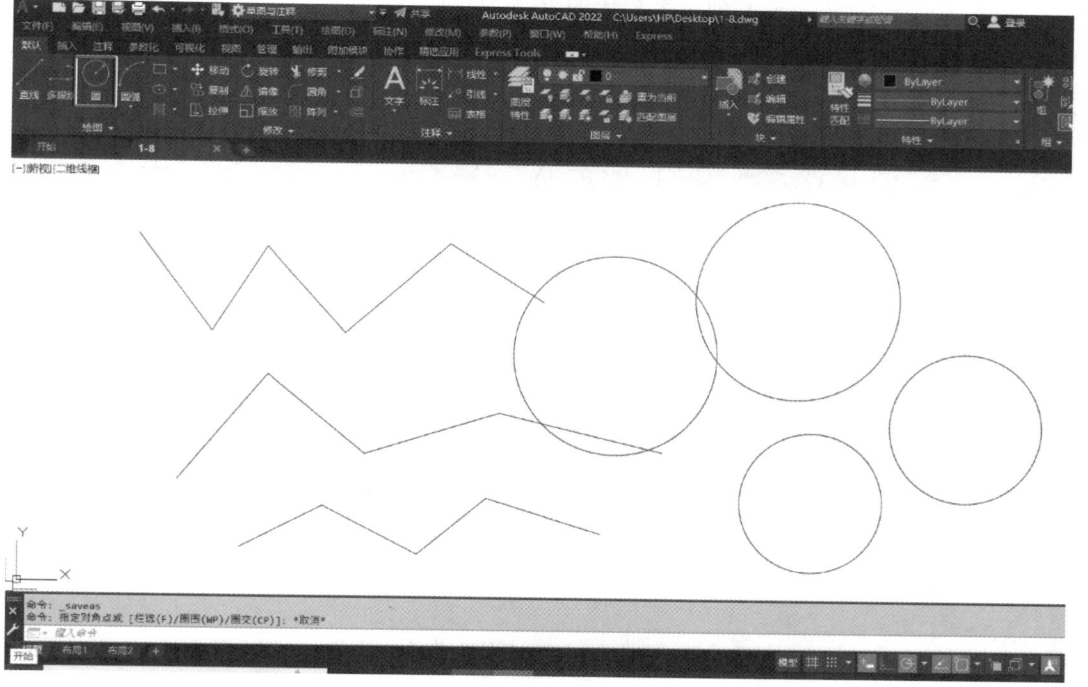

图 1-8　直线和圆

操作步骤如下：

(1) 在左上方【绘图】显示面板“圆”命令按钮上单击，移动光标到绘图区单击，向右移动光标单击，完成一个圆的绘制，如图 1-9 所示。

体验 1-2

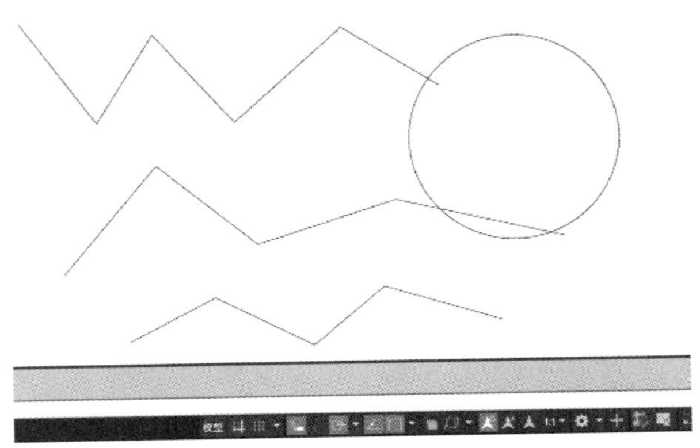

图 1-9　圆

(2) 重复上述操作，完成其他三个圆的绘制，如图 1-8 所示。

体验 1-3

体验 1-3　在体验 1-2 的基础上绘制如图 1-10 所示矩形图形。

操作步骤如下：

(1) 在左上方【绘图】显示面板“矩形”命令按钮上单击，移动光标到绘图区单击，向右下移动光标单击，完成一个矩形的绘制，如图 1-11 所示。

(2) 重复上述操作，完成其他三个矩形的绘制，如图 1-10 所示。

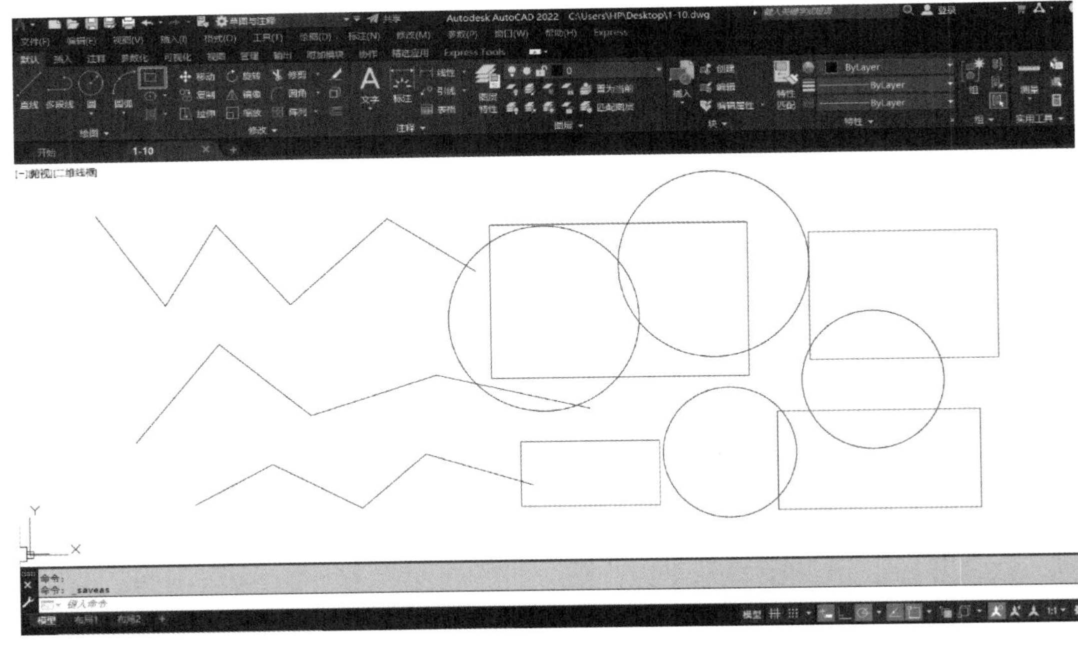

图 1-10　直线、圆和矩形

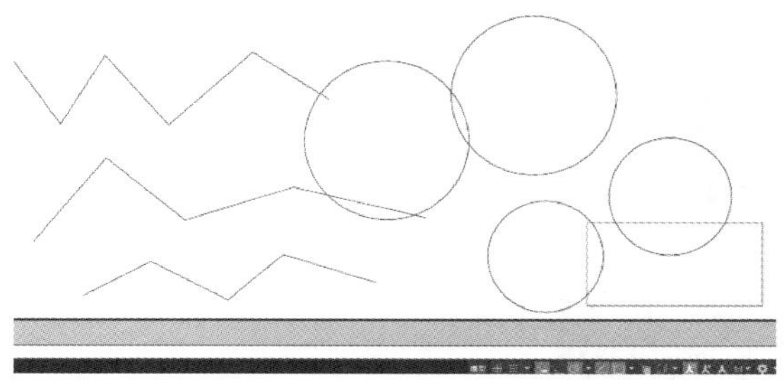

图 1-11 矩形

1.2 AutoCAD 2022 工作界面

AutoCAD 2022 提供了三种工作空间，这里主要介绍用于绘制二维图的草图与注释工作空间，前面从开始界面单击【新建】进入的就是草图与注释工作空间。图 1-12 所示的是 AutoCAD 2022 的草图与注释界面，界面主要由应用程序菜单、快速访问工具栏、标题栏、显示选项卡、命令显示面板、绘图区、坐标系、命令行、布局选项卡、状态栏和视图工具等组成。

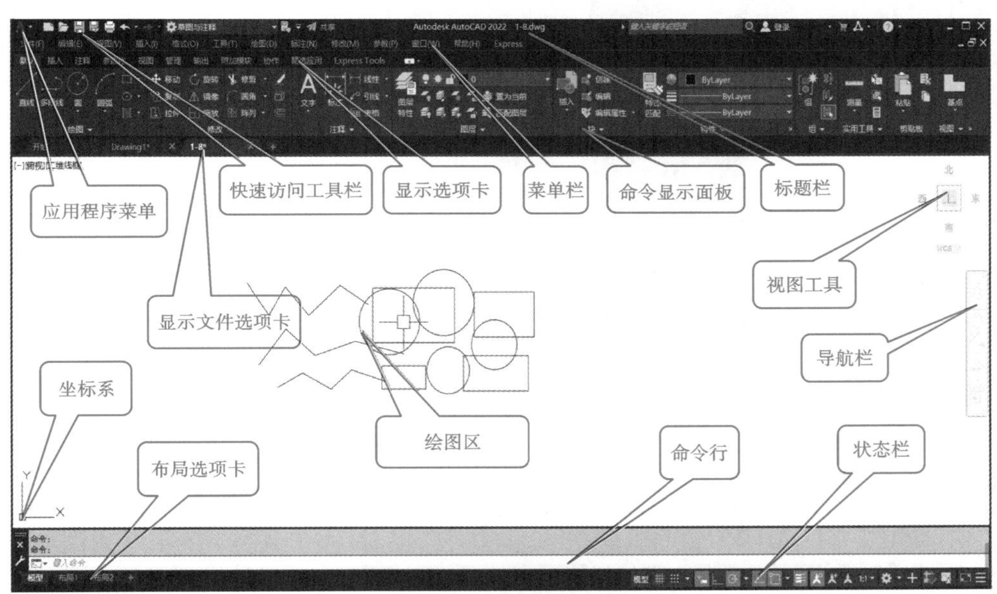

图 1-12 草图与注释界面

(1) 应用程序菜单 单击左上角的按钮，可以使用常用的文件操作命令，如图 1-13 所示。

(2) 快速访问工具栏 如图 1-14 所示的是常使用的命令。单击快速访问工具栏最右边的下拉按钮，可以展开下拉菜单，如图 1-15 所示。在展开的下拉菜单中可以定制快速访问工具栏中要显示的工具，也可以删除已经显示的工具。下拉菜单中已勾选的命令为在快速访问工具栏中显示的，单击已勾选的命令，可以将其勾选取消，此时快速访问工具栏中将不再显示该命令。反之，单击没有勾选的命令项，可以将其勾选，在快速访问工具栏将显示该命令。

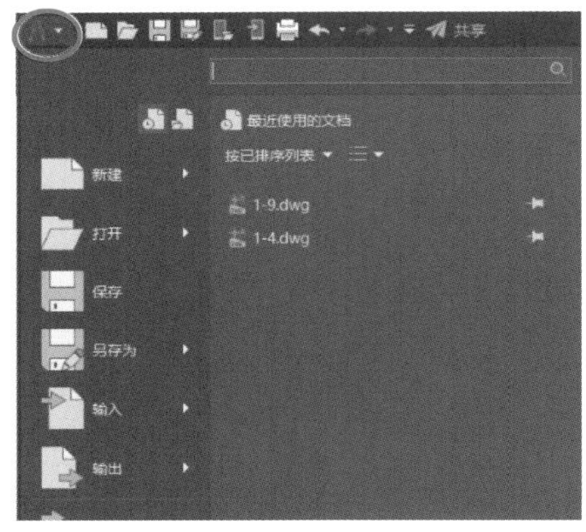

图 1-13　应用程序菜单

图 1-14　快速访问工具栏

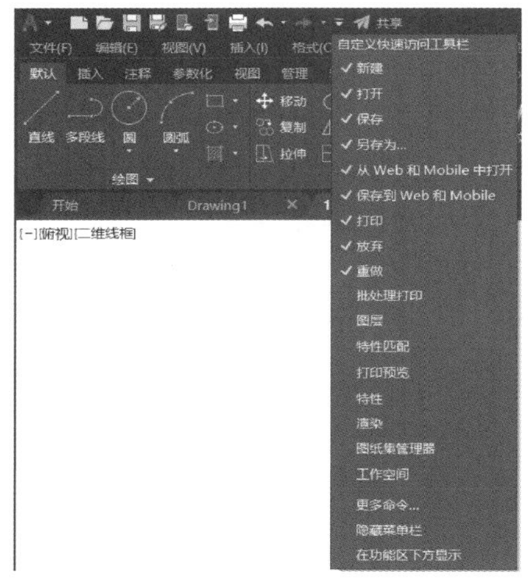

图 1-15　快速访问工具栏下拉菜单

(3) 标题栏　位于界面的顶部，如图 1-16 所示。左边显示当前正在运行的 AutoCAD 应用程序及版本和打开的当前文件名称，可以观察到 CAD 图形文件的扩展名为“. dwg”。AutoCAD 缺省文件名为“Drawingl. dwg”。右边显示控制按钮，包含最小化、还原(或最大化)、关闭按钮，可分别实现 AutoCAD 窗口及所有打开文件的最小化、还原(或最大化)、关闭等操作。

(4) 命令显示面板　如图 1-17 所示，每一个面板上有多个按钮，每个按钮对应一个命令，相当于 Windows 工具栏上的按钮。

(5) 显示选项卡　如图 1-18 所示，用于改变命令显示面板的显示项目。单击不同显示选项卡时，命令显示面板将作相应的变化。图 1-17 所示命令显示面板是“默认”显示选项卡的命令显示面板，当单击“参数化”显示选项卡时，命令显示面板将发生变化，如图 1-19 所示。

图 1-16　标题栏

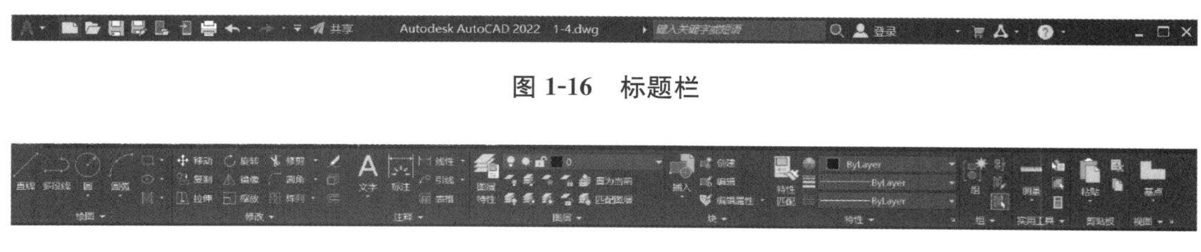

图 1-17　默认显示选项卡的命令显示面板

图 1-18　显示选项卡

图 1-19　参数化显示选项卡的命令显示面板

（6）绘图区　主界面的主体区域，用户在这里绘制和编辑图形。

（7）状态栏　位于屏幕的最底端，如图 1-20 所示，分别对应相关的辅助绘图工具。

图 1-20　状态栏

（8）命令行　命令行窗口位于绘图区下方，状态栏上方，如图 1-21 所示，也可称为人机对话窗口。命令行窗口有两项功能：①显示输入的命令及历史命令；②显示后续操作提示信息。

指定下一点或 [闭合(C)/放弃(U)]:
指定下一点或 [闭合(C)/放弃(U)]:
键入命令

图 1-21　命令行

（9）坐标系　位于绘图区的左下角，用来描述平面中点的参照系统，表示当前所使用的坐标系形式以及坐标方向等。

（10）视图工具　位于绘图区的右上角，用以控制图形的显示和视角。在二维状态下，一般不用显示此工具。

（11）菜单栏　默认状态下是没有菜单栏的，如果习惯用菜单栏，可以将菜单栏显示出来。方法是修改快速访问工具栏的项目，具体操作如下：单击快速访问工具栏最右边的下拉按钮，展开下拉菜单，在下拉菜单中单击【显示菜单栏】，如图 1-22 所示。变化后的界面如图 1-23 所示。

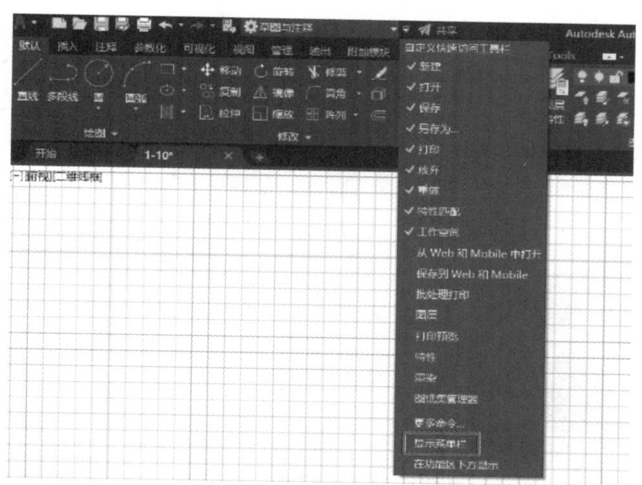

图 1-22　通过快速访问工具栏修改显示菜单栏

图 1-23　显示菜单栏的草图与注释界面

1.3　AutoCAD 2022 鼠标操作和键盘操作

1. 鼠标操作

鼠标在 AutoCAD 操作中起着非常重要的作用，灵活使用鼠标，对于加快绘图速度有着非常重要的作用。AutoCAD 操作通常使用带中键的三键鼠标，即左键、中键滚轮、右键。以下是鼠标的操作和功能。

（1）移动光标　移动光标就是不操作鼠标任何键时让鼠标变动位置。若把光标移动到某一个按钮上，系统会自动显示出该按钮的名称和说明信息。如当光标指向【修订云线】按钮时，系统会自动显示出【修订云线】按钮的名称和说明信息，如图 1-24a 所示；当光标在【修订云线】按钮上停留时间超过 3 s 时，会自动显示出对【修订云线】更详细的说明信息，如图 1-24b所示。

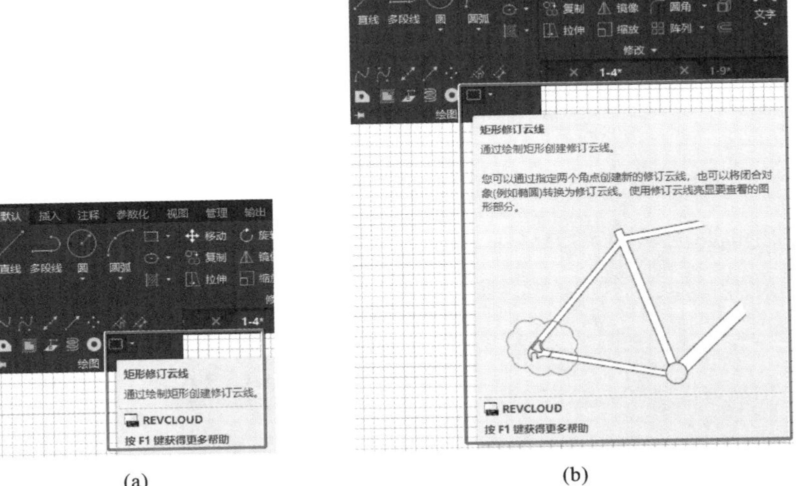

(a)　　(b)

图 1-24　“修订云线”按钮的名称和说明信息

（2）单击　把光标移动到某一个对象上，按一下左键。单击的主要功能如下：

①在图形对象上单击，即选择对象。

②在命令按钮上单击，即执行相应命令。

③在菜单上单击，即启动相应命令。

④在对话框中命令按钮上单击，即执行相应命令。

⑤输入点。当提示输入点时，在绘图区内单击，或者在捕捉的一个特征点上单击。

⑥确定光标在绘图区的位置。无任何操作时，在绘图区内单击，可确定光标在绘图区的位置。

（3）单击右键　把光标指向某一个对象，按一下右键。单击右键的主要功能如下：

①弹出快捷菜单。光标指向不同对象，按下右键，快捷菜单是不一样的。

②终止当前命令。

③结束选择对象。

（4）拖动　在某对象上按住鼠标左键，移动光标，到适当的位置后释放。光标放在显示面板上拖动可以移动面板到其他位置。光标放在工具栏上拖动可以移动工具栏到合适的位置。

（5）双击　把光标指向某一个对象或图标上，快速按鼠标左键两次。双击可以激活对象使其进入编辑状态，如在文字上双击，文字框变成可修改的状态。

（6）间隔双击　在某一个对象上单击，间隔一会再单击一下，这个间隔要超过双击的间隔。间隔双击主要应用于修改文件名或层名。在文件名或层名上间隔双击后就可进入编辑状态，这时就可以改名了。

（7）滚动中键　向前或向后滚动鼠标的中键滚轮。当光标在绘图区时，滚动中键可以实现对视图的显示缩放，如图 1-25 所示。向前滚动鼠标的中键滚轮，放大视图；向后滚动鼠标的中键滚轮，缩小视图。

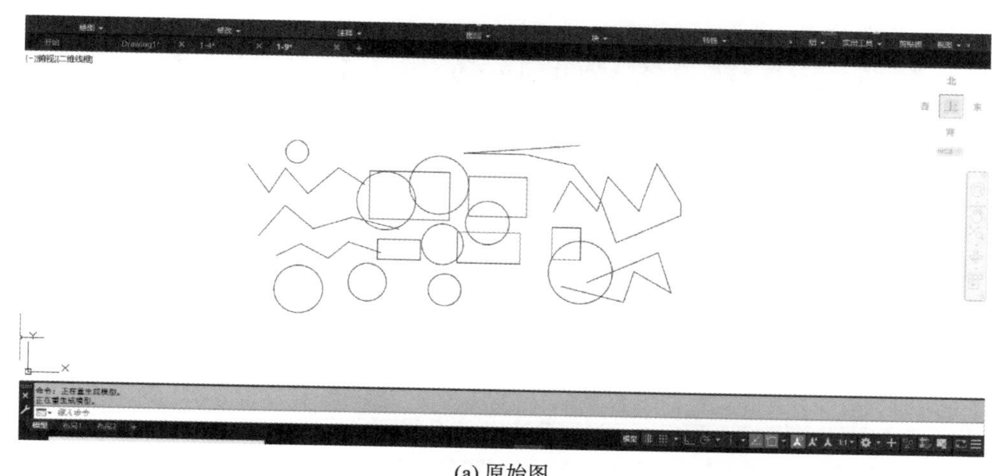

(a) 原始图

图 1-25　滚动中键滚轮

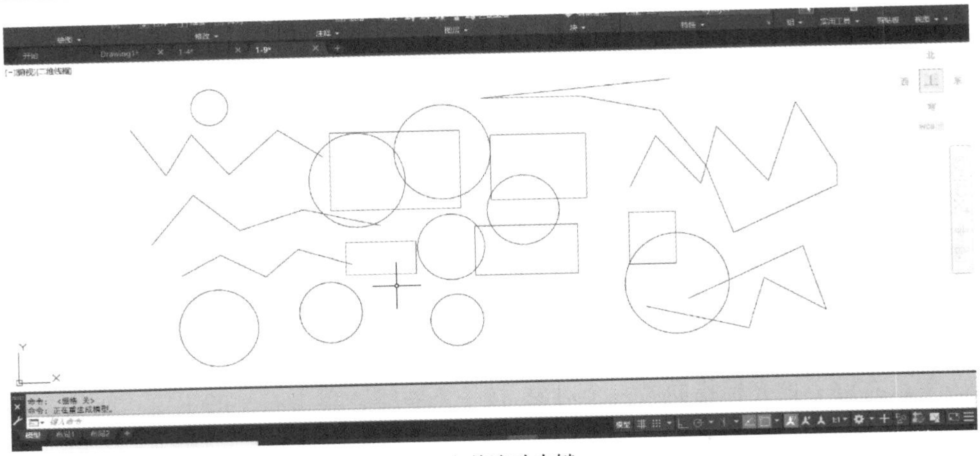

(b) 向前滚动中键

(c) 向后滚动中键

续图 1-25

（8）拖动中键　按住鼠标中键移动鼠标。当光标在绘图区时，拖动鼠标中键上下左右移动，可以实现视图的实时平移，即改变图形在窗口中的显示位置，如图 1-26 所示。

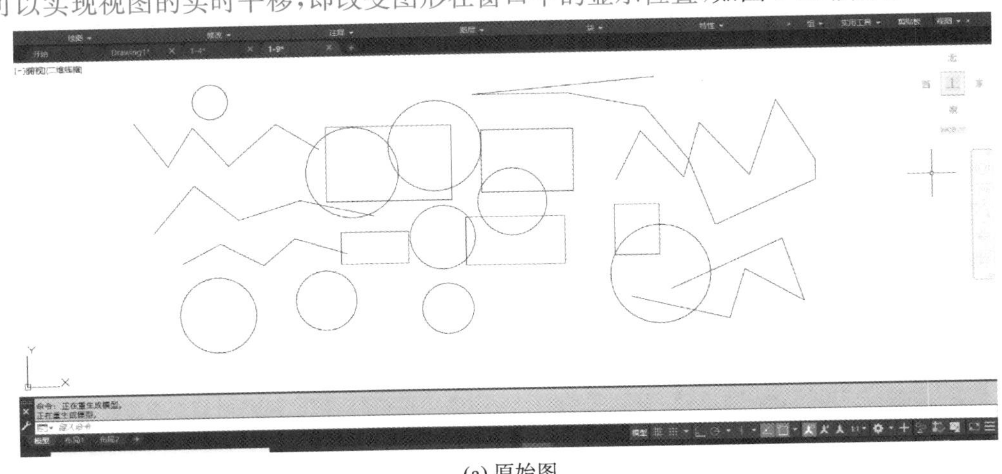

(a) 原始图

图 1-26　拖动中键滚轮

(b) 向左拖动中键

(c) 向下拖动中键

续图 1-26

(9) 双击中键　当光标在绘图区时，双击鼠标中键滚轮。双击中键可以将所绘制的全部图形缩放后完全显示在屏幕上，使其全部可见，如图 1-27 所示。

(a) 原始图

图 1-27　双击中键滚轮

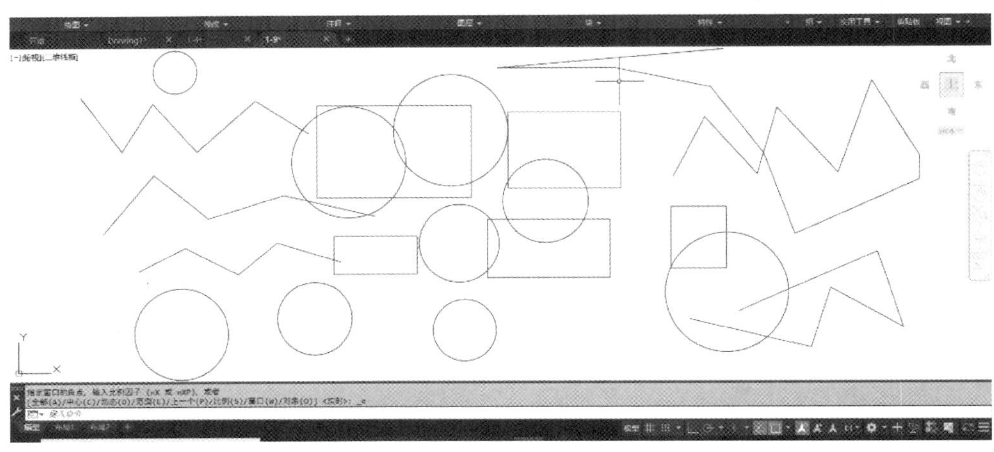

(b) 双击中键效果

续图 1-27

2. 键盘操作

(1) 回车键　回车键的作用如下：

①结束数值的输入或结束字母的输入。需要输入数值或字母时，按回车键表示输入完成。

②结束命令。

③确认用默认值。在绘图过程中，命令行中常有指示信息引导下一步操作，其中“＜＞”中的内容就是默认值，按回车键就表示选择“＜＞”中的数值或字母。或者在绘图过程中，在“动态输入”打开的状态下，光标旁边出现输入选项时，选项前带“黑点”标记的即默认值，如果此时直接按回车键，效果与单击带“黑点”的选项是一样的。例如动态输入光标旁边出现如图1-28a所示选项时，直接按回车键，和在 ● 内接于圆(I) 选项上点击左键是一样的；如图1-28b所示，命令行有提示信息，“＜＞”中是“I”，即默认值是“内接于圆(I)”，此时直接按回车键，与单击“内接于圆(I)”或者用键盘输入“I”后再按回车键是一样的。

(a)　　(b)

图 1-28　默认值的输入

④重复输入上一次的命令。如刚输入圆命令，按回车键表示再次输入圆命令。

(2) 空格键　与回车键的作用相同。后续内容中，要求按回车键的操作，均可按空格键完成。

(3)【Esc】键　取消命令。

(4)【Delete】键　选择对象后，按下该键将删除被选择的对象。

【举一反三 1-1】　绘制如图 1-29 和图 1-30 所示图形，并训练图形缩放、移动、选择、删除操作。

举一反三 1-1

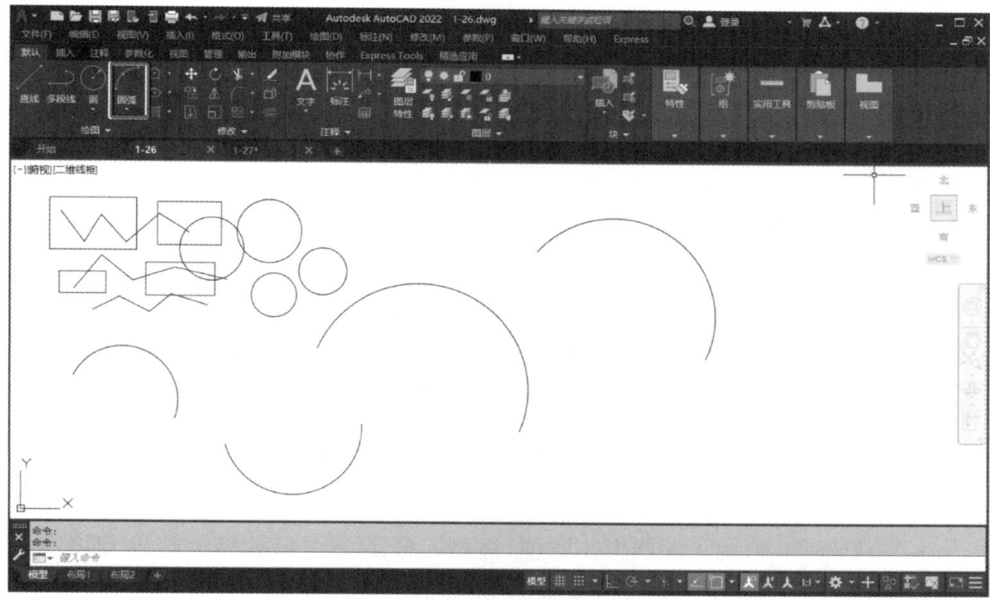

图 1-29 直线、圆、矩形和圆弧

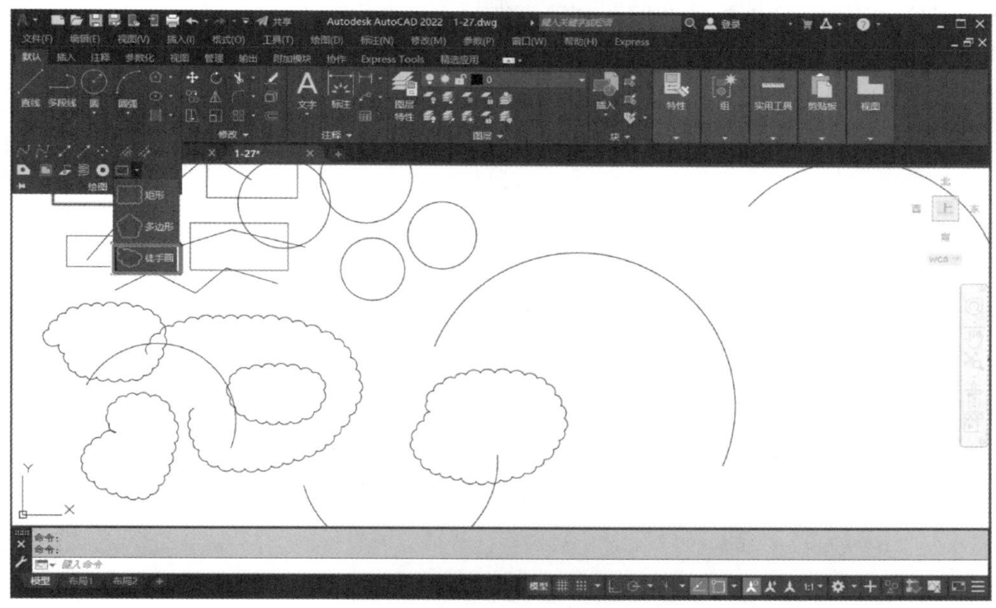

图 1-30 修订云线

操作步骤如下：

(1) 启动 AutoCAD 2022，进入开始界面。单击左边【新建】选项，进入绘图界面。

(2) 在绘图区任意绘制一些直线、圆、矩形。

(3) 滚动鼠标中键，调整图形的显示大小。拖动鼠标中键，调整图形的显示位置。

(4) 让光标指向左上方【绘图】显示面板中的"圆弧"命令按钮并单击，移动光标到绘图区单击，向右下移动光标单击，向左下移动光标单击，完成一个圆弧的绘制。重复上述操作，再绘制三个圆弧，如图 1-29 所示。

（5）滚动鼠标中键滚轮，调整图形的显示大小。拖动鼠标中键，调整图形的显示位置。

（6）让光标指向左上方【绘图】显示面板中的“修订云线”命令按钮并单击，移动光标到绘图区单击，移动光标，再移动光标，重复移动光标直到回到起点，完成一个云图形的绘制。重复上述操作，再绘制三个云图形。继续在“修订云线”命令按钮上单击，移动光标到绘图区单击，移动光标，再移动光标，重复移动光标，在没有回到起点时，按回车键，再按回车键，绘制不封闭的云图形，如图 1-30 所示。

（7）滚动鼠标中键滚轮，训练图形缩放的操作。拖动鼠标中键，训练图形移动的操作。

（8）光标放在图形对象上，单击，选择对象；按【Esc】键，训练取消选择对象的操作。

（9）光标放在图形对象上，单击，选择对象；按【Delete】键，训练删除对象的操作。

1.4 调整图形的显示

用 AutoCAD 绘图时，为了绘图操作方便，需要不断调整图形的显示效果，即改变图形的观看尺寸和观看位置。“缩放”就是放大或缩小屏幕上对象的显示尺寸，而图形的实际尺寸保持不变。“平移”就是移动全图，使图纸的特定部分位于当前的显示屏幕中。“平移”只调整屏幕上对象的显示位置，而图形之间的实际位置保持不变。“窗口缩放”就是将选定的窗口图形放大或缩小成全屏。“缩放上一个”就是使显示退回到上一次显示的图形状态。

1.4.1 用鼠标中键滚轮改变图形显示的方法

在进行图形实时移动、实时缩放和显示全部的操作中，最方便的方法是通过鼠标中键滚轮进行操作。使用鼠标中键滚轮的操作方法：按住中键滚轮并拖动鼠标，可以实时移动图形；向前或向后滚动中键滚轮可以进行实时缩放；双击中键滚轮可以全屏显示全部图形。

1.4.2 用视图导航栏命令改变图形显示的方法

图形的显示命令可以在绘图界面右侧的视图导航栏中找到，如图 1-31 所示。导航栏中默认的图标是“平移”和“范围缩放”，单击“范围缩放”下拉图标，可以显示其下拉菜单，如图 1-32 所示。

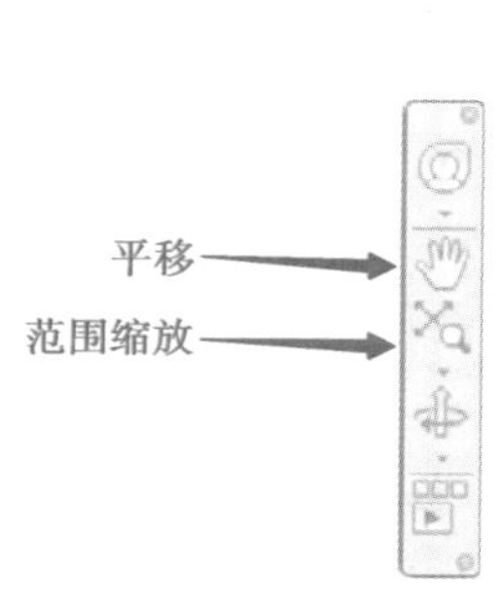

图 1-31　导航栏

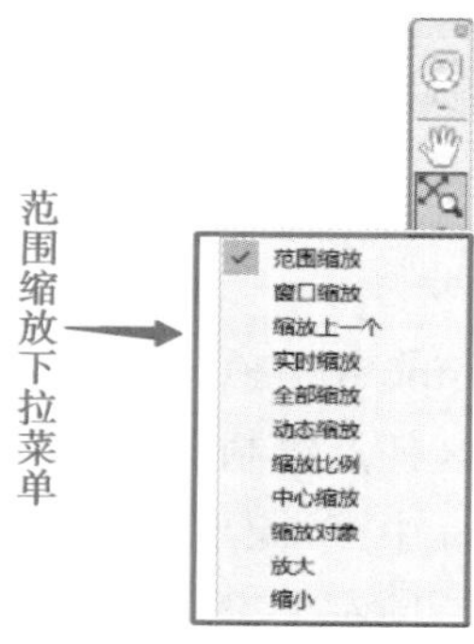

图 1-32　导航栏范围缩放下拉菜单

(1) 平移是指沿屏幕方向平移视图。操作方法：单击【导航栏】中的"平移"图标，执行命令后，屏幕上出现一个小手图标，按住鼠标的左键并拖动可以实施平移。按【Esc】键或回车键，结束命令执行。

(2) 范围缩放是指缩放以显示所有对象的最大范围。操作方法：单击【导航栏】中的"范围缩放"图标，执行命令后，绘图区内全屏显示全部图形，并且自动退出命令。

(3) 窗口缩放是指缩放以显示由矩形窗口所指定的区域。操作方法：单击【导航栏】中"范围缩放"图标下的下拉图标，在弹出的下拉菜单中单击"窗口缩放"，光标旁边会出现一个"窗口缩放"图标，在绘图区内单击，移动光标，再单击。操作后在矩形区域内的图形进行了缩放，而此时【导航栏】中"范围缩放"图标被替换成了"窗口缩放"图标。

(4) 缩放上一个是指缩放以显示上一个视图。操作方法：单击【导航栏】中"范围缩放"的下拉图标，在弹出的下拉菜单中单击"缩放上一个"，界面自动变化，显示上一个视图，并自动退出命令。而此时【导航栏】显示变成了"缩放上一个"图标。

1.4.3 用快捷菜单命令改变图形显示的方法

光标放在绘图区单击右键，出现如图 1-33 所示快捷菜单。

(1) 单击快捷菜单 平移(A) 命令后，和用视图导航栏启动平移命令后的操作方法一样。

(2) 单击快捷菜单 缩放(Z) 命令后，屏幕上会出现一个类似放大镜的小标记，可以按住鼠标左键拖动，进行实时缩放。按下鼠标左键，同时向上侧拖动鼠标，则屏幕图形放大，向下侧拖动鼠标，则屏幕图形缩小。按【Esc】键或回车键退出该命令，也可单击右键，在弹出的快捷菜单中单击【退出】命令。

(3) 执行快捷菜单 平移(A) 命令或 缩放(Z) 命令后，再单击右键，可弹出图 1-34 所示快捷菜单，可对图形进行"窗口缩放"和"范围缩放"等，其改变图形的方法和视图导航栏执行此命令后的操作方法一样。

图 1-33 快捷菜单(1)

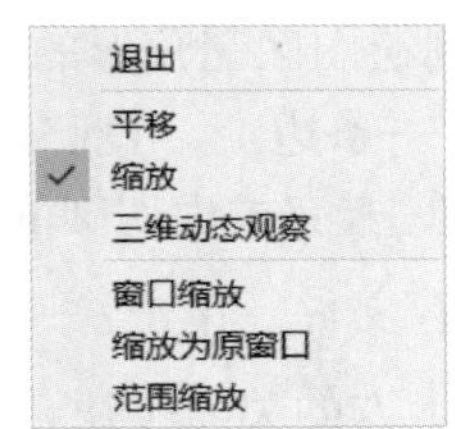

图 1-34 快捷菜单(2)

1.5 管理图形文件

【体验 2】 绘制如图 1-35 所示图形，要求用自己的姓名保存文件，然后退出 AutoCAD 界面。

分析：中间是三角形，每两条直线的端点重合，外边大圆过三角形的三个顶点，中间小圆与三角形的三条边相切，两个圆的圆心位置都未知。

操作步骤如下：

体验 2

(1) 启动 AutoCAD 2022，进入开始界面。

(2) 单击左边【新建】选项，进入绘图界面。

(3) 单击快速访问工具栏上的“另存为”按钮，弹出“图形另存为”对话框，在“文件名”后面的输入框内输入自己的姓名，然后单击【保存】按钮，保存文件，如图 1-36 所示。

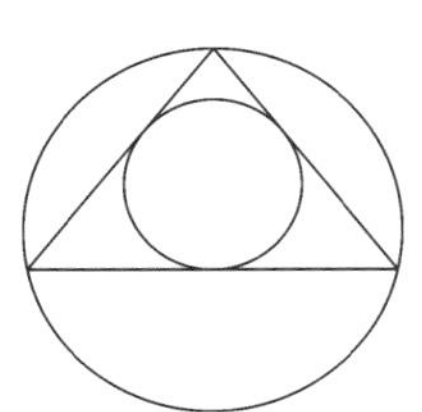

图 1-35 三角形及其内切圆

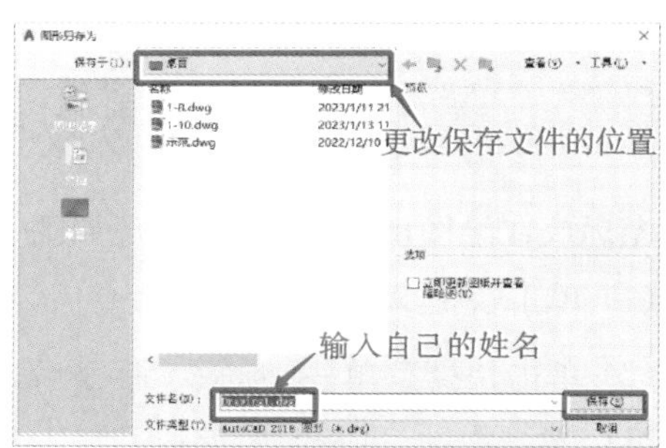

图 1-36 保存文件

(4) 单击右下角状态栏上的“显示图形栅格”按钮，关闭显示的网格。

(5) 移动光标，在左上方【绘图】显示面板“直线”命令按钮上单击，移动光标到绘图区单击，向右移动光标并单击，向左上移动光标并单击，向左下移动光标到第一点处，出现“端点”提示，如图 1-37 所示，单击，然后按回车键，结束直线的绘制，完成三角形的绘制。

(6) 移动光标，指向【绘图】显示面板→【圆】→【三点】命令上，如图 1-38 所示，单击；移动光标到绘图区三角形的一个顶点处，出现“端点”提示时，单击；移动光标到三角形的另一个顶点处，出现“端点”提示时，单击；移动光标到三角形的第三个顶点处，出现“端点”提示时，单击，完成一个圆的绘制，如图 1-39 所示。

(7) 移动光标，指向【绘图】显示面板→【圆】→【相切，相切，相切】命令上，如图 1-40 所示，单击；移动光标到绘图区三角形的一条边上，出现“递延切点”时，如图 1-41 所示，单击；移动光标到三角形的另一条边上，出现“递延切点”时，单击；移动光标到三角形的第三条边上，出现“递延切点”时，单击，完成内切圆的绘制，结果如图 1-35 所示。

(8) 同名保存文件。单击快速访问工具栏上的“保存”按钮，如图 1-42 所示。

(9) 单击右上方的关闭按钮，如图 1-43 所示，退出 AutoCAD 2022 界面。

【体会】 用此软件绘图的步骤不同于手工作图步骤，如绘制圆时不一定要先确定圆心位置。用此软件绘图的关键点是将绘图要求以软件规定格式输入。

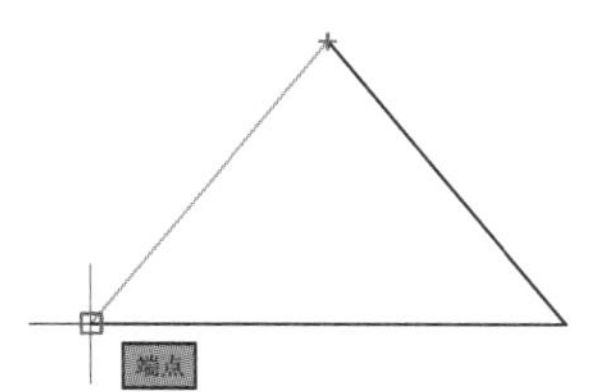

图 1-37　三角形

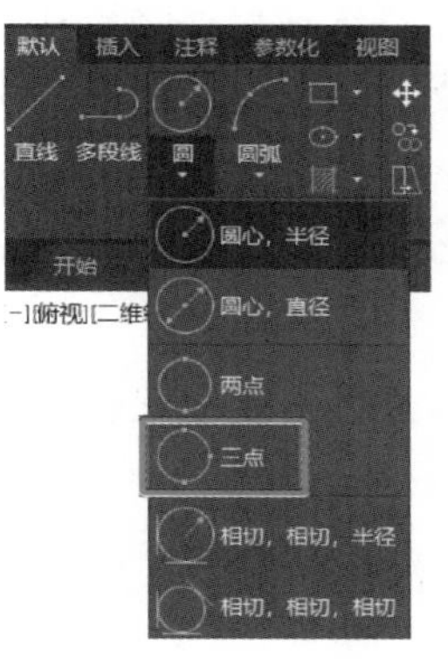

图 1-38　【圆】→【三点】

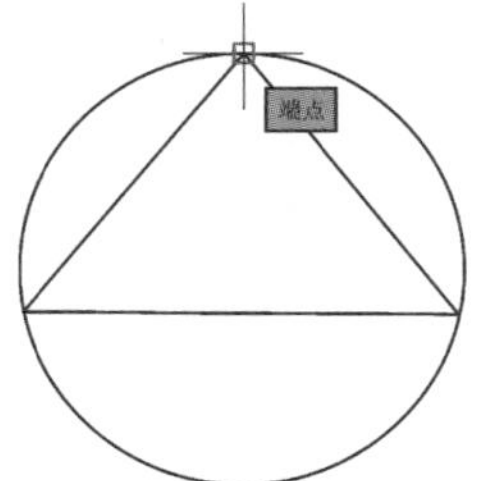

图 1-39　三点圆

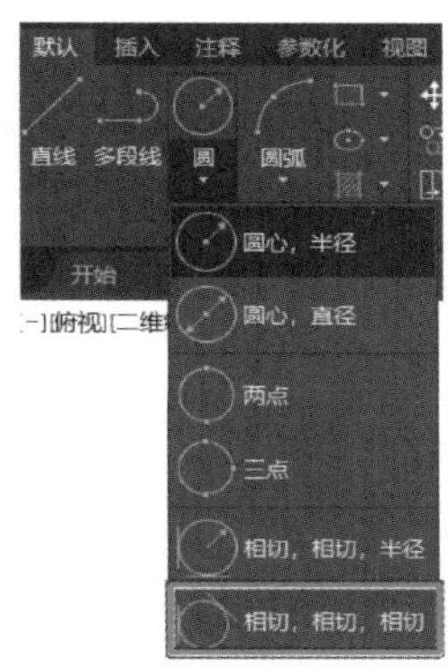

图 1-40　【圆】→【相切，相切，相切】

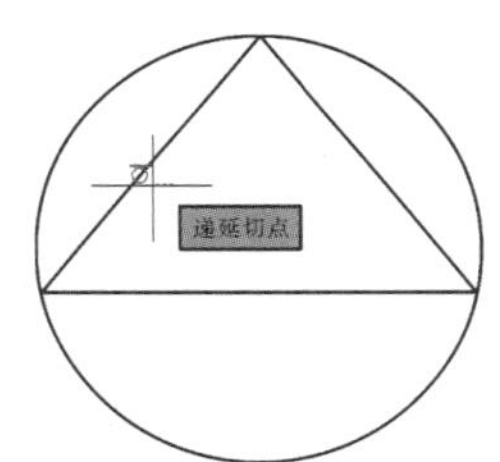

图 1-41　内切圆绘制

图 1-42　快速访问工具栏上的“保存”按钮

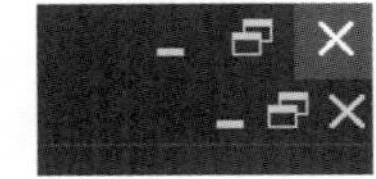

图 1-43　右上方的关闭按钮

1.5.1　按指定名、指定路径保存文件

绘图时，要养成保存文件的习惯，不要等到图形绘制完工后才开始保存；要在绘图前指定保存文件名，绘图中不定期更新信息即时保存。按指定名或指定路径保存文件时输入命令的方式有如下几种，采用其中任意一种方式即可。

- 【快速访问工具栏】→【另存为】
- 【程序菜单】按钮→【另存为】
- 菜单命令：【文件】→【另存为】
- 键盘命令：SAVEAS↙或 SAVE↙

“另存为”操作可对已保存过的当前图形文件进行更换文件名、保存路径、文件类型来保存。执行“另存为”命令后会弹出“图形另存为”对话框，如图 1-44 所示。

①在“保存于”的下拉列表中浏览选择保存路径；

②在“文件名”右边空格处为文件命名(如“图 1-44”等)；

③在“文件类型”右方下拉列表中选择适当的文件格式或不同的版本，如图 1-45 所示。普通的图形文件类型为“AutoCAD 2018 图形(*. dwg)”，即 AutoCAD 2018 及以上版本可以打开此文件；“. dwt”表示样板格式。

④单击【保存】按钮，保存文件，返回到绘图状态。

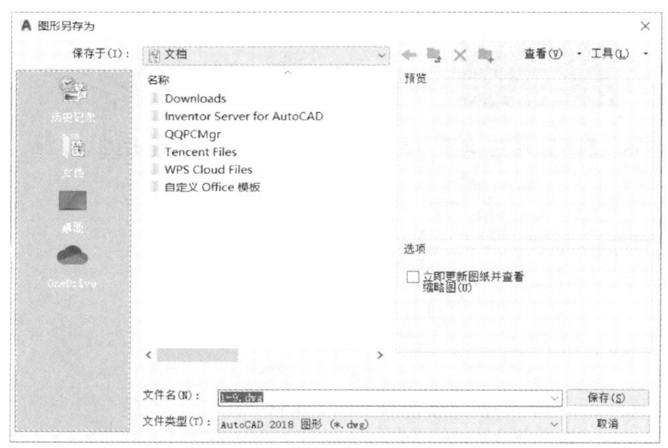

图 1-44 “图形另存为”对话框

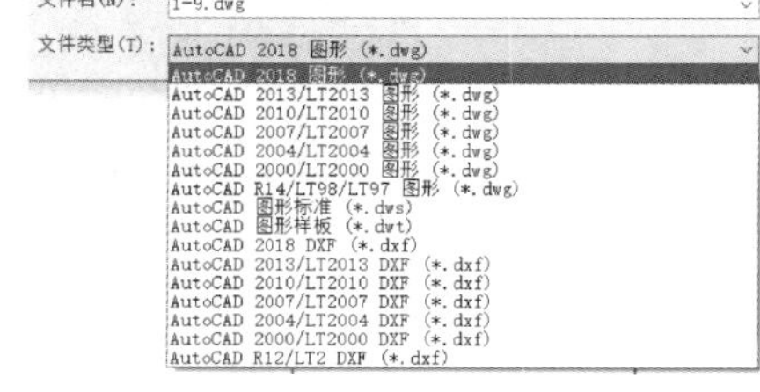

图 1-45 选择文件的类型

若当前图形文件需要在低版本的 AutoCAD 中使用，则可在图 1-45 所示【文件类型】下拉列表框中选择保存文件的格式为低版本，如“AutoCAD 2013/LT2013 图形(*. dwg)”。如果需要将当前文件保存为样板文件，也可在此处选择“AutoCAD 图形样板(*. dwt)”。

【举一反三 1-2】 将图形缩放到全屏显示，并以自己的姓名为文件名保存到桌面上。

1.5.2 保存文件

保存文件操作只更新内容，文件名、文件路径和文件类型都不变，也称为同名保存文件。输入命令的方式有如下几种，采用其中任意一种方式即可。

- 【快速访问工具栏】→【保存】
- 【程序菜单】按钮→【保存】
- 菜单命令：【文件】→【保存】
- 键盘命令：QSAVE↙
- 快捷键 CTRL+S

如果不是第一次对文件输入“保存”命令，输入“保存”命令时，将以原名保存文件而不会弹出“保存”对话框，此时只在 AutoCAD 的命令窗口中有显示，在文本窗口中有记录。

建议绘图中养成不定期执行“保存”命令的习惯。

【举一反三 1-3】 任意绘制两条直线和两个圆，并更新保存到举一反三 1-2 的文件名中。

1.5.3　关闭文件

可以使用以下方法退出 AutoCAD 2022 界面：

- 单击右上角的【关闭】按钮
- 单击【显示文件选项卡】上的【关闭】按钮
- 菜单命令:【文件】→【退出】
- 键盘命令:EXIT↙或 QUIT↙

启动 AutoCAD 2022 软件后，可以同时打开多个文件，但只有一个是当前文件，可以编辑。

(1) 右上角有两个关闭按钮，如图 1-46a 所示。单击最上方右边的【关闭】按钮，表示关闭所有文件并退出 AutoCAD 2022 软件。单击第二行右边的【关闭】按钮，表示关闭当前一个文件，不退出 AutoCAD 2022 软件。

(a)　　(b)

图 1-46　文件关闭按钮

(2) 同时打开的多个文件都会在显示面板下方的【显示文件选项卡】上显示，如图 1-46b 所示。如果想关闭其中某一个文件，只需要单击【显示文件选项卡】上对应文件名后面的【关闭】按钮即可。

关闭文件时，如果用户对图形所作修改尚未保存，则会弹出如图 1-47 所示的提示对话框，提示用户保存文件。如果文件已命名，直接单击【是】，AutoCAD 将以原名保存文件，然后退出。单击【否】，不保存退出。单击【取消】，则关闭该对话框，重新回到编辑状态。如果当前图形文件以前从未保存过，则 AutoCAD 会弹出“图形另存为”对话框。

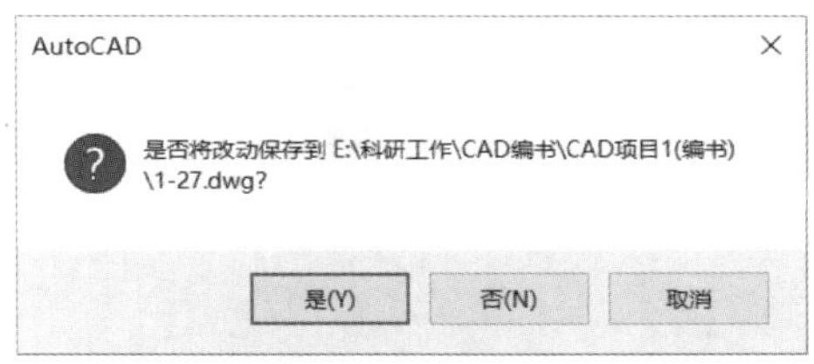

图 1-47　退出 AutoCAD 时的提示对话框

关闭当前文件时，一般不要关闭 AutoCAD 程序的主窗口。需要打开其他文件时，可以不关闭 AutoCAD 文件，只需将 AutoCAD 窗口最小化。

【举一反三 1-4】　训练关闭文件。

1.5.4　打开文件

打开原已保存的图形文件，输入命令的方式有如下几种，采用其中任意一种方式即可。

- 【快速访问工具栏】→【打开】
- 【程序菜单】按钮 A →【打开】

- AutoCAD 2022 开始界面→【打开】
- 菜单命令:【文件】→【打开】
- 键盘命令:OPEN↙

在图 1-48 所示的开始界面输入“打开”命令,弹出如图 1-49 所示“选择文件”对话框。选择一个或多个文件后单击右下角【打开】按钮即可打开文件。可以在【打开】按钮右边下拉列表中选择打开类型,也可以通过“资源管理器”找到所需文件后,双击文件名打开文件。即使 AutoCAD 软件没有启动,也可以打开图形文件。

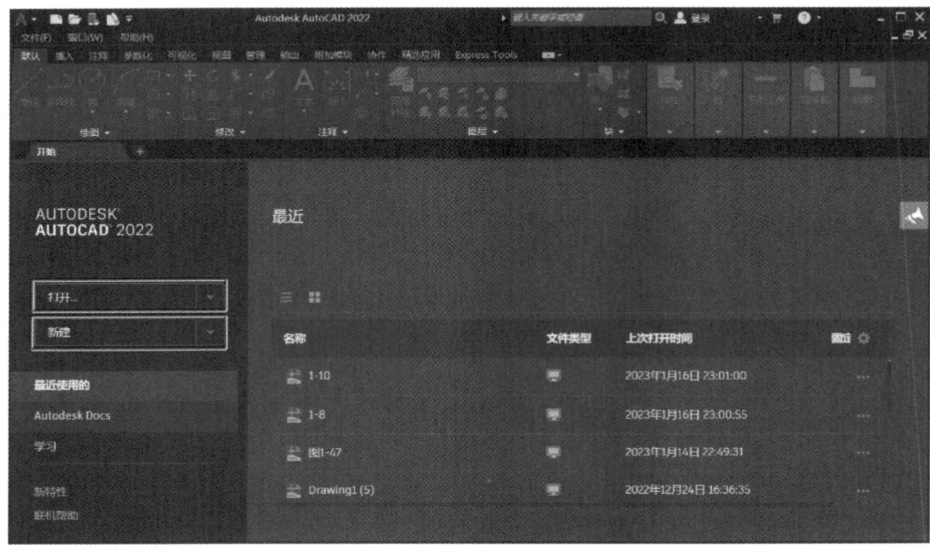

图 1-48　AutoCAD 2022 开始界面

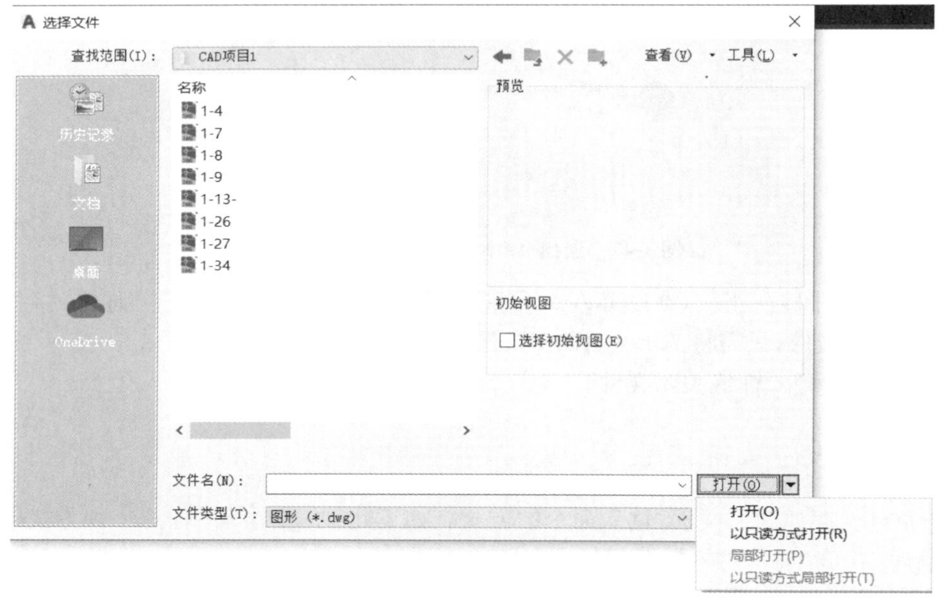

图 1-49　“选择文件”对话框

【举一反三1-5】 打开自己保存的文件；缩放图形；任意绘制两条直线和两个圆，并以自己的班级号＋姓名为文件名保存到桌面上；关闭文件。

1.5.5　新建文件

从无到有创建一个新的图形文件，输入命令的方式有如下几种，采用其中任意一种即可。

- 【快速访问工具栏】→【新建】
- 【程序菜单】按钮→【新建】
- AutoCAD 2022 开始界面→【新建】
- 菜单命令：【文件】→【新建】
- 键盘命令：NEW↙或 QNEW↙

输入"新建"命令，弹出如图1-50所示"选择样板"对话框。

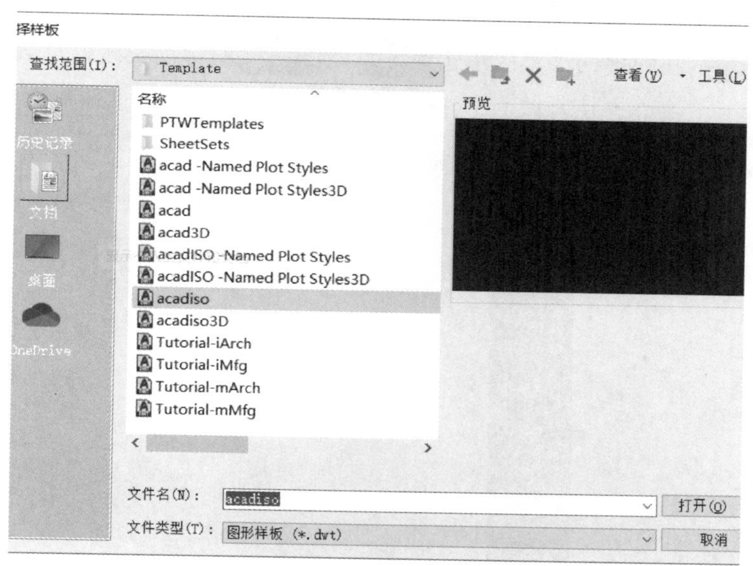

图1-50　"选择样板"对话框

在给出的样板文件名称列表框中，选择某个样板文件后双击或者单击右下角【打开】按钮，即可用相应的样板文件创建新的图形文件。acadiso. dwt 样板文件是默认值，一般执行新建命令后直接单击【打开】，选择的样板文件就是 acadiso. dwt。若没有指明，一般就选择"acadiso"作为样板文件，再单击【打开】按钮。本书后续内容选用的就是 acadiso. dwt 样板文件。

【举一反三1-6】 新建一个图形文件，并以自己的姓名＋1为文件名保存到桌面上。

1.6　状态栏辅助工具按钮组的设置与使用

【体验3】 绘制如图1-51所示图形，其中 E 为 AC 的中点。

分析： AB 是长为30的竖直线，BC 是长为45的水平线，E 点是 AC 的中点，CD 是长70、角度为50°的斜线。

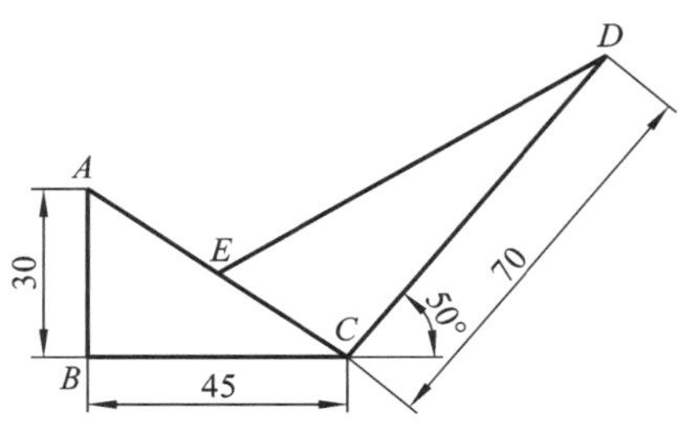

体验 3

图 1-51 “直线”任务图形

操作步骤如下：

(1) 启动 AutoCAD 2022，并新建文件，进入绘图界面。

(2) 保存文件，文件名为“体验 3(直线)”。

(3) 单击右下角“显示图形栅格”按钮，关闭显示的网格；如图 1-52 所示，单击右下角的“自定义”按钮，在弹出的菜单中单击 线宽，使 线宽 图标前出现“√”，这样“显示/隐藏线宽”按钮就出现在下方状态栏上了，如图 1-53 所示。单击状态栏上“显示/隐藏线宽”按钮，使其变成蓝色，即处于打开状态。

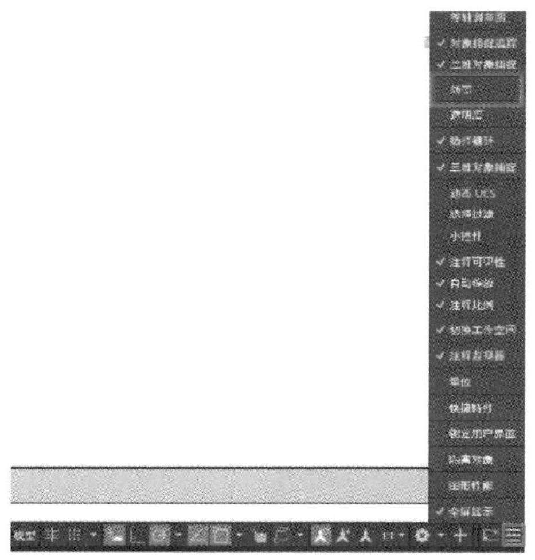

图 1-52 状态栏“自定义”菜单

图 1-53 状态栏

(4) 设置线宽。如图 1-54 所示，单击【特性】显示面板上第二行线宽按钮后面的 ByLayer，在弹出的菜单中单击“0.5 毫米” 0.50 毫米 图标，这样线宽就变成 0.5 毫米了。

(5) 单击右下角“正交限制光标”按钮，使其变成蓝色图标，处于“开”的状态。移动光标指向【绘图】显示面板→【直线】命令上，单击，移动光标到绘图区单击，向下移动光标给出指引方向，输入“30”，按回车键，绘制出直线 *AB*；继续向右移动光标给出指引方向，输入“45”，按回车键，绘制出直线 *BC*；移动光标到下方，单击命令行里面的 闭合(C) 按钮，绘制出

直线 *CA*。

(6) 移动光标,单击右下角"对象捕捉"图标的下拉按钮,在弹出的菜单中单击"中点",如图 1-55 所示,使"中点"图标变成形式。移动光标,单击右下角"极轴追踪"图标,使其处于蓝色打开状态,再单击"极轴追踪"右方的下拉按钮,如图 1-56 所示,在弹出的快捷菜单中单击"10,20,30,40..."选项。

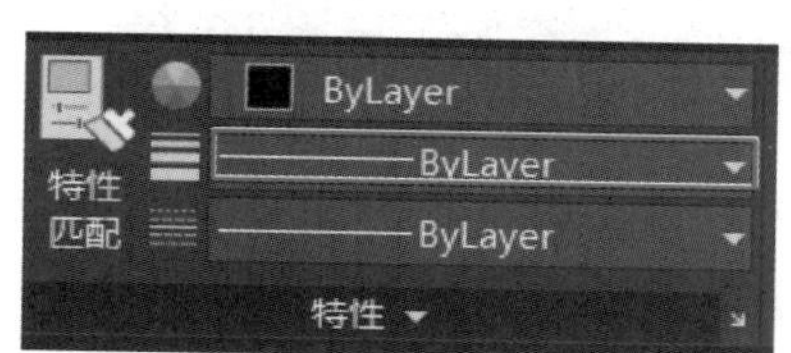

图 1-54　"特性"显示面板

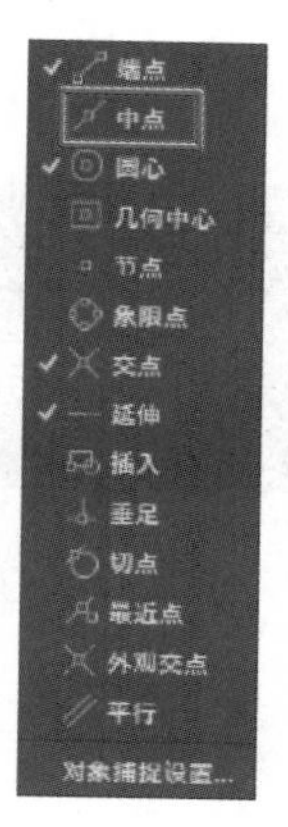

图 1-55　"对象捕捉"菜单

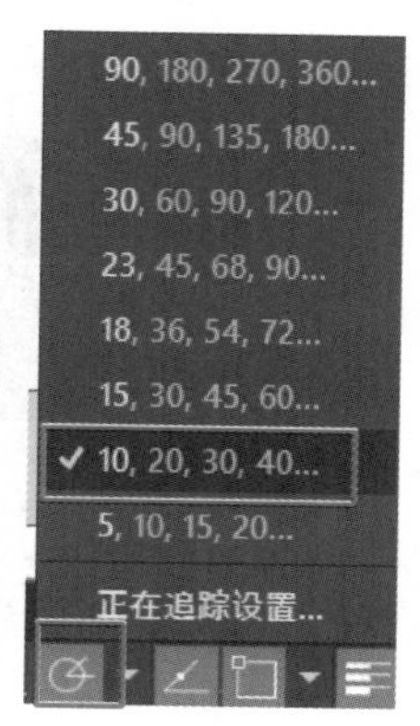

图 1-56　极轴追踪设置

(7) 移动光标指向【绘图】显示面板→【直线】命令上,单击;移动光标到 *C* 点,当出现"端点"提示时,单击,向右上方移动光标,当出现一条无限长绿色线,如图 1-57a 所示,显示角度是 50°时,输入 70,按回车键,*CD* 直线就画好了。使光标在 *AC* 直线上移动,当出现"中点"提示时,如图 1-57b 所示,单击,*DE* 直线就画好了,如图 1-58 所示。

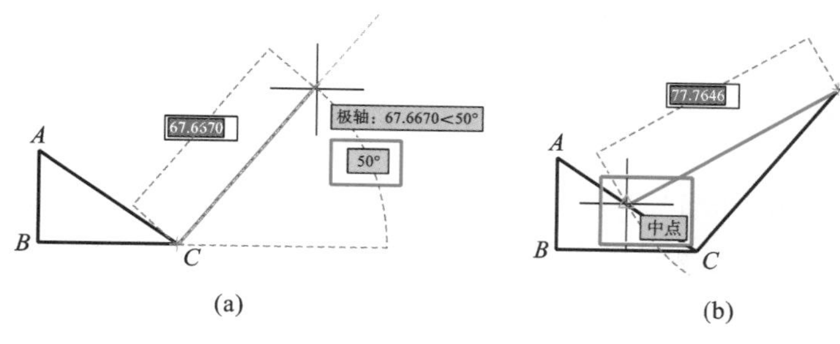

图 1-57　"直线"图形绘制过程

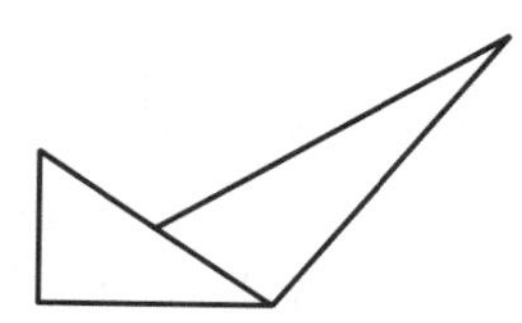

图 1-58　完成后的"直线"图形

(8) 按回车键结束直线绘制。保存文件,并退出 AutoCAD 2022 界面。

状态栏辅助工具按钮组如图 1-59 所示,每个按钮对精确绘图有相应的辅助作用。状态栏上的按钮属于开关按钮,每单击按钮一次,按钮在打开模式与关闭模式之间切换一次。当按钮为打开模式时,发挥相应的作用;再单击按钮一次,按钮切换为关闭模式,则不起相应作用。按钮是打开模式还是关闭模式,除了根据按钮显示情况来辨别外,也可以在命令行中观察。

图 1-59　状态栏

这些按钮命令都是透明命令，即在其他命令执行过程中可以单击按钮切换打开/关闭模式，再到绘图区继续执行原来的命令。

1.6.1 显示图形栅格按钮

显示图形栅格按钮是绘图区网格显示开关，“显示图形栅格”打开时，绘图区显示有网格，相当于坐标纸，如图 1-60 所示。“显示图形栅格”关闭时，绘图区不显示网格，相当于白图纸。

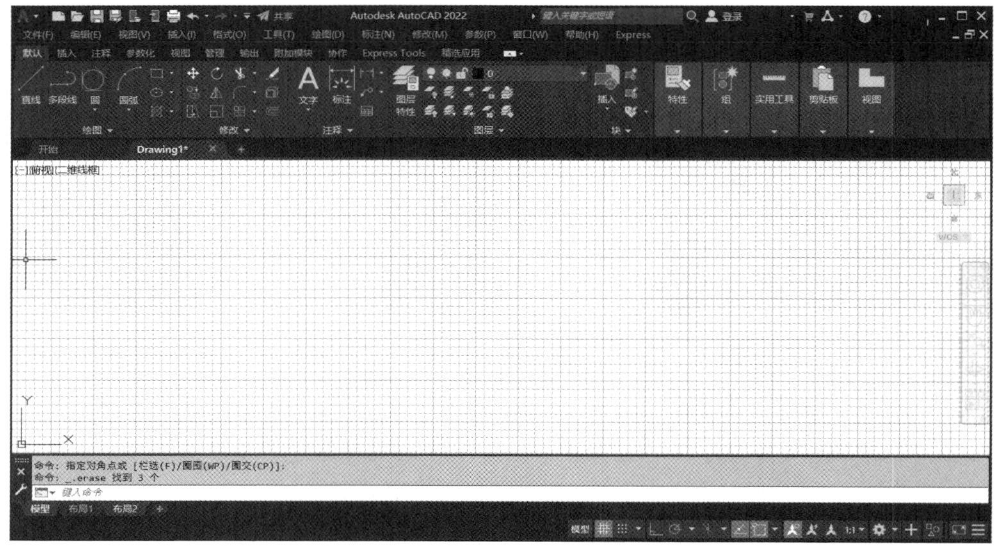

图 1-60 “显示图形栅格”打开

1.6.2 捕捉模式按钮

捕捉模式按钮是光标捕捉网格开关，当“捕捉模式”打开时，光标移动的最小单元就是一个网格，而且会发现光标在绘图区移动时是跳动的。所以，当“捕捉模式”打开时，不论“显示图形栅格”是否处于打开模式，在绘图区单击，光标总是停留在网格点上。

1.6.3 正交限制光标按钮

正交限制光标按钮用来捕捉坐标轴方向，二维绘图时即捕捉水平方向和竖直方向。打开“正交限制光标”可方便绘制水平线和竖直线。

1.6.4 极轴追踪按钮

极轴追踪按钮用来捕捉一定角度线的方向，即按事先设置的角度来追踪此角度整数倍的直线方向。在“极轴追踪”打开状态，当要求指定一个点时，会按预先设置的角度增量显示一条无限延伸的辅助虚线，此时单击可以沿辅助虚线得到所需点。角度设置方法：将光标移至

"极轴追踪"按钮上，单击右键，弹出快捷菜单如图1-61所示，上方数值左边有√的表示已设置，没有√的表示未设置，单击可以在设置与不设置之间转换；移动光标指向下方，单击【正在追踪设置】，弹出如图1-62所示对话框，在左边【增量角】框中输入角度值，再单击下方【确定】按钮。例如将角度设置为"29"，"极轴追踪"打开时，移动光标可追踪到0°、29°、58°等29°的整数倍角度线方向。"极轴追踪"关闭时则不能追踪到角度线方向。例如将角度设置为"29"后，打开"极轴追踪"，用"构造线"命令绘制无限长的线，如图1-63所示，观察第二点的位置。

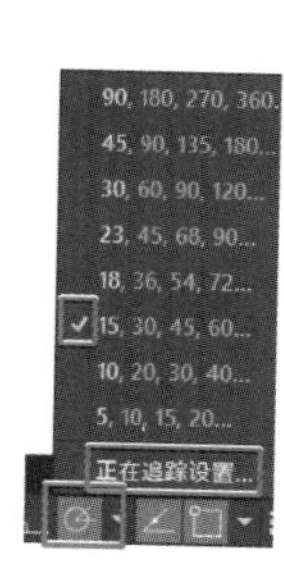

图1-61　极轴快捷菜单

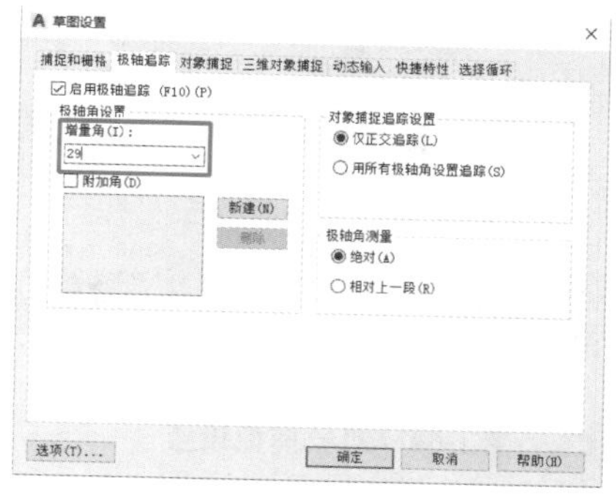

图1-62　极轴设置

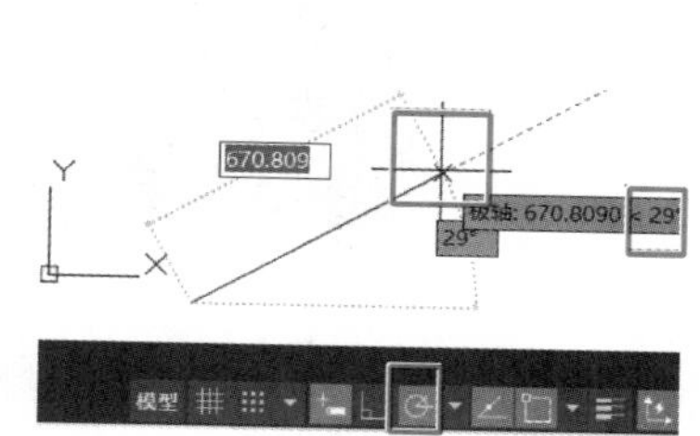

图1-63　用"构造线"命令绘图

"正交限制光标"与"极轴追踪"是单项选择项，打开"极轴追踪"会自动关闭"正交限制光标"。

1.6.5 对象捕捉按钮

1. 对象捕捉的功能

对象捕捉可以迅速、准确地定位于图形对象的端点、圆心、交点、圆的切点、垂足点、中点、几何中心、距离光标最近点等特殊点。绘图时，自己需要哪些点，可先进行设置。设置完成后，当"对象捕捉"打开且绘图提示输入点时，可以自动捕捉设置的特殊点，单击即可确定点。

提示："对象捕捉"与"捕捉模式"是完全不同的两种功能，初学者一定要注意它们的区别。

2. "对象捕捉"特殊点设置方法

将光标指向"对象捕捉"按钮，单击右键，弹出如图1-64a所示快捷菜单，其中特殊点符号左边有√的表示已设置，没有√的表示未设置，单击可以在设置与不设置之间转换。移动光标指向下方的"对象捕捉设置..."，单击，弹出如图1-64b所示"草图设置"对话框，可以在其中完成设置。

各项内容及操作说明如下：

(1)【启用对象捕捉】框　控制固定捕捉的打开与关闭。一般取默认的打开模式。

(2)【启用对象捕捉追踪】框　控制对象追踪的打开与关闭。一般取默认的打开模式。

(3)【对象捕捉模式】区　可以从中选择一种或多种特殊点捕捉模式形成一个固定模式。在特殊点左边的勾选框内单击即可进行设置，显示☑表示已选中，显示□表示未选中。勾选好后再单击【确定】按钮完成所有特殊点的设置。特殊点勾选框左边的图标△○×等，是绘图时自动捕捉到相应点时显示的标记符号。图1-64所示为选中了"端点""中点""圆心""几何中

(a)

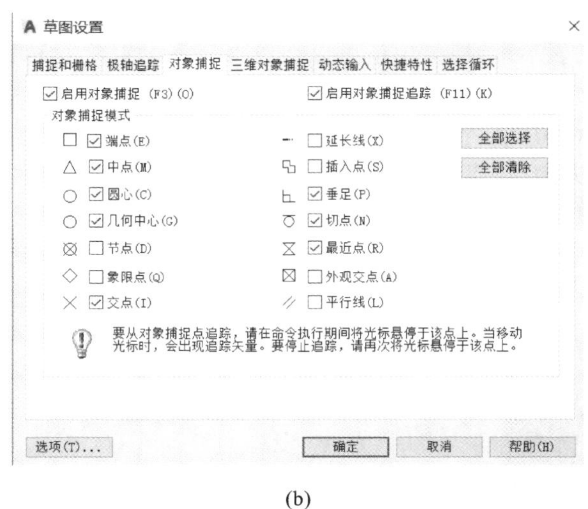

(b)

图 1-64 对象捕捉设置

心”“交点”“垂足”“切点”和“最近点”8 种使用频率高的特殊点为固定对象捕捉的模式。

如果要清除掉所有特殊点的选择，可单击对话框中的【全部清除】按钮。如果单击【全部选择】按钮，则把特殊点全部选中(尽量不要全部选择)。

3. 特殊点捕捉的含义

端点：捕捉直线、圆弧、椭圆弧、样条曲线等对象两端的点。

中点：捕捉直线、圆弧、椭圆弧、样条曲线等对象的中点。也可用于查找中点。

圆心：捕捉圆、椭圆、圆弧、椭圆弧的圆心。也可用于查找圆心。

几何中心：捕捉矩形、正多边形等的中心。也可用于查找几何中心。

节点：捕捉由“点”命令等绘制的点。

象限点：捕捉圆、椭圆或圆弧上 0°、90°、180°、270°位置上的点。

交点：捕捉直线、圆弧、圆等对象之间产生的交点。

延长线：用于捕捉已有直线、圆弧延长一定距离后的对应点。

插入点：捕捉文字、图块等对象的插入点。

垂足：捕捉所绘制直线与已绘制直线或其延长线垂直的点。常用于绘制垂线。

切点：捕捉所画直线与某圆或圆弧的切点。常用于绘制圆的切线。

最近点：捕捉图形对象上靠光标最近的点。常用于在对象上捕捉任意点，应用频率很高。

外观交点：用于捕捉两个直线、圆弧、圆、椭圆等对象延长之后产生的交点。

平行线：用于确定与已有直线平行的线。应用频率很低。

4. 对象捕捉的使用

打开“对象捕捉”功能后，在进行绘图或图形编辑提示输入点时，若光标靠近某个已设置特殊点，则此点会变成绿色亮点并出现标记符号和文字信息，此时只要单击，就可自动捕捉到该点。在绘图需要点且“对象捕捉”处于打开模式时，可自动捕捉设置的特殊点，否则，不能捕捉到相应的点。绘图时一般要将“对象捕捉”功能打开，以便捕捉设置的特殊点。

1.6.6　对象捕捉追踪按钮

打开“对象捕捉追踪”按钮，当要求指定一个点时，可捕捉特殊点，并过该点显示一条无限长的虚线作为辅助线，这时可以沿辅助线移动光标追踪到辅助线上的点，单击即可得到辅助线上的一个点。通过捕捉对象上的关键点，并沿正交方向或极轴方向拖动光标，可以显示光标当前的位置与捕捉点之间的关系。若找到符合要求的点，直接单击即可确定点；也可以输入数值，按回车键，数值表示两点之间在辅助线方向的距离。

1.6.7　显示/隐藏线宽按钮

在默认情况下，状态栏中是没有“显示/隐藏线宽”按钮的。在状态栏中添加“显示/隐藏线宽”按钮的方法如下：如图 1-65 所示，在状态栏的最右边“自定义”按钮上单击，弹出自定义菜单，其中，前面带✓的，表示状态栏中显示此项按钮，前面没有✓的，表示状态栏中未显示此项按钮。在快捷菜单“线宽”上单击，让其变成✓线宽形式，这样“显示/隐藏线宽”按钮就出现在状态栏中了，如图 1-66 所示。

图 1-65　状态栏自定义快捷菜单

图 1-66　状态栏

打开“显示/隐藏线宽”时，图形将按设置线宽分粗细线显示；关闭“显示/隐藏线宽”时，图形将不分线宽粗细全部显示为细线。

建议绘图时，将状态栏“显示/隐藏线宽”设置为打开模式。若图形显示全为细线，可能是图形本身没有设置粗线，也可能是“显示/隐藏线宽”处于关闭模式。线宽显示比例也可进行调整，右击“显示/隐藏线宽”按钮，指向【线宽设置】，单击，弹出对话框，如图 1-67 所示，左右拖动滚动条可完成设置。

1.6.8 动态输入

使用动态输入功能可在绘图区直接输入绘制所需的各种参数，使绘制图形变得直观、简捷。默认状态下，状态栏不显示“动态输入”按钮。在状态栏中添加“动态输入”按钮的方法与添加“显示/隐藏线宽”按钮的方法一样。

打开“动态输入”时，在绘图命令状态下，光标所在处会出现当前点的坐标、长度或角度的标注值信息，可以在此提示中直接从键盘上输入新的值，如图 1-68 所示。关闭“动态输入”时，光标旁边不显示绘图提示内容。绘图时，“动态输入”通常设置为打开状态。

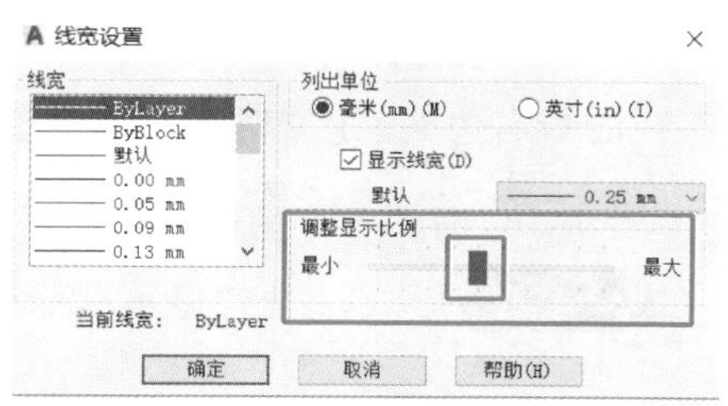

图 1-67 调整线宽显示比例

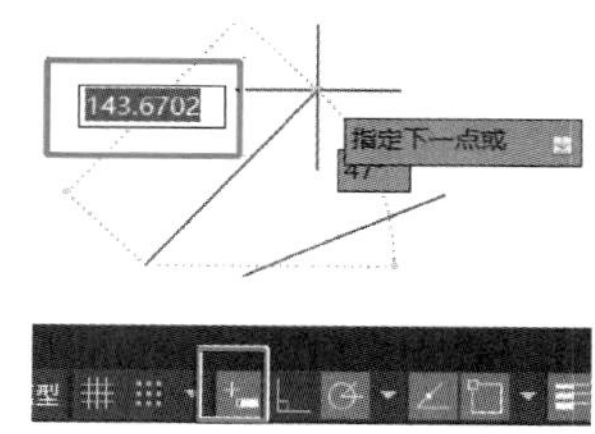

图 1-68 动态输入

1.7 命令的操作方法、快捷菜单与选项操作

1.7.1 命令的输入方法

使用 AutoCAD 绘制图形，必须对系统下达命令，系统通过执行命令，在命令行出现相应提示，根据提示输入相应指令，完成图形绘制。下达命令的方式有三种。

(1) 按钮命令　例如单击【默认】显示选项卡→【绘图】显示面板→【直线】按钮命令，即输入“直线”命令。当光标位于显示面板的按钮上时，会显示相应命令信息，所以这个方法最简单，学习起来也很轻松。

(2) 菜单命令　单击某个菜单，在下拉菜单中单击需要的菜单命令，即可输入对应命令。例如单击下拉菜单【绘图】→【直线】即输入“直线”命令。

(3) 键盘命令　在命令行中的提示符“命令:”后，输入命令名并按回车键或空格键以输入命令。例如在命令行中键入命令“LINE”，按回车键即输入“直线”命令。

输入命令的方式没有规定，可以根据自己的习惯选用。按钮命令方式最容易，初学时一般主要用这种方式；键盘命令方式最难，但此方式绘图最快，所以专业人员一般用这种方式。

1.7.2 命令的简写方式

在命令行键入命令时，可以输入命令的全称，也可以输入命令的简写。常用命令的简写见表 1-1。

表 1-1　常用命令的简写

命令名全称	命令名简写	命令名全称	命令名简写	命令名全称	命令名简写
LINE	L	ERASE	E	ZOOM	Z
CIRCLE	C	COPY	CO	ARC	A
TEXT	T	REDO	R	MTEXT	MT
MOVE	M	MIRROR	MI	PLINE	PL

例如：在命令行中键入命令“LINE”并回车是输入“直线”命令，在命令行中键入命令“L”并回车也是输入“直线”命令。

1.7.3　命令的终止方法

一条命令正常完成后将自动终止，或按空格键、回车键，单击右键在弹出的快捷菜单中单击【确定】以完成命令。在执行命令过程中按【Esc】键可终止该命令。

1.7.4　功能键

键盘上的【F1】～【F12】功能键可用于实现控制功能，其中【F3】、【F4】、【F6】～【F12】是控制状态栏按钮模式的，如表 1-2 所示。如按一次【F8】键，状态栏“正交限制光标”处于打开状态，若再按一次【F8】键，状态栏“正交限制光标”处于关闭状态，接着再按一次【F8】键，状态栏“正交限制光标”又处于打开状态。

表 1-2　功能键

键	功　　能	键	功　　能
F1	AutoCAD 帮助	F7	状态栏“显示图形栅格”打开/关闭
F2	“文本窗口”打开/关闭	F8	状态栏“正交限制光标”打开/关闭
F3	状态栏“对象捕捉”打开/关闭	F9	状态栏“捕捉模式”打开/关闭
F4	状态栏“三维对象捕捉”打开/关闭	F10	状态栏“极轴追踪”打开/关闭
F5	等轴测图绘制时的平面转换	F11	状态栏“对象捕捉追踪”打开/关闭
F6	状态栏“允许/禁止动态 UCS”打开/关闭	F12	状态栏“动态输入”打开/关闭

【示例 1】　用不同命令输入方法绘制图形。

示例 1-1　用不同的直线命令输入方法绘制如图 1-69 所示的任意直线图形。

示例 1-1

操作方法如下：

(1) 启动 AutoCAD 2022，并新建文件，进入绘图界面。

(2) 单击【绘图】显示面板中的【直线】按钮，即输入直线命令，在绘图区内单击，移动光标单击，重复移动光标单击，按回车键结束直线命令。

(3) 单击下拉菜单【绘图】→【直线】，即输入直线命令，在绘图区内单击，移动光标单击，重复移动光标单击，按回车键结束直线命令。

(4) 用键盘输入“L”，按回车键，即输入直线命令，在绘图区内单击，移动光标单击，重复移动光标单击，按回车键结束直线命令。

(5) 单击界面下方状态栏中的“正交限制光标”按钮,使其变成蓝色,处于打开模式。单击【绘图】显示面板中的【直线】按钮,即输入直线命令,在绘图区内单击,移动光标单击,重复移动光标单击,按回车键结束直线命令。单击界面下方状态栏中的“正交限制光标”按钮,使其变成黑色,处于关闭模式。

(6) 保存并退出 AutoCAD 2022 界面。

示例 1-2 用不同的圆命令输入方法绘制如图 1-70 所示的圆图形。

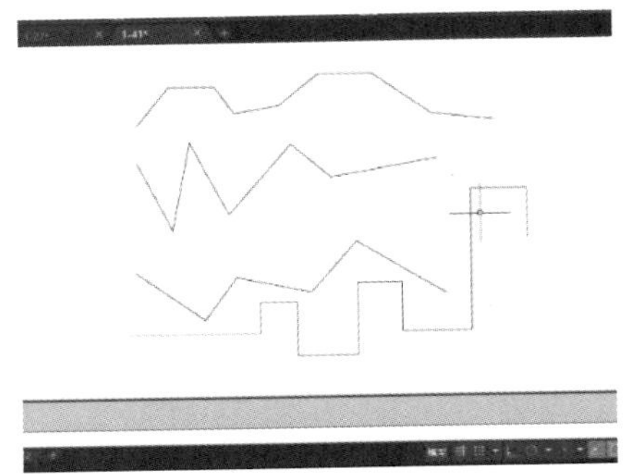

图 1-69 绘制任意直线图形

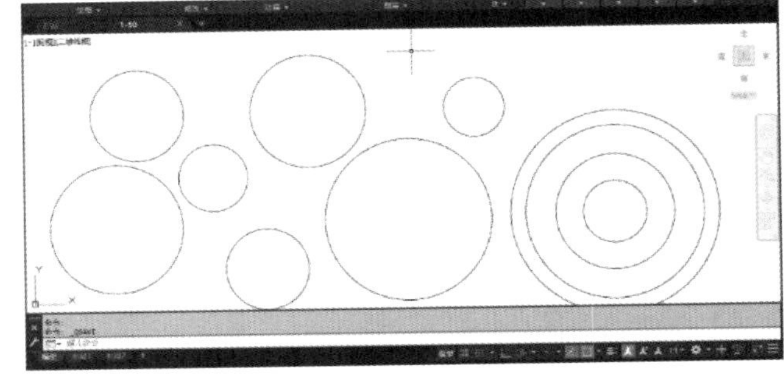

图 1-70 绘制任意圆图形

操作方法如下:

示例 1-2

(1) 启动 AutoCAD 2022,并新建文件,进入绘图界面。

(2) 单击【绘图】显示面板中的【圆】按钮,即输入圆命令,在绘图区内单击,移动光标再单击,完成一个圆的绘制并结束圆命令。重复执行,可绘制多个圆。

(3) 单击下拉菜单【绘图】→【圆】→【圆心,半径】,即输入圆命令,在绘图区内单击,移动光标再单击,完成一个圆的绘制并结束圆命令。重复执行,可绘制多个圆。

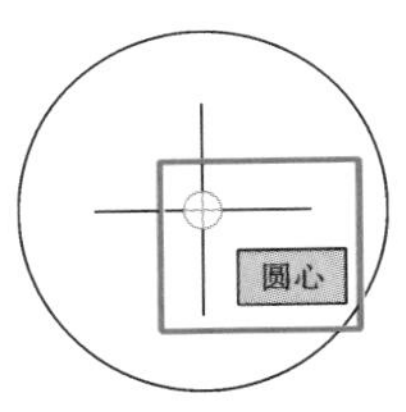

图 1-71 捕捉圆心

(4) 从键盘上输入“C”,按回车键,即输入圆命令,在绘图区内单击,移动光标再单击,完成一个圆的绘制并结束圆命令。重复执行,可绘制多个圆。

(5) 单击界面下方状态栏中的“对象捕捉”按钮,使其变成蓝色,处于打开模式。单击【绘图】显示面板中的【圆】按钮,即输入圆命令,移动光标到图上圆的圆心处,光标附近出现图 1-71 所示提示信息时,单击,再向外移动光标单击,完成同心圆的绘制。

(6) 保存并退出 AutoCAD 2022 界面。

1.7.5 快捷菜单命令

当光标在屏幕上不同的位置或不同的进程中时单击右键,将弹出不同的快捷菜单,如图 1-72所示。在菜单上单击,可选择执行相应命令。菜单中显示的命令与右击的对象和 AutoCAD 当前的工作状态有关,图 1-72a 所示为执行圆命令进程中单击右键弹出的菜单,图 1-72b 所示为圆命令结束后单击右键弹出的菜单。

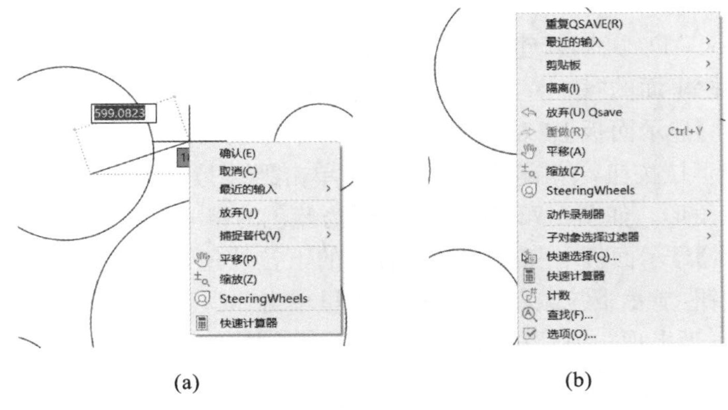

(a)　　　　(b)

图 1-72　快捷菜单

1.7.6　命令行信息与命令选项操作

1. 命令行信息

执行命令后，命令行会列举各种可以直接绘图的条件选项，如图 1-73 所示，根据已知条件选择相应的选项，再输入原始条件即可完成图形绘制。对选项信息说明如下：

- “[　]”中是系统提供的选项，用“/”分开。
- “(　)”中是执行选项的快捷键。
- “<　>”中是系统提供的默认值，是上一次使用该命令时输入的数值。默认值如果正是所需数值，按回车键即可，而不需要重新输入数值。

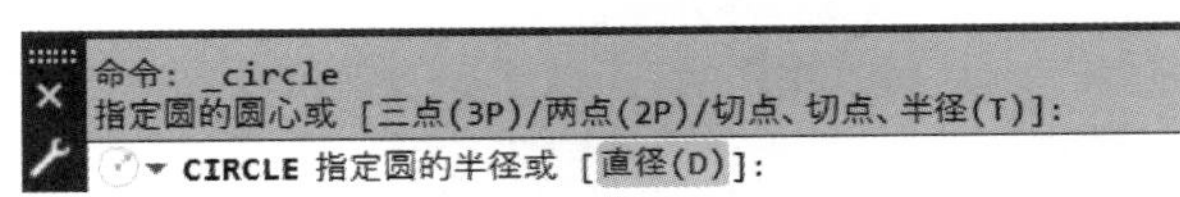

图 1-73　选项信息

2. 命令选项的操作

绘图过程中，会不断提供下一步要进行的操作，如图 1-73 所示，可以直接按“或”前面的要求操作，但如果“或”前面要求的条件未知，而知道“或”后面选项中的其他条件，则可以改变选项，再输入已知的条件。选项输入的方法是：单击选项；或输入选项后“()”中的字母，再按回车键。对于图 1-73 所示信息，若需输入“半径”则直接输入，若想输入直径，则先单击“直径(D)”。

1.8　特性的设置

【体验 4】　绘制如图 1-74 所示彩色图，保存文件，退出 AutoCAD。要求：三角形是蓝色的粗实线；外边两个圆是红色的粗实线；中间圆是绿色的中粗实线。

体验 4

分析：中间圆的圆心位置、半径都不知，但该圆与外边两个圆、右上方那条直线相切。

操作步骤如下：

（1）启动 AutoCAD 2022，新建文件，进入绘图界面。

（2）打开状态栏里面的“显示/隐藏线宽”，让其图标呈蓝色。

（3）单击【特性】显示面板上“对象颜色”右边的下拉按钮，单击蓝色。单击【特性】显示面板上“线宽”右边的下拉按钮，单击选择 0.7 mm。单击【绘图】显示面板上的“直线”命令，绘制一个任意大小的三角形。如图 1-75 所示，三角形为蓝色的粗实线。

（4）单击【特性】显示面板上“对象颜色”右边的下拉按钮，单击红色。单击【绘图】显示面板上的“圆”下拉按钮，显示下拉菜单，在下拉菜单里单击“圆心，半径”；移动光标到三角形下方那条边的左端点上，当出现“端点”提示时，单击；再向外移动光标到合适位置，单击，左边红色的粗实线圆就画完了。单击【绘图】显示面板上的“圆”下拉按钮，显示下拉菜单，在下拉菜单里单击“圆心，半径”；移动光标到三角形下方那条边的右端点上，当出现“端点”提示时，单击；再向外移动光标到合适位置，单击，右边红色的粗实线圆就画完了，如图 1-75 所示。

（5）单击【特性】显示面板上“对象颜色”右边的下拉按钮，单击绿色。单击【特性】显示面板上“线宽”右边的下拉按钮，单击选择 0.35 mm。单击【绘图】显示面板上的“圆”下拉按钮，显示下拉菜单，在下拉菜单里单击“相切，相切，相切”。移动光标到三角形右上方那条边上，当出现“递延切点”提示时，如图 1-76 所示，单击；接着移动光标到左边圆上，出现“递延切点”时单击；再移动光标到右边圆上，出现“递延切点”时单击，绿色的中粗实线圆就画完了。

（6）保存文件并退出。

图 1-74　三角形及圆

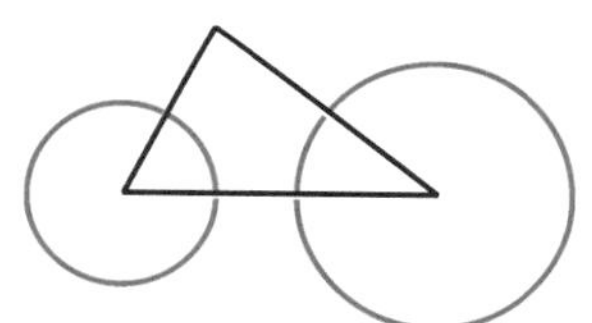

图 1-75　三角形及圆心圆

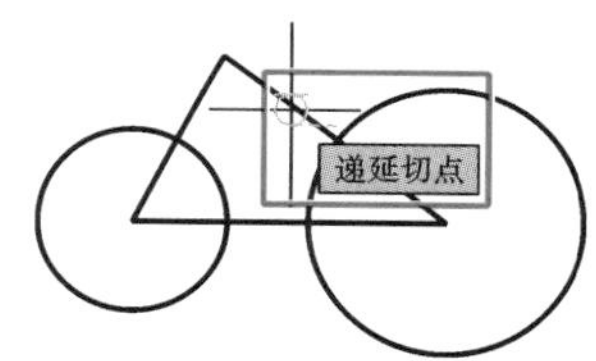

图 1-76　“递延切点”图

【特性】显示面板如图 1-77 所示。通过更换特性上“对象颜色”“线宽”“线型”的选项，可以绘制不同颜色、不同线宽、不同线型的图形。【特性】显示面板上“对象颜色”“线宽”“线型”的选项，如图 1-78 所示。

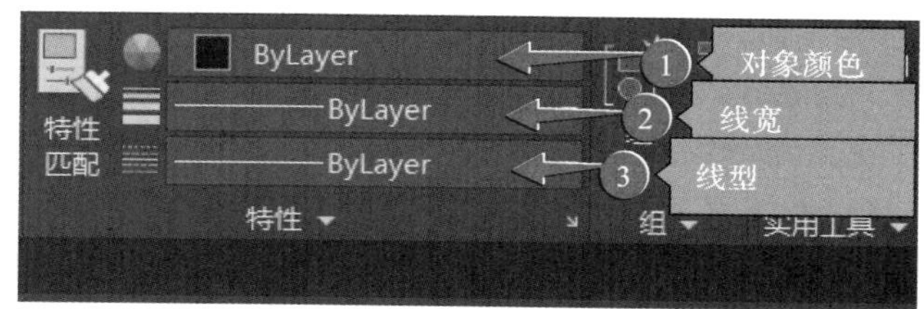

图 1-77　【特性】显示面板

1. 换当前颜色

单击“对象颜色”右边的下拉按钮，单击选择某个颜色，如图 1-78a 所示，再次绘图时，将以新的颜色显示图形。

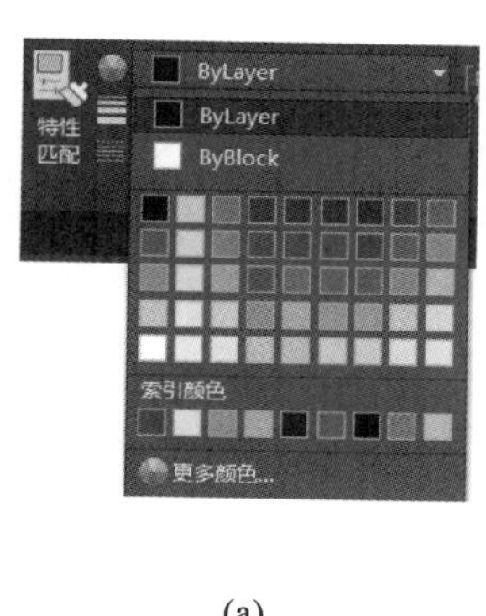

(a)

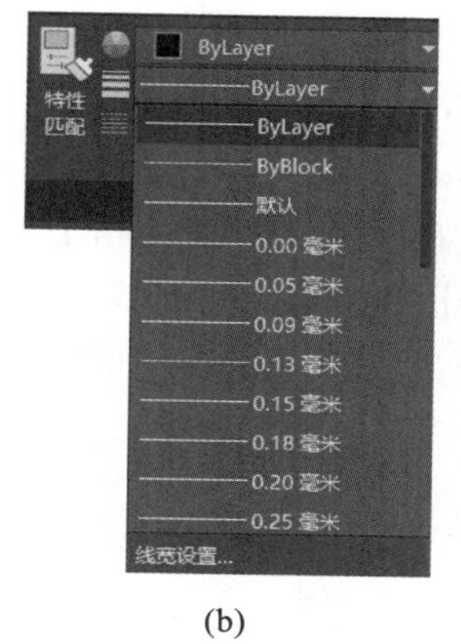

(b)

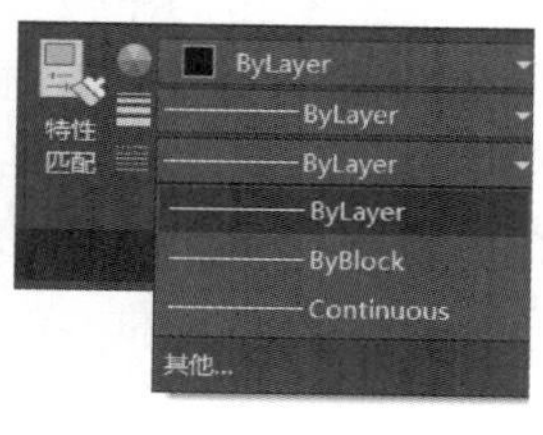

(c)

图 1-78　【特性】显示面板控制选项

【示例 2】　绘制不同颜色的图。

操作步骤：先换当前颜色为“红”，再用“修订云线”命令绘制图，观察到图的颜色为红色；换当前颜色为“蓝”，再用“修订云线”命令绘制图，观察到图的颜色为蓝色；换当前颜色为“ByLayer”，再用“修订云线”命令绘制图，观察到图的颜色为黑色。

示例 2

2. 换当前线宽

单击“线宽”右边的下拉按钮，单击选择某个线宽，如图 1-78b 所示，再次绘图时，将以此线宽显示图形。线宽在 0.30 mm 以上才会显示为粗线（提示：状态栏中“显示/隐藏线宽”要处于打开模式才能分粗、细线显示，否则，粗线会显示为细线）。

【示例 3】　绘制不同线宽的图。

操作步骤：将状态栏中“显示/隐藏线宽”设置为打开模式。用“修订云线”命令绘制图，观察到图的线宽为细线；换当前线宽为 0.50 mm，再用“修订云线”命令绘制图，观察到图的线宽为粗线，如图 1-79 所示；换当前线宽为“ByLayer”，再用“修订云线”命令绘制图，观察到图的线宽为细线。

示例 3

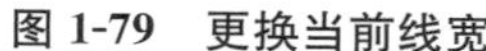

图 1-79　更换当前线宽

3. 换当前线型

单击“线型”右边的下拉按钮，单击选择某个线型，如图 1-78c 所示，再次绘图时，将以此线型显示图形。默认线型不够时，可以增加线型，方法是：单击“线型”右边的下拉按钮，选择“其他…”，弹出“线型管理器”对话框，如图 1-80 所示；单击【加载】按钮，弹出“加载或重载线型”对话框，如图 1-81 所示；在线型名称上单击选择所需线型，再单击【确定】按钮，所选线型就可以加入“线型管理器”对话框；单击【确定】按钮，退出对话框。

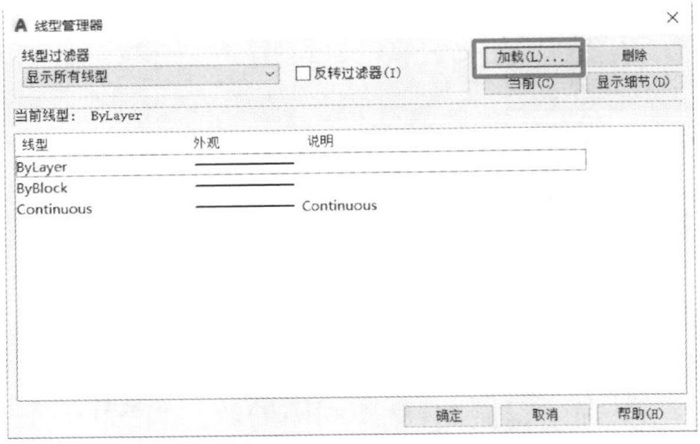

图 1-80 “线型管理器”对话框

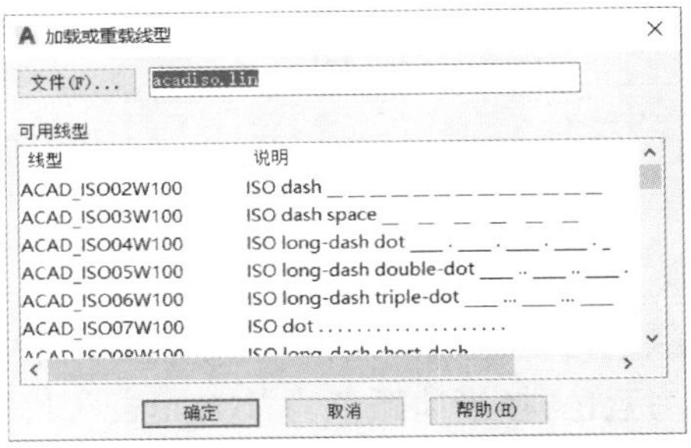

图 1-81 “加载或重载线型”对话框

【示例 4】 绘制不同线型的图。

示例 4

操作步骤如下：

(1) 启动 AutoCAD 2022，并新建文件，进入绘图界面。用“直线”命令绘制图，观察到图的线型为实线。

(2) 单击“线型”右边的下拉按钮，选择“其他…”，弹出“线型管理器”对话框；单击【加载】按钮，弹出“加载或重载线型”对话框；移动光标指向“CENTER”，单击，再单击【确定】按钮，可观察到“CENTER”已加入“线型管理器”对话框中；单击【确定】按钮，退出“线型管理器”对话框。

(3) 单击“线型”右边的下拉按钮，单击选择“CENTER”，即换当前线型为“CENTER”。

(4) 用“构造线”命令绘制图，观察到图的线型为中心线，如图 1-82 所示。

(5) 单击“线型”右边的下拉按钮，单击选择“ByLayer”，即换当前线型为“ByLayer”。

(6) 用“直线”命令绘制图，观察到图的线型为实线。

4. 更换对象的颜色特性

首先在要更换的对象上单击，然后单击“对象颜色”右边的下拉按钮，单击选择某个颜色，对象就以此颜色显示；按【Esc】键取消选择。

【示例 5】 更换对象的颜色为洋红。

示例 5

操作步骤：用“修订云线”命令绘制图；让光标指向刚绘制的云线，单击，观察到云线上出现了一些蓝色小方框，如图 1-83 所示，此即表示云线被选中；单击“对象颜色”右边的下拉按钮，让光标指向“洋红”，单击，发现云线就变成洋红色了；按【Esc】键取消选择。

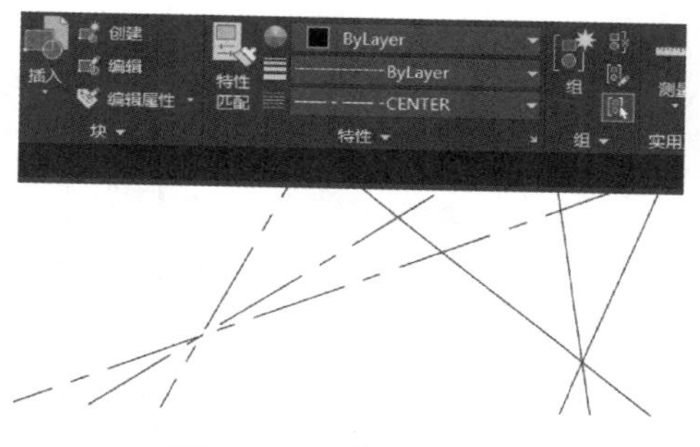

图 1-82　更换当前线型

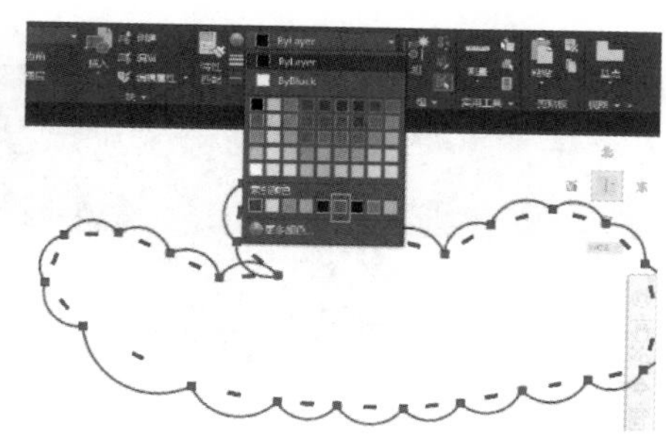

图 1-83　选中对象

5. 更换对象的线型特性

选择要更换的对象，单击“线型”右边的下拉按钮，单击选择某个线型，对象就以此线型显示，按【Esc】键取消选择。

【示例 6】　更换对象的线型。

示例 6

操作步骤如下：

(1) 单击“线型”右边的下拉按钮，选择“其他…”，弹出“线型管理器”对话框；单击【加载】按钮，弹出“加载或重载线型”对话框；让光标指向“CENTER”，单击，再单击【确定】按钮，可观察到“CENTER”已加入“线型管理器”对话框中；单击【确定】按钮，退出“线型管理器”对话框。

(2) 用“直线”命令绘制图，观察到图的线型为实线。

(3) 让光标指向刚绘制的直线，单击，观察到直线上出现了一些蓝色小方框，即表示此线被选中。

(4) 单击“线型”右边的下拉按钮，单击“CENTER”，选中的线就变成中心线了，如图 1-84 所示。

(5) 按【Esc】键取消选择。

6. 更换对象的线宽特性

选择要更换的对象，单击“线宽”右边的下拉按钮，单击选择某个线宽，对象就以此线宽显示，按【Esc】键取消选择。

【示例 7】　更换对象的线宽。

示例 7

操作步骤如下：

(1) 将状态栏中“显示/隐藏线宽”设置为打开模式。

(2) 用“修订云线”命令绘制图，观察到图的线宽为细线。

(3) 让光标指向刚绘制的云线，单击，观察到云线上出现了一些蓝色小方框，即表示云线被选中。

(4) 单击“线宽”右边的下拉按钮，单击选择 1.58 mm，此时观察到云线变成粗线了，如图 1-85 所示。

(5) 按【Esc】键取消选择。

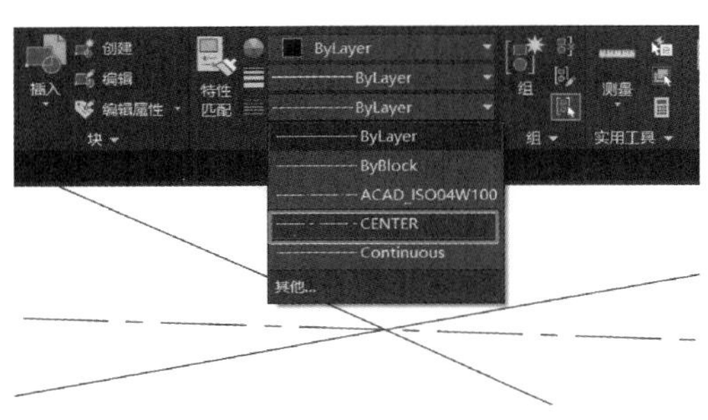

图 1-84　更换对象的线型

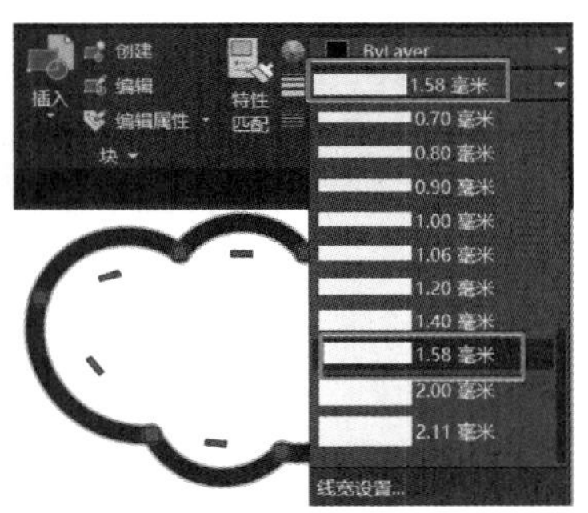

图 1-85　更换对象的线宽

1.9　更换绘图区背景颜色

AutoCAD 2022 绘图区背景颜色默认设置为黑色，用户如果习惯在白色背景上绘图，可以通过“选项”对话框修改绘图区的背景颜色。操作步骤如下：

（1）菜单命令【工具】→【选项】，弹出“选项”对话框。

（2）单击【显示】选项卡中部的【颜色】按钮，弹出对话框，如图 1-86 所示。

（3）在“上下文”区选择“二维模型空间”，在“界面元素”区选择“统一背景”，在“颜色”下拉列表中选择“白”；单击下方【应用并关闭】按钮，返回“选项”对话框，单击下方【确定】按钮。

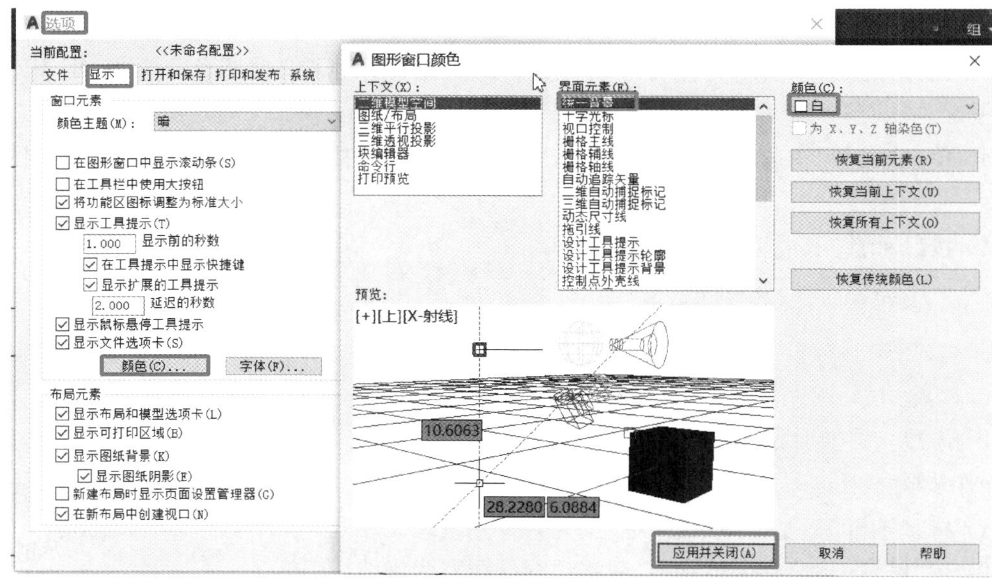

图 1-86　“图形窗口颜色”对话框

项目 2　绘制基本图形

【本项目之目标】

能够绘制一般点和特殊点，绘制光滑曲线，绘制直线、圆、正多边形、矩形、修订云线、组合线。

2.1　绘　制　点

【体验 1】　绘制如图 2-1 所示点图，点的位置任选。

体验 1

操作步骤如下：

(1) 单击【默认】显示选项卡→【实用工具】显示面板下弹选项→【点样式】按钮，出现“点样式”对话框，如图 2-2 所示；选择第 2 行第 1 列的点样式，单击【确定】按钮。

(2) 单击【默认】显示选项卡→【绘图】显示面板下弹选项→【多点】按钮，如图 2-3 所示，即输入点命令；移动光标在绘图区单击；重复移动光标在绘图区单击；按【Esc】键退出。

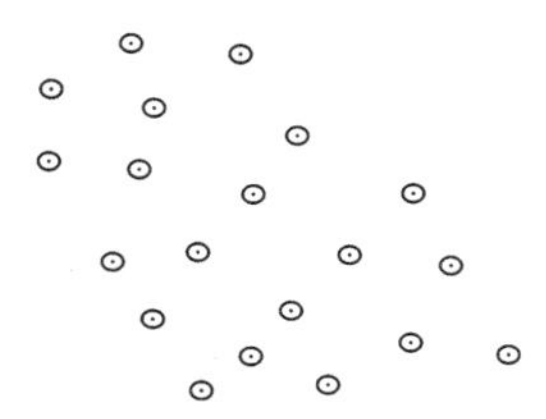

图 2-1　点图

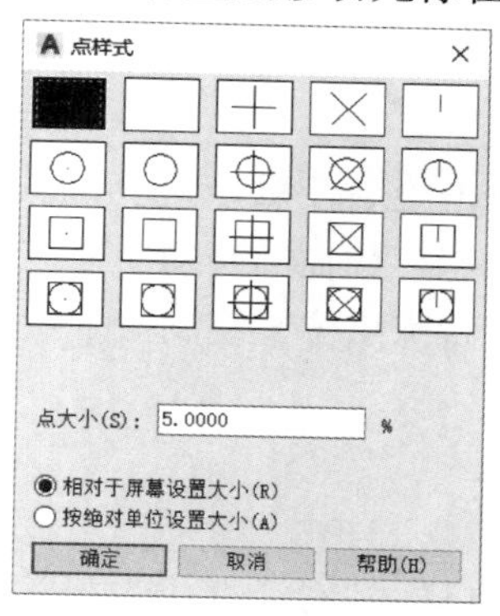

图 2-2　“点样式”对话框

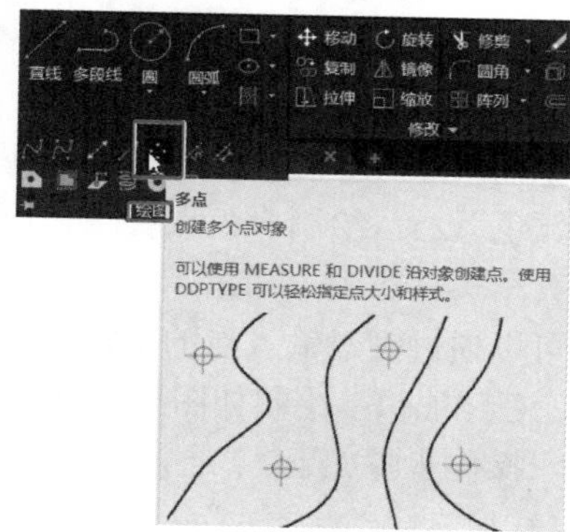

图 2-3　点命令按钮位置

2.1.1　绘制点的方法

1. 点命令输入方式(任选其一)

- 按钮命令：【默认】显示选项卡→【绘图】显示面板下弹选项→【多点】按钮
- 菜单命令：【绘图】→【点】→【单点】或【多点】
- 键盘命令：PO↙或 POINT↙

2. 操作步骤

输入“点”命令后，光标移到绘图区会出现如图 2-4 所示提示信息；移动光标在绘图区单击直接拾取点。可以重复移动光标单击，绘制多个点，直至按【Esc】键退出。

2.1.2 设置点样式

根据需要可以设置点的形状和大小，即设置点样式。命令输入方式(任选其一)如下：

- 按钮命令：【默认】显示选项卡→【实用工具】显示面板下弹选项→【点样式】按钮
- 菜单命令：【格式】→【点样式】
- 键盘命令：DDPTYPE↙

输入“点样式”命令，出现如图 2-2 所示“点样式”对话框；单击某样式后，单击【确定】按钮。图 2-5 所示为点的不同显示形式。

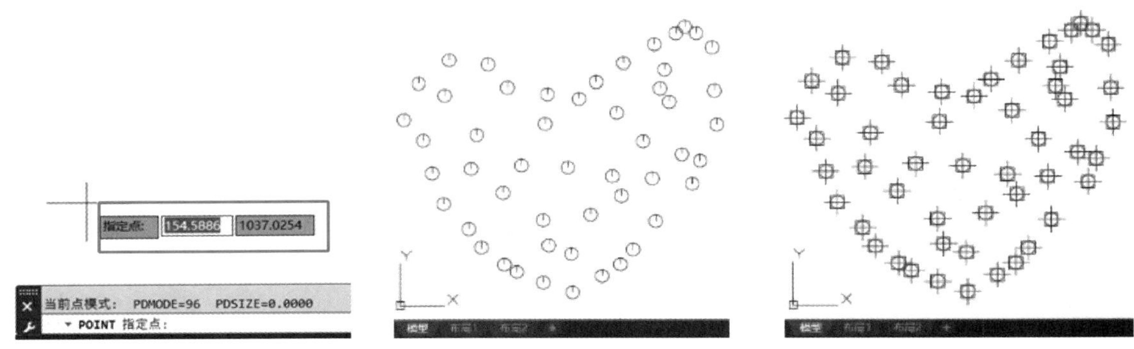

图 2-4 点命令提示信息 **图 2-5 点的不同显示形式**

2.1.3 特殊点的绘制

输入点命令后，可以直接在绘图区单击绘制任意点；也可以通过【特性】显示面板上的“对象颜色”设置，绘制彩色点；还可以利用状态栏【对象捕捉】功能捕捉到特殊点，当光标在特殊点附近出现捕捉到点的图标时，单击即可在特殊点位置绘制一个点，如端点、圆心、交点等。此外还可以通过键盘输入点的坐标来绘制点。

【示例 1】 绘制如图 2-6 所示图形。

示例 1

操作步骤如下：

(1) 输入“点样式”命令，在弹出的“点样式”对话框中选择第 4 行第 1 列的点样式，单击【确定】按钮。

(2) 输入“点”命令，移动光标在绘图区单击；重复移动光标多次单击，完成图 2-6 所示左边点的绘制。单击【特性】显示面板→【对象颜色】→【红色】更换颜色。输入“点”命令，移动光标在绘图区单击；重复移动光标多次单击，完成图 2-6 所示中间点的绘制。

(3) 输入“直线”命令，在右边绘制一条任意直线。输入“圆”命令，绘制一个任意圆。输入“点”命令，移动光标到直线左端点单击，移动光标到直线右端点单击，移动光标到圆心点单击，效果如图 2-6 所示。

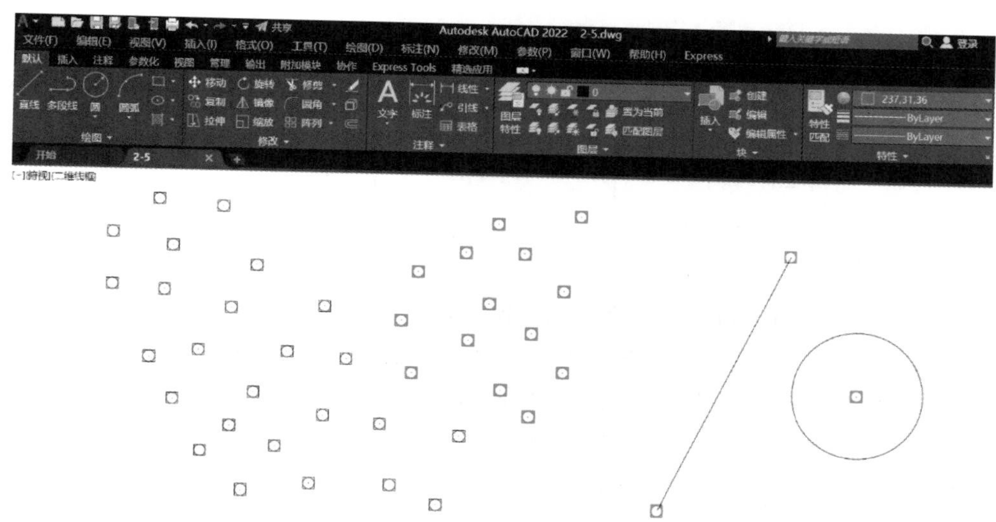

图 2-6　绘制点和在端点、圆心处画点

2.1.4　按坐标位置绘制点

坐标有直角坐标和极坐标两种表示法，还有绝对坐标和相对坐标之分。输入坐标值后，必须按回车键或空格键结束坐标输入。输入坐标时，要将中文输入法关闭或更换为英文输入法。

(1) 绝对直角坐标　表示点相对于坐标原点的坐标值。平面图坐标为(X,Y)，相对坐标原点：X 坐标向右为正，向左为负；Y 坐标向上为正，向下为负。如“−29,67”表示输入一个相对于坐标原点向左移 29、向上移 67 的点。

(2) 相对直角坐标　用相对于上一已知点的绝对直角坐标值的增量来确定输入点的位置。输入 X,Y 增量时，其前必须加“@”。平面图坐标格式为“@ΔX,ΔY”，ΔX、ΔY 表示相对于前一点的 X,Y 方向的变化量。如“@19,36”表示输入一个相对于前一点向右移 19、向上移 36 的点，如图 2-7 所示。

提示：若从键盘正确输入“@”但不能正确显示时，或者在输入坐标值后，提示“输入无效点”，就将中文输入法关闭或更换为英文输入法。

(3) 绝对极坐标　用点与坐标原点的距离，以及该点与坐标原点的连线与 X 轴正向之间的夹角来确定点的位置，使用“距离＜角度”来表示。X 轴正向为 0°，逆时针为正，顺时针为负，单位不用输入。如“87＜32”，表示该点与坐标原点的距离为 87，该点与坐标原点的连线与 X 轴正向在逆时针方向的夹角为 32°；如“68＜−55”，表示该点与坐标原点的距离为 68，该点与坐标原点的连线与 X 轴正向在顺时针方向的夹角为 55°。

(4) 相对极坐标　用相对于上一已知点的距离，及和上一已知点的连线与 X 轴正向之间的夹角来确定输入点的位置，使用“@距离＜角度”来表示。如“@46＜37”表示该点与前一点的距离为 46，两点连线与 X 轴正向在逆时针方向的夹角为 37°，如图 2-8 所示。

提示：坐标有正负之分，角度有正负之分，距离一定为正。

【举一反三 2-1】　各种点的绘制方法。

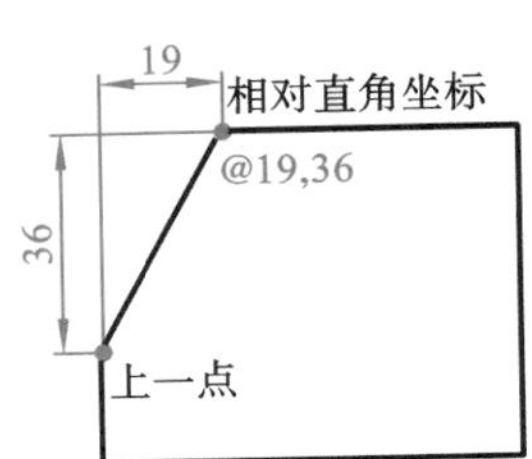

图 2-7　相对直角坐标示例

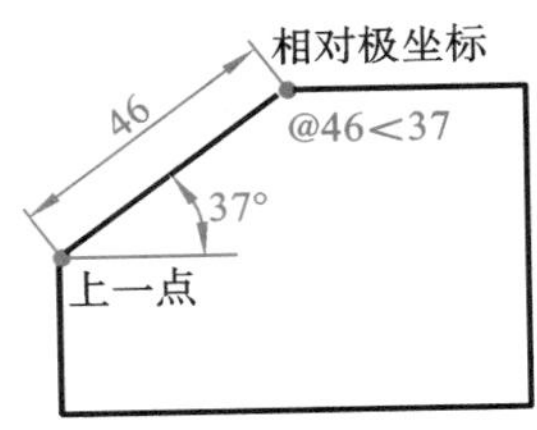

图 2-8　相对极坐标示例

(1) 绘制任意点　执行点命令，将光标移到所需位置，单击点取即可。

(2) 绘制特殊点　绘制一些任意直线和圆，勾选状态栏"对象捕捉"常用点，如端点、中点、圆心点、切点、交点、垂足点、对象上的任意点等。打开状态栏"对象捕捉"，利用"对象捕捉"功能，输入点命令后，将光标移到对象相应点位置附近，出现提示图标时单击，可以捕捉到一些特殊点。通过点命令绘制的点，捕捉时称为"节点"，即要想捕捉到这样的点，可通过捕捉"节点"来实现。

(3) 输入点的坐标确定点　当输入点命令后，通过输入点的坐标来确定点。

训练上述示例。

2.2　绘制光滑曲线

用"样条曲线"命令通过一系列点创建光滑曲线，常用"样条曲线"命令来绘制如图 2-9 所示的波浪线。输入样条曲线命令的方式(任选其一)如下：

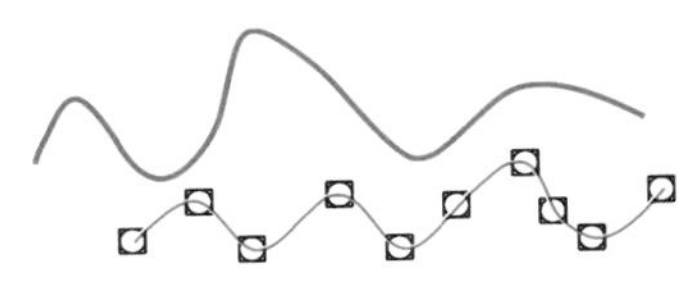

图 2-9　光滑曲线

- 按钮命令：【默认】显示选项卡→【绘图】显示面板下弹选项→【样条曲线拟合】按钮(或【样条曲线控制点】按钮)
- 菜单命令：【绘图】→【样条曲线】→【拟合点】(或【控制点】)
- 键盘命令：SPL↙或 SPLINE↙

示例 2

【示例 2】　绘制如图 2-10 所示光滑曲线。

操作步骤如下：

(1) 新建文件，并保存文件。输入"点样式"命令，选择第 3 行第 1 列的点样式，单击【确定】按钮。

(2) 输入"点"命令，按图 2-11 所示点坐标，依次从序号①到⑩输入坐标，每输入一个坐标按一次回车键；按【Esc】键结束点命令。

(3) 更换【特性】显示面板→【对象颜色】→【红色】；更换【特性】显示面板→【线宽】→【0.50 mm】；关闭状态栏【正交限制光标】；打开状态栏【显示/隐藏线宽】。

(4) 输入"样条曲线拟合"命令，按提示语在绘图区从左到右捕捉点并单击指定点，继续指定下一个点，会出现一橡皮筋线，直到单击最右边的点，再按回车键。绘制结果如图 2-10 所示。

(5) 保存图形文件。

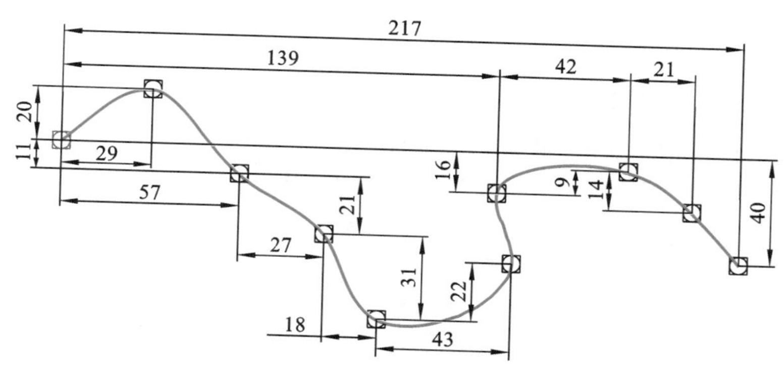

图 2-10　示例图(光滑曲线)

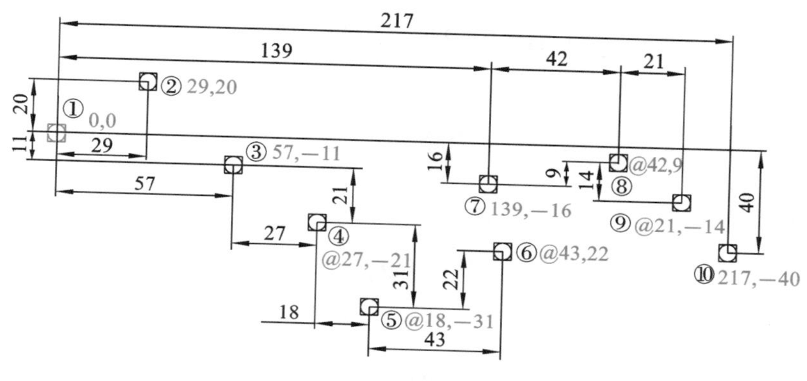

图 2-11　点的位置

2.3　绘图比例

采用 1∶1 的比例绘制图形，以方便相关测量和计算。如果图形显示太大或者太小，不方便观看，可通过图形显示缩放和平移进行调整。在绘图输入数值时，一般不用输入单位。纸质图纸上所需要的比例，可以在打印或输出时按需设置。

【体验 2】　新建文件，绘制如图 2-12 所示直线图。要求：用自己的姓名作为文件名保存在 D 盘。

分析：图形全部是直线，且尺寸全部已知，所以以 *A* 点为起点，用直线命令绘制。*DE* 线的已知条件是长度和角度，需要用相对极坐标输入。

体验 2

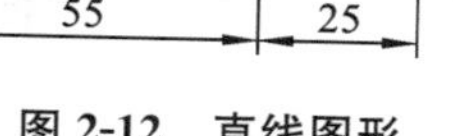

图 2-12　直线图形

操作步骤如下：

(1) 输入“新建”命令，弹出“选择样板”对话框；选择“acadiso. dwt”样板文件，单击【打开】按钮。这样完成了新建文件的过程，进入绘图界面。

(2) 输入“另存为”命令，弹出“图形另存为”对话框；在“保存于”右边的下拉列表中选择保存路径“D:”；在“文件名”右边的空格处输入自己的姓名，如“李奉香 1”，单击【保存】按钮保存文件，返回绘图界面。

(3) 从键盘上输入“L”，按回车键，启动直线命令；从键盘上输入“20,50”，按回车键，即将 A 点定在“20,50”点上；让状态栏“正交限制光标”处于打开模式；光标指向右，输入“55”，按回车键即确定 B 点；从键盘上输入“@25,39”，按回车键即确定 C 点；将光标指向左，再从键盘上输入“58”，按回车键即确定 D 点；从键盘上输入“@50<45”，按回车键即确定 E 点；按回车键结束直线命令。

(4) 上下滚动鼠标中键滚轮，调整图形大小。（提示：若按尺寸输入，图形显示太小或太大，请通过图形显示缩放功能调整，不要改变输入的尺寸；若图形占满了屏幕，请通过图形显示平移功能调整。）

(5) 执行“保存”命令，同名保存文件。

(6) 单击【显示文件选项卡】上的关闭按钮，关闭当前的一个文件，不退出 AutoCAD。

2.4 绘制直线

各种直线均用直线命令绘制。

2.4.1 直线绘制命令的操作方法

1. 直线命令的输入方法

- 按钮命令：【默认】显示选项卡→【绘图】显示面板→【直线】按钮
- 菜单命令：【绘图】→【直线】
- 键盘命令：L↙或 Line↙

2. 直线命令的操作

绘制直线实际就是指定点的位置。执行直线命令后，会出现提示信息，如图 2-13 所示。根据命令行提示信息，指定点位置，可依次指定直线的第 1 点、第 2 点……第 n 点的位置，直至按回车键结束，如图 2-14 所示。

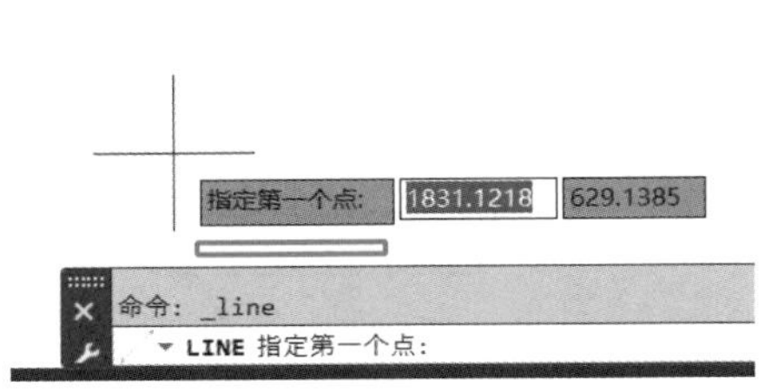

图 2-13 “直线”命令提示信息

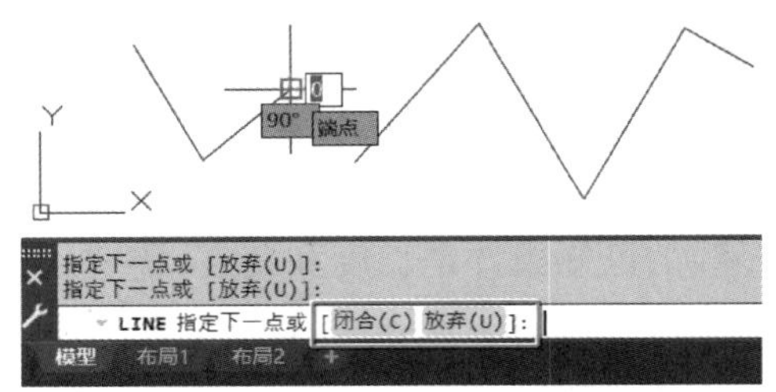

图 2-14 命令行“直线”命令选项信息

指定点位置时，可以用光标在绘图区单击拾取点，也可以输入点的坐标值按回车键确定。当超过 3 个点后，命令行会出现更多提示信息，单击【闭合(C)】，即与第一点连线形成闭合图形并退出命令；单击【放弃(U)】，则取消最近的一点并退回到上一点；按【Esc】键，则取消直线

绘图命令。系统将每两点之间的连线计算为一个对象。

2.4.2　绘制不同几何要求的直线

1. 绘制任意直线

输入直线命令，在绘图区单击，重复移动光标单击，按回车键结束。

2. 绘制任意多边形

如图 2-15a 所示图形，输入直线命令，用光标在绘图区单击，至少拾取 3 个点，命令行提示"指定下一点或[闭合(C)/放弃(U)]:"时，单击【闭合(C)】结束。

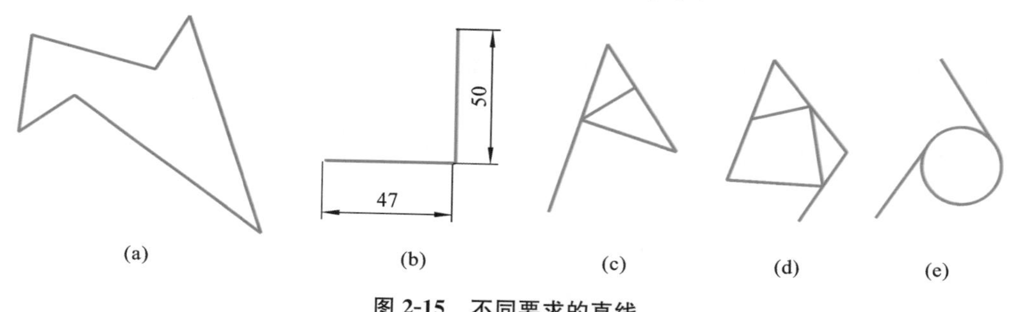

图 2-15　不同要求的直线

3. 绘制任意水平线和垂直线

打开状态栏"正交限制光标"，输入直线命令，移动光标，单击拾取点。

4. 绘制已知长度的水平线和垂直线

如图 2-15b 所示，打开状态栏"正交限制光标"，输入直线命令，在绘图区单击，移动光标指定方向，输入距离数值，按回车键(向右移动，输入"47"，按回车键；向上移动，输入"50"，按回车键)；按回车键结束。

5. 绘制垂线

如图 2-15c 所示，打开状态栏"对象捕捉"捕捉"垂足"功能；输入直线命令，在绘图区单击拾取第一点，再移动光标到垂足点附近，出现"垂足"标记后单击。若没有出现"垂足"标记，检查状态栏"对象捕捉"是否设置捕捉"垂足"。

6. 在特殊点之间连线

如图 2-15d 所示，中点与中点的连线，端点与中点的连线。打开"对象捕捉"捕捉"中点"功能；输入直线命令，移动光标到所需点附近，出现捕捉标记后单击。

7. 绘制圆的切线

如图 2-15e 所示，打开"对象捕捉"捕捉"切点"功能；输入直线命令，在绘图区单击(圆外的点)，移动光标到切点附近，出现"切点"标记后单击，按回车键结束。

8. 绘制已知坐标的直线

如绘制 AB 直线，已知 A(10,20)、B(76,89)。输入直线命令，输入"10,20"，按回车键，输入"76,89"，按回车键；按回车键结束。

9. 绘制已知角度的直线

如绘制与 X 轴正方向成 55°的线，方法如下：

【方法 1】 用“极坐标”输入方式指定下一个点。输入直线命令，在绘图区单击指定第一个点；输入“@99＜55”，按回车键；按回车键结束。“@99＜55”中的“55”是要求的角度，是不能变的；“99”是长度，由于没有指定具体值，是任意取的一个数值，可以改变。

【方法 2】 用状态栏“极轴追踪”功能。设置极轴角度增量为“55”；输入直线命令，在绘图区单击指定第一个点；打开“极轴追踪”模式，在极轴角度附近移动光标，当在极轴角度方向上出现一条临时追踪辅助虚线，并提示追踪方向以及当前光标点与前一点的距离时，单击。

10. 绘制两个圆的公切线

如图 2-16 所示，公切线无法直接用状态栏捕捉功能完成，绘制方法如下：先绘制两个圆；输入直线命令，输入“TAN”按回车键，移动光标到圆附近，出现“切点”标记后单击；再输入“TAN”并按回车键，移动光标到另一圆附近，出现“切点”标记后单击，按回车键结束，完成一条切线的绘制。

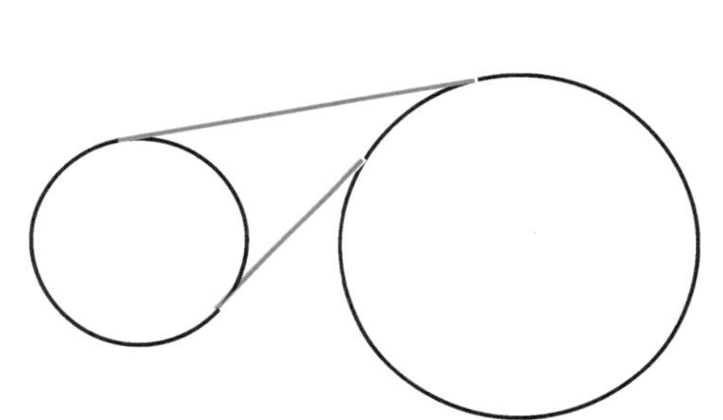

图 2-16 圆公切线的绘制

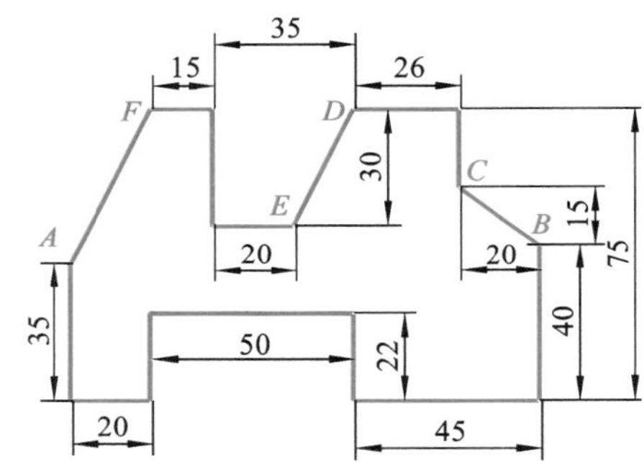

图 2-17 直线命令绘制图形示例

【示例 3】 用直线命令绘制如图 2-17 所示图形。

分析：此图全部由直线组成，因此只需要直线命令就能完成绘制。图上只有 A 点与 F 点之间的相关尺寸不能直接知道，所以可以先从 A 点开始，按逆时针方向依次绘制。

操作步骤如下（也可用其他方法）：

（1）新建文件，并另存文件。

（2）输入直线命令，移动光标在绘图区单击，即确定 A 点位置。

示例 3

（3）打开状态栏“正交限制光标”；向下移动光标给出指引方向，用键盘输入“35”，按回车键；向右移动光标给出指引方向，输入“20”，按回车键；向上移动光标，输入“22”，按回车键；向右移动光标，输入“50”，按回车键；向下移动光标，输入“22”，按回车键；向右移动光标，输入“45”，按回车键；向上移动光标，输入“40”，按回车键；根据提示按回车键结束直线命令，结果如图 2-18a 所示，调整图形显示大小。

（4）用相对直角坐标绘制 BC 直线：打开状态栏“对象捕捉”；输入直线命令；捕捉 B 点单击；根据提示输入“@－20，15”，按回车键。

（5）用直接距离绘出 D 点：向上移动光标，用键盘输入“20”（因为 75－40－15＝20），按回

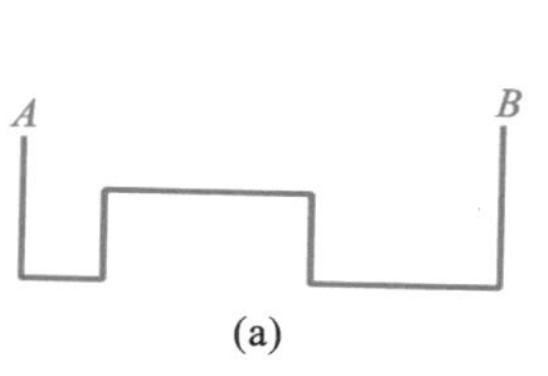

(a)

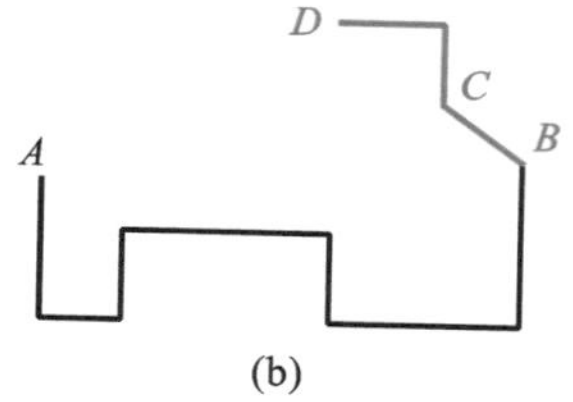

(b)

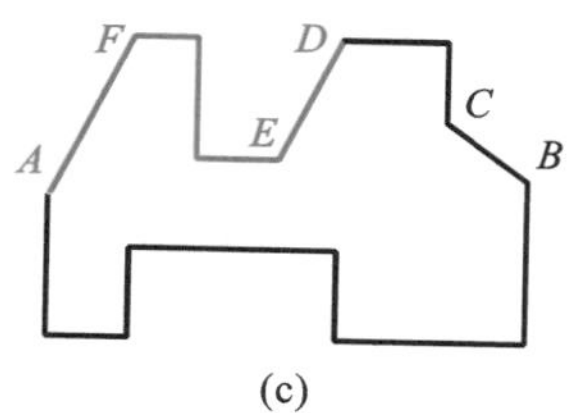

(c)

图 2-18　“示例 3”绘制过程

车键；向左移动光标，输入“26”，并按回车键；按回车键结束直线命令，如图 2-18b 所示。

（6）用相对直角坐标绘出 *E* 点：按回车键重复直线命令；捕捉 *D* 点单击；输入“@－15，－30”（因为 35－20＝15），按回车键；按回车键结束直线命令。

（7）用直接距离绘出 *F* 点：按回车键重复直线命令；捕捉 *E* 点单击；向左移动光标，输入“20”，按回车键；向上移动光标，输入“30”，按回车键；向左移动光标，输入“15”，按回车键。

（8）封闭图形：捕捉到 *A* 点时单击；按回车键结束直线命令，如图 2-18c 所示。

（9）保存文件。

注意：绘制直线确认起始点后，再绘制其他点时，如果在命令行输入坐标则要区分绝对坐标和相对坐标；当在动态输入状态下输入坐标时，第二点输入默认是在相对坐标状态下的，也就是说，直接用绝对坐标的格式输入，它就相当于是相对坐标。

【举一反三 2-2】　绘制由直线组成的图形。

（1）用红色、0.50 mm 的线宽，按 1∶1 比例绘制如图 2-19 所示的平面图形，并以“直线图形习题 2-1”为文件名保存，不用标注。

提示 1：若按尺寸输入，图形显示太小或太大，请通过图形显示缩放功能调整，不要改变输入的尺寸；若图形占满了屏幕，请用图形显示平移功能调整。

提示 2：将【特性】显示面板上“对象颜色”“线宽”分别更换为“红”和“0.50 毫米”，如图 2-20 所示；让状态栏中“显示/隐藏线宽”处于打开模式。

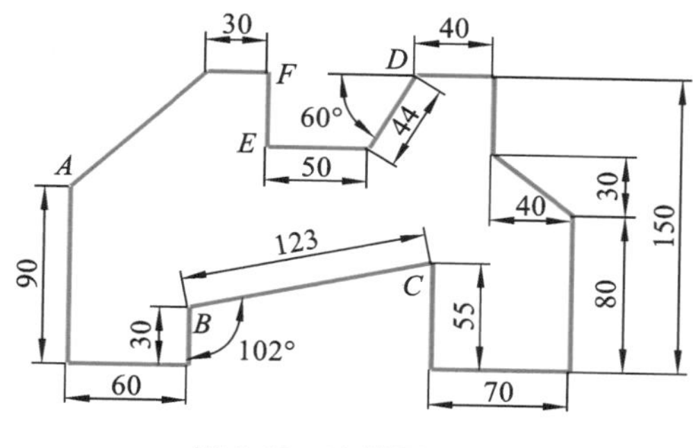

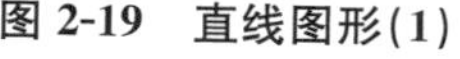
图 2-19　直线图形(1)

图 2-20　更换“特性”

提示 3：①以 *A* 点为起点，按照逆时针方向依次绘制；②由 *B* 点确定 *C* 点时，用相对极坐标，即输入“@123<12”；③确定 *F* 点时，用由 *D* 点对象追踪和由 *E* 点极轴追踪的方法。

（2）用绿色、0.50 mm 的线宽，按 1∶1 比例绘制如图 2-21 所示的平面图形，并以“直线图形习题 2-2”为文件名保存，不用标注。

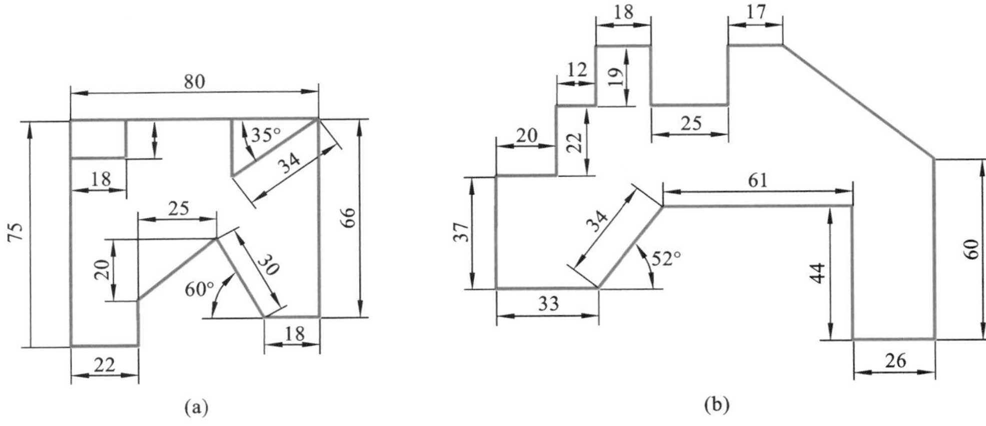

图 2-21　直线图形(2)

2.5　绘　制　圆

各种圆均用圆命令绘制。圆命令提供了六种画圆的方式:“圆心,半径”方式、“圆心,直径”方式、“两点”方式、“三点”方式、“相切,相切,半径”方式、“相切,相切,相切”方式,如图 2-22 所示。根据不同已知条件,选择相应方式,输入条件可方便地绘制圆,如图 2-23 所示。

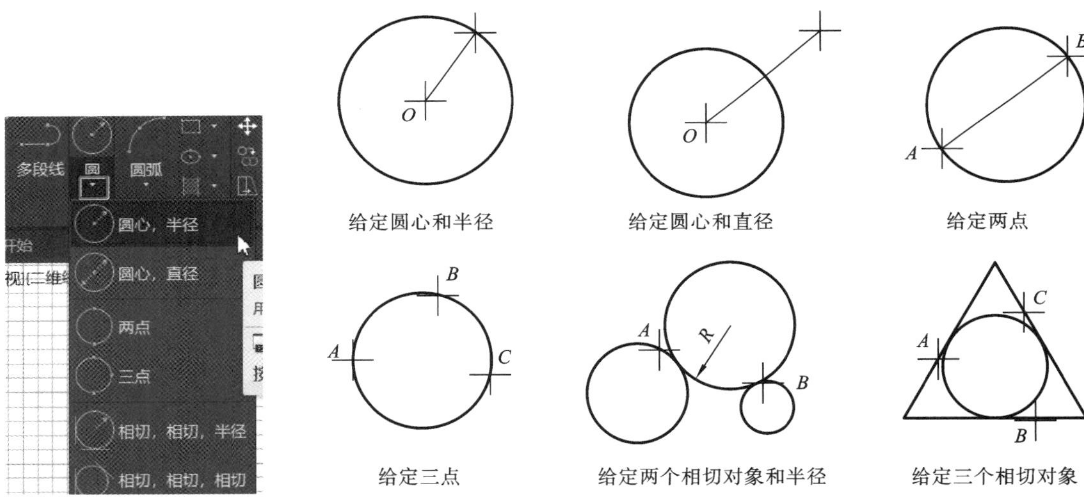

图 2-22　圆命令的六种画圆方式

图 2-23　六种画圆方式的含义

2.5.1　绘制圆命令的输入

- 按钮命令:【默认】显示选项卡→【绘图】显示面板→【圆】→六种画圆方式中的一种
- 菜单命令:【绘图】→【圆】→六种画圆方式中的一种
- 键盘命令:C↙或 CIRCLE↙

2.5.2　操作和选项说明

输入圆命令，命令行有提示信息“CIRCLE 指定圆的圆心或[三点(3P)/两点(2P)/切点、切点、半径(T)]:”，按提示信息和已知条件选择画圆的方式，再按提示信息输入相应的数据即可绘制圆。对六种画圆方式说明如下：

(1)“圆心，半径”方式　通过指定圆心和圆的半径绘制圆。先直接确定圆心的位置，再确定半径。确定圆心的方法有两种，一是在屏幕中单击拾取一点为圆心，拾取点可以是任意点，也可以捕捉特殊点；二是输入圆心的坐标值。确定半径的方法有两种，一是输入半径的值，按回车键；二是在屏幕中拾取一点，该点至圆心的距离为半径值。

(2)“圆心，直径”方式　通过指定圆心和圆的直径绘制圆。与“圆心，半径”方式的操作方法完全一样，只是输入的数值为圆的直径。

(3)“两点(2P)”方式　通过两个点确定一个圆，两个端点间的距离为圆的直径。

(4)“三点(3P)”方式　通过指定圆周上的三个点绘制一个圆。输入命令后，按提示信息依次指定第一点、第二点、第三点。指定三点的方法可以是在绘图区单击拾取点、捕捉特殊点，或输入点的坐标值(三点不得共线)。如绘制图 2-24 所示三角形的外接圆的方法：先用直线命令绘制三角形 ABC，再输入“三点”圆命令，依次捕捉三角形的三个顶点。

(5)“相切，相切，半径(T)”方式　通过选择与圆相切的两个对象、指定圆的半径来画圆，即通过打开“对象捕捉”模式，依次选择两个相切对象，并输入圆的半径。选择两个相切对象时，将光标靠近相切对象，相切的捕捉图标出现后单击，不需要求切点的具体位置。如图 2-25 所示的中间圆的绘制方法：先绘制两边的图形；然后输入“相切，相切，半径”圆命令，按提示信息捕捉一个相切对象，再按提示信息捕捉第二个相切对象，输入半径，按回车键。

(6)“相切，相切，相切”方式　分别指定三个相切对象来绘制一个与指定的三个对象相切的圆。输入“相切，相切，相切”圆命令后，打开“对象捕捉”模式，依次选择三个相切对象。如图 2-26a 所示，中间的圆分别与两个圆和一条直线相切，绘图时，打开“对象捕捉”模式，输入“相切，相切，相切”圆命令后，依次选择两个圆和直线。如图 2-26b 所示，绘制三角形的内切圆，先绘制三角形 ABC，然后输入“相切，相切，相切”圆命令，再用光标分别选择三角形 ABC 的三条边。

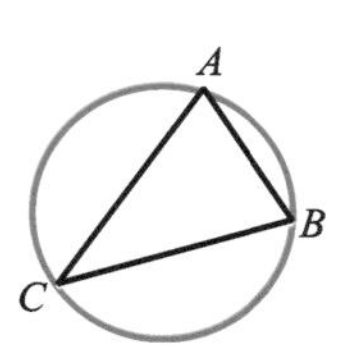

图 2-24　“三点”圆

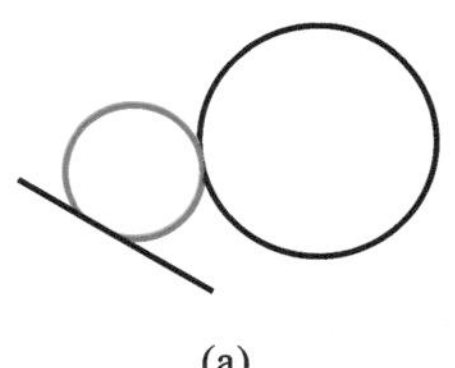

(a)

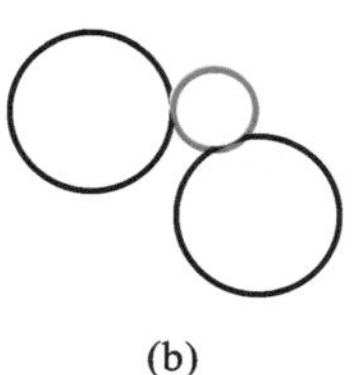

(b)

图 2-25　“相切，相切，半径”圆

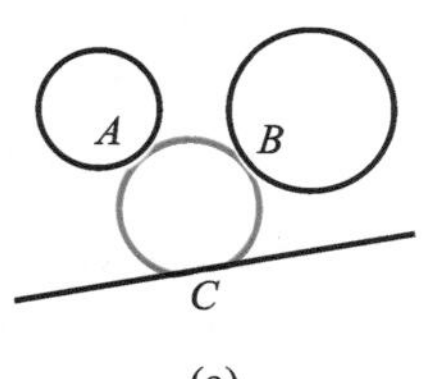

(a)

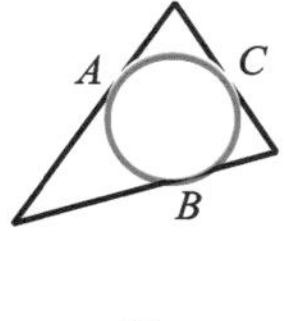

(b)

图 2-26　“相切，相切，相切”圆

【举一反三 2-3】　绘制各种几何要求的圆。

(1) 绘制任意圆(任意位置，任意大小，不同颜色的圆，不同线宽的圆)。(提示：执行命令后，在屏幕上单击两点。)

(2) 绘制已知圆心和半径的圆。(提示：“圆心，半径”方式。)

(3) 绘制已知圆心和直径的圆。(提示:"圆心,直径"方式。)

(4) 用已知直线作直径绘制圆。(提示:"两点"方式。)

(5) 过三点绘制圆。如过三角形顶点作外接圆,如图 2-27a 所示。

(6) 绘制与三个对象相切的圆。如三角形的内切圆,如图 2-27b 所示。

(7) 已知两直线,绘制与它们相切,半径为 58 的圆,如图 2-28a 所示。

(8) 已知两圆,绘制与它们相切,半径为 68 的圆,如图 2-28b 所示。

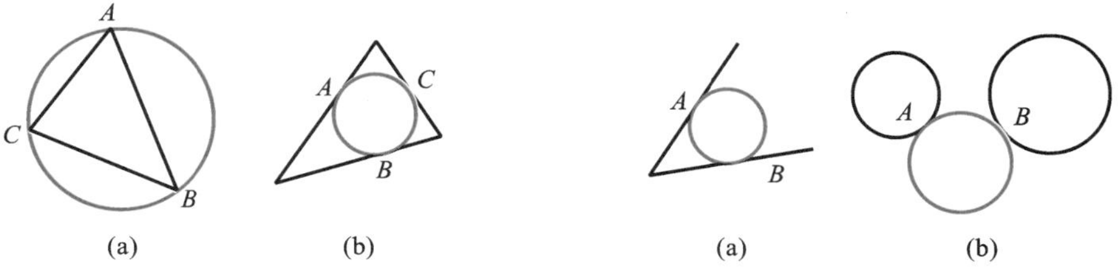

图 2-27　三角形外接圆、内切圆　　**图 2-28　相切圆**

【示例 4】 新建文件,绘制如图 2-29 所示直线和圆组成的图形,并保存文件。图中点 B 是水平直线 AC 的中点,上方大圆经过水平直线 EF 的中点。

分析:图形由直线和圆组成,需要用直线命令和圆命令分别绘制。

示例 4

操作步骤如下:

(1) 输入"新建"命令,弹出"选择样板"对话框,选择"acadiso. dwt"样板文件,再单击【打开】按钮。这样就完成了新建文件的过程,进入绘图界面。

(2) 输入"另存为"命令,弹出对话框,在"保存于"右边的下拉列表中选择保存路径"D:";在"文件名"右边的空格处输入自己的姓名,如图 2-30 所示,单击【保存】按钮,保存文件。

(3) 拖动鼠标中键滚轮,调整图形位置。设置状态栏"对象捕捉"(至少有端点、中点),并打开"对象捕捉"。

(4) 输入"直线"命令;移动光标到绘图区右边空白处单击,即将 A 点定在任意点处;让状态栏"正交限制光标"和"动态输入"处于打开模式,光标指向右,输入"88",按回车键即确定 C 点;光标指向上,输入"21",按回车键即确定 D 点;输入"25,18",按回车键即确定 E 点;将光标指向左,输入"84",按回车键即确定 F 点;输入"60<62",按回车键即确定 G 点;按回车键结束直线命令,结果如图 2-31a 所示。

(5) 输入"保存"命令,同名保存文件。

(6) 输入"圆"命令,移动光标到绘图区 A 点,捕捉到端点单击,移动光标,输入"20",按回车键即绘制了一个圆;继续输入"圆"命令,移动光标到绘图区 AC 的中点附近,捕捉到中点单击,移动光标,输入"11",按回车键即绘制了一个圆,如图 2-31b 所示。

(7) 输入【圆】→【三点】命令,单击 F 点、G 点、直线 EF 的中点并按回车键;输入【圆】→【相切,相切,半径】命令,捕捉下方小圆右下方、AC 直线,输入半径 8 并回车,结果如图 2-31c 所示。滚动鼠标中键,调整图形大小。

(8) 输入"保存"命令,同名保存文件,单击窗口右上角下方的【关闭】按钮,关闭当前绘图窗口。

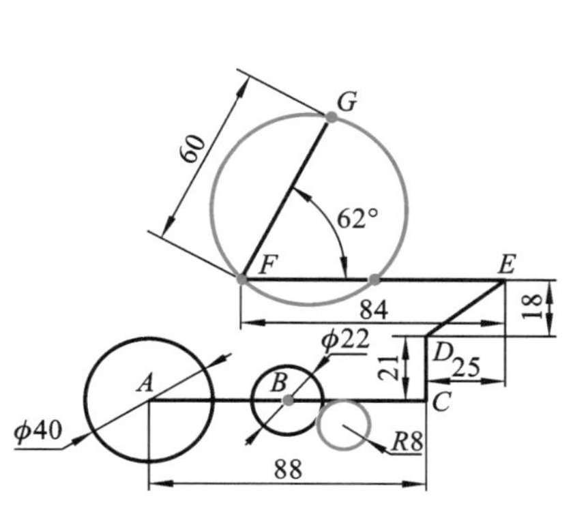

图 2-29　直线和圆组成的图形

图 2-30　“图形另存为”窗口

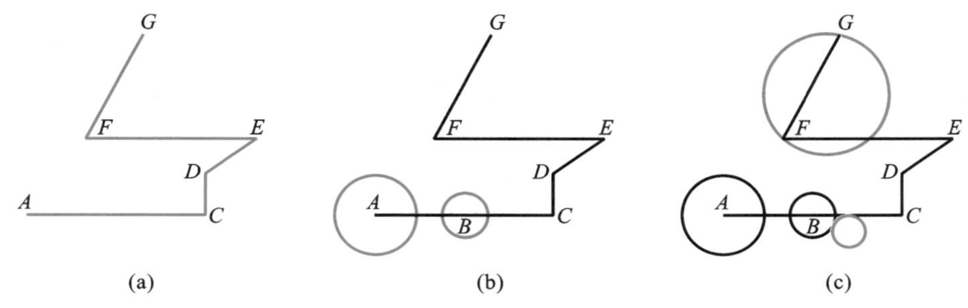

图 2-31　直线和圆组成的图形绘制过程

2.6　绘制正多边形

用多边形命令可按照指定方式绘制具有 3～1024 条边的正多边形。

【体验 3】　绘制图 2-32a 所示正多边形图形。

体验 3

操作方法：单击【默认】显示选项卡→【绘图】显示面板→【矩形】下拉按钮→【多边形】命令→输入“3”，按回车键→在绘图区单击即指定正多边形的中心点→单击“内接于圆”→输入“30”，按回车键。

2.6.1　多边形命令的输入方法

- 按钮命令：【默认】显示选项卡→【绘图】显示面板→【矩形】下拉按钮→【多边形】多边形
- 菜单命令：【绘图】→【多边形】
- 键盘命令：POL↙或 POLYGON↙

2.6.2　多边形命令的操作步骤

输入多边形命令后，命令行提示“POLYGON 输入侧面数<4>：”；输入边数数值后按回车键，命令行提示变为“指定正多边形的中心点或【边(E)】:”，此时，可以“指定正多边形的中心点”，也可以选择“边”，要根据所绘图形的已知条件而定。

在“动态输入”打开状态下，输入多边形命令后，光标旁边也会有一系列的提示，例如：“输入侧面数 <4>: 4”，输入边数的数值后按回车键，光标旁边会提示“指定正多边形的中心点或”，指定中心点后光标旁边会提示“输入选项 内接于圆(I) 外切于圆(C)”，单击选择“内接于圆(I)”或者“外切于圆(C)”后，光标旁边又会出现提示“指定圆的半径: 208.2945”，这时只要输入指定的数值再按回车键，正多边形就绘制完毕。

2.6.3 多边形命令选项的操作方法

有三种画正多边形的方式，即内接于圆(I)方式、外切于圆(C)方式和边长(E)方式，绘图时根据已知条件选择不同的方式。

1. 内接于圆的正多边形画法

绘制如图 2-32 所示正多边形可选择此方法，图中已知正多边形的外接圆半径为 30，即已知正多边形中心到顶点的距离为 30。绘制图 2-32c 的操作方法：输入“多边形”命令→输入“5”，按回车键→捕捉一点指定正多边形的中心点→单击“内接于圆”方式→输入“30”，按回车键。

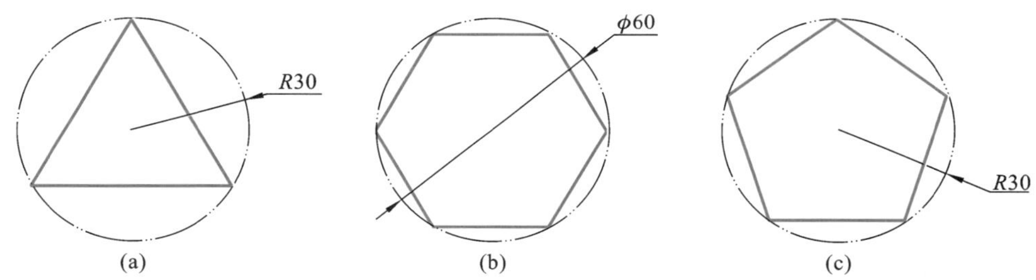

图 2-32 正多边形内接于已知圆

(1) 指定正多边形中心点的方法有两种：一是输入正多边形的中心点坐标值按回车键确认；二是在屏幕上单击拾取一点作为正多边形的中心点。

(2) 确定正多边形外接圆的半径的方法有两种：一是输入正多边形外接圆的半径值按回车键确认；二是在屏幕上单击拾取一点，该点与中心点之间的距离即为正多边形外接圆的半径。

2. 外切于圆的正多边形画法

绘制如图 2-33 所示正三角形和正六边形可选择此方法，图中已知正三角形和正六边形的内切圆半径，即正多边形中心到各边中点的距离已知。

操作方法：输入“多边形”命令→输入多边形边数，按回车键→指定正多边形的中心点→单击“外切于圆”方式→输入多边形内切圆的半径，按回车键。绘制如图 2-33b 所示正六边形的方法：输入“多边形”命令；输入“6”，按回车键确认；捕捉一点指定正多边形的中心点；单击“外切于圆”；输入半径“23”，按回车键。

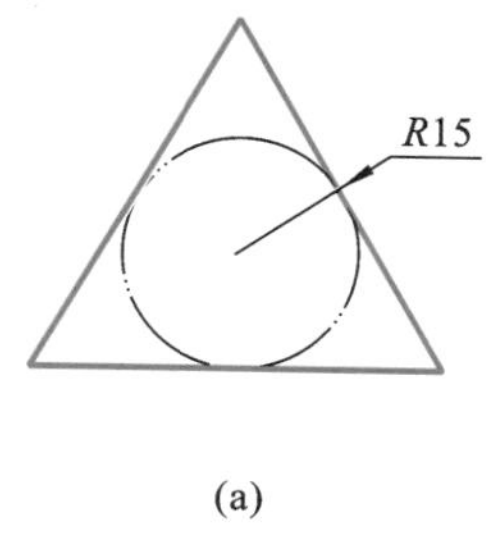

(a)

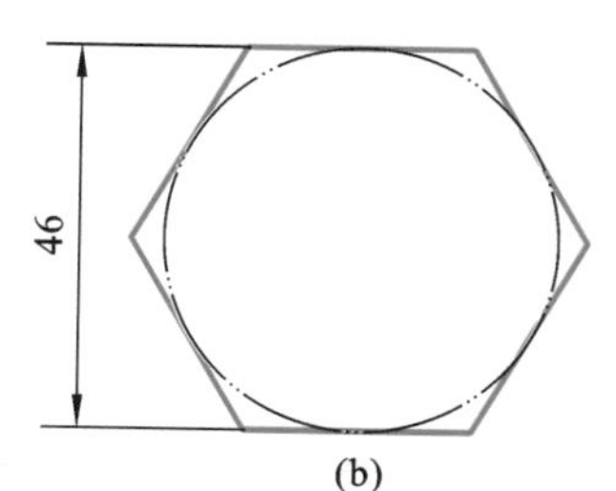

(b)

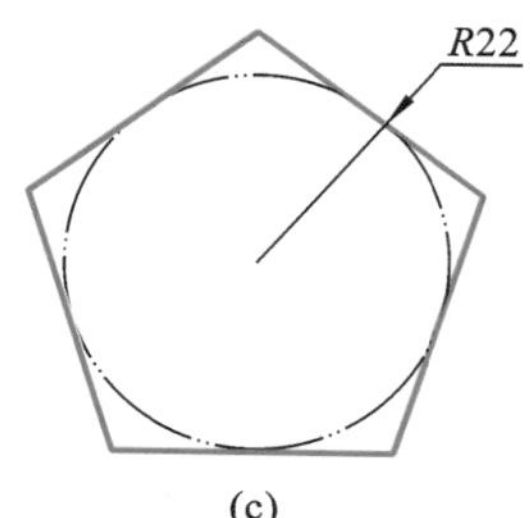

(c)

图 2-33　正多边形外切于已知圆

3. 根据边长绘制正多边形

绘制如图 2-34 所示正三角形和正六边形可选择此方法，图中已知正多边形的边长。

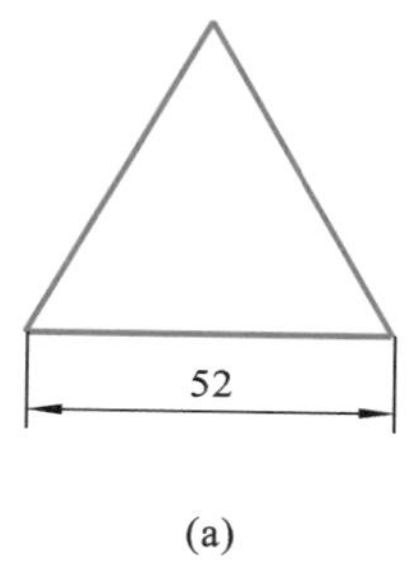

(a)

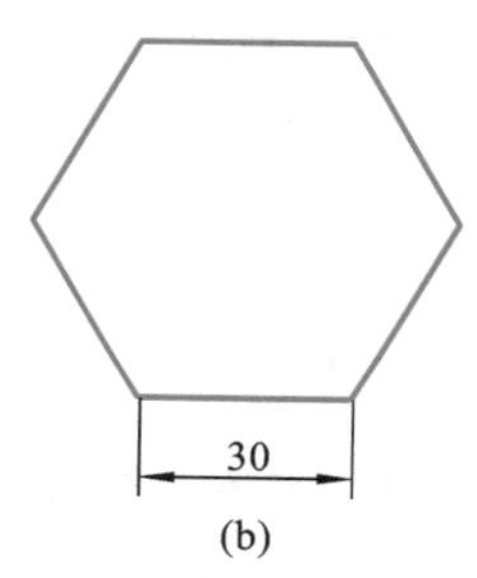

(b)

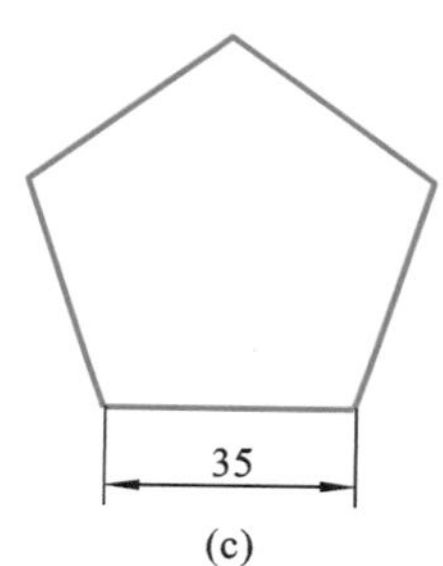

(c)

图 2-34　已知正多边形的边长

操作方法：输入“多边形”命令→给定多边形边数，按回车键→单击“边(E)”方式→指定多边形一条边的一个顶点→指定多边形的另一个顶点。指定边的顶点的方法有两种：一是拾取点；二是输入点的坐标值。绘制如图 2-34c 所示正五边形的方法：启动“多边形”命令；输入边数“5”，按回车键；单击“边(E)”；在绘图区单击，即指定边的第一个端点；将光标向右移动，从键盘输入边长“35”，按回车键。

2.6.4　绘制倾斜的正多边形

绘制倾斜的正多边形时，可根据具体情况进行旋转。在输入正多边形对应的圆半径或边长时，输入“@对应半径(边长)值<旋转角度”，“@”后的数值为对应半径，“<”后的数值为正多边形的旋转角度，正值为逆时针旋转，负值为顺时针旋转。如果状态栏的“动态输入”处于打开状态，在输入正多边形对应的内切或外接圆半径时，也可直接输入“对应半径数值<旋转角度”。例如用正多边形内接于圆方式指定半径时，若输入“@29<－15”，按回车键，得到如图 2-35a所示正六边形；用正多边形外切于圆方式指定半径时，若输入“@30<25”，按回车键，得到如图 2-35b 所示正六边形；用正多边形边长方式指定第二个顶点时，若输入“@35<45”，按回车键，效果如图 2-35c 所示。

注：一个正多边形记为一个整体对象，如果要对某条边进行操作，需先进行“分解”。

【举一反三 2-4】　修改绘图区的背景颜色为黄色，绘制图形。

(1) 绘制如图 2-36 所示图形。绘制正五边形，外接圆半径是 55；绘制顶点间的直线；交点和中间处绘制点，并用图示的点样式显示。绘制一个样条曲线，样条曲线经过顶点和绘制的点。

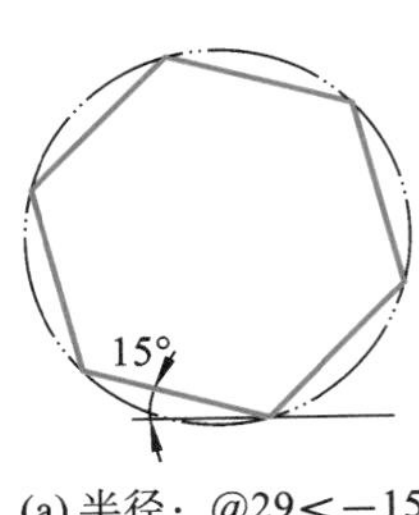

(a) 半径：@29<−15

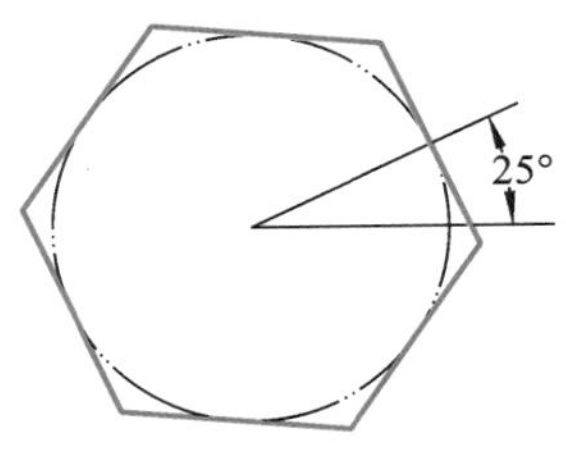

(b) 半径：@30<25

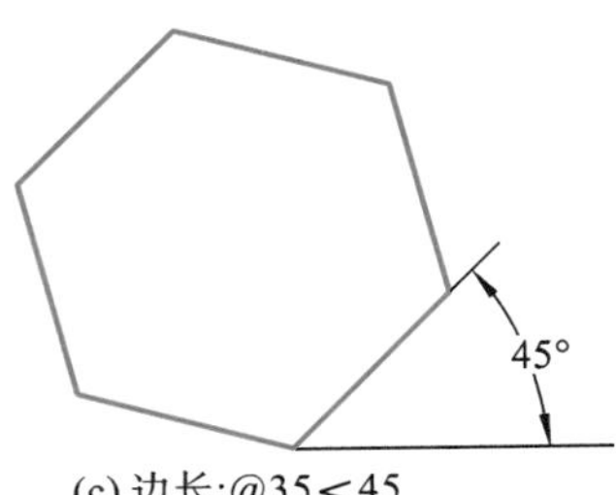

(c) 边长:@35<45

图 2-35　指定旋转角度的正多边形

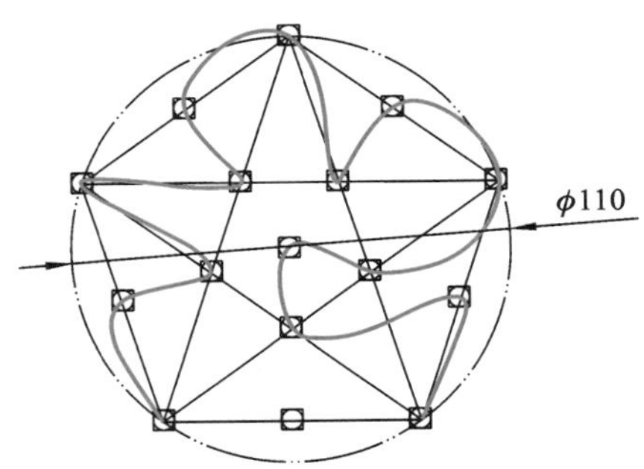

图 2-36　样条曲线绘制

（2）按尺寸用 1∶1 比例绘制图 2-37 所示图形。（自己选择线颜色和线宽。）

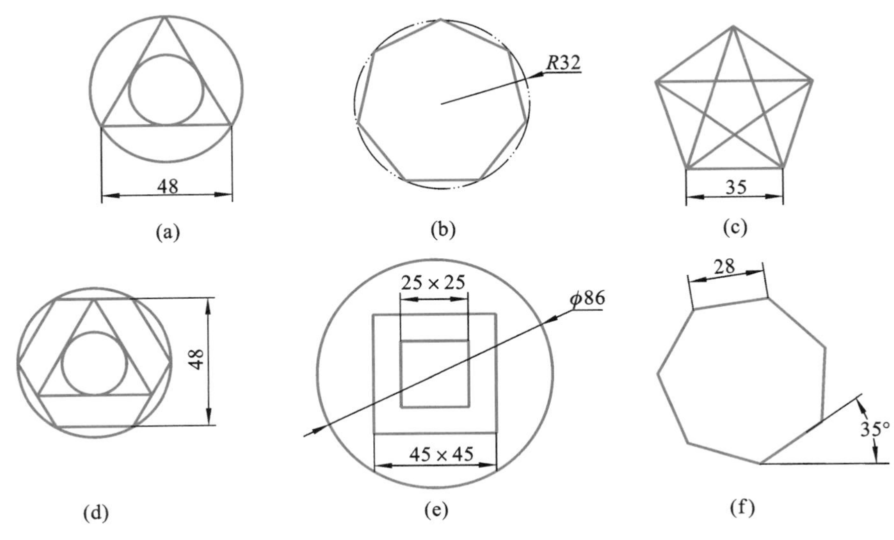

图 2-37　正多边形绘制

2.7　绘制矩形

用矩形命令可直接绘制矩形，而不需要绘制四条线来完成。矩形是作为一个整体来处理的，如果要对某条边进行操作，则需先用“分解”命令将其边改为单个对象。输入命令的方式

如下：

- 按钮命令：【默认】显示选项卡→【绘图】显示面板→【矩形】按钮
- 菜单命令：【绘图】→【矩形】
- 键盘命令：REC↙或 RECTANG↙

输入“矩形”命令后，命令行有提示信息“指定第一个角点或[倒角(C)/标高(E)/圆角(F)/厚度(T)/宽度(W)]：”，按提示信息操作。默认绘制矩形的方法是指定角点的方法，即先确定矩形的一个角点，再输入另一个角点相对于第一个角点的相对坐标值或输入尺寸，如图 2-38a 所示。在“动态输入”打开状态下，输入矩形命令后，光标旁边有提示“指定第一个角点或 3377.7898 259.7252”，指定第一个角点后，光标旁边的提示变成“指定另一个角点或”。矩形命令还可以绘制一些带修饰的矩形，如带圆角、倒角，指定线宽的矩形。对应选项的说明如下：

(1)“圆角(F)”选项　绘制带圆角的矩形。输入矩形命令，单击【圆角(F)】选项后，再指定矩形的圆角半径，继续操作，如图 2-38b 所示。

(2)“倒角(C)”选项　绘制带倒角的矩形。输入矩形命令，单击【倒角(C)】选项后，指定矩形的第一个倒角距离，再指定矩形的第二个倒角距离，继续操作，如图 2-38c 所示。

(3)“宽度(W)”选项　按指定的宽度绘制矩形。输入矩形命令，单击【宽度(W)】选项后，指定矩形的线宽，再继续操作，如图 2-38d 所示。

(4)“尺寸(D)”选项　在指定了第一个角点后，命令行有提示信息“指定另一个角点[面积(A)/尺寸(D)/旋转(R)]：”，“尺寸(D)”是根据尺寸确定矩形的第二个角点。在指定了第一个角点后，单击【尺寸(D)】选项，指定长度和宽度，再选择将第一个角点放置在左上角或左下角，从而使矩形处在不同的位置。

(5)“旋转(R)”选项　绘制倾斜放置的矩形。在指定了第一个角点后，单击【旋转(R)】选项，输入旋转角度，再按前述方法绘制矩形，如图 2-38e 所示。

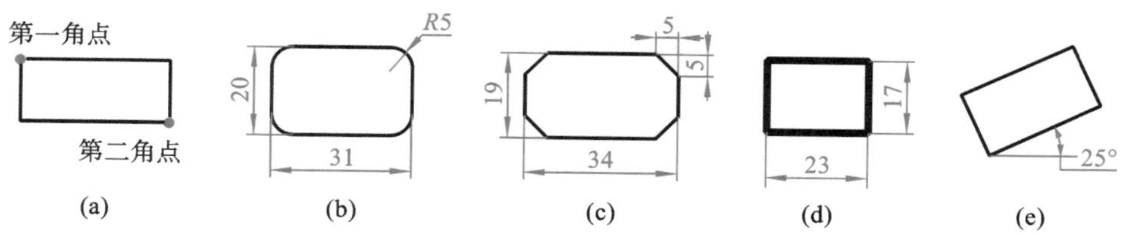

图 2-38　绘制矩形

注：执行矩形命令时，默认上一次的设置；若上一次设置了倒角、圆角或宽度，可重新设置相应参数。

2.8　绘制修订云线

用修订云线命令可绘制如图 2-39 所示云状线。可以通过选择角点或多边形点或者拖动光标来创建新的修订云线，也可以将对象(如圆、多段线、样条曲线或椭圆)转换为修订云线。输入命令的方式如下：

- 按钮命令:【默认】显示选项卡→【绘图】显示面板→【修订云线】(见图 2-40)
- 菜单命令:【绘图】→【修订云线】
- 键盘命令:Revcloud ↙

图 2-39　云状线示例

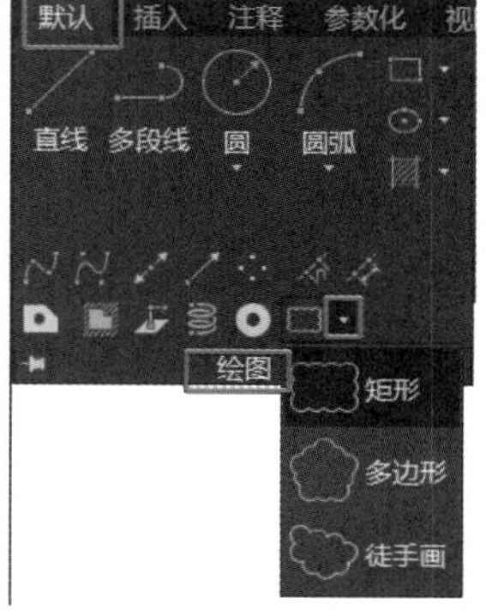

图 2-40　修订云线按钮

(1) 输入"矩形修订云线"命令→提示"指定第一个点或[弧长(A)/对象(O)/矩形(R)/多边形(P)/徒手画(F)/样式(S)/修改(M)]<对象>:"→单击指定起点→移动光标,可按移动的路径画出云状线→单击指定终点。

(2) 输入"徒手画修订云线"命令→提示"指定第一个点或[弧长(A)/对象(O)/矩形(R)/多边形(P)/徒手画(F)/样式(S)/修改(M)]<对象>:"→单击指定起点→移动光标,可按移动的路径画出云状线→按回车键停止移动,进行选项→按回车键结束。

(3) 输入"多边形修订云线"命令→提示"指定第一个点或[弧长(A)/对象(O)/矩形(R)/多边形(P)/徒手画(F)/样式(S)/修改(M)]<对象>:"→单击指定起点→移动光标,可按移动的路径画出云状线,单击指定另一个点→重复移动光标单击…→按回车键结束。

(4) 选项【对象】用于指定要转换为云线的对象。如图 2-41 所示,输入修订云线命令→提示"指定第一个点或[弧长(A)/对象(O)/矩形(R)/多边形(P)/徒手画(F)/样式(S)/修改

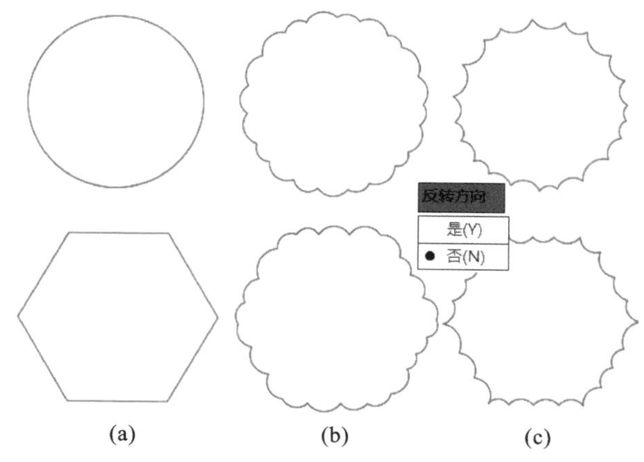

图 2-41　绘制对象的云状线及反转方向

(M)]＜对象＞:"→按回车键→按提示，单击圆，如图 2-41a 所示→提示"反转方向[是(Y)/否(N)]＜否＞"→若按回车键，则结果如图 2-41b 所示；若单击【是(Y)】，则结果如图 2-41c 所示。

(5)【反转方向】用于在凸弧和凹弧之间反转修订云线中的圆弧样式，如图 2-41 所示。

【示例 5】 将如图 2-41a 所示正六边形转换为图 2-41b、c 所示修订云线。

操作步骤：输入修订云线命令→提示"指定第一个点或[弧长(A)/对象(O)/矩形(R)/多边形(P)/徒手画(F)/样式(S)/修改(M)]＜对象＞:"→按回车键→单击正六边形→提示"反转方向[是(Y)/否(N)]＜否＞"→若按回车键，则结果如图 2-41b 所示；若单击【是(Y)】，则结果如图 2-41c 所示。

2.9　绘制组合线

【体验 4】 绘制图 2-42 所示组合图形。

操作步骤：单击【默认】显示选项卡→【绘图】显示面板→【多段线】，即输入"多段线"命令，提示"指定起点:"→在绘图区单击指定一点作为多段线的起点→命令行提示"指定下一点或[圆弧(A)/半宽(H)/长度(L)/放弃(U)/宽度(W)]:"，打开状态栏【正交限制光标】，向右移动光标单击一个点→按提示信息单击【宽度(W)】→提示"指定起点宽度＜0.0000＞:"→输入"2"并按回车键→提示"指定端点宽度＜0.0000＞:"→输入"2"并按回车键→向右移动光标单击一次→根据提示单击【宽度(W)】→根据提示输入"5"并按回车键→根据提示输入"0"并按回车键→根据提示向右移动光标单击一次→根据提示单击【圆弧(A)】→单击【宽度(W)】→输入"3"并按回车键→输入"6"并按回车键→关闭状态栏【正交限制光标】，移动光标单击→移动光标单击一次→输入"8"并按回车键→输入"0"并按回车键→移动光标单击一次→移动光标单击一下→按回车键结束。

图 2-42　多段线绘制示例

用多段线命令绘制由直线和弧线组成的不同线宽的图形，每段起点、终点的线宽可变，可绘制起点、终点宽度不同的线。当某宽度为零时，可画出尖点，如图 2-43 所示。整条多段线是一个实体。输入命令的方式如下：

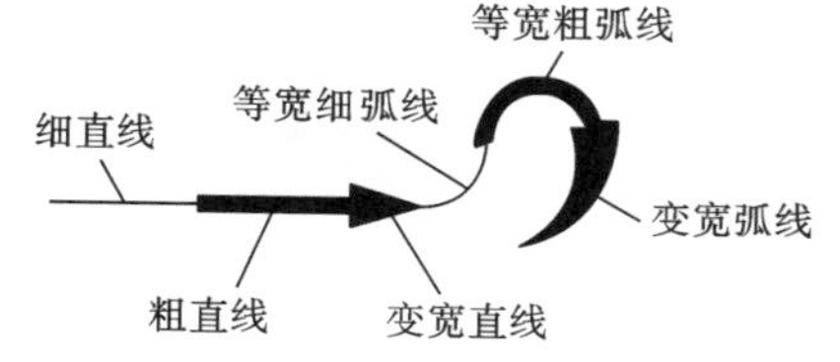

图 2-43　由不同线宽的直线、弧线组成的多段线

- 按钮命令：【默认】显示选项卡→【绘图】显示面板→【多段线】按钮
- 菜单命令：【绘图】→【多段线】
- 键盘命令：PL↙或 PLINE↙

操作步骤：输入"多段线"命令→在绘图区指定一点作为多段线的起始点→指定下一点或选项→根据提示和选项操作，可完成多段线的绘制。直接指定下一点，绘制直线；单击【圆弧(A)】后绘制圆弧；单击【宽度(W)】后修改宽度大小。

项目 3　编辑图形

【本项目之目标】

掌握选择对象的方法；能够用删除、移动、复制、修剪、偏移、镜像等修改命令编辑图形；能够用夹点编辑图形。

【体验 1】　绘制如图 3-1a 所示图形，再将其编辑成图 3-1b 所示图形。

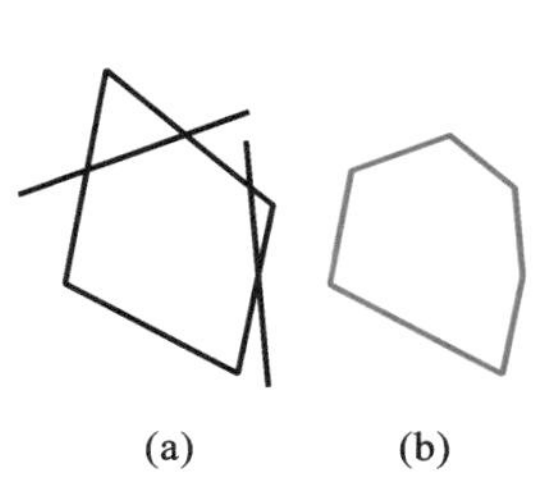

(a)　　(b)

图 3-1　体验修剪对象

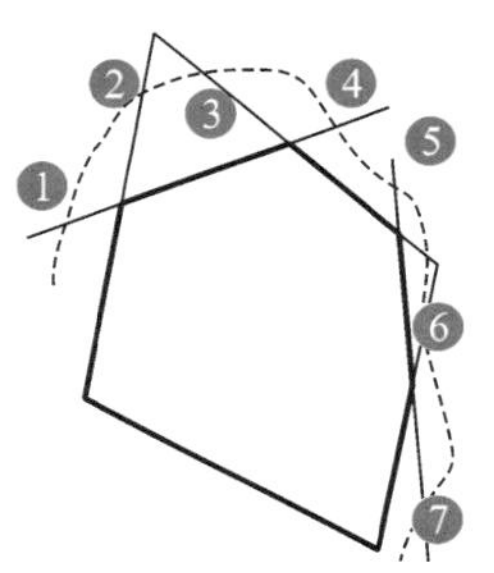

图 3-2　要修剪的图形

体验 1

操作步骤如下：

（1）新建图形文件，并保存文件。

（2）绘制如图 3-1a 所示图形。单击【默认】显示选项卡→【绘图】显示面板→【直线】按钮，移动光标到绘图区单击，移动光标到左下方单击，移动光标到右下方单击，移动光标到右上方单击，单击提示信息“闭合”，如图 3-1a 所示的四边形就绘制完成了。按回车键，继续执行直线命令，移动光标到绘图区四边形的左边单击，移动光标到四边形的右边单击，按回车键，结束直线命令，图 3-1a 中上方的直线就绘制完成了。按回车键，继续执行直线命令，移动光标到四边形的右边偏上位置单击，移动光标到四边形右下位置单击，按回车键，结束直线命令，图 3-1a 中右边的直线就绘制完成了。

（3）修剪图形。单击【默认】显示选项卡→【修改】显示面板→【修剪】 修剪 按钮，移动光标到图 3-2 所示的图形上，拖动鼠标依次滑过①、②、③、④、⑤、⑥、⑦这几段直线，然后按回车键完成图形，完成后的图形如图 3-1b 所示。

（4）原名保存图形文件，退出文件。

绘制图形时先用绘图命令绘制各基本几何要素，再用修改命令对图形进行编辑从而得到所需图形。AutoCAD 提供了多个修改命令。在用修改命令编辑图形时，都需要选择被编辑的对象，因此先学习选择对象的操作。

3.1　选择对象

3.1.1　直接拾取方式选择对象

当出现“选择对象:”时,绘图区的十字光标变成了一个小方框,这个小方框叫作对象拾取框。在出现“选择对象:”或“命令:”提示时,移动光标,将对象拾取框移到所要选择的对象上单击,该对象变为虚像显示或出现蓝色小框,即表示该对象已被选中,如图 3-3 所示。直接拾取方式每单击一次只选一个对象,一般用于选择少量对象的情形。可重复操作来选择多个对象。

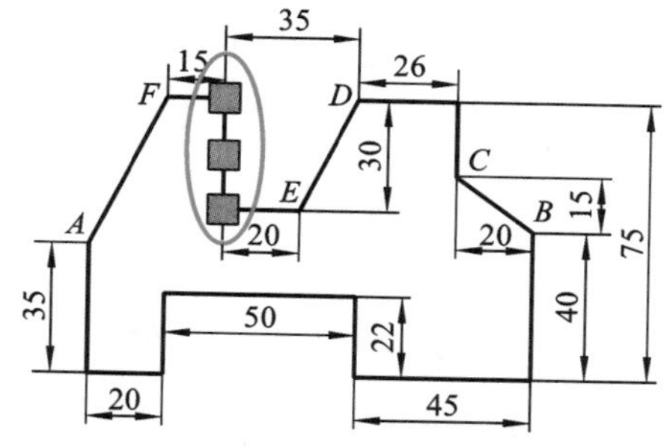

图 3-3　直接拾取方式选择对象

3.1.2　窗口方式选择对象

如果需要选择较多对象,且这些对象比较集中,则可使用窗口方式,即通过从左到右指定两个角点确定一个矩形窗口,完全包含在窗口内的所有对象将被选中,与窗口相交的对象不在选中之列。窗口方式一般用于精确选择对象。操作方法:在出现“选择对象:”或“命令:”提示时,先在给出窗口的左上或左下角点单击,再向右下或右上移动光标到给出窗口的右下或右上角点单击,完全处于窗口内的对象变为虚像显示或出现蓝色小框,即被选中,如图 3-4 所示。

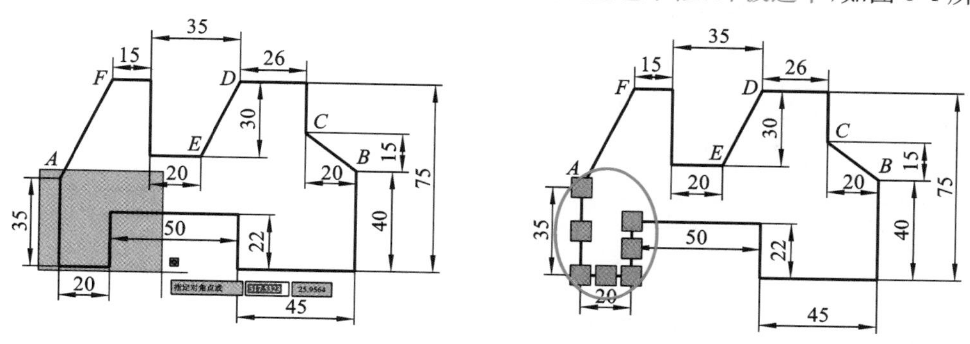

图 3-4　窗口方式选择对象

3.1.3　窗交方式选择对象

窗交方式也称为交叉窗口方式,即通过从右到左指定两个角点确定一个矩形窗口,与窗口相交的对象和窗口内的所有对象都在选中之列。在出现“选择对象:”或“命令:”提示时,先在给出窗口的右上或右下角点单击,再向左下或左上移动光标到给出窗口的左下或左上角点单击,则完全和部分处于窗口内的所有对象都变为虚像显示或出现蓝色小框,即表示这些对象已被选中,如图 3-5 所示。窗交方式一般用于选择对象数量较多的情形,也用于快速选择大量对象。

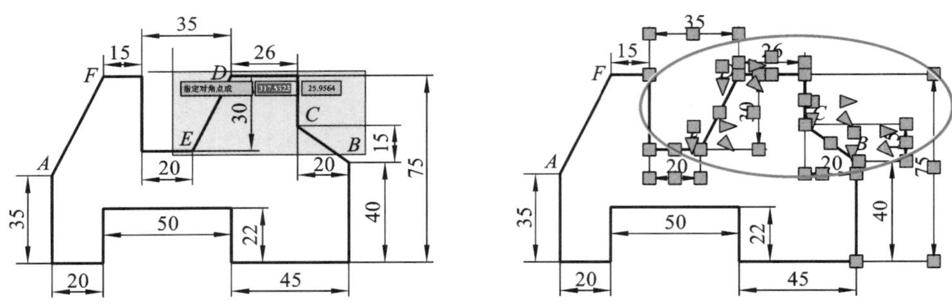

图 3-5　窗交方式选择对象

3.1.4　套索选择对象

套索选择是窗口选择命令的一种延伸，使用方法和窗口选择命令类似。当鼠标围绕对象拖动时，将生成不规则的套索选区，根据拖动方向的不同，套索分为窗口套索和窗交套索两种。

窗口套索类似于窗口方式选择对象，即完全包含在窗口套索选区内的所有对象将被选中。窗口套索操作方法：在出现“选择对象：”或“命令：”提示时，在绘图区按住左键，向左拖动，提示“MOVE 窗口（W）　套索”，光标旁边也会出现图标，此时无论顺时针还是逆时针拖动，绘图区域都会出现一个不规则的蓝色窗口套索选区，松开左键，完全包含在窗口套索选区内的所有对象将被选中，如图 3-6 所示。

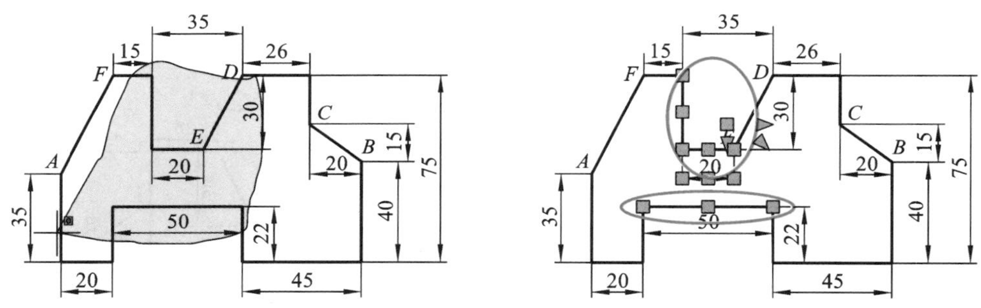

图 3-6　窗口套索方式选择对象

窗交套索类似于窗交方式选择对象，即与窗交套索选区相交的对象和窗交套索选区内的所有对象都在选中之列。窗交套索操作方法：在出现“选择对象：”或“命令：”提示时，在绘图区按住左键，向右拖动，提示“MOVE 窗交（C）　套索”，继续拖动，光标旁边也会出现图标，此时无论顺时针还是逆时针拖动，绘图区域都会出现一个不规则的绿色窗交套索选区，松开左键，与窗交套索选区相交的对象和完全包含在窗交套索选区内的所有对象将被选中，如图 3-7 所示。

3.1.5　选择全部对象方式

使用“全部”方式可将图形中除冻结、锁定层之外的所有对象选中。当提示为“选择对象：”时，从键盘输入“ALL”，按回车键即可选中所有对象，也可直接使用快捷键“【CTRL】+【A】”

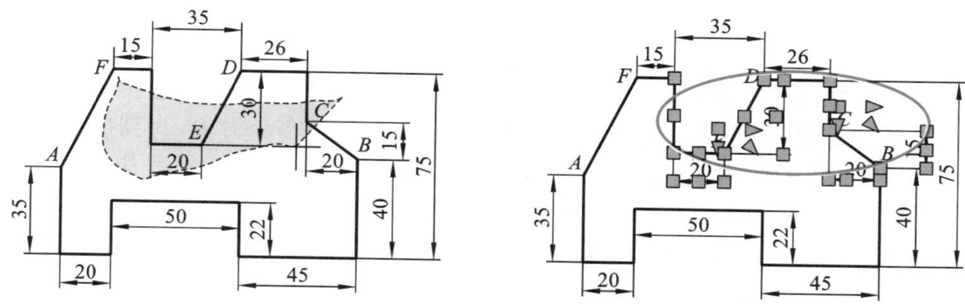

图 3-7　窗交套索方式选择对象

进行全选。

注：上述各种选取对象方式可在同一命令中交叉使用。

3.1.6　放弃选中对象

若想放弃已选中对象，则按【Esc】键。

3.2　删除对象

删除对象用于去掉绘图过程中产生的多余对象或错误对象。删除对象是去掉一个整体对象，如去掉一条直线、一个整圆。若想去掉直线的一段或将圆变成圆弧，则不能用删除命令。

输入命令的方式如下：

- 按钮命令：【默认】显示选项卡→【修改】显示面板→【删除】按钮
- 菜单命令：【修改】→【删除】或【编辑】→【删除】
- 键盘命令：E↙或 ERASE↙

执行“删除”命令后，提示“选择对象：”，选择需要删除的对象，每次选择后，会继续提示“选择对象：”，可继续选择对象，对象选择完毕后按回车键，则所选对象就消失了。执行“删除”命令后，在提示“选择对象：”时，若键入“ALL”，按回车键，全部图形将被删除，可用来快速清理绘图区。

要删除对象，还可以先选择对象，然后按键盘上的【Delete】键。运用删除命令时，可以按上述顺序，先输入命令再选择对象，也可以先选择对象再输入删除命令。其他的编辑命令也与此相同。

3.3　修剪对象

绘图过程中产生的多余的整体对象可用“删除”命令去掉，但若只需要去掉对象的一部分，则要用“修剪”命令。输入命令的方式如下：

- 按钮命令：【默认】显示选项卡→【修改】显示面板→【修剪】修剪按钮
- 菜单命令：【修改】→【修剪】
- 键盘命令：TR↙或 TRIM　↙

输入“修剪”命令，拖动鼠标从需要修剪的部分上滑过或者单击需要修剪的部分，可选择多个对象，直到按回车键结束。

也可以输入“修剪”命令→单击“剪切边(T)”选项→选择用来修剪的边界对象，可选择多个对象或全部，直到按回车键→选择需要修剪的部分，可选择多个对象，直到按回车键结束。要去掉部分的对象是修剪对象，能与修剪对象形成交点作为分界点的对象是边界对象。

【示例 1】 将图 3-8a 所示图形修剪成图 3-8c 所示图形。

示例 1

操作步骤如下：用直线命令绘制图 3-8a 所示图形；输入“修剪”命令，提示“选择要修剪的对象，或按住 Shift 键选择要延伸的对象或”；将光标指向直线 *DE* 的中间段上，如图 3-8b 所示，呈现修剪预览状态，单击，直线 *DE* 的中间段消失；将光标指向直线 *FG* 的左段，单击，直线 *FG* 的左段消失；将光标指向 *FG* 的右段，单击，*FG* 的右段消失，如图 3-8c 所示，按回车键结束。

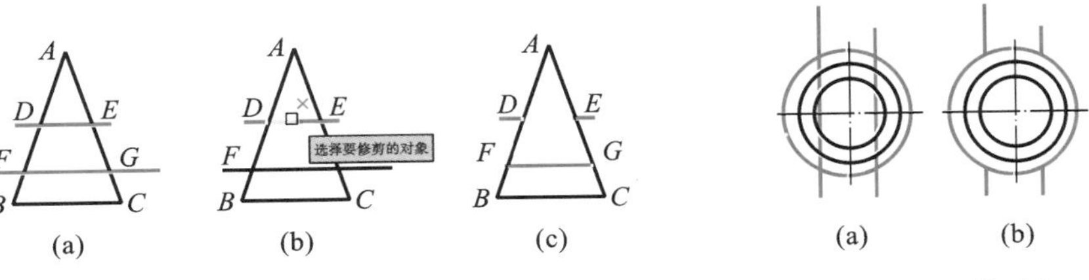

图 3-8 修剪对象示例

图 3-9 修剪对象

若中间线段太多，例如，若想将图 3-9a 所示图形修剪成图 3-9b 所示图形，两条直线是修剪对象，大圆是边界对象，两条直线的中间线段即大圆内部分是要修剪的部分，所以，可以在输入修剪命令后，单击提示中的“剪切边(T)”，再选择大圆为边界，按回车键结束边界的选择；然后将光标分别指向两条直线的中间线段并单击，只单击 2 次，按回车键结束，就可以得到图 3-9b所示图形。

3.4 偏移对象

【体验 2】 如图 3-10 所示，在直线 *AB* 左侧作与直线 *AB* 距离为 21 mm 的平行线。

体验 2

操作步骤如下：

(1) 新建图形文件，并保存文件。绘制如图 3-10a 所示直线图形。

(2) 单击【默认】显示选项卡→【修改】显示面板→【偏移】按钮，在“动态输入”打开状态下，光标旁边提示“指定偏移距离或”，输入“21”按回车键；单击直线 *AB*，在直线 *AB* 的左侧任意位置单击，按回车键结束，得到图 3-10b 所示图形。同名保存并退出文件。

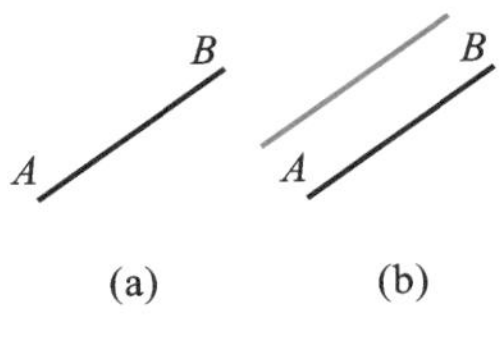

图 3-10 偏移对象

对于已知间距的平行直线或者较复杂的相似图形，可只画出一个图形，其他的用偏移命令绘制。偏移命令在绘制图形中常用于绘制平行线、同心圆和等距曲线等。由于图形定位尺寸很多是指平行线之间的距离，因此“偏移”命令很常用。输入命令的方式如下：

- 按钮命令:【默认】显示选项卡→【修改】显示面板→【偏移】按钮

- 菜单命令:【修改】→【偏移】
- 键盘命令:O↙或 Offset↙

输入“偏移”命令后,提示“指定偏移距离或[通过(T)/删除(E)/图层(L)]<通过>:”,根据已知条件选择,再按提示信息完成图形绘制。“指定偏移距离”即指定已知平行距离,是默认方式,也是常用方式。“通过”即指定通过的某点,单击“通过(T)”或者输入【T】后按回车键,即选择此方式。

1. 指定距离方式进行偏移是将已有对象按给定数值而产生新的对象

输入“偏移”命令→输入偏移距离值,按回车键→选择偏移对象(用直接拾取方式)→指定偏移所得对象在源对象的哪一侧(在源对象的一侧单击)→绘制相同间距的对象(重复操作:选择偏移对象→指定偏移侧)→按回车键结束绘制,并退出命令。

【示例 2】 如图 3-11 所示,在直线 AB 左侧作三条间距为 11 mm 的平行线。

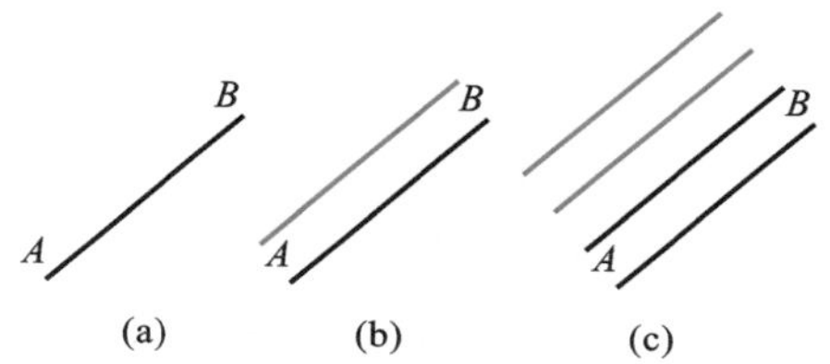

示例 2

图 3-11　按间距偏移对象

操作步骤如下:

(1) 绘制直线 AB。

(2) 输入“偏移”命令,提示“指定偏移距离或[通过(T)/删除(E)/图层(L)]:”。

(3) 输入“11”,按回车键,提示“选择要偏移的对象或[通过(T)/退出(E)/放弃(U)]:”。

(4) 单击选择 AB 作为偏移对象,提示“选择要偏移的那一侧上的点或[退出(E)/多个(M)/放弃(U)]”;在 AB 的左侧任意位置单击,如图 3-11b 所示。

(5) 重复选择新直线并在其左侧任意位置单击,重复两次,按回车键结束,如图 3-11c 所示。

2. 用通过方式进行偏移是将已有对象通过指定的点而产生新的对象

【示例 3】 如图 3-12a 所示,过矩形左上角点 C 绘制直线 AB 的平行线。

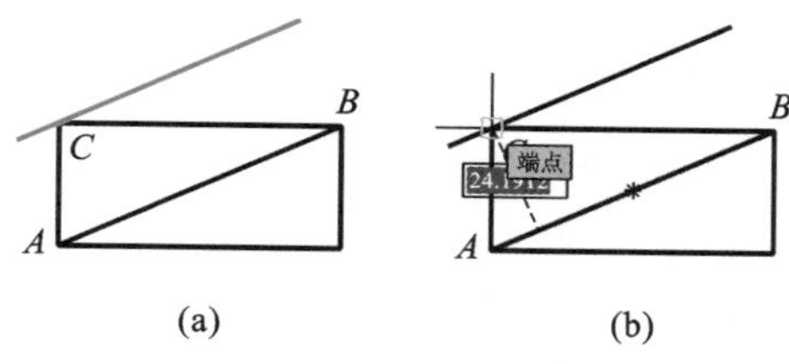

示例 3

图 3-12　过点偏移对象

操作步骤如下:

(1) 绘制矩形和直线 AB。

(2) 输入“偏移”命令,单击“通过(T)”,选择 AB 作为偏移对象。

(3) 捕捉矩形左上角点 C,单击,即可产生所需平行线,如图 3-12b 所示;按回车键结束。

【任务 1】 绘制如图 3-13a 所示图形，不用标注尺寸。

分析：此图主要由直线组成，先绘制直线再编辑；主要用到“直线”“偏移”“修剪”等命令。

绘制步骤如下：

第 1 步 新建图形文件，并保存文件。设置状态栏“对象捕捉”(按常用设置)。

第 2 步 将【特性】显示面板中的“线宽”改为 0.50 mm；打开状态栏“显示/隐藏线宽”，打开状态栏“正交限制光标”。用直线命令绘制上、下水平线和左垂直线，连线完成外框图。用显示命令调整图形的大小和位置。

第 3 步 用偏移命令将下方水平线向上方偏移 10、38 得到水平线，用偏移命令将左边竖直线向右方偏移 83 得到一条竖直线，再将该竖直线向左偏移 48 得到另一条竖直线，如图 3-13b所示。

第 4 步 用修剪命令剪去矩形外框多余的线，用直线命令绘制 48°角度线，完成图形如图 3-13c 所示。用修剪命令剪去矩形外框多余的线，如图 3-13d 所示。

第 5 步 保存文件，关闭文件。

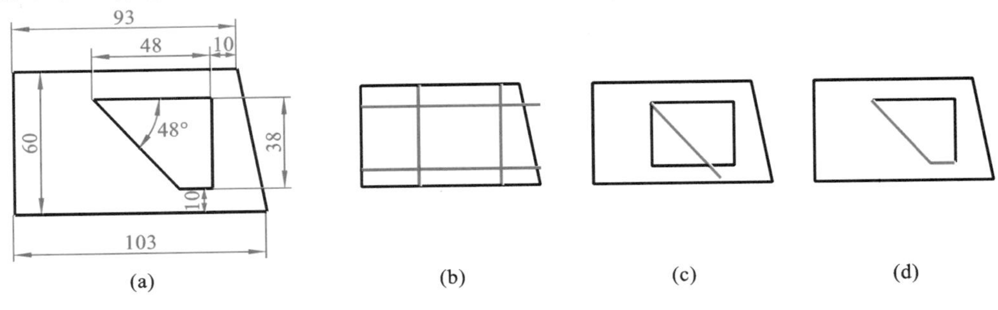

图 3-13 任务 1 图

【举一反三 3-1】 绘制图 3-14 所示图形。(提示：用偏移命令和修剪命令。)

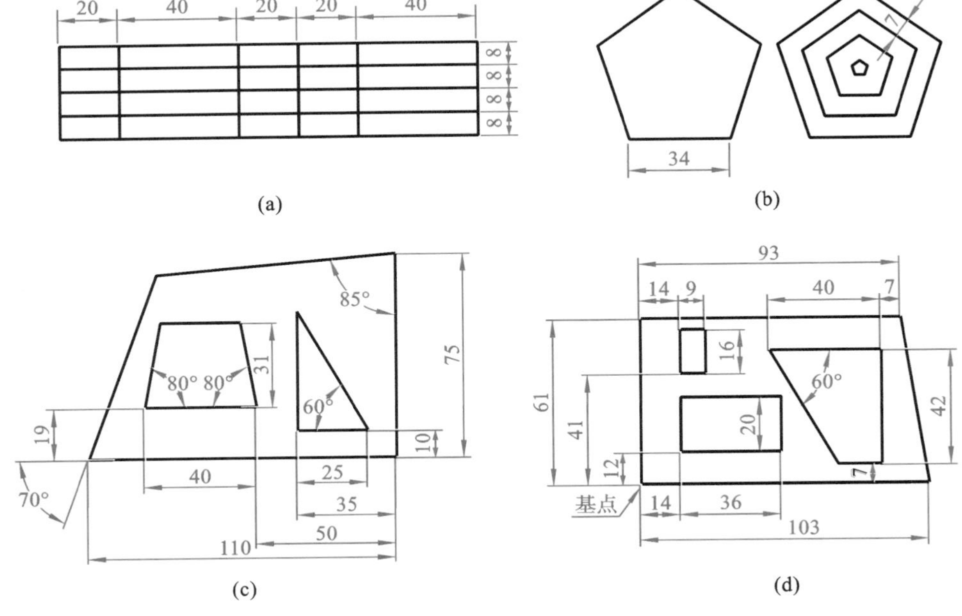

图 3-14 偏移对象训练图

【任务 2】 绘制如图 3-15 所示吊钩，不用标注尺寸。

分析：此图主要由圆和直线组成，先绘制直线确定圆心，再绘制圆。本题主要用到“直线”“偏移”“圆”“修剪”等命令。

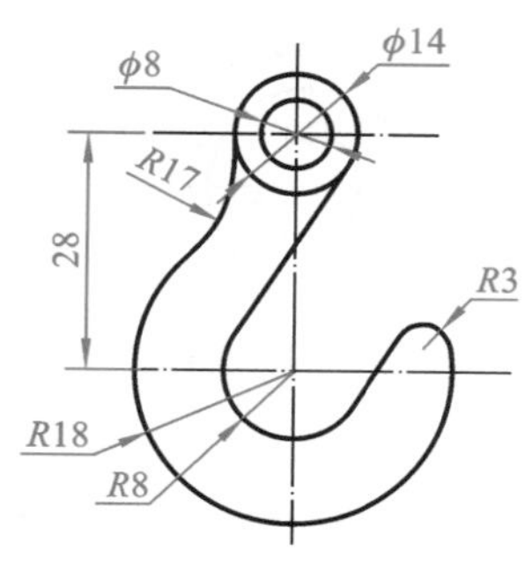

图 3-15　吊钩

绘制步骤如下：

第 1 步　新建图形文件，并保存文件。设置状态栏“对象捕捉”(按常用设置)。

第 2 步　加载“点画线”线型。单击【特性】显示面板上“线型”右边的下拉按钮，单击选择“其他…”，出现对话框；单击【加载】按钮，出现“加载或重载线型”对话框；让光标指向“ACAD_ISO04W100”，单击，再单击【确定】按钮，可观察到“ACAD_ISO04W100”已加入“线型管理器”对话框中了；单击【确定】按钮，退出对话框。

第 3 步　在适当位置绘制点画线。

(1) 打开状态栏“正交限制光标”。用直线命令绘制上方 ϕ14 与 ϕ8 同心圆的水平线和垂直线。水平线可取长度 44 左右，垂直线可取长度 60 左右。

(2) 用显示命令调整图形的大小和位置。

(3) 更换直线线型特性为点画线。选择直线对象，单击【特性】显示面板上“线型”右边的下拉按钮，单击“ACAD_ISO04W100”，直线就变成点画线了。按【Esc】键取消选中的对象，如图 3-16a 所示。

(4) 用偏移命令将水平线向下方偏移 28 得到下方一条水平点画线，如图 3-16b 所示。

第 4 步　将【特性】显示面板上的“线宽”改为 0.50 mm，打开状态栏“显示/隐藏线宽”。绘制 ϕ8、ϕ14、*R*8、*R*18 四个圆，如图 3-16c 所示。

第 5 步　输入直线命令；输入“TAN”，回车，单击 ϕ14 圆的右半部分；输入“TAN”，回车，单击 *R*8 圆的左半部分；回车退出命令，绘制出如图 3-16d 所示的公切线。

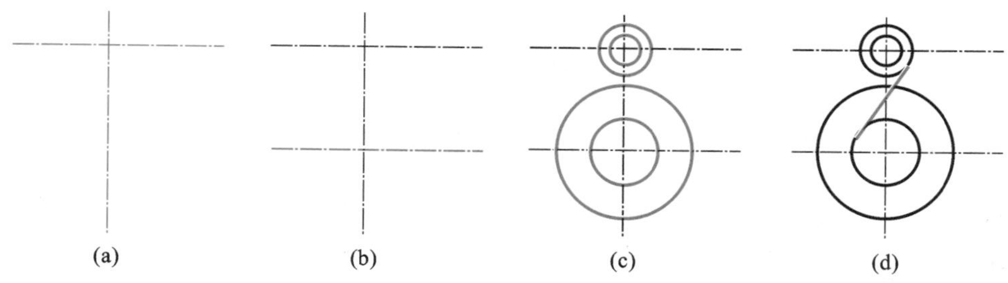

图 3-16　吊钩的绘制过程(一)

第 6 步　用偏移命令偏移 16 绘制公切线右下方的平行线，如图 3-17a 所示。

第 7 步　用圆命令的“相切，相切，半径(T)”选项绘制右边 *R*3 圆和左边 *R*17 圆，如图 3-17b所示。用修剪命令剪去多余的图线，完成图形，如图 3-17c 所示。

第 8 步　绘制辅助线作边界线，用修剪命令将上方的点画线剪短，如图 3-17d 所示。

第 9 步　保存文件，关闭文件。

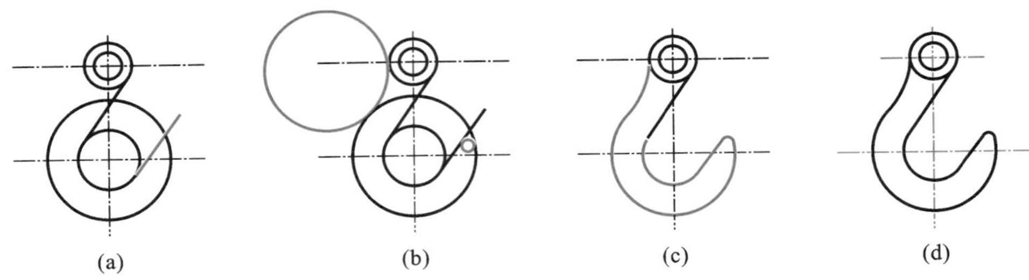

图 3-17　吊钩的绘制过程(二)

【举一反三 3-2】　绘制图 3-18 所示图形(不用标注尺寸)。

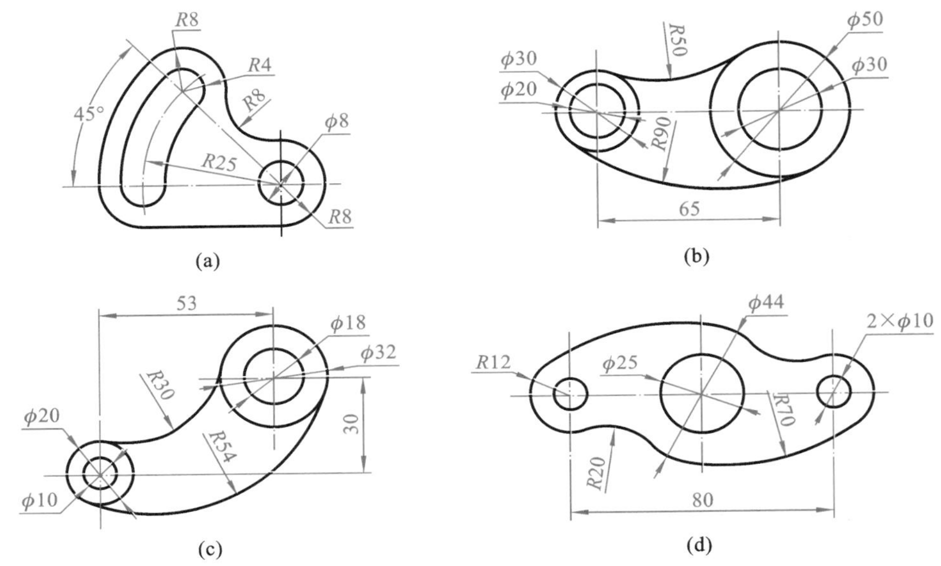

图 3-18　训练图

3.5　移动对象

【体验 3】　先绘制图 3-19a 所示图形,再将其编辑成图 3-19c 所示图形。

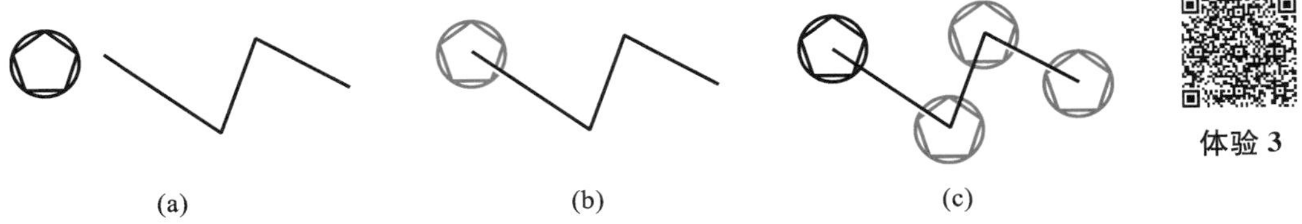

图 3-19　移动对象和复制对象

操作步骤如下:

(1) 新建图形文件,并保存文件。

(2) 绘制如图 3-19a 所示图形。输入直线命令,绘制如图 3-19a 所示的直线;输入圆命令,

绘制如图 3-19a 所示的圆；输入多边形命令，捕捉圆心，绘制如图 3-19a 所示的正五边形。

（3）执行“移动”命令。单击【默认】显示选项卡→【修改】显示面板→【移动】移动按钮，光标旁边提示“选择对象”选择对象:；选择如图 3-19a 所示的圆和正五边形，再按回车键；提示“指定基点或”指定基点或，移动光标到图 3-19a 中圆的圆心处并单击；移动光标到直线的左端点单击，圆和正五边形就移动到直线的左端点了，如图 3-19b 所示。

（4）执行“复制”命令。单击【默认】显示选项卡→【修改】显示面板→【复制】复制按钮，提示“选择对象”选择对象:；选择如图 3-19b 所示的圆和正五边形，再按回车键；提示“指定基点或”指定基点或，移动光标到图 3-19b 中圆的圆心处并单击，然后移动光标到直线的各个端点处，依次单击，圆和正五边形就复制到直线的各端点处了，如图 3-19c 所示。

（5）原名保存图形文件，并退出此文件。

若绘制的图形定位不准确，不需要将其删掉重新绘制，只要用移动命令将图形移到所需位置。通过“移动”命令可以将选中的对象移到指定的位置。输入命令的方式如下：

- 按钮命令：【默认】显示选项卡→【修改】显示面板→【移动】移动按钮
- 菜单命令：【修改】→【移动】
- 键盘命令：M↙或 MOVE↙

输入“移动”命令→选择要移动的对象，并按回车键确认→指定基点→指定目标点，并退出命令。基点是移动对象上的点，目标点是放置新对象的位置点。移动过程中产生的新对象在寻找目标点时，光标始终与基点位置重合。基点和目标点可以用左键在绘图区直接拾取，也可以输入坐标。

移动对象有两种方式，一种是指定点方式，一种是指定位移方式。指定点方式移动对象是先捕捉基点，再指定目标点，即以捕捉的两个点来确定移动的方向和距离。指定位移方式移动对象是在打开状态栏“正交限制光标”时通过直接输入被移动对象的位移（即相对距离）来定位，提示“指定第二点：”时，打开状态栏“正交限制光标”，移动光标指定一个方向，从键盘输入距离值，按回车键退出命令。

【示例 4】　将图 3-20a 所示图形中的圆和正五边形向下移动 30。

操作步骤：打开状态栏“正交限制光标”→输入移动命令→选择圆和正五边形，按回车键→单击圆的圆心为基点，如图 3-20b 所示→向下移动光标，输入 30，如图 3-20c 所示→按回车键结束。

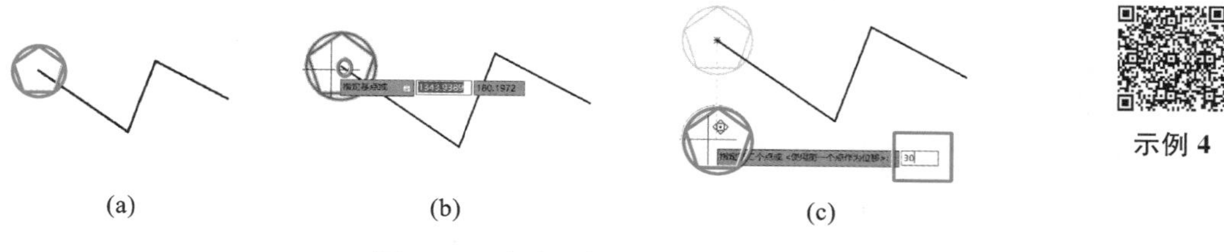

(a)　(b)　(c)

示例 4

图 3-20　移动对象

提示：“移动”命令与“平移”命令是不同的，“平移”命令只是显示变化，图中各对象的相对位置以及它们的绝对坐标均不发生改变，而“移动”命令则会使坐标和相对位置发生改变。

3.6 复制对象

对于无规律分布的相同的图形，一般只需要绘制一个或一组，再用复制命令绘制其他相同图形。此处的“复制”命令是指【修改】显示面板→【复制】复制按钮，不是“编辑”菜单里面的“复制”按钮。“复制”命令可以将选中的对象复制一个或多个到指定的位置，可精确定位复制。

输入命令的方式如下：

- 按钮命令：【默认】显示选项卡→【修改】显示面板→【复制】复制按钮
- 菜单命令：【修改】→【复制】
- 键盘命令：CO↙、CP↙或 COPY↙

输入“复制”命令→选择要复制的对象，按回车键确认→指定基点→指定目标点→可继续指定目标点→直到按回车键结束，并退出命令。基点是参考点，目标点是放置新对象的位置点，复制过程中产生的新对象在寻找目标点时，光标始终与基点位置重合。基点和目标点可以在绘图区直接单击拾取，也可以输入坐标。若需复制多个，则选择多个目标点。

复制对象有两种方式，一种是指定点方式，一种是指定位移方式。指定点方式复制对象是先捕捉基点，再指定目标点，即以捕捉的两个点来确定复制的方向和距离。指定位移方式复制对象是在打开状态栏“正交限制光标”时通过直接输入被复制对象的位移(即相对距离)来定位，提示“指定第二点：”时，打开状态栏“正交限制光标”，移动光标指定一个方向，从键盘输入距离值，按回车键退出命令。

【示例 5】 如图 3-21a 所示，复制圆，使圆的圆心位于 A 点处。

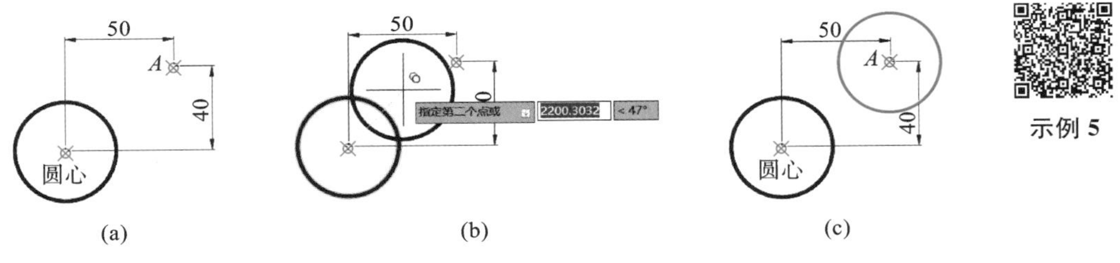

图 3-21 复制对象

【方法 1】 输入“复制”命令，提示“选择对象：”时选择圆并按回车键确定；提示“指定基点：”时捕捉圆的圆心为基点，提示“指定第二点：”时向右上移动光标，如图 3-21b 所示；捕捉点 A 单击为目标点，按回车键退出命令，如图 3-21c 所示。

【方法 2】 输入“复制”命令后，提示“选择对象：”，选择圆并按回车键确定；提示“指定基点：”时捕捉圆的圆心为基点，提示“指定第二点：”；向右上移动光标，如图 3-21b 所示，输入 A 点相对于圆心的相对坐标值“@50，40”(在“动态输入”打开状态下，可以直接输入默认相对坐标值(50，40))，按回车键退出命令，如图 3-21c 所示。

注：移动对象与复制对象的操作方法相同，但移动对象与复制对象应用情况不同，复制是在新的位置上产生相同对象，源对象还在；移动则是在新的位置上产生相同对象，源对象不要了。

【示例 6】　绘制如图 3-22a 所示图形，再将上下图之间距离拉开 40。

示例 6

操作步骤如下：

第 1 步　新建图形文件，并保存文件。

第 2 步　绘制如图 3-22a 所示图形的左边图形(俯视图和主视图)。

(1) 执行【特性】显示面板上的“线型”命令，将线型更改成“点画线”ACAD_ISO04W100。

(2) 输入直线命令，绘制图 3-22a 中的主视图和俯视图中的点画线。

(3) 执行【特性】显示面板上的“线型”命令，将线型更改成默认状态———ByLayer。

(4) 输入圆命令，捕捉十字点画线的交点，以交点为圆心绘制圆。

(5) 输入直线命令，利用“对象捕捉”功能捕捉圆的左象限点和右象限点，并利用追踪功能绘制三角形上的横线，如图 3-22b 和图 3-22c 所示；完成三角形绘制，如图 3-22d 所示。

第 3 步　复制图形，完成右边图形(左视图)。打开状态栏上的“正交限制光标”，单击【默认】显示选项卡→【修改】显示面板→【复制】，选择对象为主视图图形，按回车键；指定图形上任意一点为基点，向右移动光标，如图 3-22e 所示，在合适位置单击，效果图如图 3-22a 所示。

第 4 步　移动圆的位置。输入移动命令，选择对象为下方图(俯视图)，按回车键；单击圆的圆心为基点，向下移动光标，输入 40，按回车键，结果如图 3-22f 所示。

第 5 步　原名保存图形文件，并退出文件。

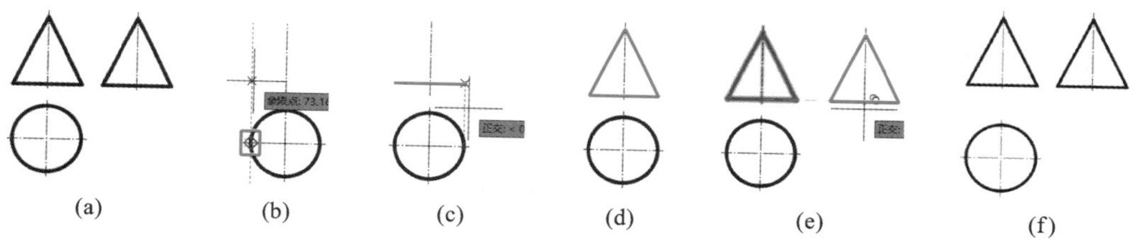

(a)　(b)　(c)　(d)　(e)　(f)

图 3-22　复制和移动对象

3.7　镜 像 对 象

“镜像”命令是将选中的对象按指定的两点作为对称轴线进行对称复制，如图 3-23 所示。所以对称的图形，一般只需要绘制一半，再用“镜像”命令得出另一半，从而提高绘图速度。

(a) 源对象　(b) 镜像后(不删除源对象)　(c) 镜像后(删除源对象)

图 3-23　镜像对象

输入命令的方式如下：

- 按钮命令：【默认】显示选项卡→【修改】显示面板→【镜像】镜像按钮
- 菜单命令：【修改】→【镜像】
- 键盘命令：MI↙或MIRROR↙

输入“镜像”命令→选择镜像对象，可选择多个对象，直到按回车键确认进入下一步→单击镜像线上一个点→单击镜像线上另一个点(需要在镜像线上拾取两点)→选择是否删除源对象，默认是“否”，一般可直接按回车键。

【示例7】 将图3-24a所示图形，用镜像命令，以线段AB为对称线绘制下半部分图形。

操作步骤如下：

示例7

(1) 输入“镜像”命令，提示“选择对象：”。

(2) 选择图3-24a所示图形对象，点画线可以不选择，仍提示“选择对象：”，可继续选择要镜像的对象，若对象选择完毕，按回车键结束对象选择，提示“指定镜像线的第一点：”。

(3) 将光标指向A点处，单击，提示“指定镜像线的第二点：”。

(4) 将光标指向B点处，单击，提示“要删除源对象吗？[是(Y)/否(N)]<N>：”。

(5) 直接按回车键，选择不删除源对象，自动退出命令。镜像后的图形如图3-24b所示。

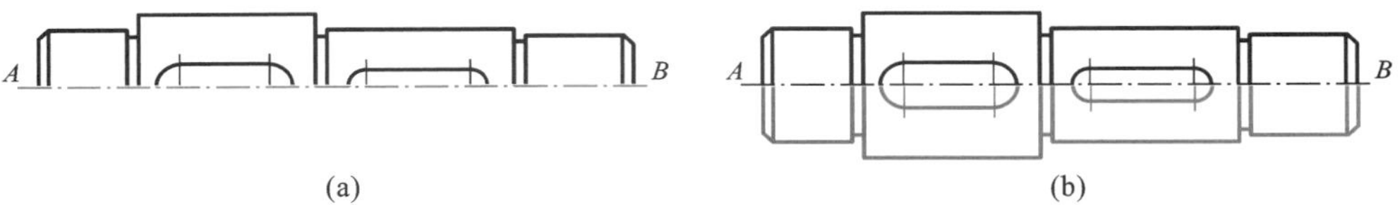

图3-24 镜像对象示例

【举一反三3-3】 绘制图3-25所示图形。

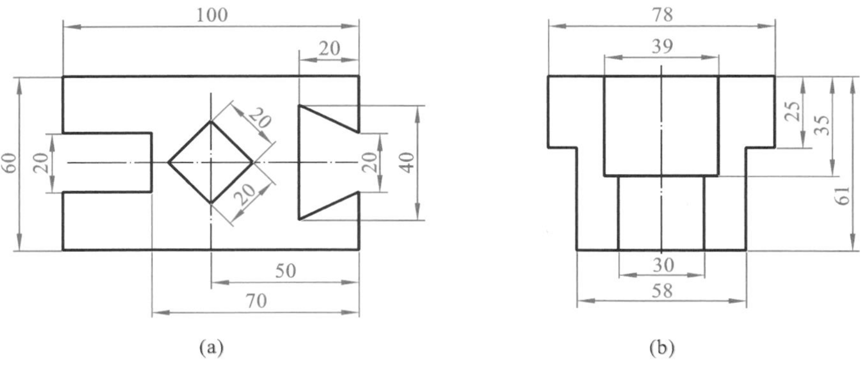

图3-25 镜像训练

3.8 夹点编辑

夹点是直接选中对象后，对象上显示的一点，一般显示为矩形方框，默认颜色为蓝色，如图

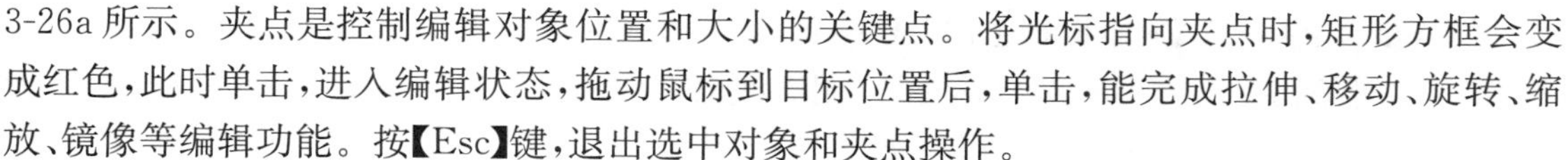

3-26a 所示。夹点是控制编辑对象位置和大小的关键点。将光标指向夹点时，矩形方框会变成红色，此时单击，进入编辑状态，拖动鼠标到目标位置后，单击，能完成拉伸、移动、旋转、缩放、镜像等编辑功能。按【Esc】键，退出选中对象和夹点操作。

3.8.1　使用夹点拉伸

选中直线、多边形、矩形、圆等，将光标指向直线两端的夹点，或矩形、多边形的顶点，或圆上的四个象限点，单击，拖动鼠标到目标位置后单击，可以拉长或缩短对象。如图 3-26a 所示，选择右边竖线，将光标指向直线上端夹点，单击，再向上拖动鼠标，当捕捉到上方水平线右端点时，单击，结果如图 3-26b 所示。如图 3-27a 所示，选择水平点画线，将光标指向直线右端夹点，单击，再向左拖动鼠标，当捕捉到最近点时，单击，结果如图 3-27b 所示。

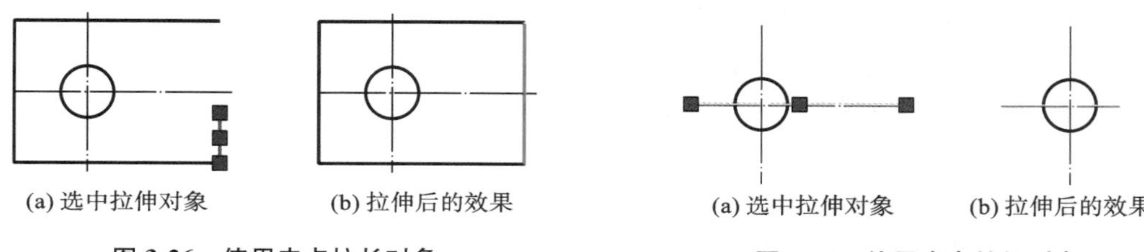

(a) 选中拉伸对象　(b) 拉伸后的效果

图 3-26　使用夹点拉长对象

(a) 选中拉伸对象　(b) 拉伸后的效果

图 3-27　使用夹点缩短对象

3.8.2　使用夹点移动

选中直线、圆、椭圆、构造线等对象后，将光标指向直线或构造线的中间夹点，或圆、椭圆的圆心夹点，单击并拖动鼠标到目标点，再单击即可以移动对象，如图 3-28 所示。

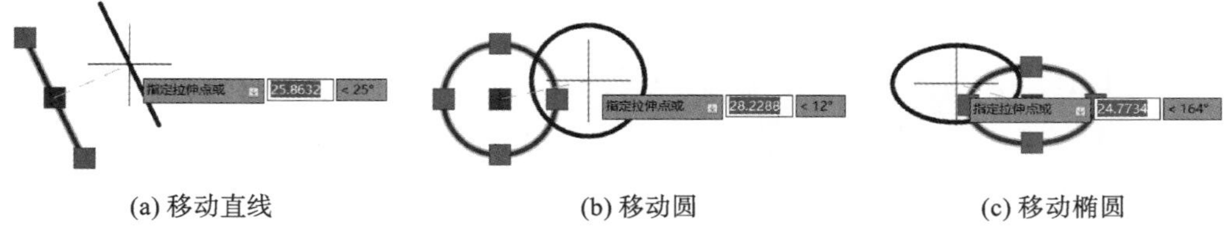

(a) 移动直线　(b) 移动圆　(c) 移动椭圆

图 3-28　使用夹点移动

【任务 3】　绘制如图 3-29 所示手柄，不用标注尺寸。

分析：此图上下对称，先绘制上半部分，再用“镜像”命令得到下半部分。中间水平线是点画线，需要更换线型，轮廓线是粗实线，需要更换线宽。

绘制步骤如下：

第 1 步　新建图形文件，并保存文件。打开状态栏“正交限制光标”，用直线命令绘制一条水平细实线，长度可取 99。用图形显示命令调整图形大小和位置。

第 2 步　加载“点画线”线型。单击【特性】显示面板上“线型”右边的下拉按钮，单击选择“其他…”；单击【加载】按钮，让光标指向“ACAD_ISO04W100”并单击，再单击【确定】按钮。

第 3 步　更换直线线型。移动光标指向刚绘制的直线，单击选中直线。单击【特性】显示面板上“线型”右边的下拉按钮，单击“ACAD_ISO04W100”。按【Esc】键。

第 4 步　将【特性】显示面板上的“线宽”改为 0.50 mm；打开状态栏“显示/隐藏线宽”。设置状态栏“对象捕捉”并打开“对象捕捉”。用直线命令绘制左边的直线；用“圆心，半径”圆命令，以点 *A* 为圆心、*R*10 为半径绘制圆，如图 3-30 所示。

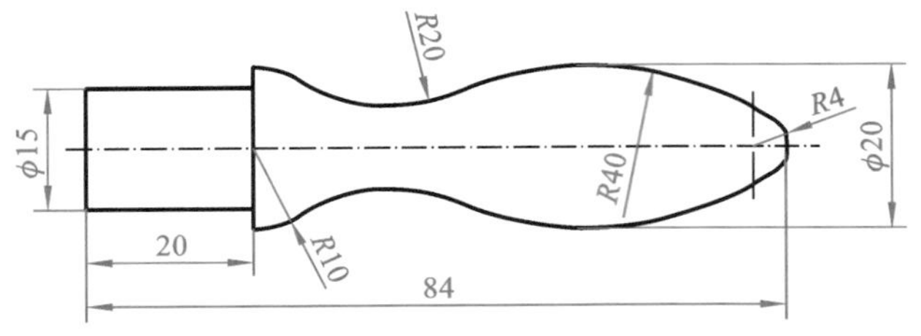

图 3-29　手柄

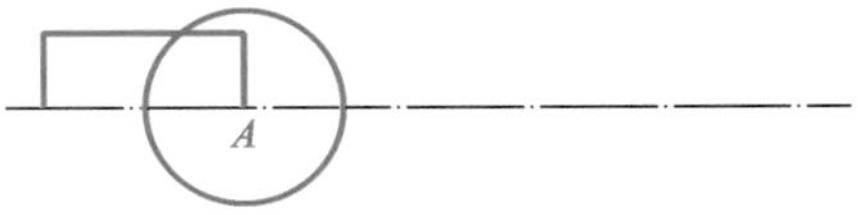

图 3-30　绘制左边的线和 *R*10 的圆

第 5 步　用“偏移”命令，以最左边直线，距离为“80”向右绘制平行竖直线。用“圆心，半径”圆命令，以点 *B* 为圆心、半径 *R*4 绘制圆。用“偏移”命令向上绘制水平直线，偏移距离为“10”。用“相切，相切，半径(T)”圆命令绘制 *R*40 的圆(与 *R*4 的圆相切、与上方偏移的直线相切、半径为“40”)。结果如图 3-31 所示。

第 6 步　删除向上偏移的线。将右边圆中间竖直线更换为“ACAD_ISO04W100”线型。用“相切，相切，半径(T)”圆命令绘制 *R*20 的圆(与 *R*40 的圆相切、与 *R*10 的圆相切、半径为“20”)。结果如图 3-32 所示。

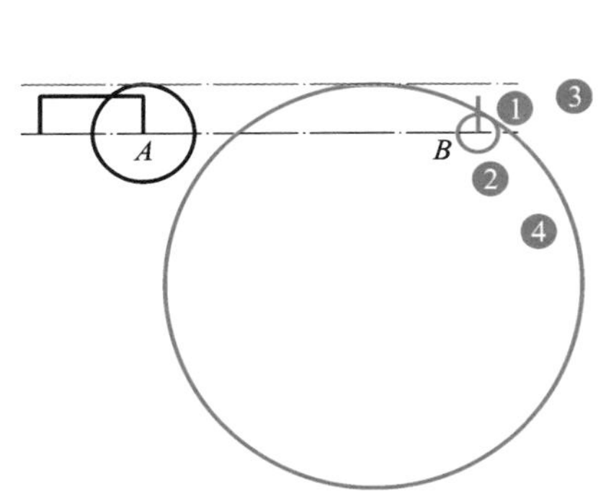

图 3-31　绘制 *R*4、*R*40 的两个圆

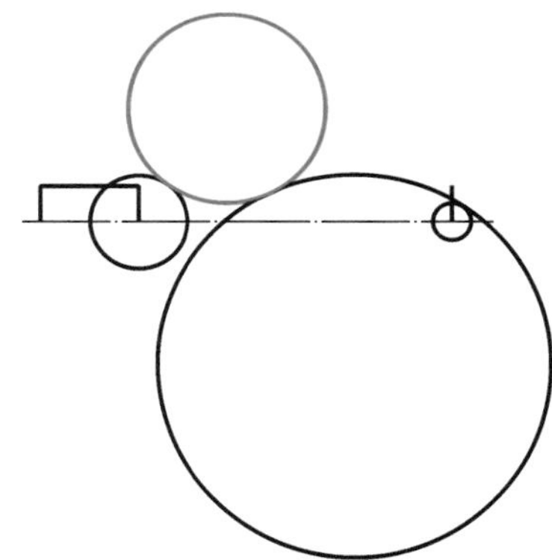

图 3-32　绘制 *R*20 的圆

第 7 步　用“直线”命令在左边圆中间绘制超过圆上方的竖直线。用“修剪”命令修剪 *R*10 的圆、*R*20 的圆、*R*40 的圆和 *R*4 的圆成圆弧。结果如图 3-33 所示。

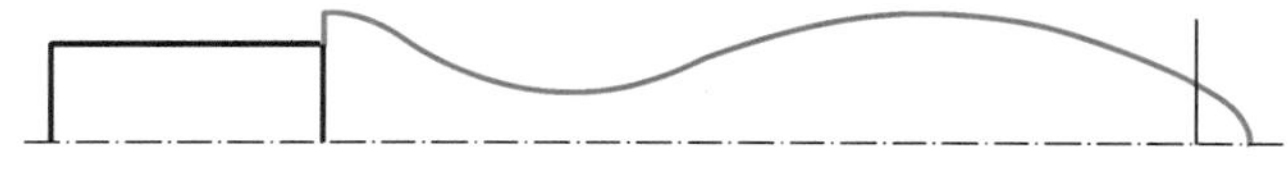

图 3-33　修剪圆弧线

第 8 步　用“镜像”命令，以水平点画线为镜像线，得到另一半图形，如图 3-34 所示。

第 9 步　保存文件，关闭文件。

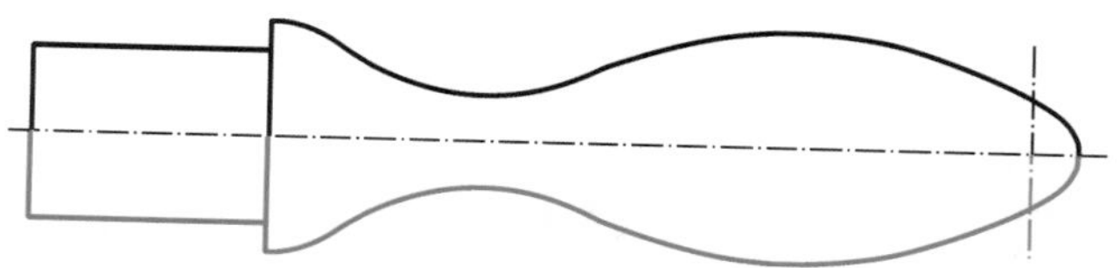

图 3-34　镜像得到另一半图形

【举一反三 3-4】 绘制图 3-35 所示图形。

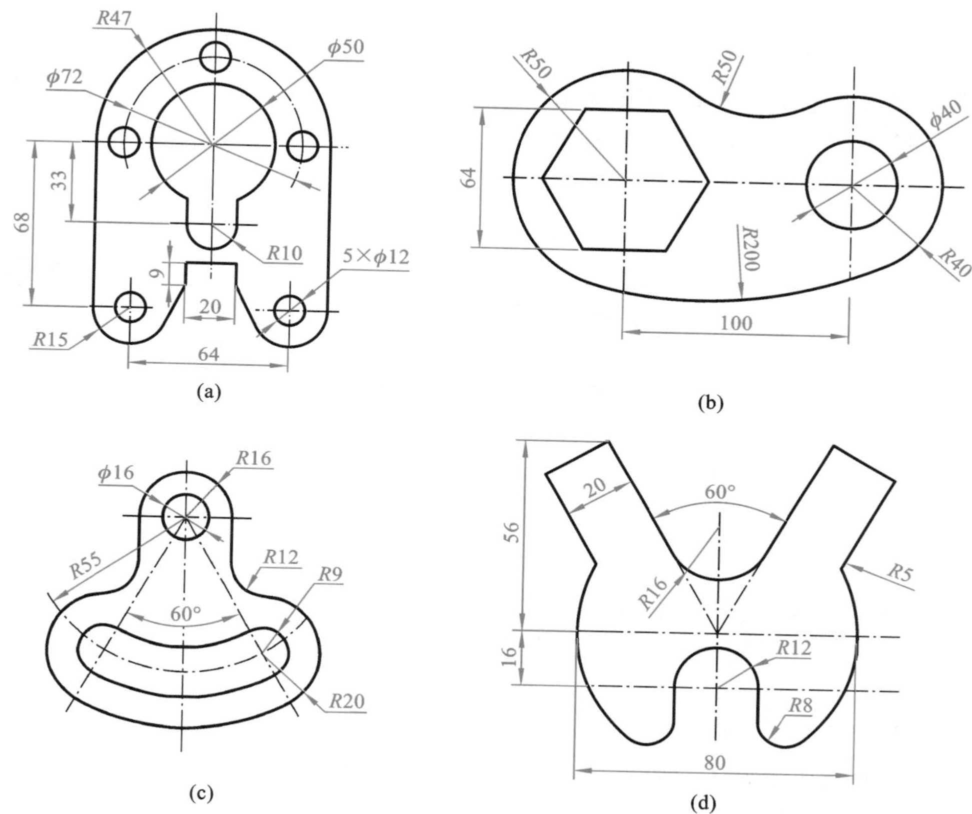

图 3-35　平面图形

项目4　分图层绘制平面图

【本项目之目标】

能够设置图层，分图层绘图；掌握线型比例因子、特性匹配的使用方法；能够用修改命令之分解、旋转、延伸、阵列、打断、圆角、倒角命令编辑图形。

【体验1】　分图层绘制如图4-1所示的平面图。

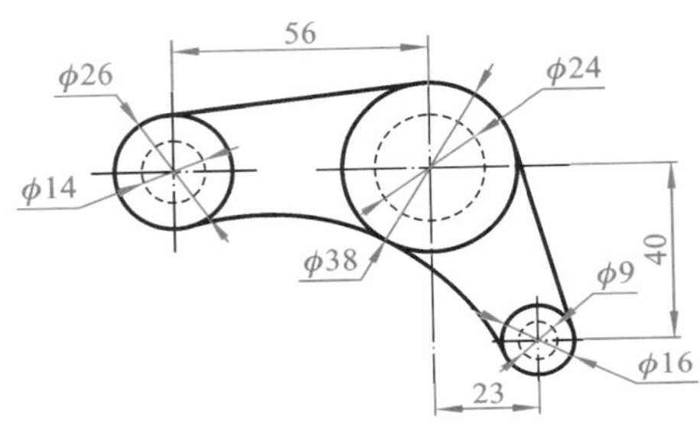

体验1

图4-1　平面图

分析：线型有点画线、粗实线和虚线。点画线的交点是三组同心圆的圆心，外部直线与两圆相切，左下方圆弧与三圆相切。可以先绘制点画线，再绘制粗实线圆、粗实线直线和圆弧，最后绘制虚线圆。

绘制步骤如下：

第1步　新建文件，保存文件(可取文件名为"体验图4-1")；设置状态栏"对象捕捉"(常用设置)，打开状态栏"对象捕捉"和"显示/隐藏线宽"。

第2步　新建图层，设置"粗实线"、细"点画线"和细"虚线"三个图层。

(1) 单击【默认】显示选项卡→【图层】显示面板→【图层特性】，如图4-2所示，弹出"图层特性管理器"对话框如图4-3所示。

图4-2　图层特性按钮

(2) 单击"图层特性管理器"上方(新建图层)按钮，创建一个名为"图层1"的新图层，如图4-4所示；输入"粗实线"作为新的图层名，移动光标到下方空白处单击；在"粗实线"图层对

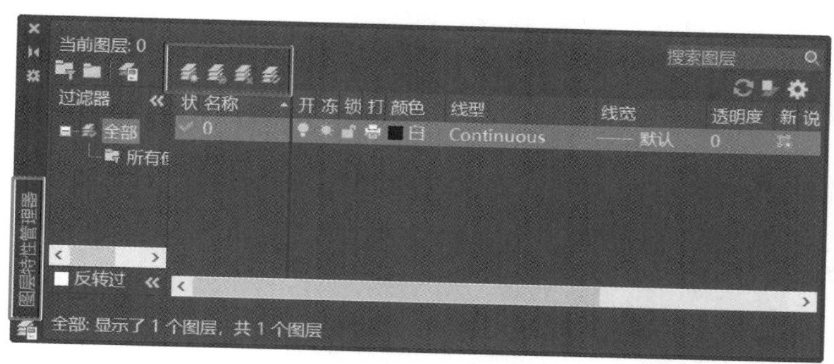

图 4-3　“图层特性管理器”对话框

应右边的线宽框“默认”上单击，打开“线宽”对话框，向下滑动滚动条，在“0.50 mm”上单击，如图 4-5 所示，再单击下方的【确定】按钮。

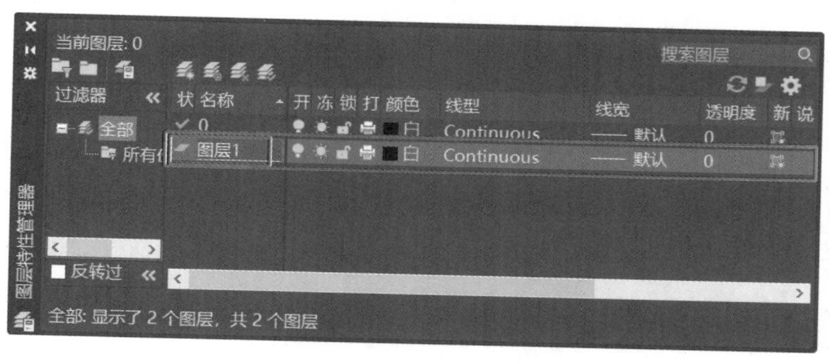

图 4-4　创建“图层 1”

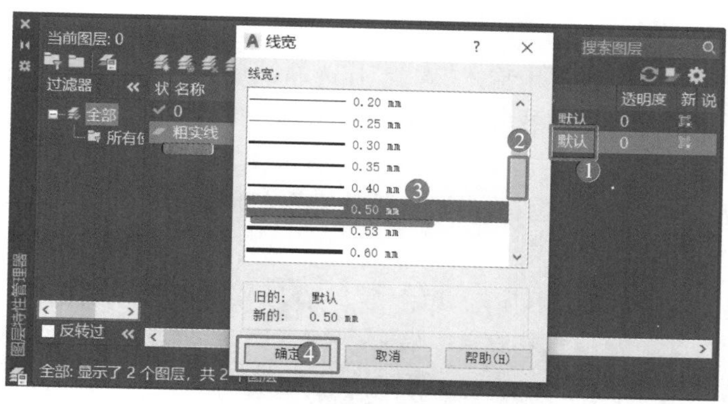

图 4-5　“线宽”对话框

(3) 再次单击(新建图层)，创建一个名为“图层 1”的新图层；再次单击(新建图层)，创建一个名为“图层 2”的新图层。间隔双击“图层 1”，在框中输入“点画线”作为新图层名；单击“点画线”右边的线型框，出现“选择线型”对话框，如图 4-6 所示；单击下方【加载(L)...】按钮，出现“加载或重载线型”对话框，如图 4-7 所示；选择“ACAD_ISO04W100”，单击【确定】返回“选择线型”对话框，如图 4-8 所示；选择“ACAD_ISO04W100”，单击【确定】。在“点画线”图层对应右边的线宽框上单击，打开“线宽”对话框，在“0.25 mm”上单击，再单击下方的【确定】

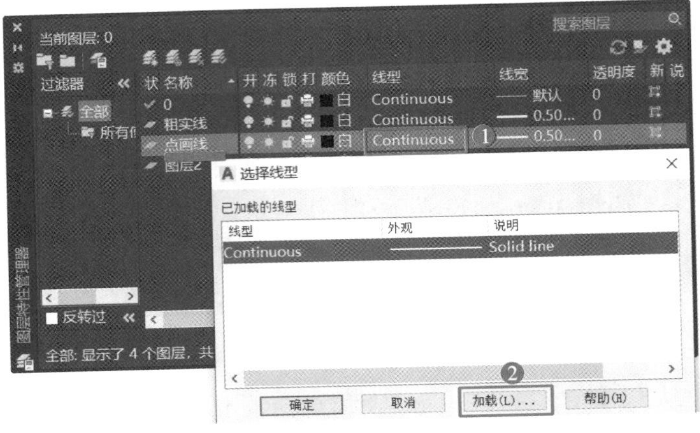

图 4-6 “选择线型”对话框

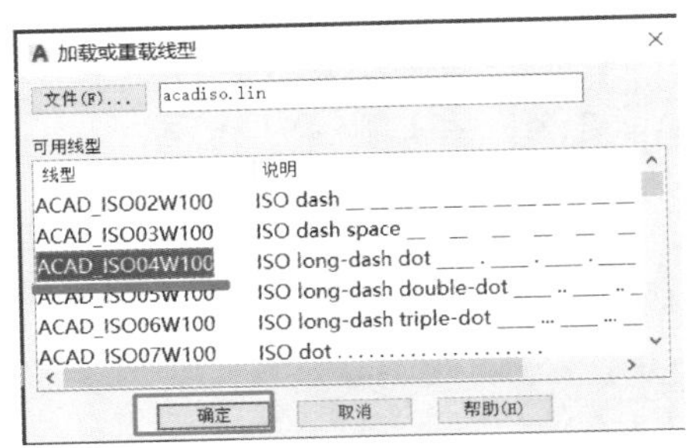

图 4-7 “加载或重载线型”对话框

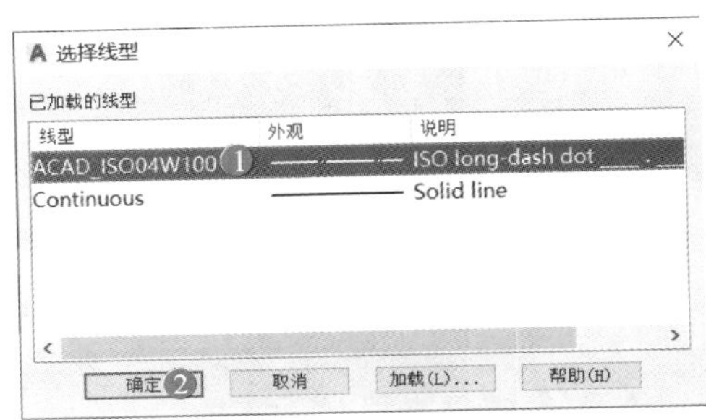

图 4-8 加载线型后的“选择线型”对话框

按钮。

(4) 间隔双击“图层 2”，在框中输入“虚线”作为新图层名；单击“虚线”右边的线型框，出现“选择线型”对话框；单击下方【加载(L)...】按钮，出现“加载或重载线型”对话框；选择“ACAD_ISO02W100”，单击【确定】返回“选择线型”对话框；选择“ACAD_ISO02W100”，单击【确定】。在“虚线”图层对应右边的线宽框上单击，打开“线宽”对话框，在“0.25 mm”上单击，再单击下方的【确定】按钮。

(5) 新建图层完成后如图 4-9 所示，单击左上方✖(关闭)，退出对话框。

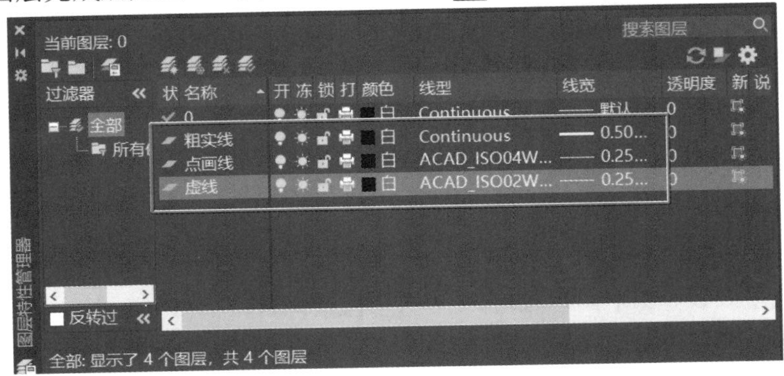

图 4-9 新建的图层

第 3 步　绘制中心线。

(1) 换“点画线”为当前图层。在图层列表窗口右边的下拉按钮上单击，在“点画线”处单击，如图 4-10 所示。

(2) 打开状态栏“正交限制光标”；用“直线”命令绘制左边 $\phi14$ 与 $\phi26$ 同心圆的中心线，水平线长度可取“111”左右，竖直线长度可取“66”左右。用“偏移”命令绘制中间 $\phi24$ 与 $\phi38$ 同心圆的中心线竖直线（距离为“56”）。用“偏移”命令绘制右边 $\phi9$ 与 $\phi16$ 同心圆的中心线（竖直距离为“40”，水平距离为“23”），如图 4-11 所示。利用夹点拉伸功能调整线的长度，如图 4-12a 所示。

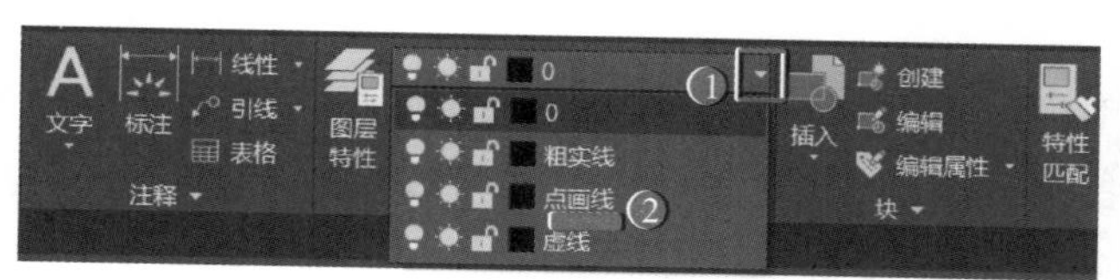

图 4-10　换“点画线”为当前图层

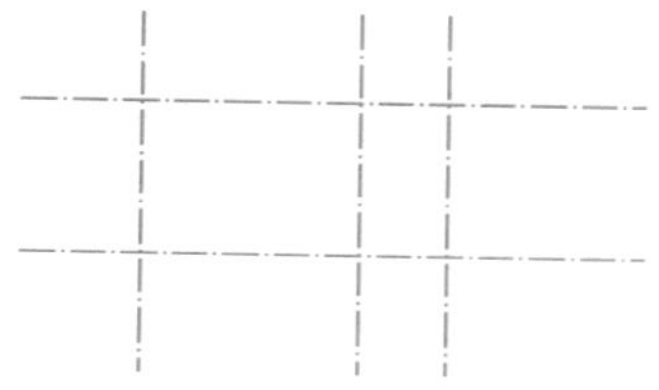

图 4-11　平面图中心线

第 4 步　用“圆”命令的“圆心，直径”方式或“圆心，半径”方式绘制粗实线圆。

(1) 换“粗实线”为当前图层。在图层列表窗口右边的下拉按钮上单击，在“粗实线”处单击，即选择“粗实线”图层为当前图层。

(2) 用“圆”命令，捕捉圆心，分别绘制 $\phi26$、$\phi38$、$\phi16$ 的圆，如图 4-12b 所示。

第 5 步　用“直线”命令绘制上方切线：输入“直线”命令，第一点和第二点分别输入“TAN”来捕捉 $\phi26$ 与 $\phi38$ 外圆的切点，按回车键退出命令。用“直线”命令绘制右边切线：输入“直线”命令，第一点和第二点分别输入“TAN”来捕捉 $\phi16$ 与 $\phi38$ 外圆的切点，按回车键退出命令。结果如图 4-12c 所示。

第 6 步　用“圆”命令绘制左下方圆弧。输入“圆”的“相切、相切、相切”命令，分别拾取 $\phi26$ 外圆右下点、$\phi38$ 外圆左下点与 $\phi16$ 外圆左下点，绘制圆。用“修剪”命令，去掉左下部分，完成绘图，如图 4-12d 所示。

第 7 步　用“圆”命令绘制虚线圆。

(1) 换“虚线”为当前图层。在图层列表窗口右边的下拉按钮上单击，在“虚线”处单击。

(2) 输入“圆”的“圆心，直径”或“圆心，半径”命令，捕捉圆心，分别绘制 $\phi14$、$\phi24$ 与 $\phi9$ 的圆，如图 4-12e 所示。

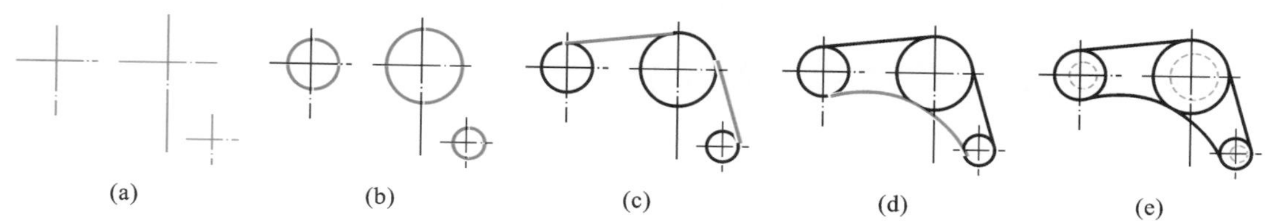

图 4-12　绘制过程

第 8 步　再次保存图形文件。

4.1 图层的设置与使用

4.1.1 图层的概述

图层可以看成没有厚度的透明纸。绘图时将绘图区分成多张没有厚度的透明纸，并可为每张透明纸设置一定的特性，例如线型、线宽、颜色等。绘图时，可以将不同的图形对象绘制在不同的图层上，这样在绘制或修改图形对象特性时，只需修改对象所在图层的设置即可自动更新图形对象特性。每一图层对应一个图层名，默认设置的图层为0层。一个图层上的图形对象可以更换到另一个图层上去。

图层不能重名，名称最好能代表图层的特性，如线型、用途。图形的颜色特性若选择为“ByLayer”，则图形的颜色与图层的颜色保持一致，并在“图层的颜色”修改时对象颜色会自动更新。图形的线型特性若选择为“ByLayer”，则对象与图层的线型一致，并在“图层的线型”修改时对象线型自动更新。图形的线宽特性若选择为“ByLayer”，则对象与图层的线宽一致，并在“图层的线宽”修改时对象线宽自动更新。可通过“图层特性管理器”命令，对图层进行“打开/关闭”“锁定/解锁”等控制操作，以确定该图层的可见性和可编辑性。

4.1.2 创建图层命令的输入

- 按钮命令：【默认】显示选项卡→【图层】显示面板→【图层特性】按钮
- 菜单命令：【格式】→【图层(L)...】
- 键盘命令：LA↙或LAYER↙

输入“图层”命令，弹出“图层特性管理器”对话框。单击对话框上方的按钮可以进行图层的新建、删除与置为当前等操作。单击对话框上各图层对应的编辑条 ✓ 0 白 Continuous —— 默认 0 上的各项，可以对每一个图层进行重命名、开关、冻结、锁定与解锁、颜色、线型与线宽等的设置。

4.1.3 新建图层

输入“图层”命令并弹出对话框后，单击上方(新建图层)按钮，在图层列表中可创建一个名为“图层1”的新图层，并进行具体设置；重复单击(新建图层)，可创建多个图层。

单击(新建图层)后相关项目设置方法如下。

(1) 设置图层名称　一般不取“图层1”这样的默认名称，可根据图层特性来取名称，如“粗实线”“细实线”“尺寸层”等。输入的图层名还可以修改，方法是在图层名上单击选中该图层，再移动光标指向图层名，间隔双击，输入新的图层名，然后移动光标指向编辑框外空白处单击。

(2) 设置图层颜色　在图层对应颜色框上单击(不是在上方“颜色”字上单击)，打开“选择颜色”对话框，如图4-13所示，在所需颜色按钮上单击，再单击下方【确定】按钮。

(3) 设置图层线型　在图层对应的线型框“Continuous”上单击，弹出对话框，在所需线型

上单击，再单击【确定】按钮。在“选择线型”对话框中默认的“已加载的线型”列表框中只有“Continuous”一种线型，若需要更多的线型，则单击下方【加载(L)...】按钮，弹出“加载或重载线型”对话框。在“线型”名称上单击选择所需线型，再单击【确定】按钮。在“加载或重载线型”对话框中选择加载线型时，可以按住组合键【Ctrl】(点选)或【Shift】(连续选)再在“线型”名称上单击来选择多种线型。加载线型后的“选择线型”对话框如图 4-14 所示。

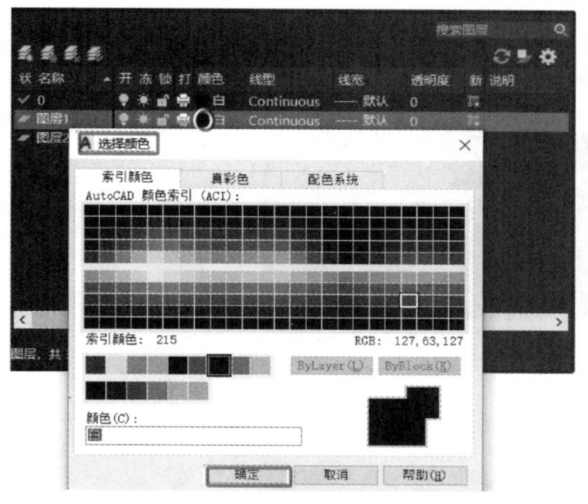

图 4-13　“选择颜色”对话框

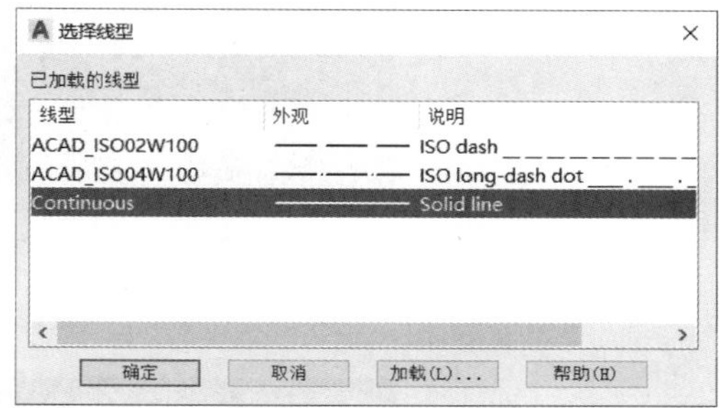

图 4-14　加载线型后的“选择线型”对话框

(4) 设置图层的线宽　在图层对应的线宽框“默认”上单击，弹出对话框，在所需线宽上单击，再单击【确定】按钮。

(5) 其他　重复新建图层的操作可设置多个图层。图层新建完成后，单击左上方关闭按钮，完成图层的创建，退出对话框。设置图层时，控制按钮设置为“打开”“解冻”“解锁”状态，即图标显示为　　　，否则绘制图形和编辑图形时会受影响。

4.1.4　图层的使用和更换当前层

1. 图层的使用

图形对象必须绘制在某一图层上，绘图时，新增对象放置在当前图层上。图形对象的颜色、线型、线宽等属性由【特性】控制。若【特性】均设置为【ByLayer】，则绘制的图形颜色、线型、线宽将与图层的颜色、线型、线宽一样；若修改图层的颜色、线型、线宽，图形的颜色、线型、线宽将自动更新，即始终与图层的颜色、线型、线宽一致。若【特性】中颜色、线型、线宽的某项没有设置为【ByLayer】，则绘图和修改图层时，对象的属性不会随着图层的变化而变化。因此，绘图时一般将【特性】显示面板中的对象“颜色”“线型”“线宽”均设置为【ByLayer】。

2. 更换当前层

在【图层】显示面板上单击“图层”右边的下拉按钮，会显示所有图层，如图 4-15a 所示，在所要图层名上单击即选择此图层为当前图层。若在“粗实线”上单击，如图 4-15b 所示，则当前图层更换为“粗实线”，如图 4-15c 所示。更换当前图层时，要在图层名上单击，不要在前面的按钮上单击。当前图层更换为“粗实线”后，绘制的图形如图 4-16a 所示；当前图层更换为“虚线”后，绘制的图形如图 4-16b 所示。

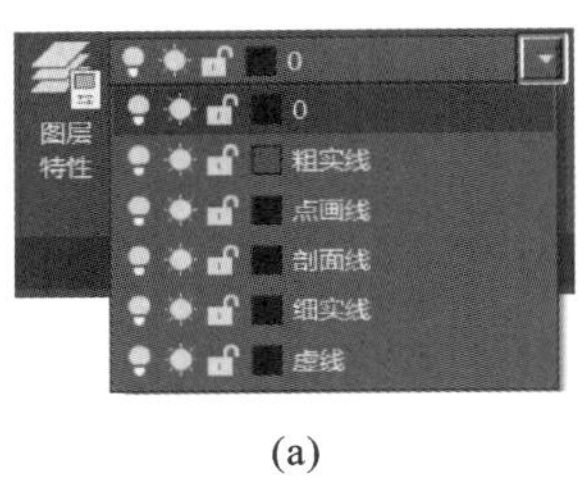

(a)

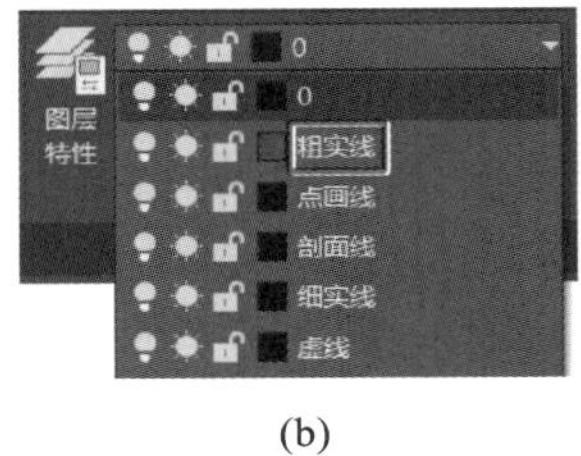

(b)

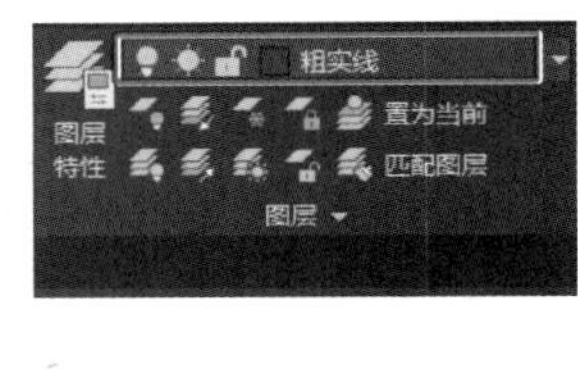

(c)

图 4-15　当前图层的更换

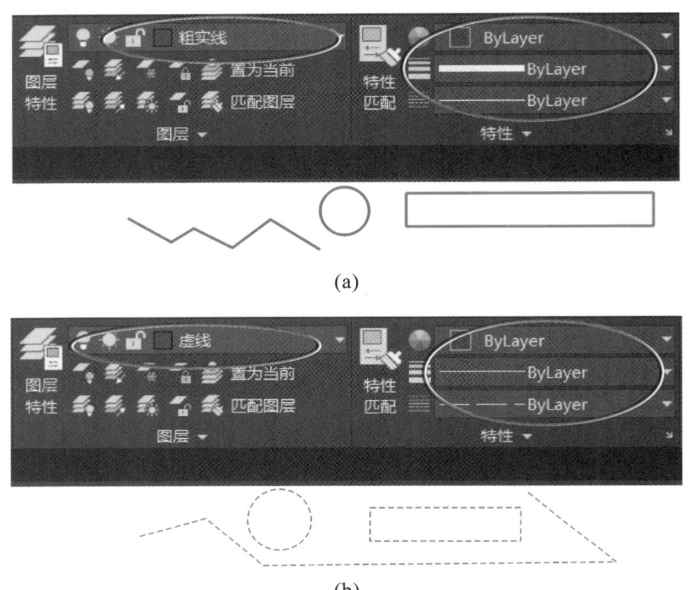

图 4-16　当前图层的使用

提示：若选择线宽为 0.30 mm 以上，则只有打开状态栏上的“线宽”开关才能显示为粗线。

3. 将对象所在的图层更换为当前图层

若要绘制的图的特性与已绘图上某个对象的一样，可直接将对象所在的图层更换为当前图层，再继续绘制，而不需要在图层列表中去找图层。方法：选定一个对象，单击【图层】显示面板上的“置为当前” 置为当前 ，如图 4-17 所示。

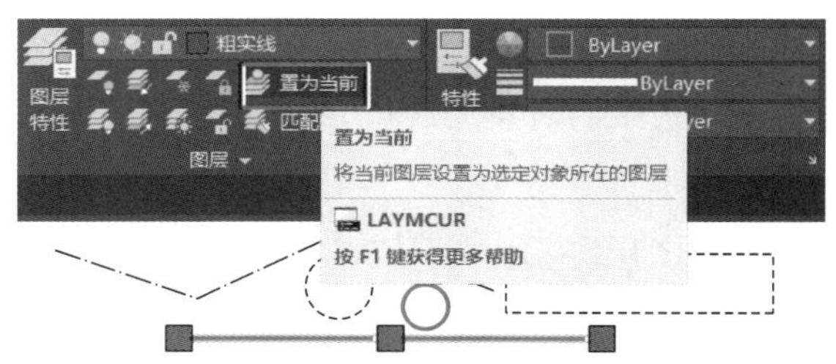

图 4-17　将对象的图层置为当前

【示例 1】　创建表 4-1 所示图层，更换当前图层绘制图 4-18 所示的图形。

表 4-1　图层设置

图　层　名	颜　　色	线　　型	线　　宽
粗实线	绿色	Continuous	0.50 mm
点画线	红色	ACAD_ISO04W100	0.25 mm

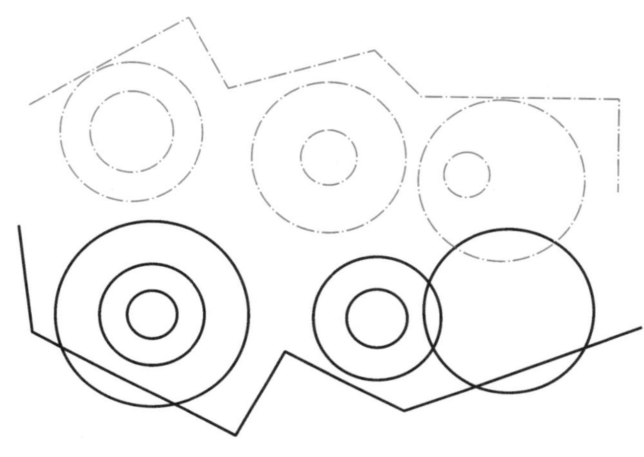

图 4-18　示例图

操作步骤如下：

第 1 步　新建图层。输入“图层特性”命令，弹出“图层特性管理器”对话框。

第 2 步　单击新建图层按钮，在图层列表中创建一个名为“图层 1”的新图层，进行相关项目设置。在“图层 1”框中输入“粗实线”即设置图层名称；单击颜色框，弹出对话框，选择“绿”，单击【确定】即设置颜色；单击线型框，弹出对话框，选择“Continuous”，单击【确定】即设置线型；单击线宽框，弹出对话框，选择“0.50 mm”，单击【确定】即设置线宽。

第 3 步　单击新建图层按钮，在图层列表中创建一个名为“图层 2”的新图层，进行相关项目设置。在“图层 2”框中输入“点画线”；单击颜色框，弹出对话框，选择“红”，单击【确定】；单击线型框弹出“选择线型”对话框，单击下方【加载(L)...】按钮，弹出“加载或重载线型”对话框，选择“ACAD_ISO04W100”，单击【确定】返回对话框，选择“ACAD_ISO04W100”，单击【确定】；单击线宽框弹出对话框，选择“0.25 mm”，单击【确定】。

第 4 步　将状态栏的“显示/隐藏线宽”设置为打开模式。【特性】显示面板上的对象颜色、线宽、线型按钮都设置为【ByLayer】(即“随层”)。

第 5 步　换“点画线”为当前图层。在【图层】显示面板中图层列表右边的下拉按钮上单击，在“点画线”上单击即选择“点画线”图层为当前图层。

第 6 步　绘制点画线。应用直线命令绘制直线，应用圆命令绘制圆，如图 4-18 所示。如果观察发现图线为细实线，则进行显示缩放，调整显示比例。

第 7 步　换“粗实线”为当前图层。在【图层】显示面板中图层列表右边的下拉按钮上单击，在“粗实线”上单击即选择“粗实线”图层为当前图层。

第 8 步　绘制粗实线。应用直线命令绘制直线，应用圆命令绘制圆，如图 4-18 所示。

第 9 步　保存并退出文件。

【举一反三 4-1】　创建表 4-2 所示图层，并更换当前图层绘制任意图形（可以用直线命令、圆命令和正多边形命令等）。

表 4-2　图层设置

图　层　名	颜　　色	线　　型	线　　宽
粗实线	绿色	Continuous	0.50 mm
细实线	洋红	Continuous	0.25 mm
尺寸	蓝色	Continuous	0.25 mm
点画线	红色	ACAD_ISO04W100	0.25 mm
虚线	青色	ACAD_ISO02W100	0.25 mm
双点画线	黄色	ACAD_ISO05W100	0.25 mm

4.2　图层的控制与编辑

4.2.1　图层的控制

图层的控制按钮如图 4-19 所示，每个图层有独立的控制按钮，它们都是开关键。一般直接在【图层】显示面板上单击图层左边按钮来控制相应的图层，如图 4-19a 所示；也可进入“图层特性管理器”改变图层设置来控制，如图 4-19b 所示。新建图层时，尽量不要改变控制按钮状态，一般在绘图过程、修改和检查过程中才需要改变。

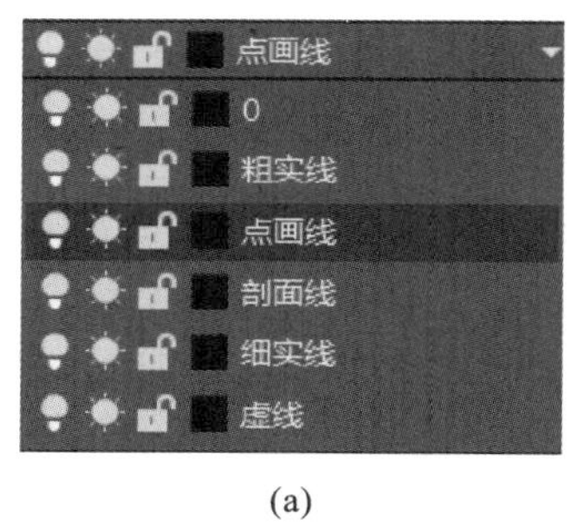

(a)

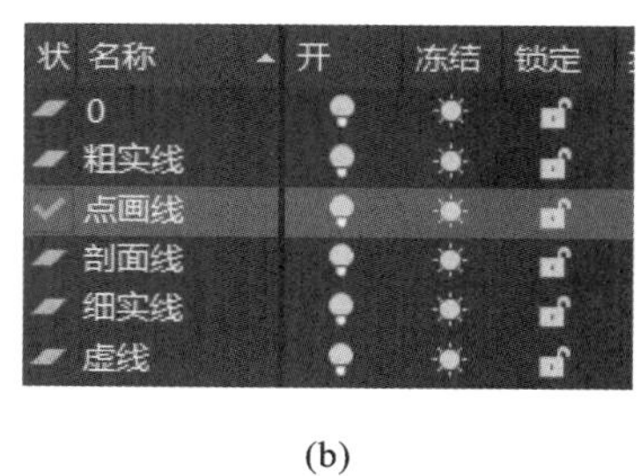

(b)

图 4-19　图层的控制按钮

1. 开/关图层

在【图层】显示面板中图层列表窗口右边的下拉按钮上单击，再移动光标指向图层名称前面的灯泡图标，单击，可以打开或关闭相应图层。关闭某图层，可隐藏此图层上的对象，使其不可见（但没有清除），在关闭的图层上绘图时，看不见绘制的图；打开图层时，此图层上的对象变成可见。关闭当前图层会有提示。

【示例 2】　关闭图 4-20 所示图形中的粗实线图层。

操作方法：移动光标指向【图层】显示面板中图层列表窗口右边的下拉按钮，单击，如图

4-20a所示；移动光标指向“粗实线”图层名称前面的灯泡图标，单击，粗实线消失了，如图4-20b所示。移动光标指向绘图区，单击。再次操作，可以打开该图层。

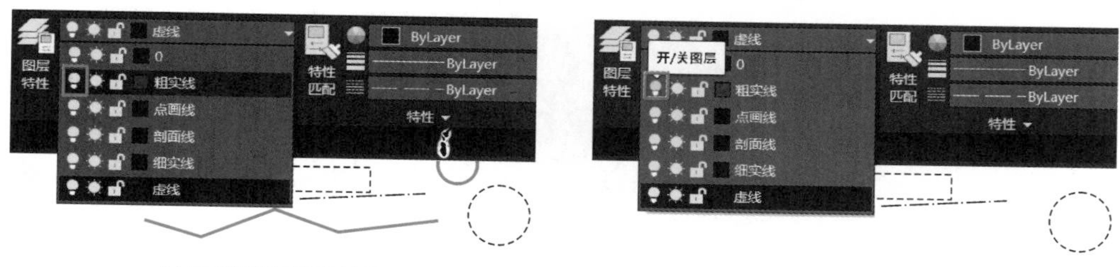

(a) 粗实线图层关闭前　　(b) 粗实线图层关闭后

图 4-20　打开/关闭图层

2. 锁定/解锁图层

移动光标在图层名称前面的小锁图标上单击，可以使图层在解锁与锁定之间切换。在锁定层上，可以绘图，但无法修改锁定层上的对象。锁定当前图层会有提示。

3. 冻结/解冻图层

移动光标在图层名称前面的图标上单击，可以解冻（太阳）或冻结（雪花）相应图层。冻结指定的层，使其不可见，冻结的层不能在绘图仪上输出，当前层不能冻结。

【示例 3】　锁定图 4-21 所示图形中的粗实线图层。

操作方法：移动光标指向【图层】显示面板中图层列表窗口右边的下拉按钮，单击；移动光标指向“粗实线”图层名称前面的小锁图标，单击，如图 4-21 所示。移动光标指向绘图区，单击，粗实线显示变暗，且不能进行编辑。再次操作，可以解锁图层。

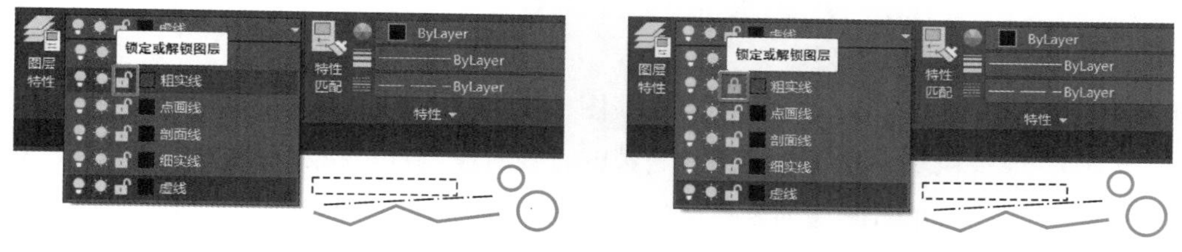

(a) 粗实线图层锁定前　　(b) 粗实线图层锁定后

图 4-21　锁定/解锁图层

4.2.2　图层的编辑

1. 修改已有的图层

同新建图层一样，输入“图层特性”命令，弹出对话框，可以看到所有的图层，可重新设置已有图层的各项目，包含颜色、线型、线宽和图层名等。方法同新建一样。图层修改后，图层上已有对象的颜色、线型、线宽将自动更新，不需要执行其他操作。

【示例 4】　修改图 4-22a 所示图形中的粗实线图层的线宽为“2 mm”。

操作方法：单击【图层】显示面板中的【图层特性】按钮弹出对话框；移动光标到“粗实线”右

边的线宽框，单击；弹出对话框，选择“2.00 mm”，单击【确定】按钮；移动光标指向左上角关闭按钮，单击，退出对话框。如图 4-22b 所示，粗实线图形的线宽已自动改变。

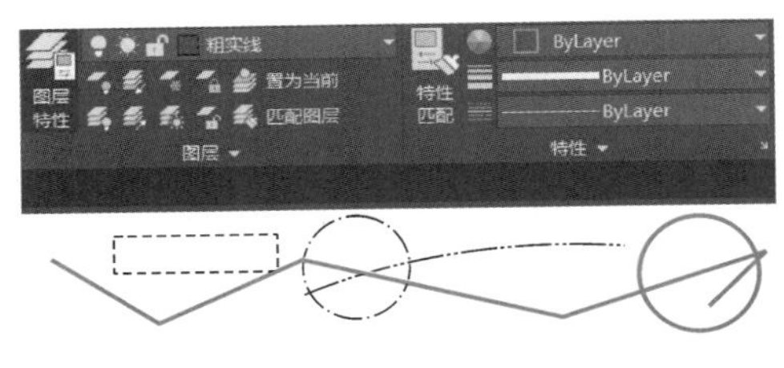

(a) 粗实线图层线宽修改前

(b) 粗实线图层线宽修改后

图 4-22　图层修改

2. 增加新的图层和删除已有的图层

同新建图层一样，输入“图层特性”命令，弹出对话框，上方有操作按钮。单击“新建”按钮可以增加一个新的图层。选择没有使用的某图层后单击“删除”按钮可删除此图层（已经有对象的图层和当前图层不能删除）。选择某图层后单击“置为当前”按钮，可将此图层置为当前图层。

4.2.3　更换对象的图层

绘图时，一般分图层绘制，方便修改和控制，但对于没有分图层绘制的图形，不必删除，可以通过更换对象的图层及特性来重新分图层管理。方法：选中要更换图层的对象，单击图层列表右边的下拉按钮，展开图层列表，单击目标图层名，会发现对象已更换到新的图层，并按新图层特性显示；按【Esc】键去掉选中符号。

【示例 5】　将图 4-23a 所示图形中粗实线图层上的圆和右边的直线对象更换到虚线图层。

操作方法：选中粗实线图层上的圆和右边的直线对象，可以观察到圆和右边直线对象所在的图层名为“粗实线”；单击图层列表右边的下拉按钮，展开图层列表，单击“虚线”图层名，如图 4-23b 所示；按【Esc】键去掉选中符号。

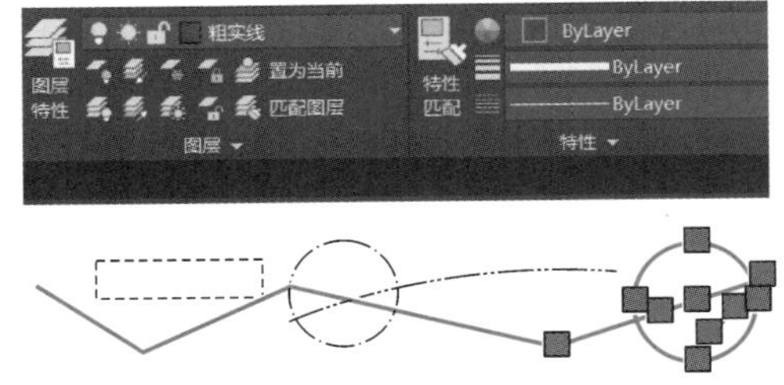

(a) 选定粗实线图层上圆和右边直线对象

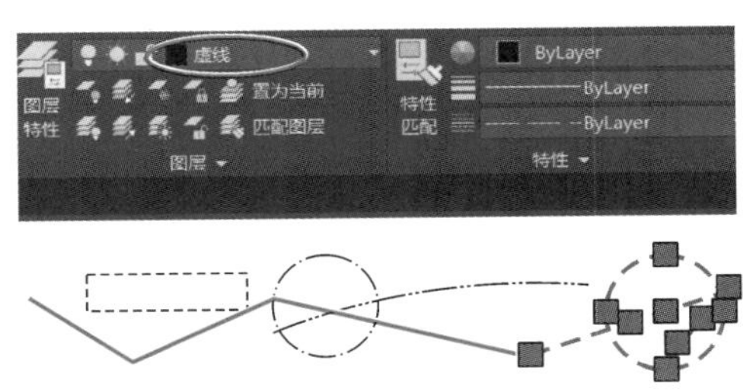

(b) 粗实线图层上圆和右边直线更换图层后

图 4-23　更换对象图层

4.2.4　更换对象的特性

若图形所在的图层没有错误，但希望图形特性与图层设置完全一致，可以更换特性。方法如下：选中要改变的对象，单击【特性】显示面板中"对象颜色""线型"和"线宽"后面的下拉按钮，将其修改为【ByLayer】；按【Esc】键去掉选中符号。图形对象的颜色、线型、线宽特性均可以更换为【ByLayer】。

【示例 6】　将图 4-24a 所示图形中的圆弧对象的线型更换为与虚线图层设置完全一致。

操作方法：选中要更换的圆弧对象，可以观察到对象的"线型"为"Continuous"；单击【特性】显示面板中的"线型"的下拉按钮，出现线型列表，单击【ByLayer】；按【Esc】键去掉选中符号。结果如图 4-24b 所示。

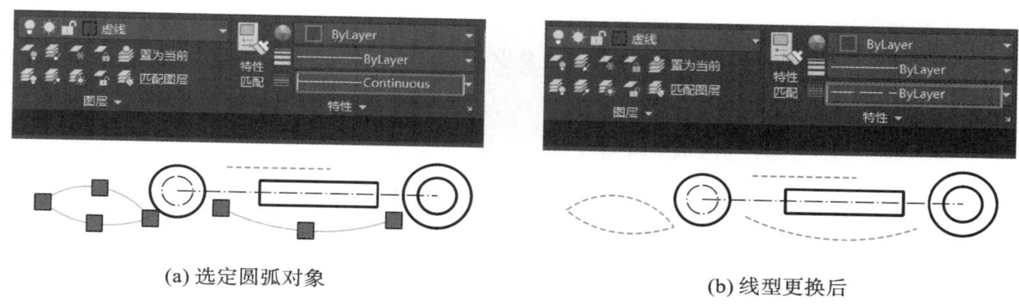

(a) 选定圆弧对象　　(b) 线型更换后

图 4-24　更换对象线型特性

【示例 7】　将图 4-25a 所示图形中红色对象的线宽更换为与点画线图层设置完全一致。

操作方法：选中要更换的红色对象，可以观察到对象的"线宽"为"0.7 mm"；单击【特性】显示面板中的"线宽"的下拉按钮，出现线宽列表，单击【ByLayer】，结果如图 4-25b 所示。按【Esc】键去掉选中符号。

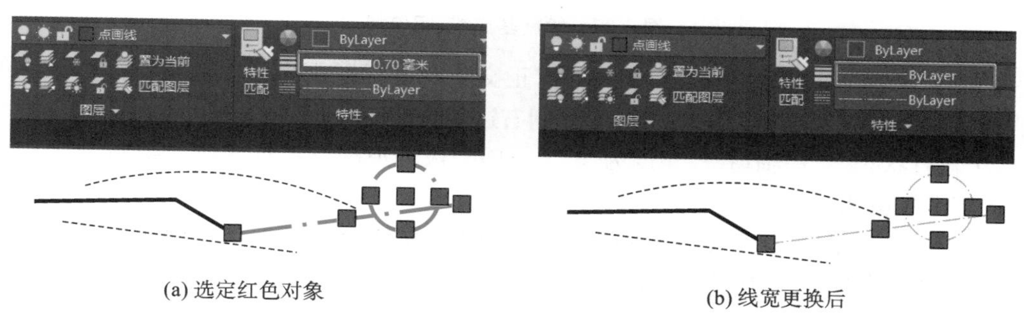

(a) 选定红色对象　　(b) 线宽更换后

图 4-25　更换对象线宽特性

【任务 1】　分图层绘制如图 4-26 所示的图形。要求不同线型用不同颜色，具体颜色自选。

分析：线型有点画线、粗实线和虚线，图形主要由直线和圆组成。点画线的交点确定了圆的圆心，右下方直线与两圆相切。先绘制点画线，再绘制粗实线圆，然后绘制其余的粗实线，最后绘制虚线图，同时进行修剪。

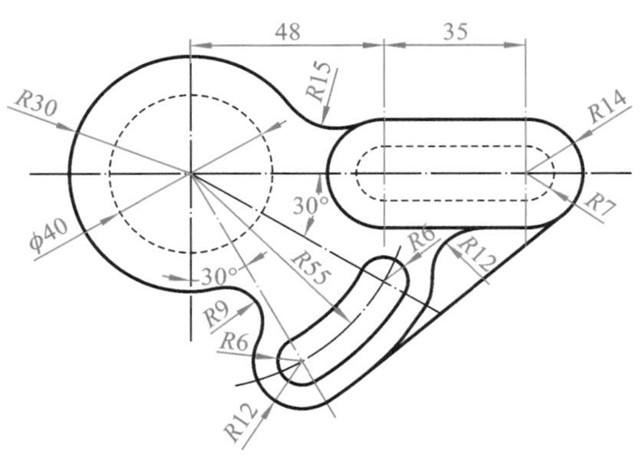

任务 1

图 4-26　平面图

绘制步骤如下：

第 1 步　新建图形文件，建立常用图层（参考表 4-2）。设置状态栏"对象捕捉"（按常用设置），另存文件。

第 2 步　绘制基准线、定位线，如图 4-27 所示。

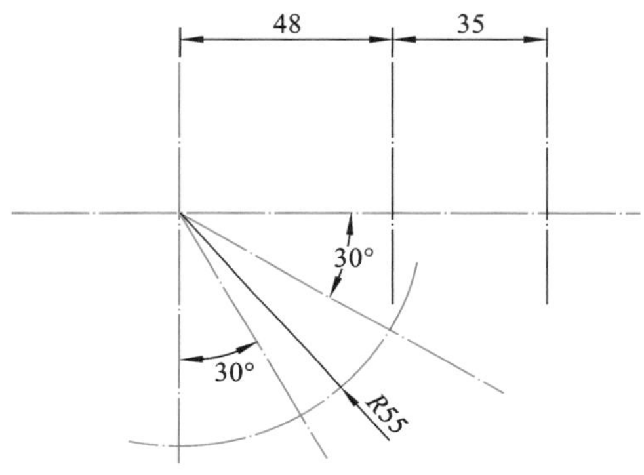

图 4-27　绘制基准线、定位线

（1）换"点画线"图层为当前图层。打开"正交限制光标"；用直线命令绘制左边水平线和竖直线；用【修改】显示面板中的偏移命令绘制右边竖直线。

（2）设置状态栏"极轴追踪"角度为"30°"，打开"极轴追踪"；用直线命令绘制"－30°"角度线和"－60°"角度线。

（3）用"圆心，半径"圆命令，绘制 $R55$ 的圆；用【修改】显示面板中的修剪命令，将圆修改成圆弧（可以绘制辅助线作为边界对象）。

第 3 步　绘制粗实线轮廓圆。选择"粗实线"层为当前图层；用"圆心，半径"圆命令，分别绘制 $R30$、$R14$、$R12$ 和 $R6$ 的粗实线圆，如图 4-28 所示。

第 4 步　修剪圆。用修剪命令依次修剪图线，编辑后的图形如图 4-29 所示。

第 5 步　绘制圆弧连接线。

（1）打开"正交限制光标"，选择直线命令，在右边绘制出两条水平连线；选择圆命令，绘制三个同心圆，圆心都在左边圆的圆心，半径点过角度线与圆的交点，如图 4-30 所示。

（2）选择修剪命令，依次选择要修剪的图线，修剪后的图形如图 4-31 所示。

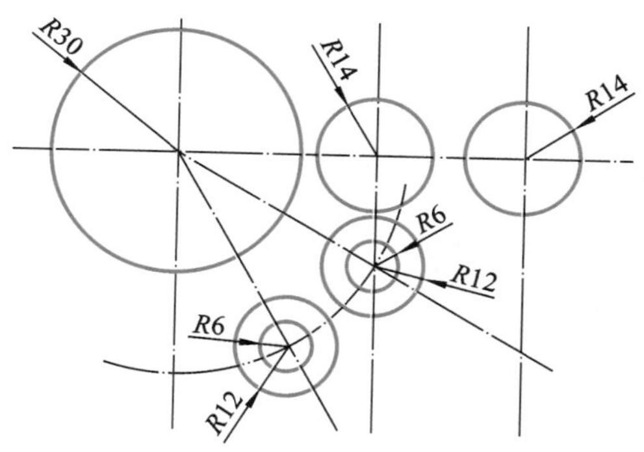

图 4-28　绘制轮廓圆

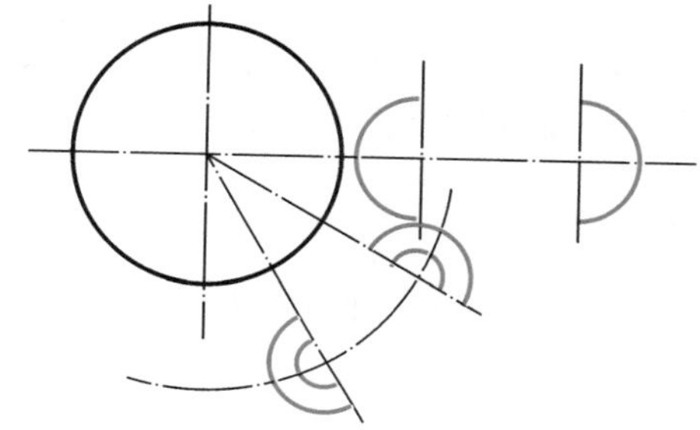

图 4-29　修剪圆

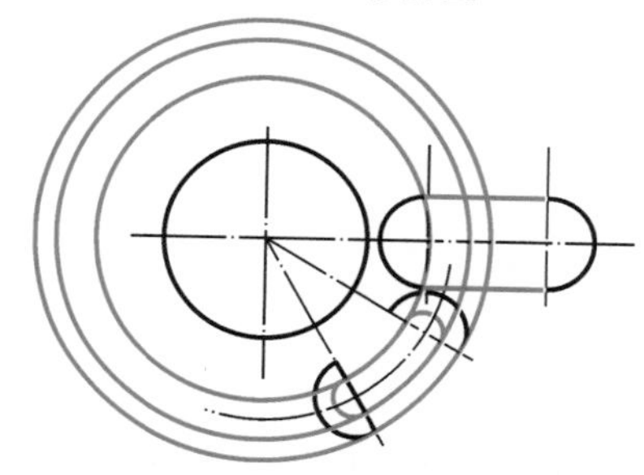

图 4-30　绘制圆弧连接线

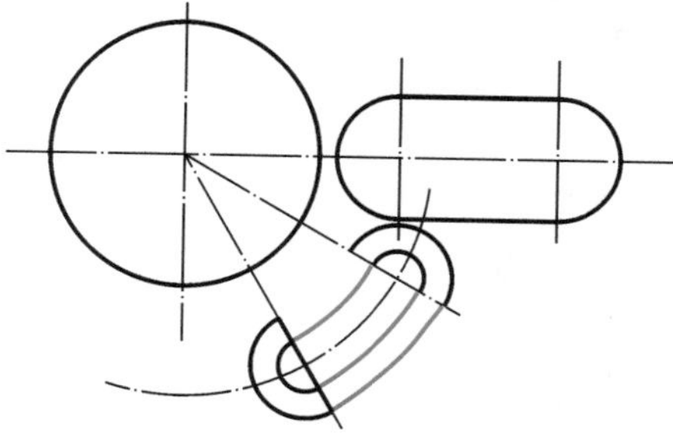

图 4-31　修剪圆弧连接线

第 6 步　绘制连接圆。用“相切，相切，半径”圆命令，绘制 $R9$、$R12$、$R15$ 三个圆，如图 4-32 所示。

第 7 步　修剪图形。选择修剪命令，依次选择要修剪的图线，修剪后的图形如图 4-33 所示。

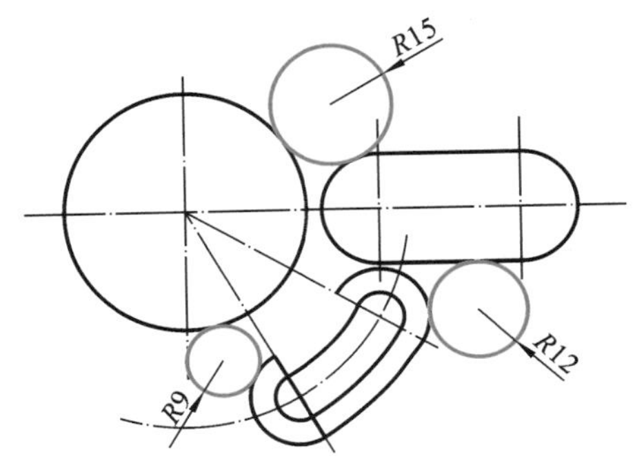

图 4-32 绘制连接圆

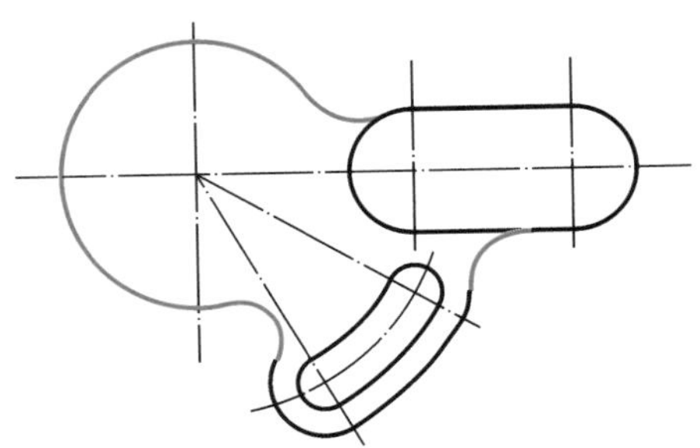

图 4-33 修剪多余图线

第 8 步 绘制相切线。用直线命令，输入“TAN”回车，单击左下方大圆弧，再次输入“TAN”回车，单击右下方圆弧，回车结束直线命令，结果如图 4-34 所示。

第 9 步 绘制内部虚线部分。

(1) 选择“虚线”图层为当前图层。

(2) 用“圆心，半径”圆命令，分别绘制 $\phi40$ 和 $R7$ 的虚线圆，如图 4-35 所示。

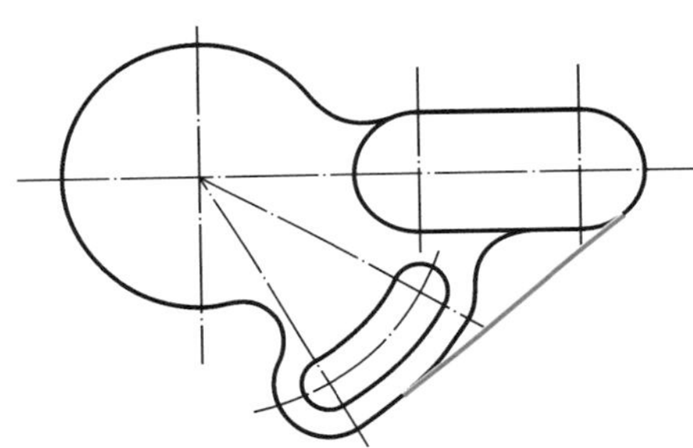

图 4-34 绘制相切线

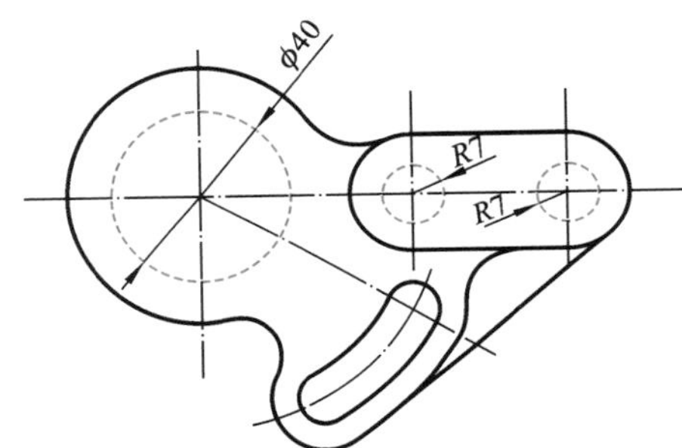

图 4-35 绘制虚线圆

(3) 修剪圆。用修剪命令依次修剪图线，编辑后的图形如图 4-36 所示。

(4) 打开“正交限制光标”，选择直线命令，在右边绘制出两条连接直线，如图 4-37 所示。

第 10 步 保存文件，关闭文件。

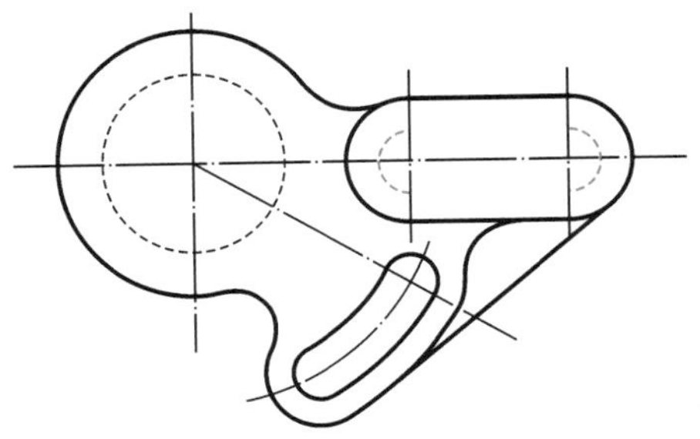

图 4-36 修剪虚线圆

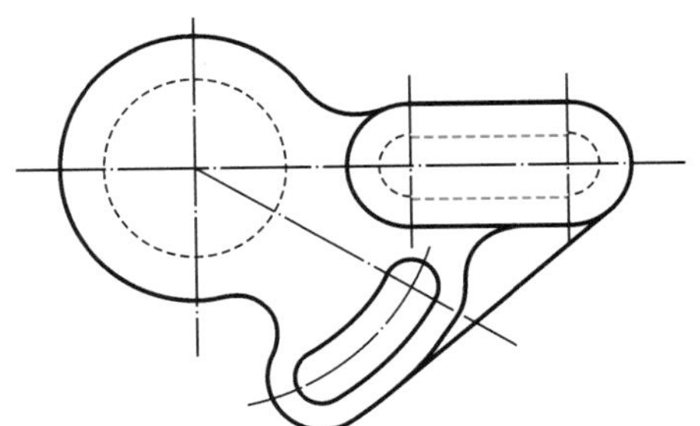

图 4-37 绘制连接直线

【举一反三 4-2】 创建图层，分图层绘制图 4-38 所示图形，不用标注尺寸，并训练图层的控制。

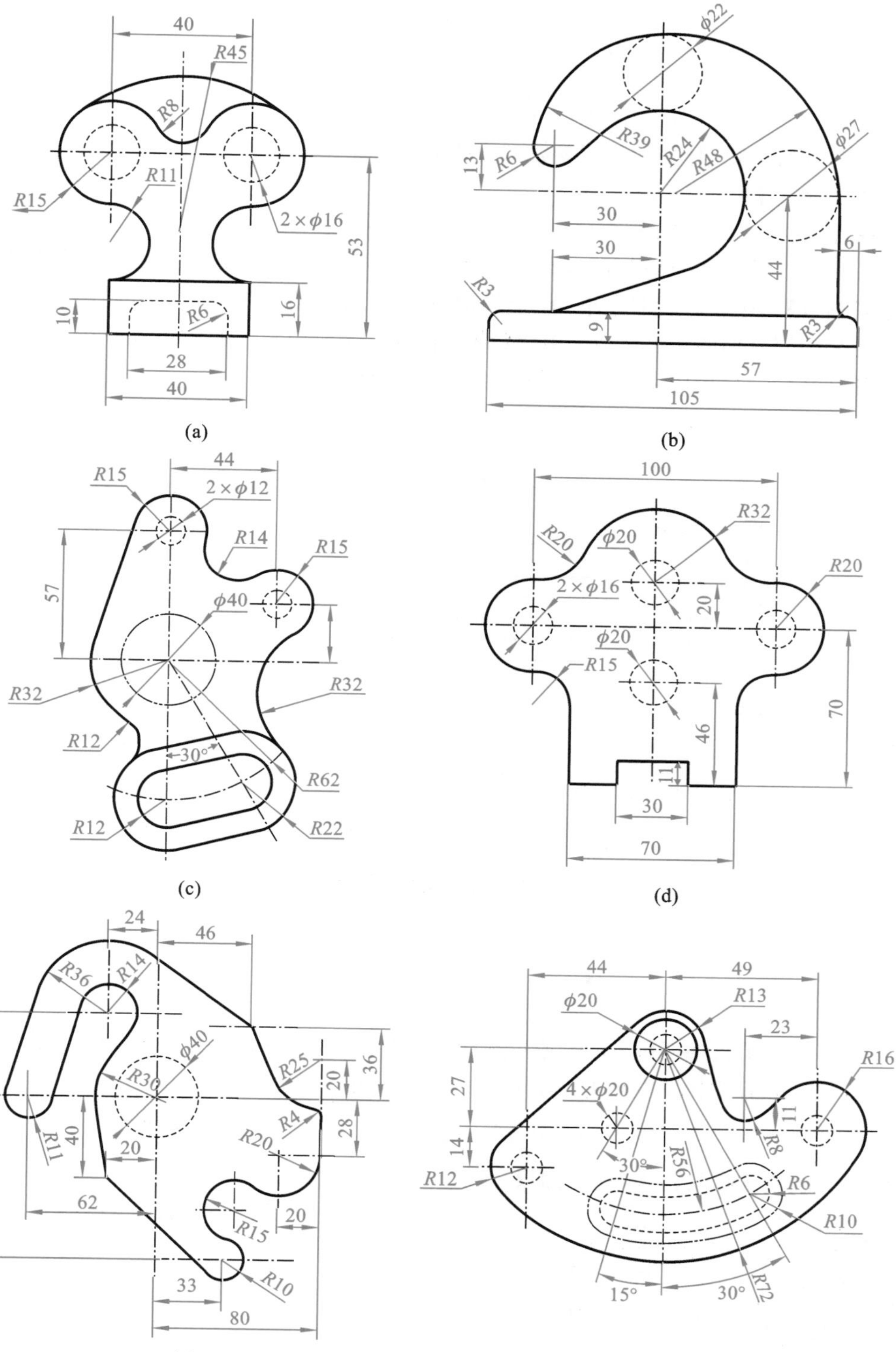
40
R45
R8
R11
R15
2×ϕ16
53
16
10
R6
28
40
(a)
ϕ22
R39
R6
13
R24
R48
ϕ27
30
30
6
44
R3
9
R3
57
105
(b)
44
R15
2×ϕ12
R14
R15
57
ϕ40
R32
R32
R12
30°
R62
R12
R22
(c)
100
R32
R20
ϕ20
R20
2×ϕ16
20
ϕ20
R15
70
46
11
30
70
(d)
24
46
R36
R14
42
ϕ40
R25
36
R30
20
20
R4
28
R11
40
R20
20
80
62
R15
20
33
R10
80
(e)
44
49
ϕ20
R13
23
27
R16
4×ϕ20
11
14
R8
R12
30°
R56
R6
R10
15°
30°
R72
(f)

图 4-38　习题图

4.3　线型比例因子

【功能】“线型比例因子”用于控制点画线、虚线中“画”的长短和间隔。

【方法】设置“线型比例因子”参数方法如下：

- 菜单命令:【格式】→【线型】
- 键盘命令:LINETYPE↙

【操作步骤】输入“线型”命令，弹出“线型管理器”对话框，单击【显示细节】按钮，此按钮变成【隐藏细节】。在该对话框右下角“全局比例因子”右边的框中输入“全局比例因子”的值（如设置为“0.35”），如图 4-39 所示，单击【确定】按钮，完成设置。此时可观察图上点画线、虚线等线型的变化。“全局比例因子”的值越小，“画”线越短。

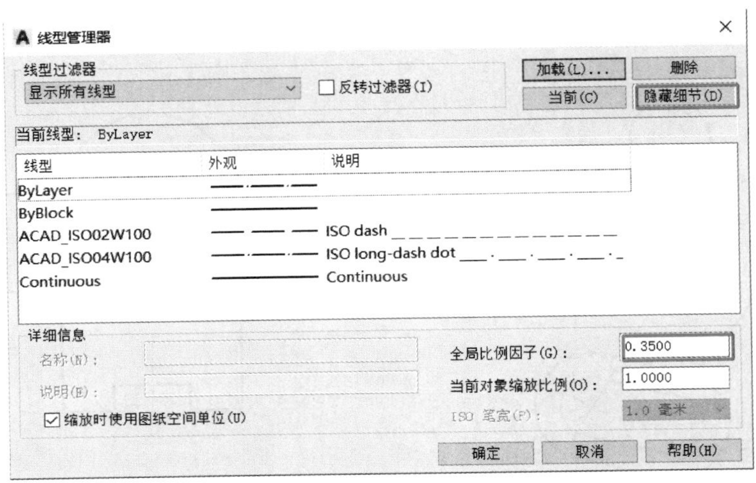

图 4-39　“线型管理器”对话框

4.4　特 性 匹 配

【功能】“对象特性匹配”主要用于将一个对象的特性传递给另一个对象，也常用于将图线特性变成相同的，或将图案填充变成相同的。输入命令的方法如下：

- 按钮命令:【默认】显示选项卡→【特性】显示面板→【特性匹配】按钮
- 菜单命令:【修改】→【特性匹配】
- 键盘命令:MA↙或 MATCHPROP↙

【操作步骤】输入“特性匹配”命令→选择修改后要与之特性相同的对象→选择需要修改特性的对象，可继续选择要修改特性的对象，直至按回车键结束。

【示例 8】将图 4-40a 所示的圆特性修改为图 4-40b所示。

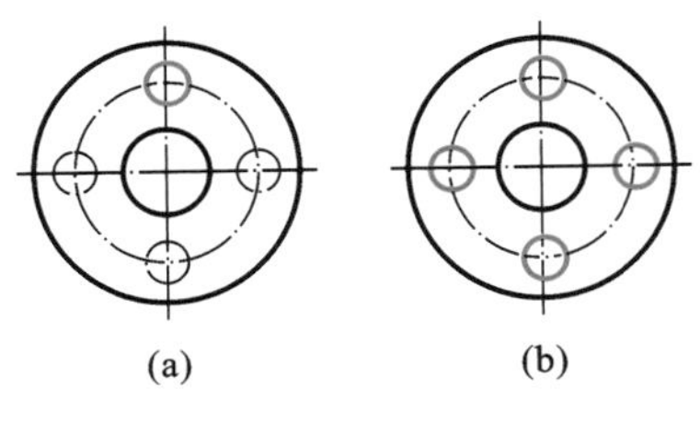

图 4-40　线的特性匹配

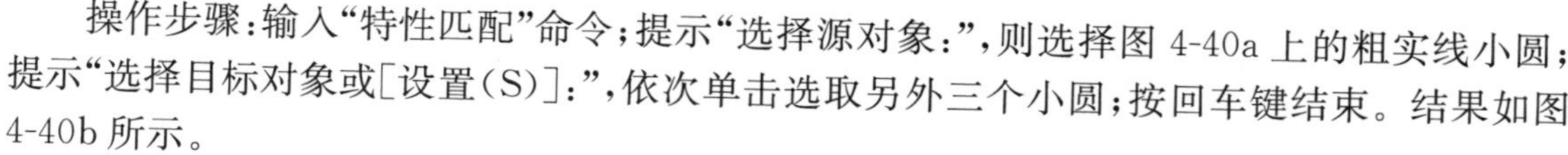

操作步骤：输入“特性匹配”命令；提示“选择源对象：”，则选择图 4-40a 上的粗实线小圆；提示“选择目标对象或[设置(S)]：”，依次单击选取另外三个小圆；按回车键结束。结果如图 4-40b 所示。

4.5　分解对象

【功能】　分解对象是指将一个整体对象分解成单个对象。如绘制的正多边形和矩形是当作一个整体对象的，如果需要分别对各条边进行操作，则需将其先行分解。用多边形命令、多段线命令绘制的对象及标注的尺寸、定义的块是一个整体对象。输入命令的方式如下：

- 按钮命令：【默认】显示选项卡→【修改】显示面板→【分解】按钮
- 菜单命令：【修改】→【分解】
- 键盘命令：EXPLODE↙

【操作步骤】　输入“分解”命令→选择对象，可选择多个对象→按回车键确认。

执行分解命令后，从显示上看不出任何变化，但对象特性已经由一个变成多个了。如图 4-41 所示，分解前为一个完整的正五边形，分解后为五条单独的直线对象围成的正五边形。

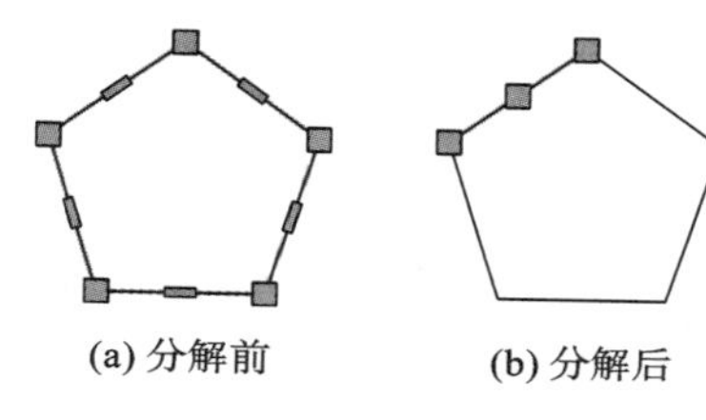

(a) 分解前　(b) 分解后

图 4-41　分解图形

4.6　旋转对象

【体验 2】　将图 4-42a 修改为图 4-42b。

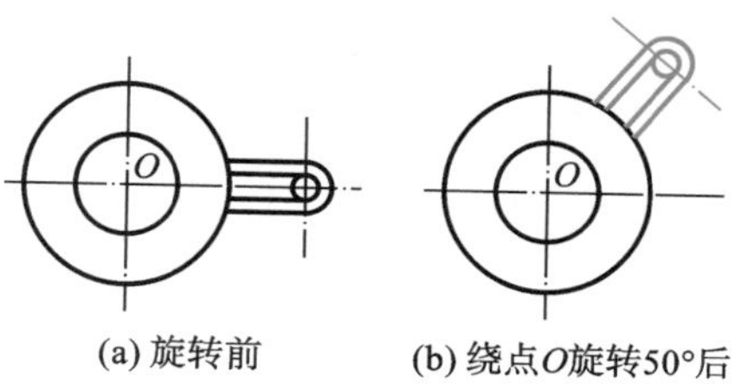

(a) 旋转前　(b) 绕点O旋转50°后

图 4-42　已知角度旋转对象(1)

体验 2

操作方法：单击【默认】显示选项卡→【修改】显示面板→【旋转】旋转，即输入旋转命令，提示“选择对象”时，选择右边图形，按回车键；提示“指定基点：”，单击大圆圆心 O 为基点；提示“指定旋转角度，或[复制(C)/参照(R)]”，再从键盘输入旋转度数“50”，按回车键，得到如图 4-42b 所示图形。

【功能】　将选定对象绕指定基点旋转一定角度，如图 4-43 所示。输入命令的方式如下：

- 按钮命令：【默认】显示选项卡→【修改】显示面板→【旋转】旋转按钮
- 菜单命令：【修改】→【旋转】
- 键盘命令：RO↙或 ROTATE　↙

【操作步骤】 输入“旋转”命令→选择要旋转的对象，可选择多个，选择完毕后，按回车键确认→捕捉点来指定旋转基点→输入角度数值，按回车键来指定旋转角度。输入角度数值时，不需要输入单位，但要注意旋转的方向。旋转方向与所输入旋转角度的正负号规定是：逆时针方向旋转的角度为正，顺时针方向旋转的角度为负。

【示例 9】 将图 4-43a 修改为图 4-43b。

操作方法：输入“旋转”命令，提示“选择对象”时，选择所有要旋转的对象(即右边图形)，按回车键；按提示捕捉点 O 作为基点，输入“－35”作为顺时针的旋转角度，按回车键。

如果需要旋转产生新的图形，且原图形保留，则步骤是：输入命令→选择要旋转的对象，按回车键确认→捕捉点来指定旋转基点→单击命令行的【复制(C)】→输入角度数值，按回车键。例如将图 4-44a 修改为图 4-44b 的方法为：输入旋转命令，系统提示“选择对象”时，选择右边对象并按回车键；按提示信息捕捉点 O 作为基点，然后单击【复制(C)】；再输入旋转角度“120”，并按回车键。

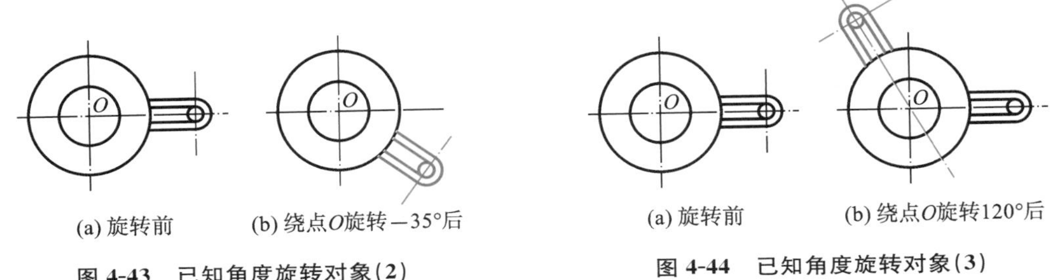

(a) 旋转前 (b) 绕点O旋转－35°后

图 4-43 已知角度旋转对象(2)

(a) 旋转前 (b) 绕点O旋转120°后

图 4-44 已知角度旋转对象(3)

4.7 延伸对象

延伸命令相当于修剪命令的逆命令。修剪是将对象沿某条边界剪掉，延伸则是将对象伸长至选定的边界。两个命令在使用操作方法上相同。输入命令的方式如下：

- 按钮命令：【默认】显示选项卡→【修改】显示面板→【修剪】下拉按钮→【延伸】  延伸
- 菜单命令：【修改】→【延伸】
- 键盘命令：EX↙或 EXTEND↙

【操作步骤】 输入“延伸”命令→移动光标指向需要延伸对象的一端，单击，可依次单击多个需要延伸对象，继续延伸→直到按回车键结束。

【示例 10】 将图 4-45a 修改为图 4-45b。

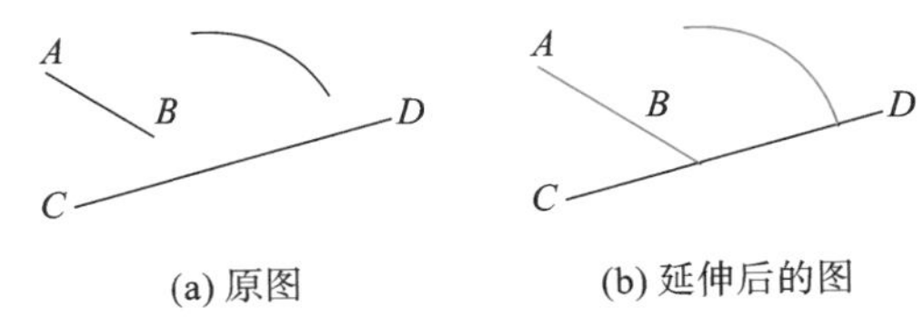

(a) 原图 (b) 延伸后的图

图 4-45 延伸对象

操作步骤：输入“延伸”命令；移动光标指向 AB 线靠近 B 点端并单击，移动光标指向圆弧的右端并单击，按回车键结束。

【任务 2】　绘制图 4-46 所示斜板图，不用标注尺寸。

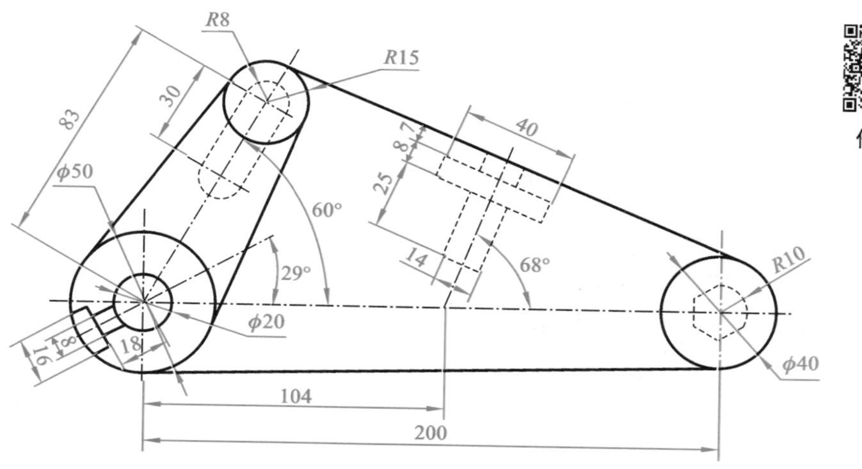

任务 2

图 4-46　斜板图

分析：线型有点画线、粗实线和虚线。有倾斜线需要用极轴输入角度。右边圆中的正六边形有两边要删除，需要分解命令。本题主要用到“直线”“圆”“正多边形”“偏移”“修剪”“旋转”“分解”等命令。

绘制步骤如下：

第 1 步　新建图形文件，并保存文件。

第 2 步　建立常用图层(参考表 4-2)，设置状态栏“对象捕捉”(按常用设置)，并打开“对象捕捉”。

第 3 步　绘制点画线。

(1) 换“点画线”图层为当前层。打开状态栏“正交限制光标”，用“直线”命令绘制水平线和垂直线。水平线可取长度 260 左右，垂直线可取长度 60 左右。

(2) 用显示命令调整图形的大小和位置，如图 4-47a 所示。用“偏移”命令在右边绘制竖直点画线，如图 4-47b 所示。相对左竖直线的距离分别是 53、83、200。

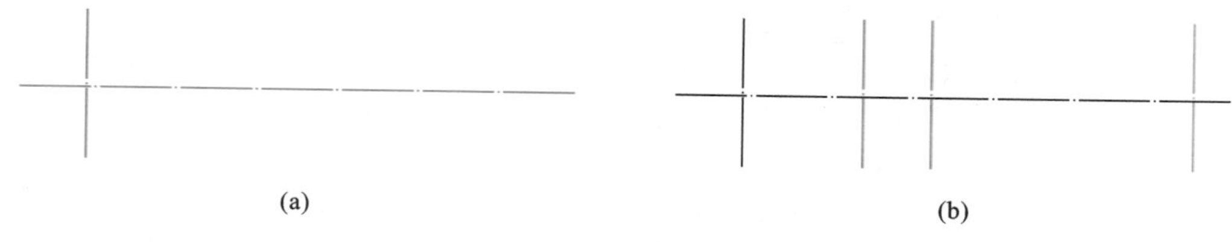

(a)　(b)

图 4-47　绘制点画线

第 4 步　换“粗实线”图层为当前层。打开状态栏“显示/隐藏线宽”。用“圆”命令，取直线交点为圆心，从左到右，依次绘制 ϕ50 与 ϕ20 的同心圆、$R15$ 的圆和 ϕ40 的圆。换“虚线”层为当前层，用“圆”命令，取直线交点为圆心，绘制 $R8$ 的两个虚线圆，如图 4-48a 所示。

第 5 步　用“直线”命令绘制内部两条水平连线。换“粗实线”层为当前层；用“直线”命令绘制外部两条切线。用“修剪”命令修剪中间 $R15$ 与 $R8$ 的圆，如图 4-48b 所示。

第 6 步　用“旋转”命令，将中间图形以左边圆的圆心为基点旋转 60°。选择旋转对象时用窗交方式，如图 4-49a 所示。结果如图 4-49b 所示。

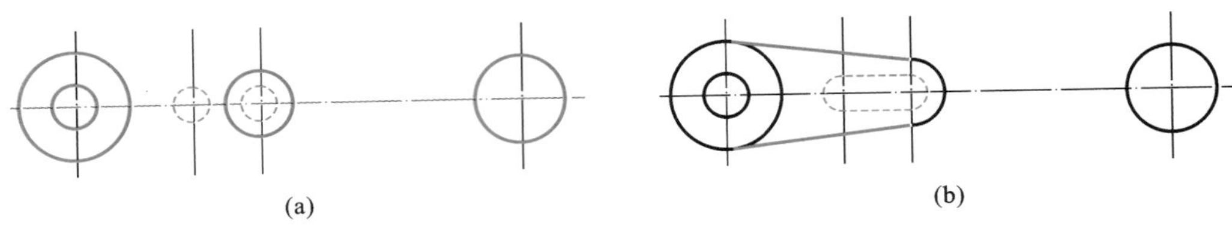

(a) (b)

图 4-48 绘制圆及切线

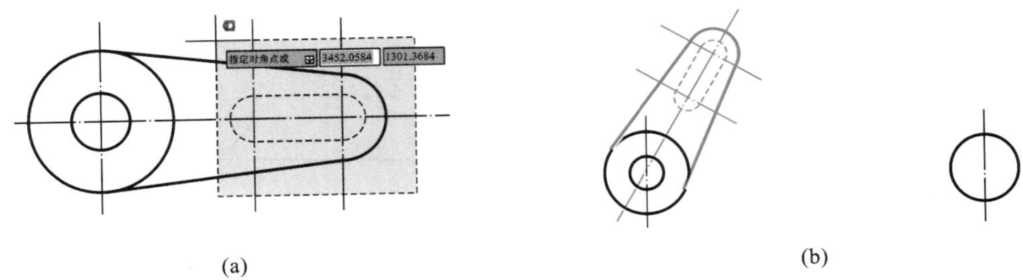

(a) (b)

图 4-49 绘制旋转图形

第 7 步 用“直线”命令绘制水平线，并换到“点画线”图层；水平线过圆心，如图 4-50a 所示。用“夹点”命令将左上方的点画线剪短，如图 4-50b 所示。

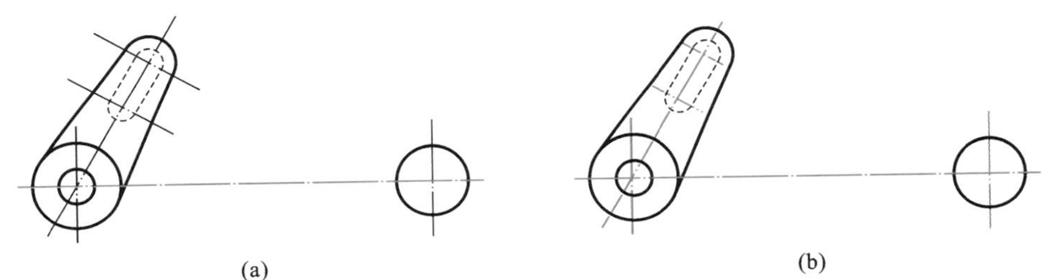

(a) (b)

图 4-50 处理点画线

第 8 步 换“虚线”图层为当前层，用“偏移”命令，在 $\phi 20$ 的圆的正左方绘制倾斜部分图的辅助线，用“直线”命令和“对象捕捉”绘制需要的线，如图 4-51a 所示。用“删除”命令删除“偏移”命令绘制的辅助线，如图 4-51b 所示。用“直线”命令在 $\phi 20$ 的圆的正左方绘制水平线，并换成细点画线。用“旋转”命令，将图形以左边圆的圆心为基点旋转 29°，选择旋转对象时要包含刚绘制的点画线，如图 4-51c 所示。旋转后的图如图 4-51d 所示。

第 9 步 换“粗实线”图层为当前层，用“直线”命令绘制切线(共两条直线)，如图 4-52a 所示。换“虚线”图层为当前层，用“圆”命令绘制右边中间的 $R10$ 圆，如图 4-52b 所示。用“正多边形”命令绘制右边中间的正六边形，用“内接于圆(I)”方式，如图 4-52c 所示。用“分解”命令，将正六边形分成六条线；用“删除”命令删除多余的两条边线；用“修剪”命令修剪 $R10$ 圆上多余的圆弧，如图 4-52d 所示。

第 10 步 用“偏移”命令，从左圆心竖直线向右绘制平行线，距离为 104。将状态栏“极轴追踪”角度设置为“68°”，打开“极轴追踪”。用“直线”命令和“极轴追踪”绘制 68°线，将刚才画的线换到“点画线”层，如图 4-53a 所示。用“偏移”命令，作“68°”点画线的平行线，距离分别为 7、20。用“偏移”命令，作右上方切线的平行线，如图 4-53b 所示。用“修剪”命令修剪图线成如图 4-53c 所示。将这些图线更换到“虚线”层，如图 4-53d 所示。

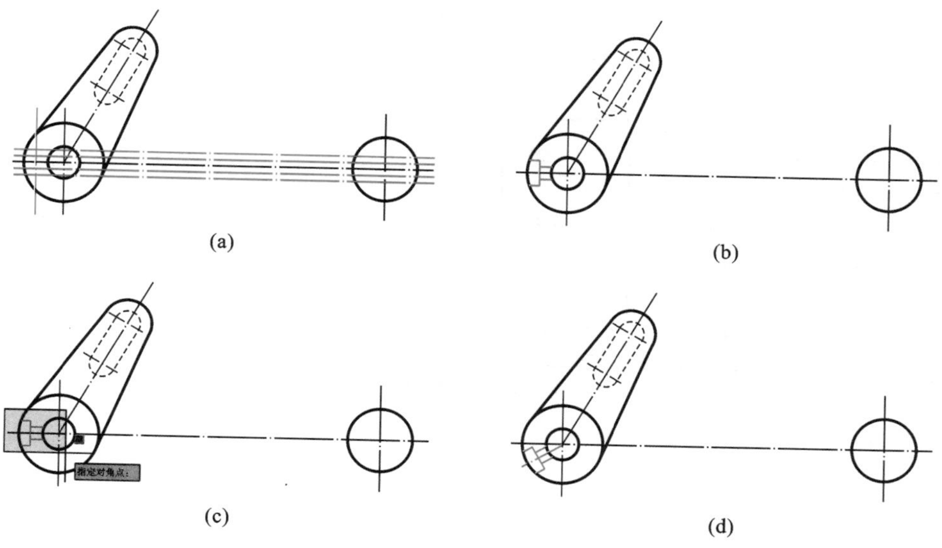

图 4-51　绘制左倾斜部分

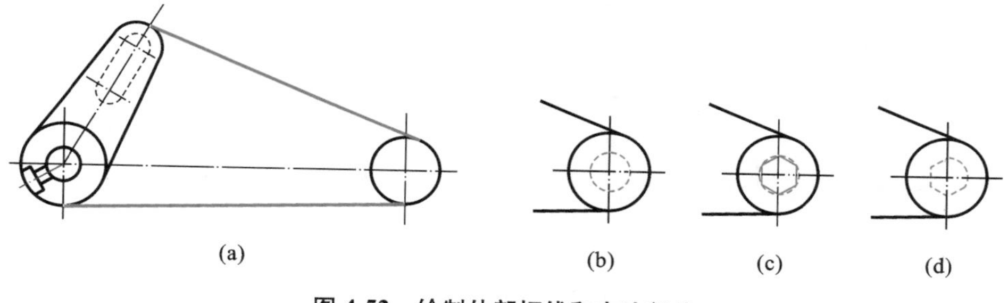

图 4-52　绘制外部切线和右边部分

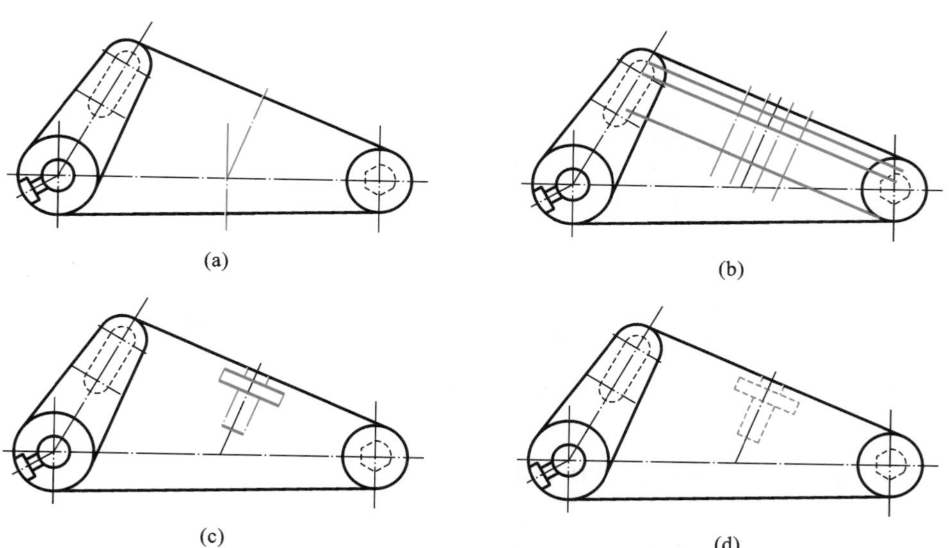

图 4-53　绘制中间部分图形

第 11 步 用“夹点”命令整理线的长度，保存图形文件。

【举一反三 4-3】 绘制图 4-54 所示图形。

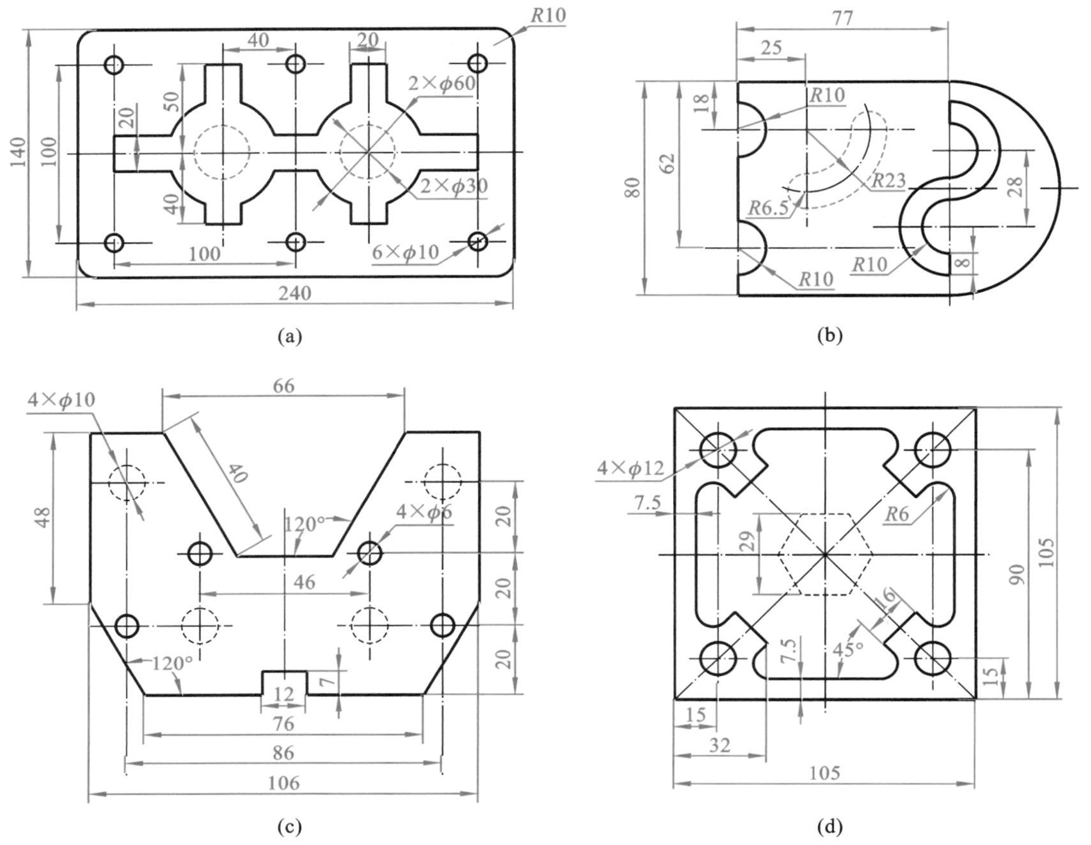

(a)

(b)

(c)

(d)

图 4-54 平面图形

4.8 矩形阵列、环形阵列与路径阵列

【体验 3】 绘制图 4-55a 所示图形。

操作步骤如下：

(1) 绘制图 4-55b 所示图形。

体验 3

(2) 单击【默认】显示选项卡→【修改】显示面板→【矩形阵列】阵列按钮，提示“选择对象：”。选择矩形左下角内部图形，按回车键；图形变成默认形式，如图 4-55c 所示。

(3) 显示选项卡最右侧出现“阵列创建”，下方为“阵列创建”的编辑窗口，如图 4-55d 所示。

(4) 在“列”显示面板“列数”和“总计”修改框内分别输入“5”和“112”，在“行”显示面板“行数”和“总计”修改框内分别输入“3”和“70”。

(5) 单击“阵列创建”编辑窗口中的“关闭阵列”。阵列图形如 4-55e 所示。

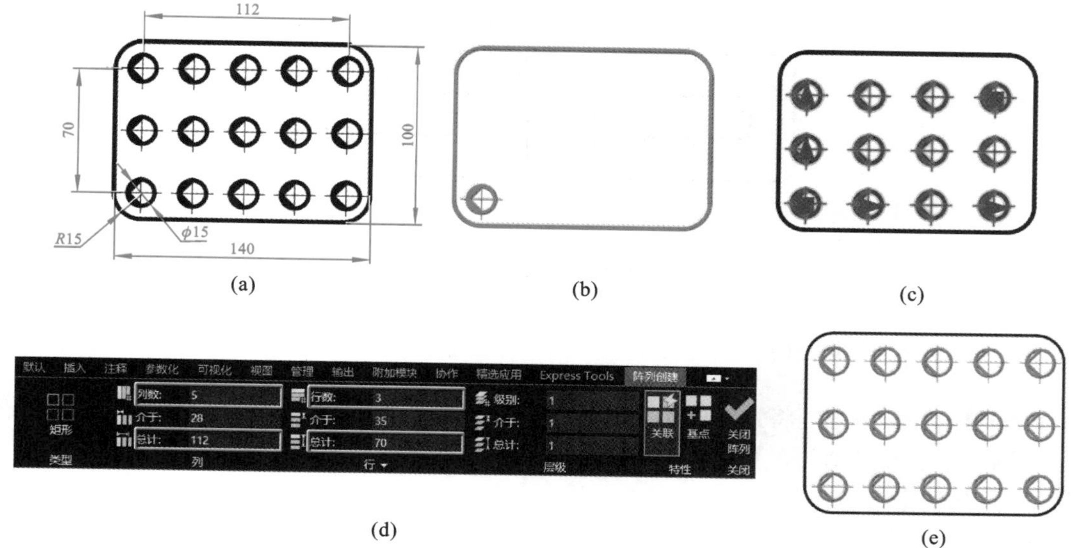

图 4-55　矩形阵列示例

利用"阵列"命令可以将指定对象同时复制成多个相同图形，且这些复制对象能按一定规律排列。阵列排列形式分为三类：矩形阵列、环形阵列和路径阵列。

4.8.1　矩形阵列

【功能】　矩形阵列能将选定的对象按指定的行数和行间距、列数和列间距作矩形排列复制。

输入命令的方式如下：

- 按钮命令：【默认】显示选项卡→【修改】显示面板→【阵列】→【矩形阵列】按钮
- 菜单命令：【修改】→【阵列】→【矩形阵列】
- 键盘命令：ARRAYRECT↙

【操作步骤】

(1) 输入"矩形阵列"命令，提示"选择对象："。

(2) 选择要阵列对象，按回车键结束选择对象。

(3) 显示选项卡最右侧出现"阵列创建"，下方为"阵列创建"的编辑窗口，如图 4-55d 所示。按"列"显示面板、"行"显示面板、"层级"显示面板、"特性"显示面板和"关闭"显示面板上的提示信息依次输入数值完成阵列创建。

"列"显示面板中的"介于"编辑框的数值是指相邻两列之间的间距，"总计"编辑框的数值是指最左列和最右列之间的总间距。"行"显示面板中的"介于"编辑框的数值是指相邻两行之间的间距，"总计"编辑框的数值是指最上行和最下行之间的总间距。生成位置由间距正负决定，新对象向上生成行间距为正，向下为负；向右生成列间距为正，向左为负。"总计"和"介于"只需要输入一个值即可，另外一个数值计算机会自动计算填写。如图 4-56 所示，"行"显示面板中的"行数"为"2"，"介于"为"－20"，"列"显示面板中的"列数"为"3"，"总计"为"36"。

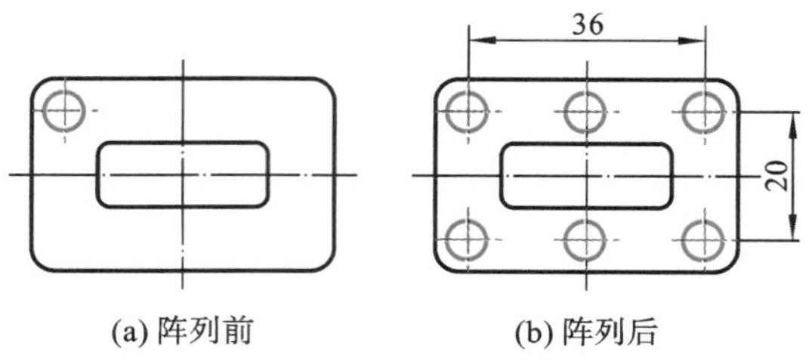

(a) 阵列前　　(b) 阵列后

图 4-56　矩形阵列

4.8.2　环形阵列

【功能】　环形阵列能将选定的对象绕一个中心点作圆形或扇形排列复制，这个命令需要确定阵列的中心和阵列的个数，以及阵列图形所对应的圆心角等。如图 4-57 所示，阵列中心在圆心，阵列的个数为“6”。

输入命令的方式如下：

- 按钮命令：【默认】显示选项卡→【修改】显示面板→【阵列】→【环形阵列】按钮
- 菜单命令：【修改】→【阵列】→【环形阵列】
- 键盘命令：ARRAYPOLAR↙

【操作步骤】

(1) 输入“环形阵列”命令，如图 4-58 所示，提示“选择对象：”。

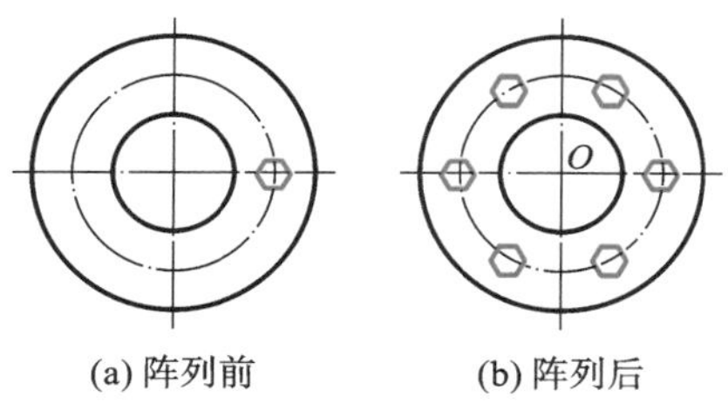

(a) 阵列前　　(b) 阵列后

图 4-57　环形阵列

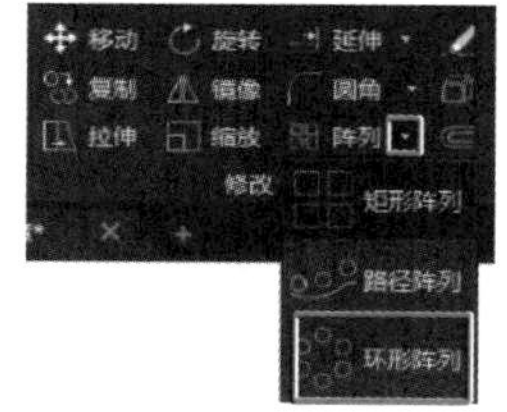

图 4-58　阵列命令

(2) 选择要阵列对象，选择完成后，按回车键结束选择对象；提示“指定阵列的中心或[基点(B)/旋转轴(A)]：”，移动光标指向阵列的中心点(对象捕捉的点)，单击圆心，显示选项卡最右侧出现“阵列创建”，下方为“阵列创建”的编辑窗口，如图 4-59 所示；同时命令行提示“选择夹点以编辑阵列或[关联(AS)/基点(B)/项目(I)/项目间角度(A)/填充角度(F)/行(ROW)/层(L)/旋转项目(ROT)/退出(X)]＜退出＞：”。

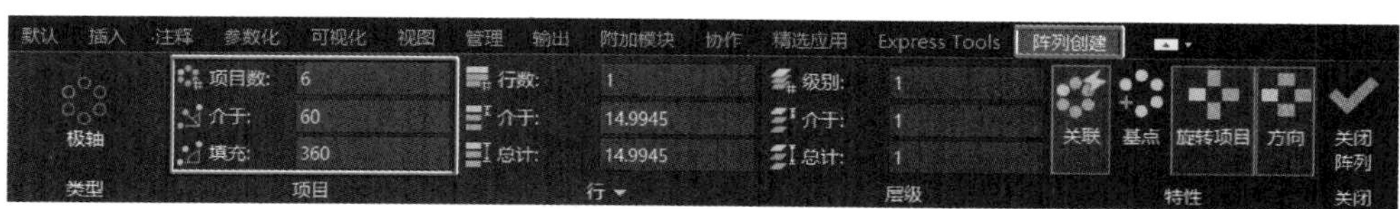

图 4-59　环形阵列编辑窗口

(3) 在“阵列创建”编辑框中单击，修改相应值，图形会自动修改；关闭编辑框，按【Esc】键取消夹点显示，完成编辑。

编辑窗口中“项目数”是指阵列对象的个数，“填充”是指环形阵列对象填充的角度。

【示例 11】 绘制图 4-60a 所示图形并编辑成图 4-60b 所示样式。

操作步骤如下：

(1) 输入“环形阵列”命令，提示“选择对象：”；选择六边形，按回车键结束选择对象；提示“指定阵列的中心点或[基点(B)/旋转轴(A)]：”；单击圆心，上方出现编辑框。

(2) 在“项目数”右边框中单击，输入“8”，图形会自动修改；单击“关闭阵列”按钮，完成编辑。

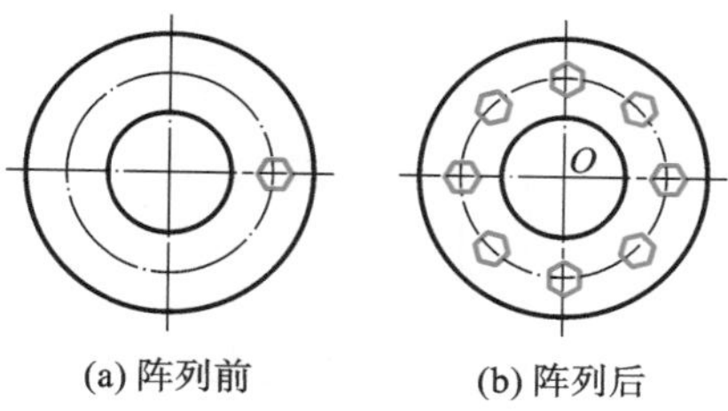

(a) 阵列前　(b) 阵列后

图 4-60　环形阵列

4.8.3 路径阵列

【功能】 路径阵列是沿着一条路径而实现的阵列，如图 4-61 所示。

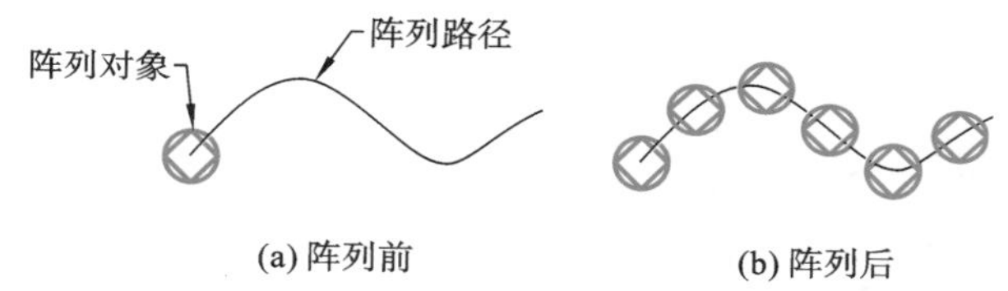

(a) 阵列前　(b) 阵列后

图 4-61　路径阵列

输入命令的方式如下：

- 按钮命令：【默认】显示选项卡→【修改】显示面板→【阵列】→【路径阵列】按钮
- 菜单命令：【修改】→【阵列】→【路径阵列】
- 键盘命令：ARRAYPATH↙

【操作步骤】

(1) 输入“路径阵列”命令，提示“选择对象：”。

(2) 选择要阵列对象，选择完成后，按回车键结束选择对象；提示“选择路径曲线：”。

(3) 单击选择路径曲线；显示选项卡最右侧出现“阵列创建”，下方为“阵列创建”的编辑窗口，如图 4-62 所示；同时命令行提示“选择夹点以编辑阵列或[关联(AS)/方法(M)/基点(B)/切向(T)/项目(I)/行(R)/层(L)/对齐项目(A)/Z 方向(Z)/退出(X)]<退出>：”。

(4) 可以选择“选择夹点以编辑阵列”后，在绘图区拖动夹点完成；也可以按提示信息在“阵列创建”编辑窗口中输入相应数值完成；然后单击“关闭阵列”按钮，完成编辑。

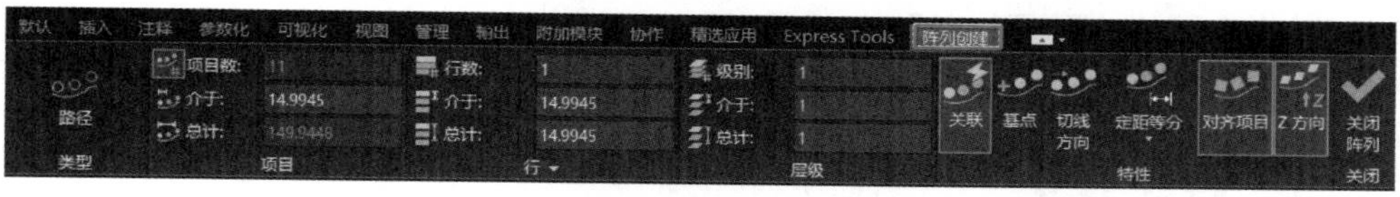

图 4-62　路径阵列编辑窗口

【举一反三 4-4】 分图层绘制图 4-63 所示平面图。

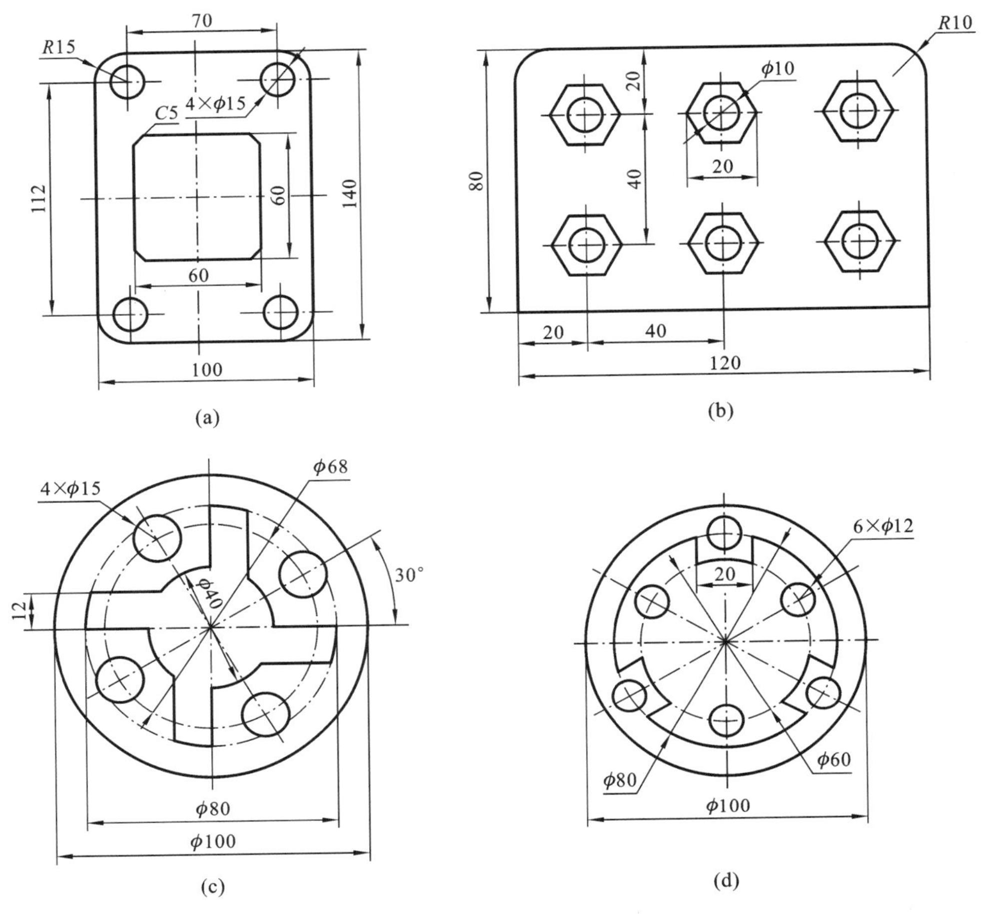

图 4-63 阵列练习图

4.9 打断对象与打断于点

【功能】 利用“打断”命令可以部分删除对象或把对象分解成两部分。

输入命令的方式如下：

- 按钮命令：【默认】显示选项卡→【修改】显示面板→【打断于点】按钮（或【打断】按钮）
- 菜单命令：【修改】→【打断】
- 键盘命令：BR↙或 BREAK↙

4.9.1 打断对象

“打断”是指定两个打断点来打断对象，即将对象两个打断点之间的部分删除，主要用于不需要精确边界的对象修剪。

【操作步骤】　如图 4-64 所示，单击【修改】显示面板上的【打断】按钮→移动光标指向打断对象某点附近，单击(即选择了对象上的第一个打断点)→移动光标指向打断对象另一点附近，单击(即选择了第二个打断点)，两点之间的线消失，自动退出命令。

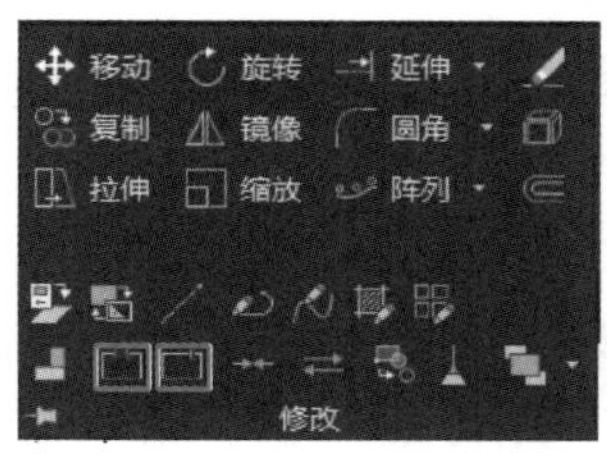

图 4-64　打断与打断于点

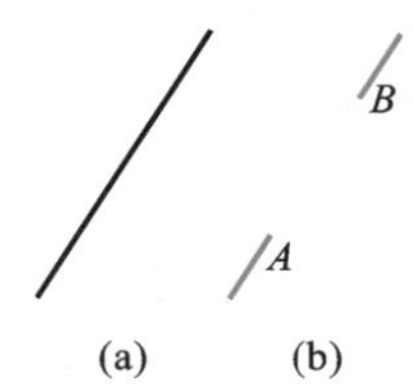

图 4-65　打断对象

【示例 12】　将图 4-65a 所示的直线修改为图 4-65b 所示。

操作步骤：输入打断命令→移动光标指向图 4-65a 所示直线 A 点附近(对象捕捉的“最近点”)，单击→移动光标指向图 4-65a 所示直线 B 点附近，单击，结果如图 4-65b 所示。

4.9.2　打断于点

“打断于点”是将选择的对象以“打断点”为分界点分解成两个对象，显示上没有任何变化，但分开后可以作为两个对象，分别设置对象的特性。

【操作步骤】　单击【修改】显示面板上的【打断于点】按钮，即输入“打断于点”命令→移动光标指向打断对象，单击→移动光标指向打断对象“打断点”处，单击。

【示例 13】　将图 4-66a 所示的一条直线修改为图 4-66c所示。

操作步骤：输入“打断于点”命令→移动光标指向直线，单击→移动光标指向图 4-66a 所示下方交点，单击；再次输入“打断于点”命令→移动光标指向直线，单击→移动光标指向图4-66b所示上方交点，单击；选择中间线段，更换到“虚线”图层。结果如图 4-66c 所示。

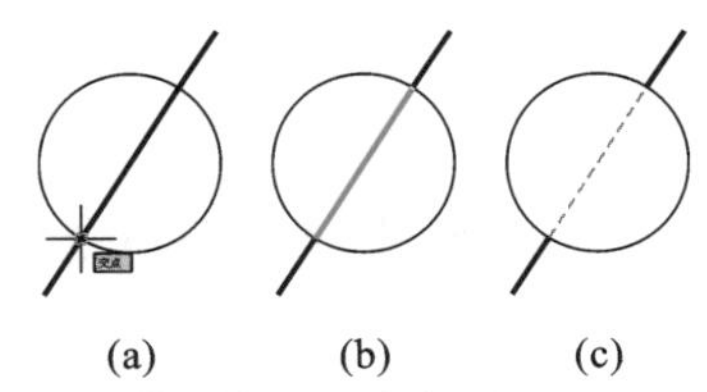

图 4-66　打断于点

4.10　圆 角 对 象

【体验 4】　将图 4-67a 所示的直角修改为图 4-67b 所示的圆角。

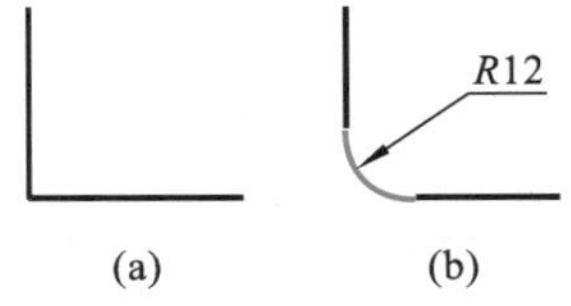

图 4-67　体验圆角命令

体验 4

操作步骤：单击【默认】显示选项卡→【修改】显示面板→【圆角】按钮→提示“选择第一个对象或[放弃(U)/多段线(P)/半径(R)/修剪(T)/多个(M)]:”→单击“半径(R)”→提示“指定圆

角半径”→输入“12”，按回车键→提示“选择第一个对象或[放弃(U)/多段线(P)/半径(R)/修剪(T)/多个(M)]:”→选择一条直线→选择另一条直线→按回车键。

【功能】 用一段指定半径在两对象之间生成相切的圆弧。

输入命令的方式如下：

- 按钮命令:【默认】显示选项卡→【修改】显示面板→【圆角】 圆角 按钮
- 菜单命令:【修改】→【圆角】
- 键盘命令:FILLET↙

【操作步骤】 输入“圆角”命令→提示“选择第一个对象或[放弃(U)/多段线(P)/半径(R)/修剪(T)/多个(M)]:”→选择相应项目，修改→再次提示“选择第一个对象或[放弃(U)/多段线(P)/半径(R)/修剪(T)/多个(M)]:”→选择要圆角的一条边→选择要圆角的另一条边。

【选项说明】

(1)“半径(R)”:指连接圆弧的半径。

(2)“修剪(T)”:设置生成圆弧时切点之外的对象是否同时修剪。修剪的结果如图 4-68b 所示，不修剪的结果如图 4-68c 所示。输入圆角命令后，单击【修剪(T)】，提示“输入修剪模式选项[修剪(T)/不修剪(N)]<修剪>:”。单击【修剪(T)】即选择“修剪”模式，单击【不修剪(N)】即选择“不修剪”模式。

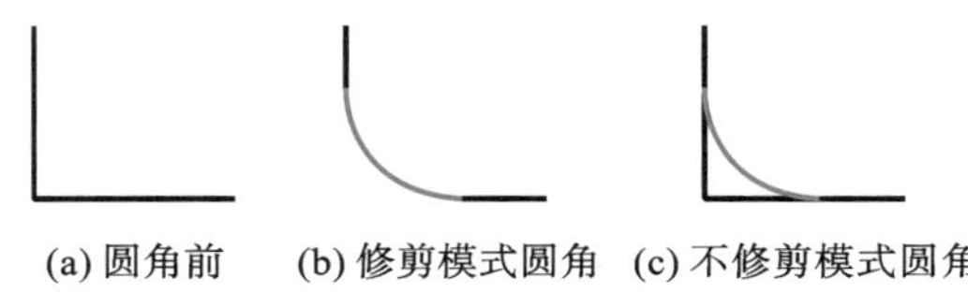

(a) 圆角前 (b) 修剪模式圆角 (c) 不修剪模式圆角

图 4-68 圆角对象

(3)“多个”:输入圆角命令后，单击【多个(M)】即可以多次选择对象，直到按回车键退出命令。

通过圆角对象可以绘制圆弧并自动修剪多余的对象，可以在圆弧和圆弧、直线和直线、直线和圆弧之间绘制圆弧连接，直线和直线之间绘制圆弧连接如图 4-69 所示。图 4-69d 是用圆角命令以两条直线之间的距离为直径绘制半圆来连接平行的两直线，输入圆角命令后，在直线

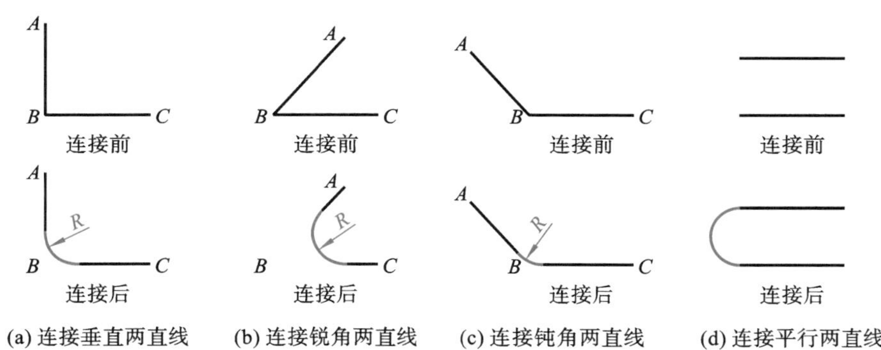

(a) 连接垂直两直线 (b) 连接锐角两直线 (c) 连接钝角两直线 (d) 连接平行两直线

图 4-69 用圆弧连接已知直线

左端依次单击选择两条直线即可，不用关注半径。直线和圆弧之间绘制圆弧连接如图 4-70 所示。对于不能用圆命令绘制的与椭圆相切的圆，可以用圆角命令来绘制。

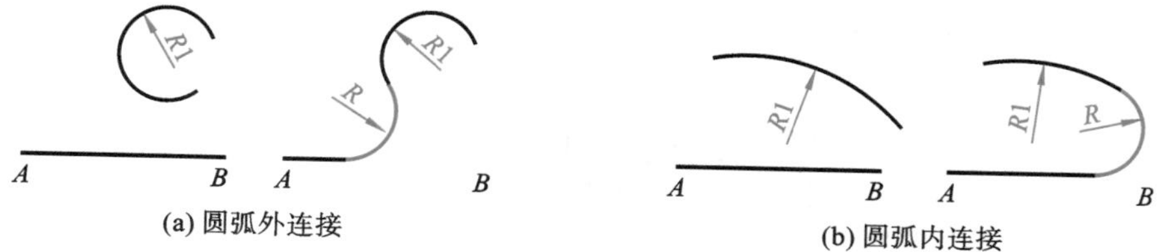

图 4-70　用圆弧连接已知直线和圆弧

【任务 3】　分图层绘制如图 4-71 所示平面图(图形中下方轮廓直线过右边圆心)。

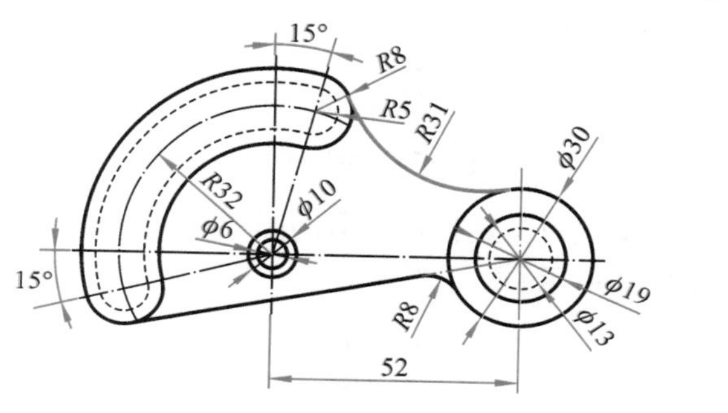

任务 3

图 4-71　平面图

分析：图上线型有点画线、粗实线和虚线，至少需要点画线图层、粗实线图层和虚线图层，图形主要由圆和直线组成，所以先在点画线图层上用“直线”命令和“圆”命令绘制点画线，再在粗实线图层上绘制已知的粗实线圆和虚线圆，接着绘制其余的线，同时进行修剪。

绘制步骤如下：

第 1 步　新建图形文件，建立常用图层，保存文件。

第 2 步　绘制基准线、定位线。选择“点画线”图层为当前图层；选择“直线”和“圆”命令，绘制出基准线和定位线，如图 4-72 所示。

第 3 步　绘制已知线段。选择“粗实线”图层为当前图层，选择“圆”命令，绘制 $R8$、$\phi6$、$\phi10$、$\phi30$、$\phi13$ 的圆；选择“虚线”图层为当前图层，选择“圆”命令，绘制 $R5$ 和 $\phi19$ 的圆，如图4-73 所示。

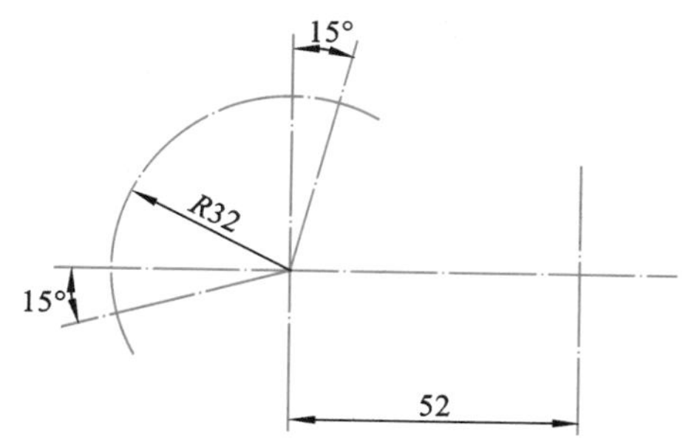

图 4-72　绘制基准线、定位线

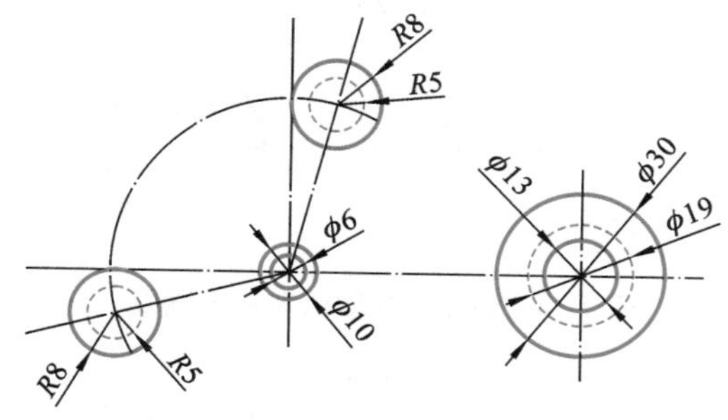

图 4-73　绘制已知线段

第 4 步 绘制中间线段。

（1）选择"圆"命令，绘制 $R27$ 和 $R37$ 的圆。更换"粗实线"图层为当前图层，选择"圆"命令，绘制 $R24$ 和 $R40$ 的圆，如图 4-74 所示。

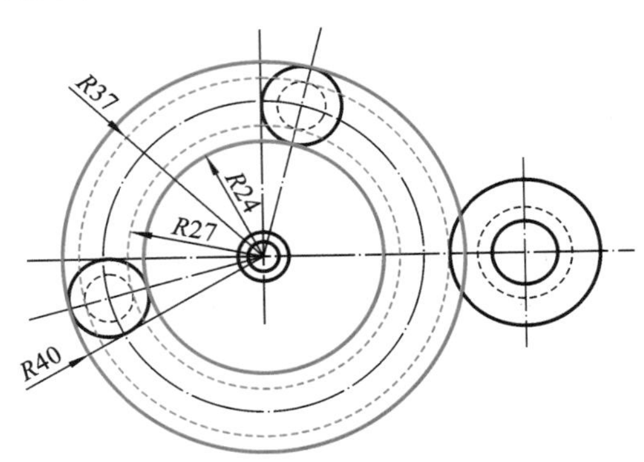

图 4-74　绘制中间线段

（2）选择"修剪"命令，依次单击选择被修剪的图线，修剪不完的图线选择"删除"命令将其删除，修剪完成后，如图 4-75 所示。

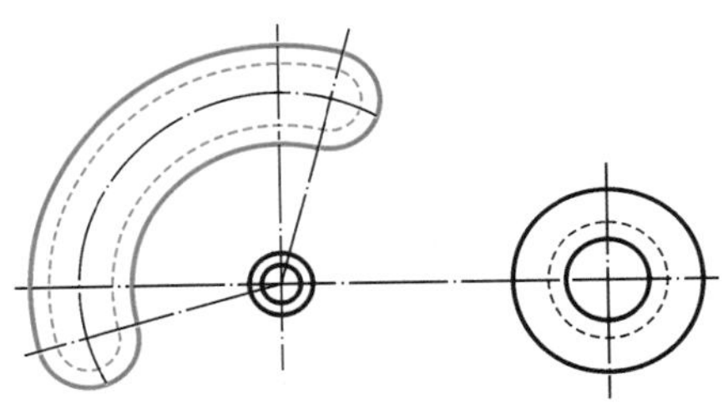

图 4-75　修剪和删除多余图线

第 5 步 绘制连接线段。

（1）选择"圆角"命令，绘制出 $R31$ 的圆弧；选择"直线"命令，绘制出图形下方的斜线（右边经过圆心），如图 4-76 所示。

（2）选择"圆角"命令，绘制出 $R8$ 的连接圆弧，如图 4-77 所示。

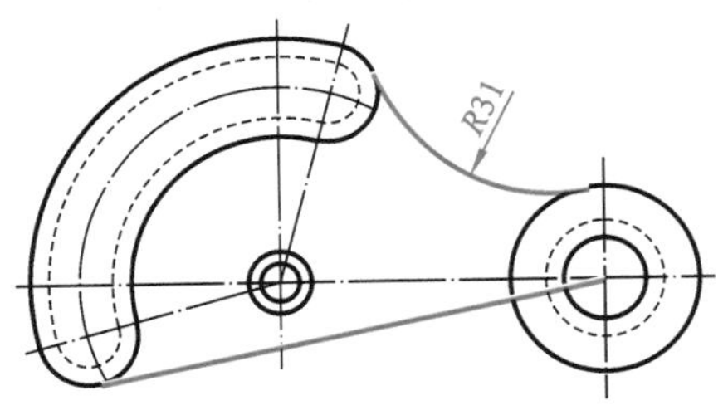

图 4-76　绘制连接圆弧和连接线段

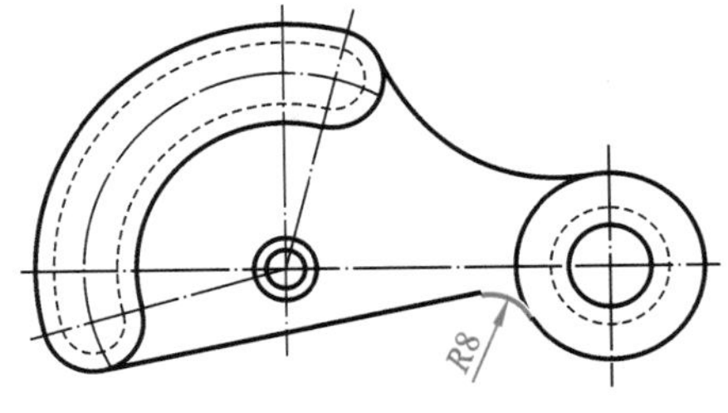

图 4-77　绘制连接圆弧

第 6 步 保存图形文件。

【举一反三 4-5】 分图层绘制图 4-78 所示平面图。

【举一反三 4-6】 分图层绘制图 4-79 所示的图形。

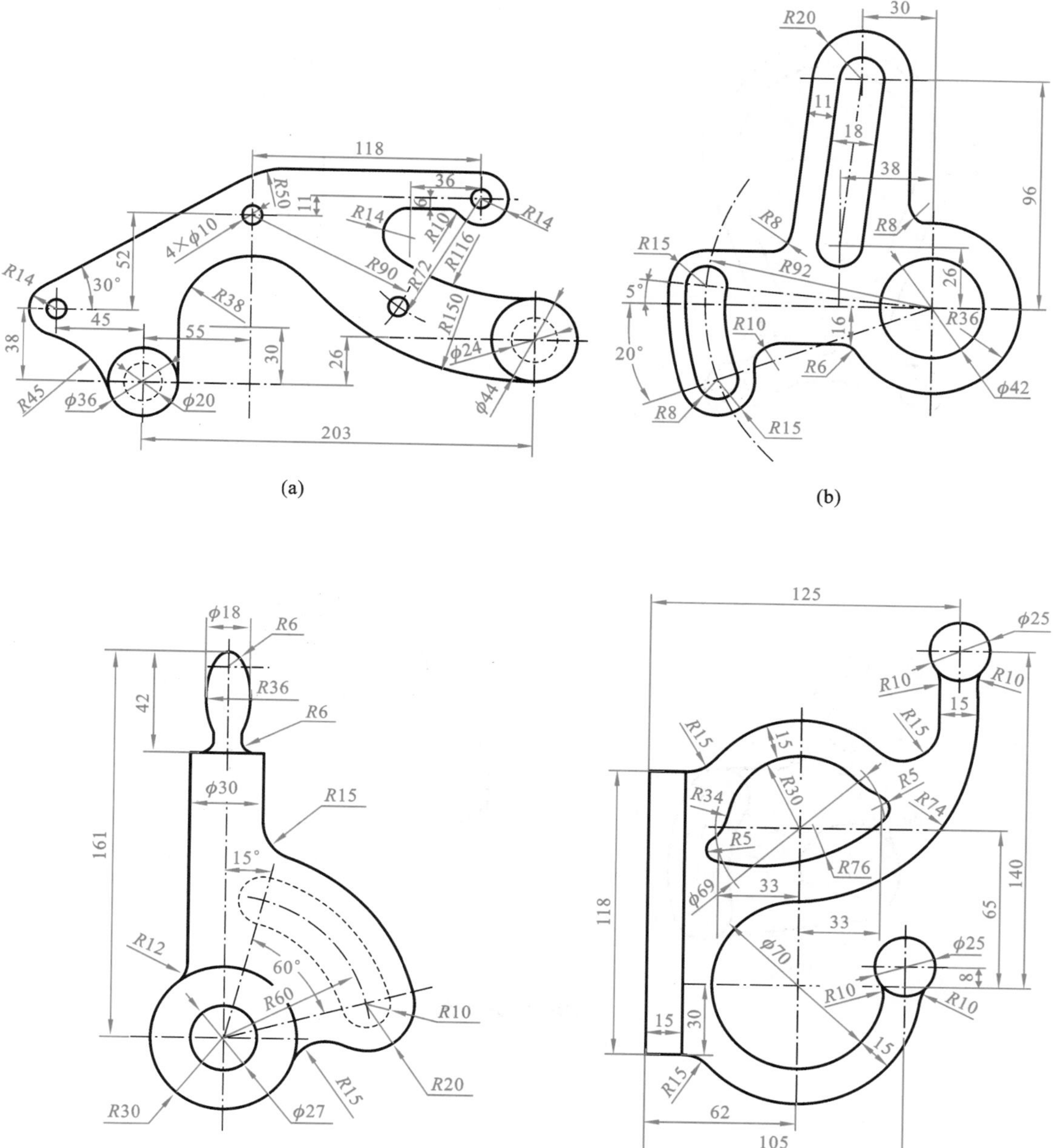
118
36
R50
11
R14
R10
R14
4×ϕ10
R116
R14
52
R90
R72
30°
R38
R150
45
55
38
30
26
ϕ24
R45
ϕ36
ϕ20
ϕ44
203
(a)
R20
30
11
18
38
96
R8
R8
R15
R92
5°
26
R36
R10
16
20°
R6
ϕ42
R8
R15
(b)
ϕ18
R6
42
R36
R6
161
ϕ30
R15
15°
R12
60°
R60
R10
R30
ϕ27
R15
R20
(c)
125
ϕ25
R10
R10
15
R15
R15
15
R5
R34
R30
R74
R5
R76
140
ϕ69
33
118
65
33
ϕ70
ϕ25
8
R10
R10
15
30
15
R15
62
105
(d)

图 4-78　平面图

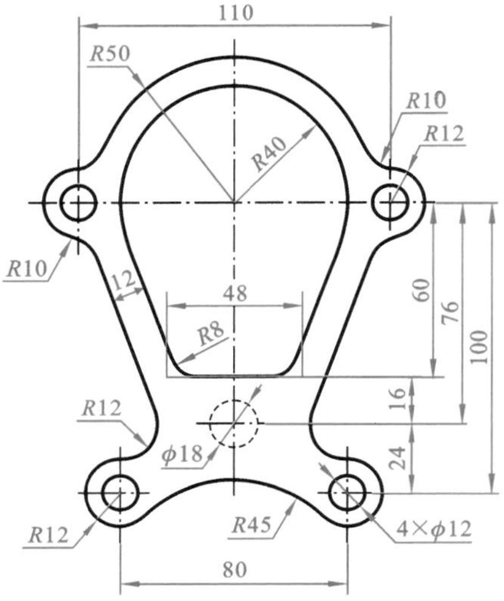

(a)

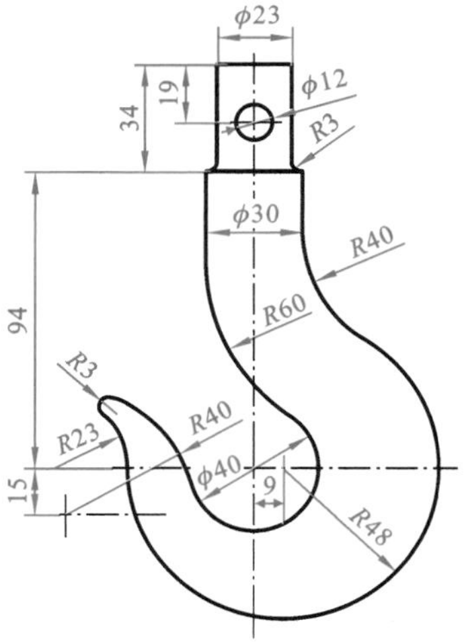

(b)

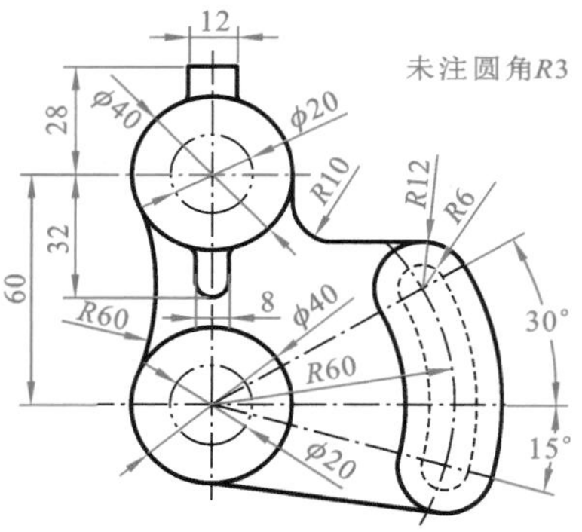

未注圆角$R3$

(c)

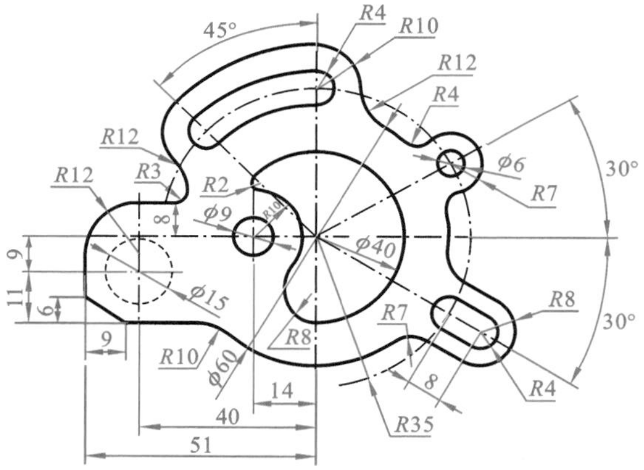

(d)

图 4-79　练习图

项目5　标注文字

【本项目之目标】

能够设置和修改文字样式；能够输入和修改文字；能够创建特殊字符与堆叠文字。

【体验1】　用红色“楷体”字体、20 mm字高输入文字“请党放心，强国有我！”。

操作过程如下：

第1步　新建图层，要求如表5-1所示，并将该图层换为当前图层。

表5-1　图层设置

图　层　名	颜　　色	线　　型	线　　宽
文字红色层	红色	Continuous	0.35 mm

第2步　如图5-1所示，单击【默认】显示选项卡→【注释】显示面板→【文字样式】按钮，弹出“文字样式”对话框，如图5-2所示。单击右边【新建...】按钮，弹出对话框；在【样式名】文本框中输入“楷体20”，如图5-3所示，单击【确定】按钮。

图5-1　“文字样式”命令

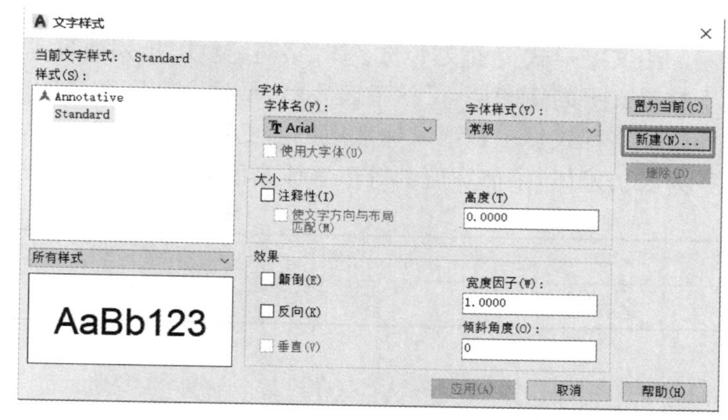

图5-2　“文字样式”对话框

第3步　不选择“使用大字体”复选框，在【字体名】下拉列表框中选择【楷体】，在【高度】下方框中输入“20”，其余设置采用默认值，如图5-4所示，单击【应用】按钮。单击【关闭】按钮，关闭“文字样式”对话框。

第4步　单击【默认】显示选项卡→【注释】显示面板→【单行文字】命令，如图5-5a所示；在绘图区单击，按回车键，即选择旋转角度为0°；输入“请党放心，强国有我！”文字，可观察到文本显示在光标处，按回车键即结束本行的输入，如图5-5b所示。

第5步　按回车键结束文字命令。

图 5-3　新建“楷体 20”样式

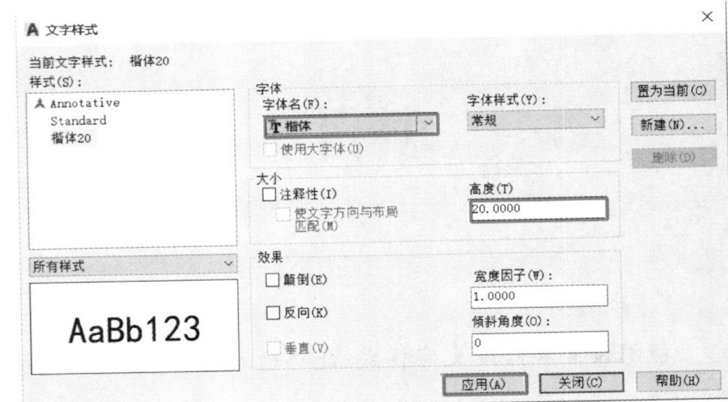

图 5-4　设置“楷体 20”文字样式

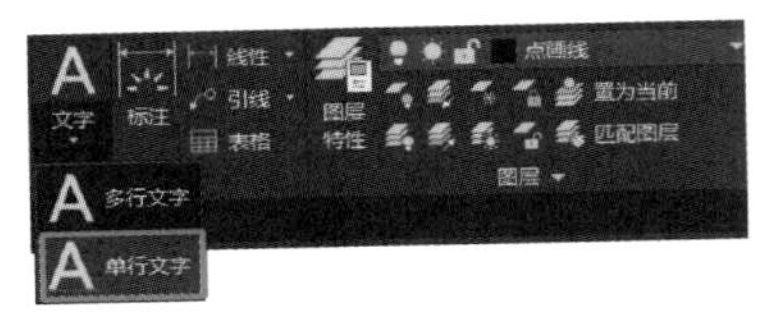

(a) 单行文字命令

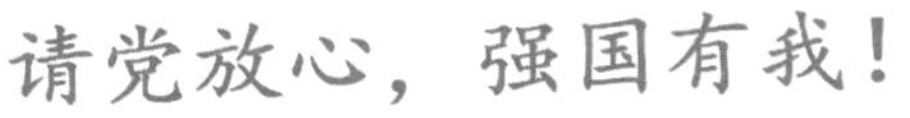

请党放心，强国有我！

(b) 输入的文字

图 5-5　文字命令与文字输入

5.1　文字样式设置与使用

用文字样式设置文本的字体、字高、宽度、排列效果等。输入文字前，最好建立一个专门用于放置文字的新图层，可参考表 5-2。要建立文字效果所需的文字样式，因为输入的文本将用当前文字样式显示。国家标准规定了工程图的文字样式，字体高度有 2.5、3.5、5、7、10 等；汉字为长仿宋体，字体宽度约等于字体高度的 0.7，汉字高度不小于 3.5 mm。

表 5-2　文字图层

图　层　名	颜　　色	线　　型	线　　宽
文字层	蓝	Continuous	0.25 mm

5.1.1　文字样式的创建命令与参数

1. 文字样式的创建命令

- 按钮命令:【默认】显示选项卡→【注释】显示面板→【文字样式】按钮
- 菜单命令:【格式】→【文字样式】
- 键盘命令:ST↙或 STYLE↙

输入“文字样式”命令，会弹出图 5-2 所示的“文字样式”对话框。

2. “文字样式”对话框参数

(1) 在左上角“样式”列表中显示文字样式的名称，默认文字样式为 Standard(标准)，可以

为已有的文字样式重命名以及删除文字样式。

(2) 在右边有【置为当前】、【新建】、【删除】按钮。

• 【置为当前】按钮：在“样式”列表中选中某文字样式后，单击【置为当前】按钮，将选择的文字样式设置为当前的文字样式。

• 【新建】按钮：单击该按钮，打开“新建文字样式”对话框，可建立新的文字样式。

• 【删除】按钮：在“样式”列表中选中某文字样式后，单击【删除】按钮，若为没有使用过的样式，则清除此文字样式。

(3) 左下角框为预览区，可以观看效果。

(4) “字体”选项区用于设置文字样式使用的字体。“字体名”下拉列表用于选择字体，如楷体、宋体、黑体等；“字体样式”下拉列表用于选择字体格式，如斜体、粗体和常规等。“使用大字体”选项只有在字体属性为“SHX字体”时才可以被选中，选中后，原来的“字体样式”下拉列表就变为“大字体”下拉列表。

(5) “大小”选项区用于设置文字样式使用的字高。“高度”文本框中用于设置文字的高度。如果将文字的高度设为“0”，在使用标注文字命令时，就会提示“指定高度”；如果在“高度”文本框中输入了文字高度，将按此高度标注文字，而不再提示指定高度。

(6) “效果”选项区用于设置文字的显示效果，如图5-6所示。

• “颠倒”复选框：用于设置是否将文字上下颠倒过来显示。

• “反向”复选框：用于设置是否将文字从左向右且反向显示。

• “垂直”复选框：用于设置是否将文字垂直显示，但垂直效果对汉字字体无效。

• “宽度因子”：用于设置文字字符的宽度和高度之比，从而计算出宽度值。当宽度因子为1时，宽度与高度值相等；当宽度因子小于1时，字符会变窄；当宽度因子大于1时，字符会变宽。

• “倾斜角度”：用于设置文字的倾斜角度。以Y轴正向为角度0值，顺时针为正，即角度为正值时，向右倾斜，为负值时向左倾斜。可以输入－85～85之间的一个值。

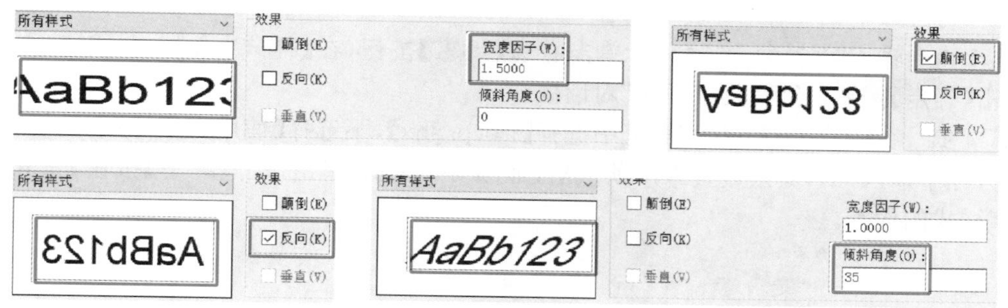

图5-6　文字的各种效果

5.1.2　新建文字样式的步骤

新建文字样式的步骤

输入“文字样式”命令弹出对话框，单击【新建】按钮打开“新建文字样式”对话框。在“样式名”文本框中输入新建的文字样式名称，单击【确定】按钮，新建文字样式显示在“文字样式”对话框的“样式名”下拉列表框中。设置各参数后，单击【应用】按钮。

【示例 1】 创建样式名为“仿宋 7”的文字样式。要求：选用“仿宋”字体，字高为“7”，宽度因子为“0.7”，“颠倒”效果，其他设置均选择默认值。

操作过程如下：

第 1 步 输入“文字样式”命令；单击【新建】按钮；在【样式名】文本框中输入“仿宋 7”；单击【确定】按钮。

第 2 步 不选择“使用大字体”复选框，在【字体名】下拉列表框中选择【仿宋】，在【高度】下方框中输入“7”；在【宽度因子】框输入宽度因子值“0.7”，【效果】项选中“颠倒”，其余设置采用默认值，如图 5-7 所示；单击下方【应用】按钮，完成文字样式的设置。

第 3 步 单击【关闭】按钮，关闭“文字样式”对话框。

新建的文字样式可以在【注释】显示面板“文字样式”列表中看见，如图 5-8 所示。

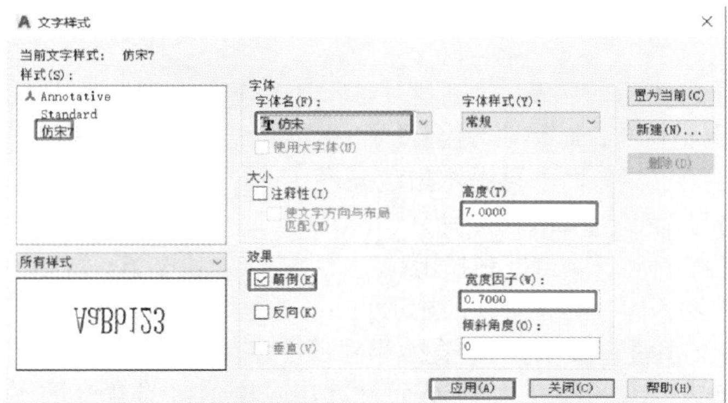

图 5-7 设置“仿宋 7”样式

图 5-8 字样式列表

【示例 2】 创建样式名为“数字 5”的文字样式。要求：选用“isocp.shx”字体且不使用大字体，字高为“5”，其他设置均选择默认值。

操作过程如下：

第 1 步 输入“文字样式”命令；单击右边【新建】按钮；在【样式名】文本框中输入“数字 5”；单击【确定】按钮，返回“文字样式”对话框。

第 2 步 在【字体名】下拉列表框中选择【isocp.shx】，不选择【使用大字体】复选框；在【高度】下方框中输入“5”；其余设置采用默认值，如图 5-9 所示；单击下方【应用】按钮，完成“数字 5”文字样式的设置。

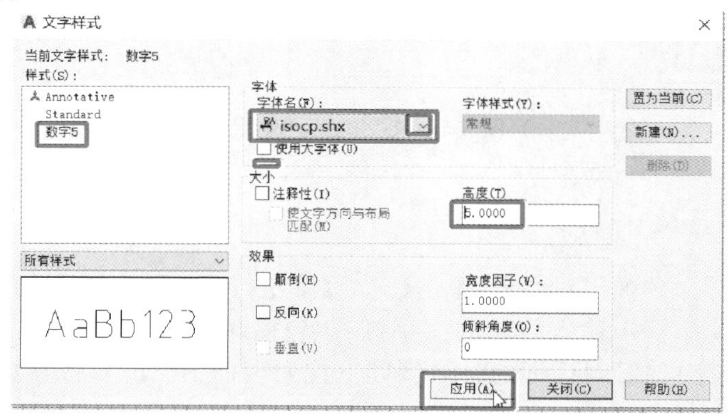

图 5-9 设置“数字 5”样式

第 3 步　单击【关闭】按钮，关闭“文字样式”对话框。

说明：“isocp. shx”字体为西文字体，标注符号时一般用此文字样式。

【举一反三 5-1】　按表 5-3 所示的要求设置文字样式。

表 5-3　文字样式

样式名称	字　体	字　高	宽度因子	倾斜角度	排列效果
工程字	gbenor. shx	0	1	0	不选
仿宋 5	仿宋	5	0. 7	0	不选
仿宋 10	仿宋	10	0. 7	0	不选
符号 5	isocp. shx	5	1	0	不选
楷体 18	楷体	18	1. 6	15	颠倒

5. 1. 3　修改或删除已有文字样式

输入“文字样式”命令，弹出对话框，所有已建的文字样式显示在左边“样式”列表中。在此对话框中可以新建文字样式，也可以修改、重新命名或者删除已建的文字样式。

1. 增加文字样式

单击【新建】按钮，可以创建新的文字样式。如新建“HZHZ”文字样式的方法：单击【新建】按钮，弹出对话框；在【样式名】文本框中输入“HZHZ”，单击【确定】按钮；设置“字体”“高度”“效果”等项目，单击下方【应用】按钮，如图 5-10 所示。

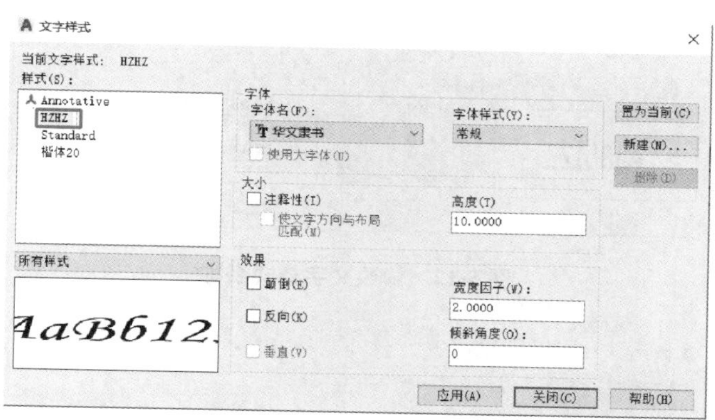

图 5-10　增加“HZHZ”文字样式

2. 修改已创建的样式项目

选择左边“样式”列表中要修改的文字样式名称，如“HZHZ”，再对“字体”“高度”“效果”等项目进行相关修改，如图 5-11 所示，修改完成后，单击【应用】按钮即可完成修改。

3. 文字样式重命名和删除文字样式

已建立的文字样式可以重新命名，没有使用过且不是当前文字样式的文字样式可以删除。操作方法是：在左边样式列表中选择要编辑的文字样式，单击右键，弹出快捷菜单，如图 5-12

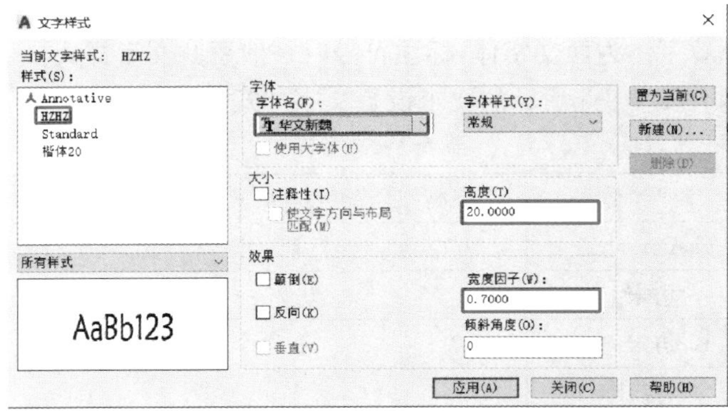

图 5-11　修改文字样式

所示，再进行选择。若选择快捷菜单中的【重命名】，文字样式的名称文本框变成可编辑的状态，如图 5-13 所示，输入新的名称（如“汉字”）后，按回车键，即完成文字样式名称的修改。若选择快捷菜单中的【删除】，如图 5-14 所示，则弹出“acad 警告”对话框，如图 5-15 所示，单击【确定】按钮。确保要删除的文字样式没有使用过，也不是当前文字样式（若要删除的文字样式是当前文字样式，则需要更换当前文字样式为其他文字样式）。

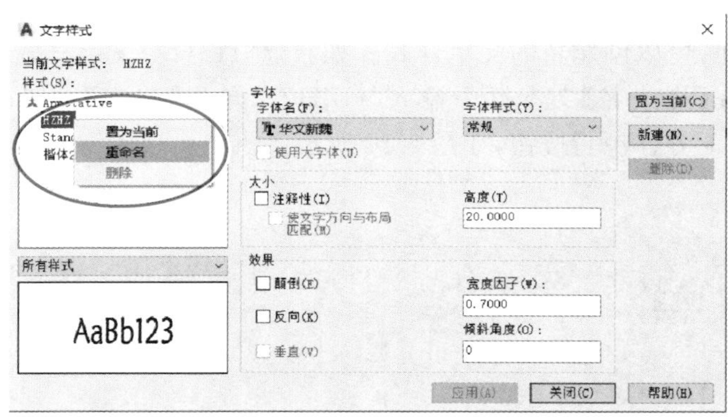

图 5-12　修改文字样式名称

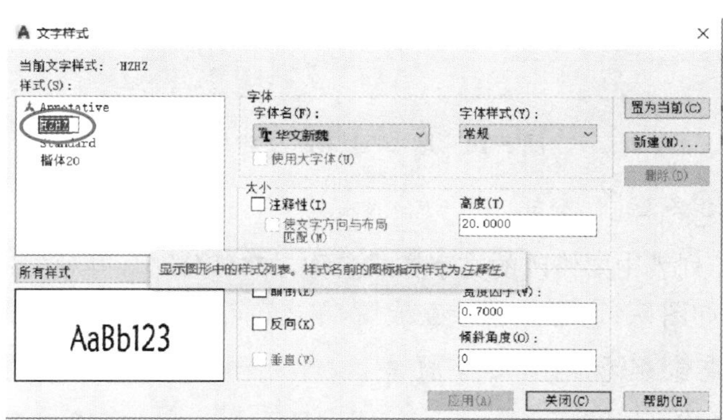

图 5-13　重命名“HZHZ”文字样式

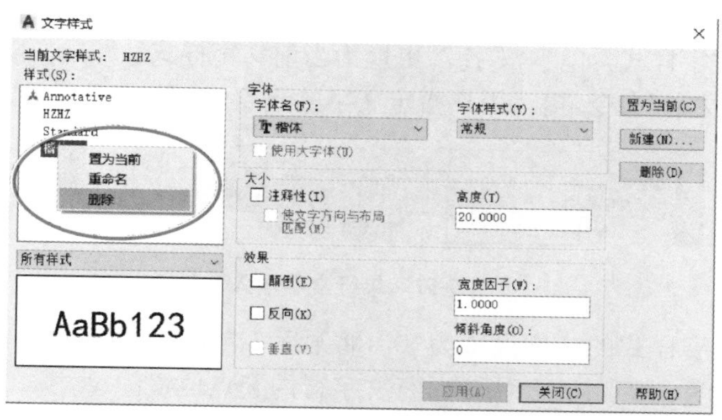

图 5-14　删除文字样式

5.1.4　文字样式的使用

在输入文字时，会使用当前文字样式来显示输入的文字，因此要根据需要更换当前文字样式。操作方法如下：在【注释】显示面板“文字样式”上，单击文字样式下拉按钮，显示文字样式列表，单击对应下拉菜单中文字样式的名称，如图 5-16 所示，即选择此文字样式为当前样式，如单击“楷体 10”，则文字样式“楷体 10”设置为当前文字样式。

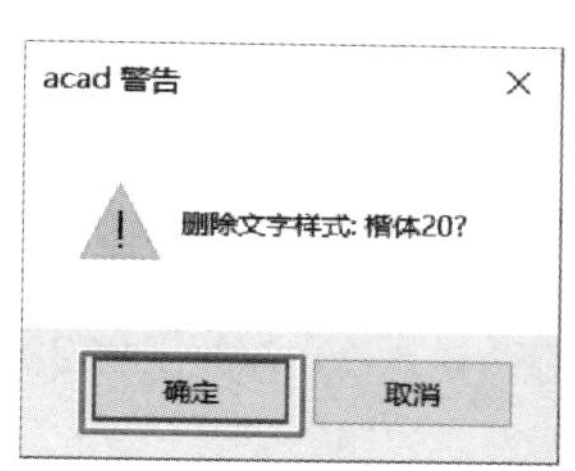

图 5-15　“acad 警告”对话框

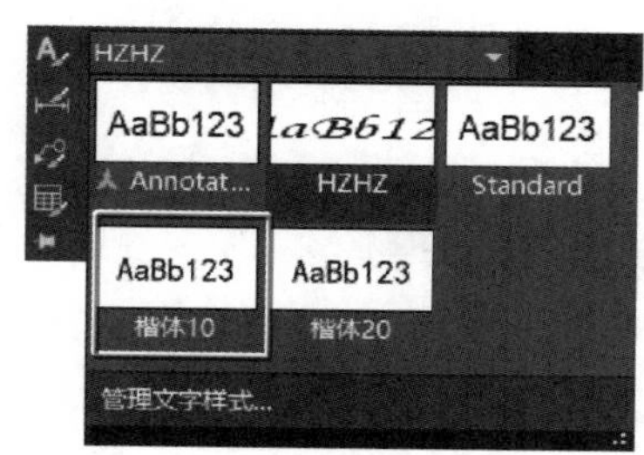

图 5-16　更换当前文字样式

5.2　文字的输入

AutoCAD 中提供了单行文字与多行文字两种文字输入方式。用单行文字命令输入的文字，每一行单独作为一个对象来处理。用多行文字命令输入的文字，作为一个对象来处理。

5.2.1　单行文字的输入

输入命令的方式如下：

- 按钮命令：【默认】显示选项卡→【注释】显示面板→【文字】→【单行文字】 A 单行文字
- 菜单命令：【绘图】→【文字】→【单行文字】
- 键盘命令：DT↙、DTEXT↙或 TEXT↙

操作步骤如下：

(1) 更换当前文字样式，如将“汉字 7”更换为当前文字样式。

(2) 输入“单行文字”命令，提示用户指定文字的起点，如图 5-17 所示，

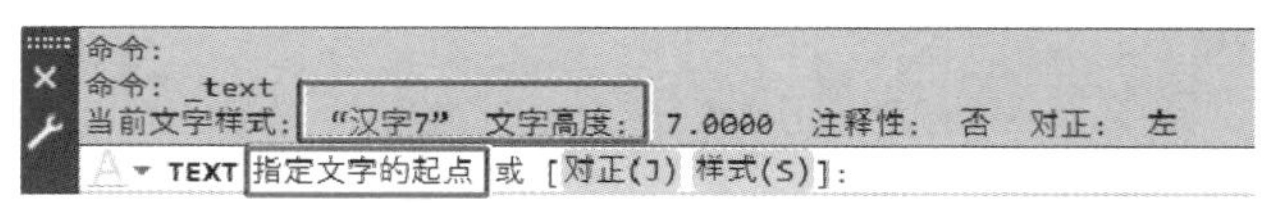

图 5-17　单行文字输入

注：如果当前文字样式的高度设置为“0”，将显示“指定高度”提示信息，要求指定文字高度，则需要先输入高度，之后才提示指定单行文字行的起点位置。

(3) 在绘图区单击作为起点，提示“指定文字的旋转角度<0>：”，要求指定文字的旋转角度。文字旋转角度是指文字行排列方向与 X 轴正方向的夹角，默认角度为 0°，可以按回车键使用默认角度，或输入文字旋转角度再按回车键。旋转角度示例如图 5-18 所示。

(4) 输入文字内容，按回车键可完成一行文字的输入。

(5) 可以在绘图区其他位置单击，光标就到了新位置，再在新位置输入文字内容。

(6) 按回车键结束文字输入。

奋斗的青春最美丽！

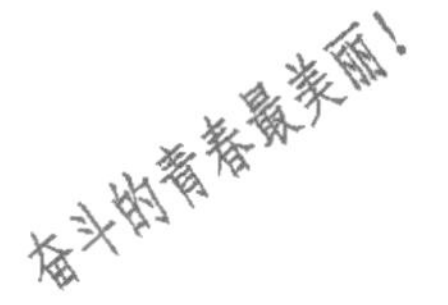

(a) 旋转角度为0°　　(b) 旋转角度为35°

图 5-18　单行文字旋转角度

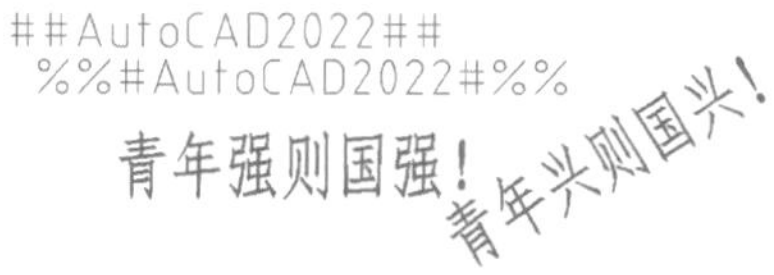

##AutoCAD2022##
%%#AutoCAD2022#%%
青年强则国强！
青年兴则国兴！

图 5-19　单行文字输入示例

【示例 3】 输入不同角度方向的文字。要求：输入文字“##AutoCAD2022##”和“青年强则国强！”等，如图 5-19 所示。

操作步骤如下：

第 1 步　换“文字红色层”为当前图层；创建文字样式“数字 7”和“仿宋 10”。换“数字 7”文字样式为当前文字样式。

第 2 步　输入“单行文字”命令；按回车键；输入文字“##AutoCAD2022##”，可观察到文本显示在光标处，如图 5-20 所示。

##AutoCAD2022##

图 5-20　输入文字过程

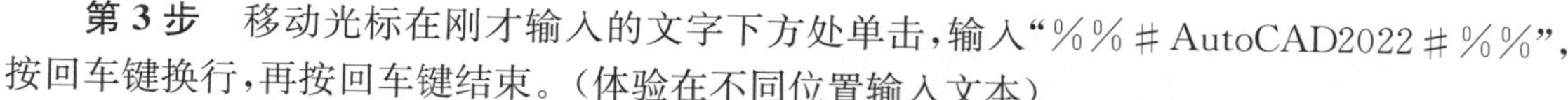

第 3 步　移动光标在刚才输入的文字下方处单击，输入“%%#AutoCAD2022#%%”，按回车键换行，再按回车键结束。（体验在不同位置输入文本）

第 4 步　换“仿宋 10”文字样式为当前文字样式。

第 5 步　输入“单行文字”命令；在绘图区单击；按回车键即选择旋转角度为 0°；输入文字“青年强则国强！”，可观察到文本显示在光标处，按回车键换行，再按回车键结束。

第 6 步　输入“单行文字”命令；在绘图区单击；输入“30”，如图 5-21 所示，按回车键即选择旋转角度为 30°；输入“青年兴则国兴！”，按回车键换行（体验输入不同方向排列的文本）。按回车键即结束文字命令，效果如图 5-19 所示。

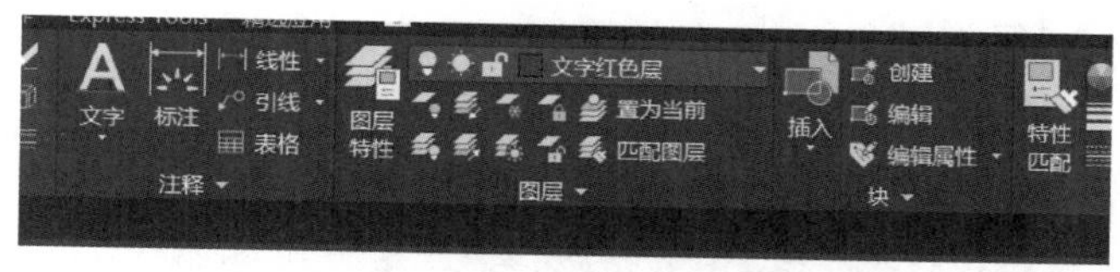

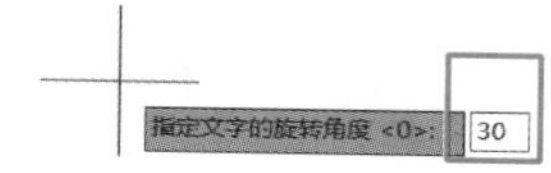

图 5-21　输入文字过程

5.2.2　多行文字的输入

【体验 2】　在格子正中处输入文字“梦想从学习开始，事业靠本领成就！”。要求：在长 500 宽 20 的矩形正中处输入文字“梦想从学习开始，事业靠本领成就！”。

操作步骤如下：

第 1 步　换“文字层”图层为当前图层；创建“楷体 15”文字样式，并设置“楷体 15”文字样式为当前样式。绘制长 500 宽 20 的矩形。

第 2 步　换“文字红色层”图层为当前图层。如图 5-22 所示，单击【默认】显示选项卡→【注释】显示面板→【文字】→【多行文字】命令，命令行出现提示信息，如图 5-23 所示；捕捉矩形左上对角点单击；移动光标，捕捉矩形右下对角点单击，即指定矩形框第二个对角点。

第 3 步　输入文字“梦想从学习开始，事业靠本领成就！”，可观察到文本显示在“文字格式”对话框中，单击“文字编辑器”窗口“对正”下弹的“正中”按钮，如图 5-24 所示。单击【关闭文字编辑器】按钮即结束多行文字命令，效果如图 5-25 所示。

可以在绘图窗口指定的矩形边界内创建多行文字，且可快速输入特殊字符，并可实现文字堆叠效果。输入命令的方式如下：

- 按钮命令：【默认】显示选项卡→【注释】显示面板→【文字】→【多行文字】A 多行文字
- 菜单命令：【绘图】→【文字】→【多行文字】

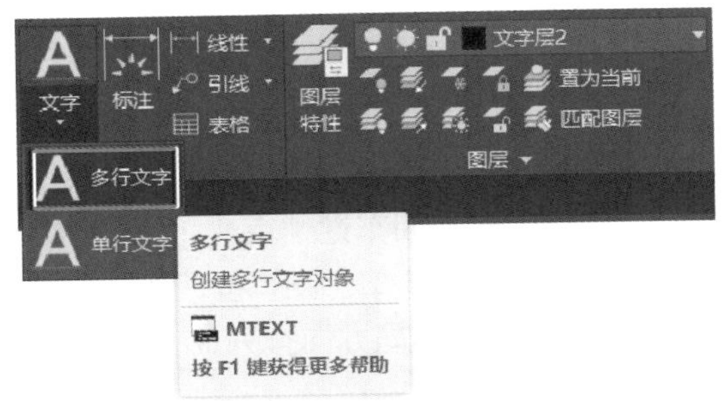

图 5-22　输入“多行文字”命令

图 5-23　“多行文字”命令信息

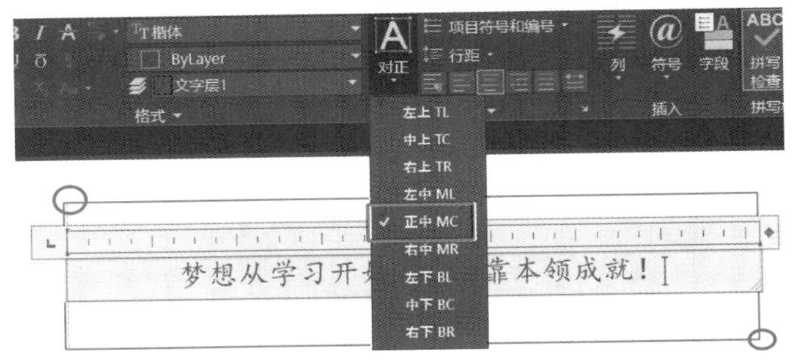

图 5-24　多行文字输入过程

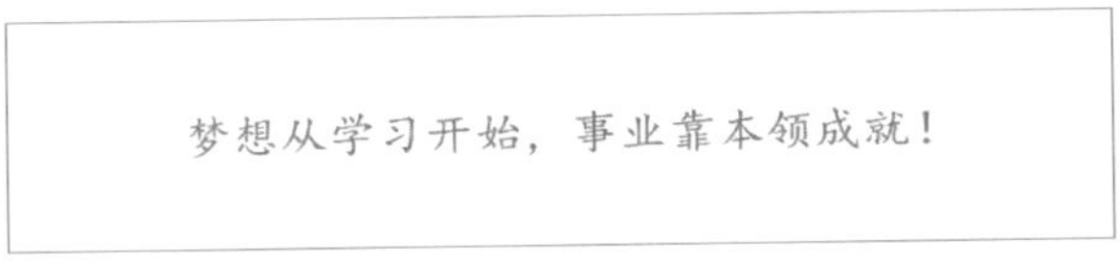

梦想从学习开始，事业靠本领成就！

图 5-25　正中文字输入效果

- 键盘命令：MT↙或 MTEXT↙

操作步骤如下：

输入“多行文字”命令，提示“指定第一角点：”，即要求用户指定矩形边界的一个对角点；单击指定一个点作为起点；提示“指定对角点或[高度(H)/对正(J)/行距(L)/旋转(R)/样式(S)/宽度(W)]：”；单击指定矩形另一个对角点，将以这两个点为对角点形成的矩形区域的宽度作为文字宽度，弹出“文字编辑器”窗口，如图 5-24 所示，由“样式”“格式”“段落”“插入”“拼写检查”“工具”“选项”和“关闭”等面板选项组成。在文字输入窗口中，输入文字内容；单击【确定】按钮。

当指定第一角点后，也可以按提示信息选择其他选项完成相关设置，再确定第二个对角点，如单击【对正(J)】，再单击文字在矩形框中的对正方式，就可完成文字对齐方式的设置。

【任务】　绘制图 5-26 所示标题栏。

绘制步骤如下：

第 1 步　新建图形文件，并保存文件。文件名设置为“标题栏”。

第 2 步　新建“粗实线”“细实线”“文字层”三个图层。

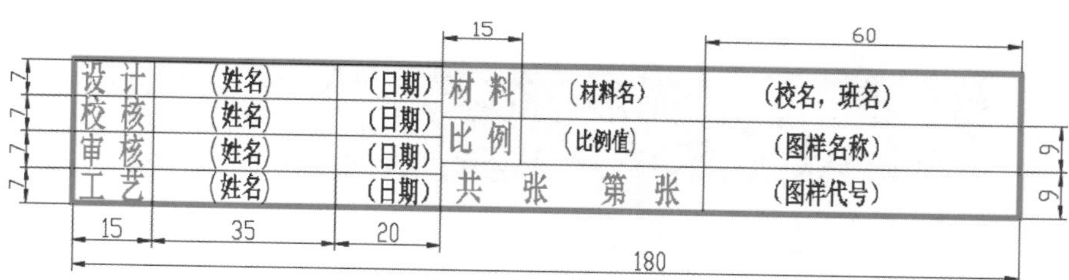

图 5-26　标题栏

第 3 步　按表 5-4 所示要求设置文字样式。

（1）单击【默认】显示选项卡→【注释】显示面板→【文字样式】，弹出对话框，单击【新建】按钮，在新建文字样式窗口样式名编辑框输入“仿宋 5”，单击【确定】按钮。在文字样式对话框中更改字体名为“仿宋”，字高为“5”，宽度因子为“0.7”，单击【应用】按钮。

（2）单击左边“仿宋 5”文字样式，单击右边【新建】按钮，样式名输入“仿宋 7”，单击【确定】按钮。修改字高为“7”，字体名和宽度因子默认为“仿宋 5”的设置，单击【应用】按钮。单击【关闭】按钮。

表 5-4　文字样式

样式名称	字　体	字　高	宽度因子	倾斜角度	排列效果
仿宋 5	仿宋	5	0.7	0	不选
仿宋 7	仿宋	7	0.7	0	不选

第 4 步　按尺寸绘制表格。将“细实线”置为当前层，用“直线”命令绘制长 180、宽 32 的矩形。用“偏移”命令，从左向右依次偏移，绘制竖直线。用“偏移”命令，从上向下依次偏移，绘制水平线。用“修剪”命令，修剪成图 5-26 所示样式表格。选中表格外边框的四条线，移到“粗实线”图层。

第 5 步　将“文字层”置为当前层，换“仿宋 7”文字样式为当前样式。

（1）输入“多行文字”命令，单击表格的左上角，单击表格左上角矩形的右下角点，单击“文字编辑器”窗口“对正”下弹的“正中”按钮，在输入框内输入“设计”，如图 5-27 所示。关闭“文字编辑器”窗口。

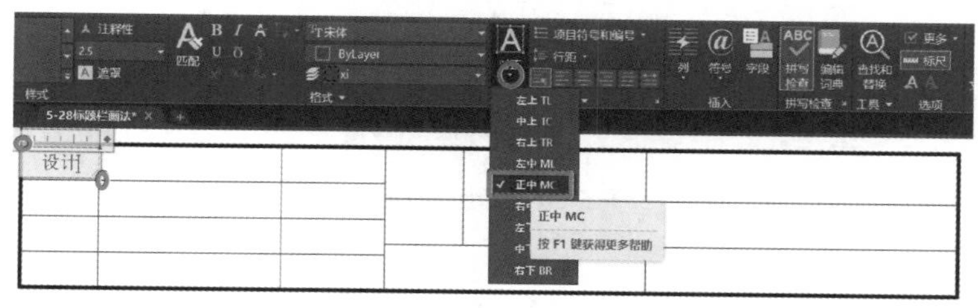

图 5-27　标题栏文字 1

（2）重复上一步操作，完成没有括号的文字。

第 6 步　换“仿宋 5”文字样式为当前样式，输入“多行文字”命令。单击表格第 1 行第 2 列矩形的左上角点，单击对应矩形右下角点，单击“文字编辑器”窗口“对正”下弹的“正中”按钮，在输入框内输入“(姓名)”，关闭“文字编辑器”窗口，如图 5-28 所示。

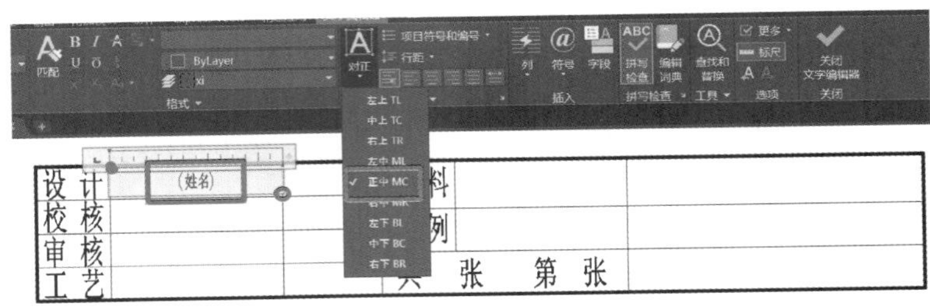

图 5-28　标题栏文字 2

第 7 步　重复上一步操作，完成有括号的文字，如图 5-29 所示。

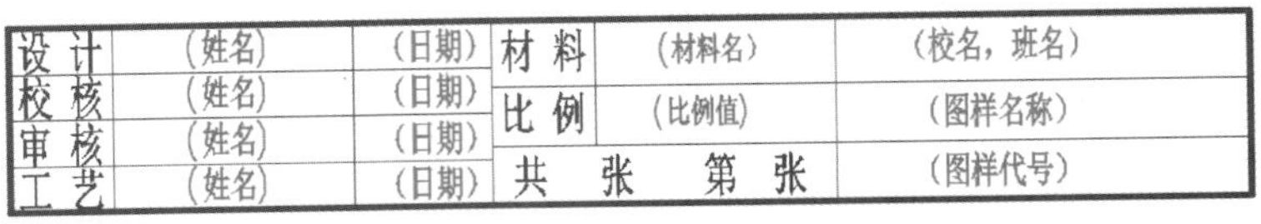

设 计	(姓名)	(日期)	材 料	(材料名)	(校名，班名)
校 核	(姓名)	(日期)	比 例	(比例值)	(图样名称)
审 核	(姓名)	(日期)	共　张　第　张		(图样代号)
工 艺	(姓名)	(日期)			

图 5-29　标题栏

第 8 步　再次保存文件。

【举一反三 5-2】　输入文字训练。

(1) 按表 5-5 中要求的文字样式用“单行文字”命令输入文字。

表 5-5　文字样式

样 式 名 称	文 字 内 容
仿宋 5	我正在认真学习计算机绘图
仿宋 7	我学会了文字输入命令的操作步骤
数字 3.5	AutoCAD 2022

(2) 在长 50、宽 30 的矩形中输入文字“久久为功，驰而不息”两遍，其中一次放在矩形左上位置，一次放在矩形正中位置。

(3) 按表 5-5 中要求的文字样式用“多行文字”命令绘制如图 5-30 所示标题栏。

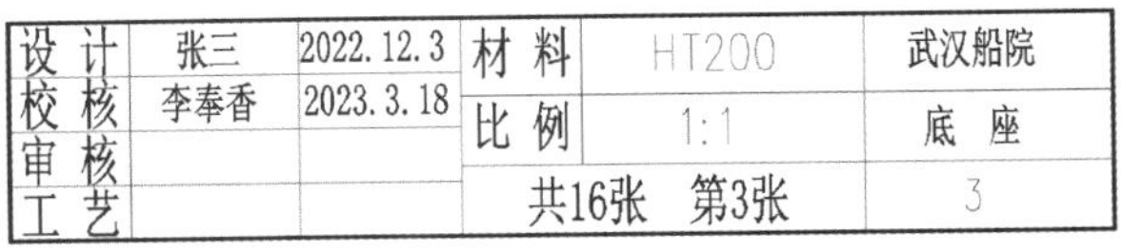

设 计	张三	2022.12.3	材 料	HT200	武汉船院
校 核	李奉香	2023.3.18	比 例	1:1	底　座
审 核			共16张　第3张		3
工 艺					

图 5-30　标题栏绘制

5.3　修 改 文 本

5.3.1　修改文字内容

【方法】　命令输入方式如下：

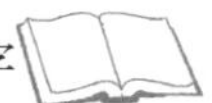

- 快捷方式：双击要修改的文字对象
- 菜单命令：【修改】→【对象】→【文字】→【编辑】
- 键盘命令：DDEDIT↙

【操作步骤】 选中要修改的文字对象，进入编辑界面，操作方法同输入文字操作一样。

【示例 4】 在表格中输入文字并编辑文字。

在长 200、宽 30 的矩形中输入文字“所有知识要转化为能力，都必须躬身实践。”，再将输入的文字“所有知识要转化为能力，都必须躬身实践。”复制一遍，将复制的文字内容修改为“纸上得来终觉浅，绝知此事要躬行。”，如图 5-31 所示。

操作步骤如下：

(1) 绘制长 200、宽 30 的表格图形(两行)。换“文字”图层为当前图层；创建文字样式“仿宋 10”，并设置“仿宋 10”文字样式为当前样式。

(2) 输入“多行文字”命令；捕捉上方矩形左上角点单击；移动光标，捕捉上方矩形右下对角点单击；输入“所有知识要转化为能力，都必须躬身实践。”。选择对正方式为“正中”；单击关闭“文字编辑器”窗口，即结束多行文字命令。

(3) 用“复制”命令，将文字复制一遍，注意基点可以选择为图中上方矩形的左上角点，指定第二个点为下方矩形的左上角点，结果如图 5-32 所示。

所有知识要转化为能力，都必须躬身实践。
纸上得来终觉浅，绝知此事要躬行。

图 5-31　多行文字内容修改

所有知识要转化为能力，都必须躬身实践。
所有知识要转化为能力，都必须躬身实践。

图 5-32　复制文字

(4) 双击下方文字，文本框被激活，输入新的文字“纸上得来终觉浅，绝知此事要躬行。”；单击关闭“文字编辑器”窗口，文字已修改，如图 5-33 所示。

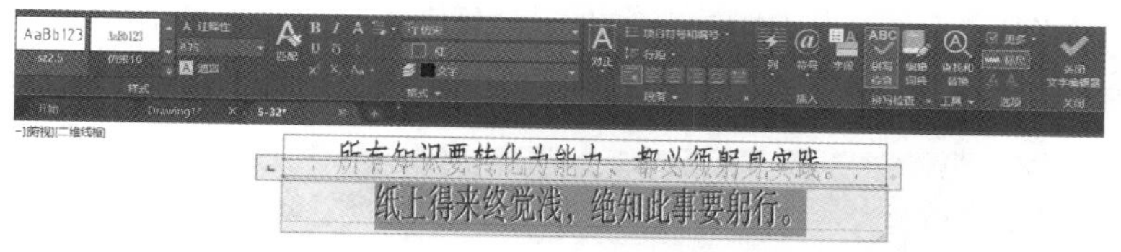

图 5-33　修改多行文字内容

【小技巧】 用“复制”命令产生一组相同文字，再用修改文字内容的方法修改成所需的文字内容，可快速完成多处不同文字的输入，提高文本的输入效率。

5.3.2　修改文字对象的显示

输入的文字显示成什么形式，是由文字样式控制的。输入的文字按当前文字样式来显示，因此若输入的文字内容正确，而显示形式不对，可通过更换文字的文字样式来修改。

操作方法：选择欲编辑的文字对象，单击【注释】显示面板下拉按钮，可观察所用文字样式，如图 5-34a 所示，文字样式是“HZ7”；单击下弹框，在下弹框中单击选择新文字样式，如单击“楷体 15”，如图 5-34b 所示，文字样式变成“楷体 15”；按【Esc】键去掉夹点符号。

如果在录入文字前忘记更换所需的当前文字样式，可在文字录入完成后更换文字对象的文字样式，不需要将其删除后重新录入。如果录入的文字对象显示为“?”，则表示文字样式中的字体不适合此文字内容，可更换文字样式或修改文字样式。

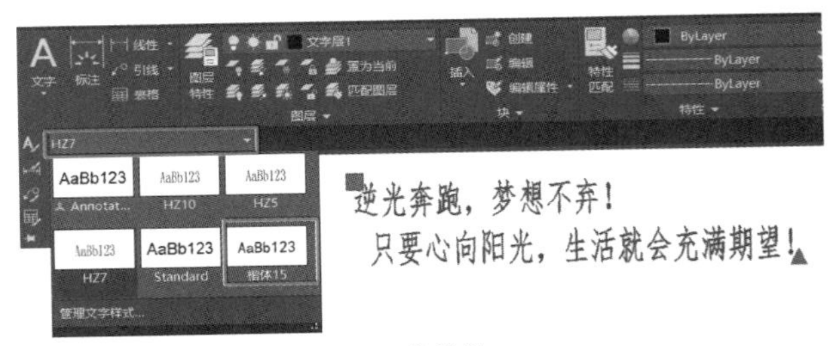

(a) 编辑前

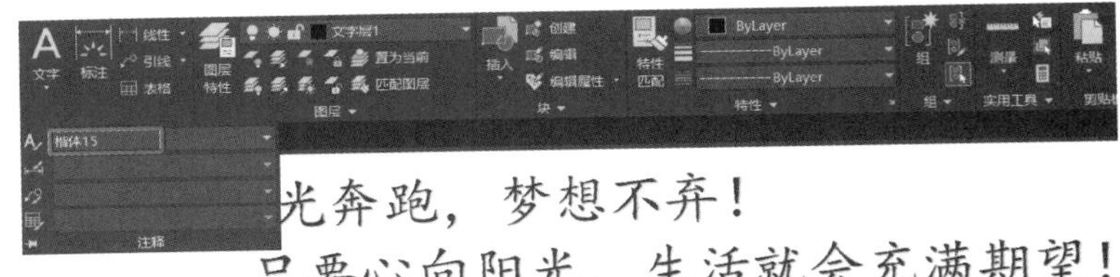

(b) 编辑后

图 5-34　编辑文字样式

5.3.3　改变文本的位置、大小与图层特性

用“移动”命令可改变文字对象的位置；用“缩放”命令可改变文字对象的大小；用更换对象图层的方法可以将文字对象移动到所需要的图层。操作方法与编辑图形的方法一样。

【举一反三 5-3】 修改文本训练。

(1) 先输入如图 5-35a 所示文本（文字样式为 HZ7，仿宋字体），再用修改文本的方法对其进行编辑，结果如图 5-35b 所示（文字样式为楷体 15）。

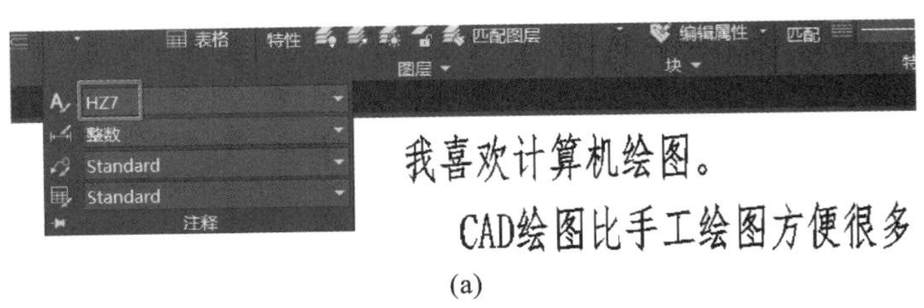

(a)

(b)

图 5-35　文字修改训练习题

(2) 先绘制表格,用多行文字命令输入第一行文字,然后复制成如图 5-36a 所示文本,再将文字修改为如图 5-36b 所示内容(表格尺寸、字高大小自己选择)。

齿数	Z	80
齿数	Z	80
齿数	Z	80
齿数	Z	80

(a)

法向模数	Mn	2
齿数	Z	80
径向变位系数	X	0.06
精度等级		8-DC

(b)

图 5-36 训练图

5.4 添加特殊字符

5.4.1 用单行文字命令输入特殊字符

用户可以用“单行文字”命令输入特殊字符,如直径符号“ϕ”、角度符号“°”等。输入符号内容时输入符号的控制码即可,但注意必须在纯英文输入状态下输入,不能为中文输入状态。特殊字符控制码由两个百分号(%%)后紧跟一个字母构成,如表 5-6 所示。

表 5-6 特殊字符控制码

控 制 码	功 能
%%d	度符号
%%p	正/负符号
%%c	直径符号
%%%	百分号
%%o	加上划线
%%u	加下划线

【示例 5】 输入文字“ϕ60”和“77°”。

操作步骤如下:

(1) 换文字层为当前图层,关闭汉字输入方式。

(2) 创建文字样式,并设置“数字 5”文字样式为当前文字样式。

(3) 输入“单行文字”命令;在绘图区单击;按回车键,即选择旋转角度为 0°。

(4) 输入“%%c60”,按回车键结束本行的输入,可观察到“ϕ60”显示在光标处。

(5) 移动光标到绘图区右边单击。

(6) 输入“77%%d”,按回车键结束本行的输入,可观察到“77°”显示在光标处。

(7) 按回车键结束文字命令。

5.4.2 用多行文字命令输入特殊字符

1. 输入常用特殊字符的方法

（1）输入“多行文字”命令，指定两个对角点，弹出“文字”输入框，上方弹出【文字编辑器】显示选项卡。

（2）单击【文字编辑器】显示选项卡→【插入】显示面板→【符号】按钮，弹出符号的快捷菜单，包含有“度数”“正/负”“直径”和“其他”等选项，如图 5-37 所示。

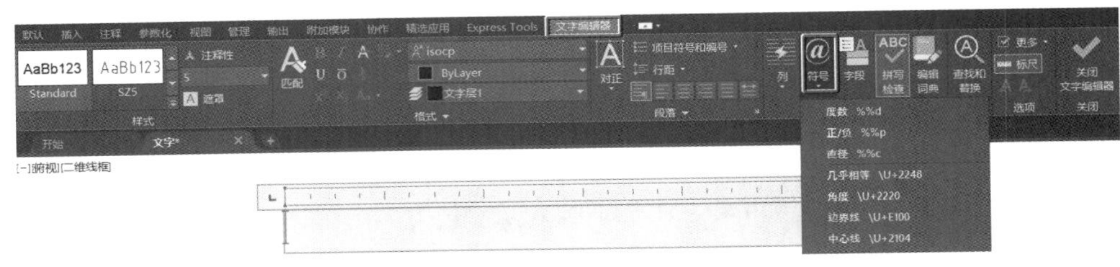

图 5-37 直接输入特殊符号

（3）单击所要输入的特殊符号，特殊字符就在“文字”输入框中了，如单击“正/负”，结果如图 5-38 所示。完成后单击【关闭文字编辑器】按钮。

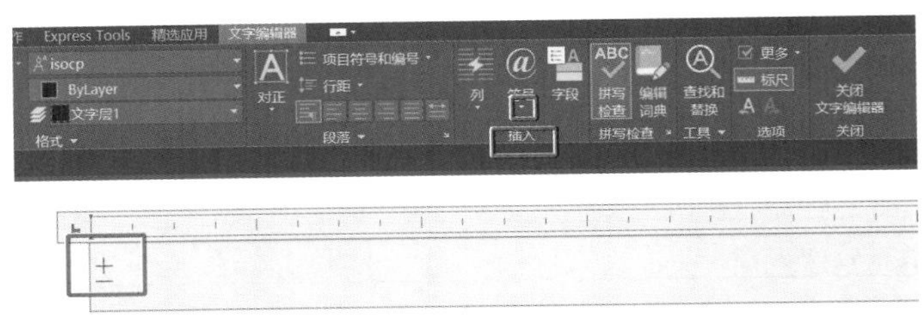

图 5-38 “正/负”的输入

2. 加入其他特殊字符的方法

（1）输入“多行文字”命令，指定两个对角点，弹出“文字”输入框，上方弹出【文字编辑器】显示选项卡。

（2）单击【文字编辑器】显示选项卡→【插入】显示面板→【符号】按钮，弹出符号的快捷菜单；单击最下方的“其他”项，弹出对话框，如图 5-39a 所示；在对话框中，选择一种字体，如选择“GDT”，如图 5-39b 所示，这里有零件图中的一些尺寸符号。

（3）选择一种字符，单击【选择】按钮，将字符添加到“复制字符”框中。可重复操作选择多个字符。当选择了所有所需的字符后，单击【复制】按钮，再关闭“字符映射表”对话框。

（4）在“文字”输入框单击右键，弹出快捷菜单，单击“粘贴”。单击【关闭文字编辑器】按钮。

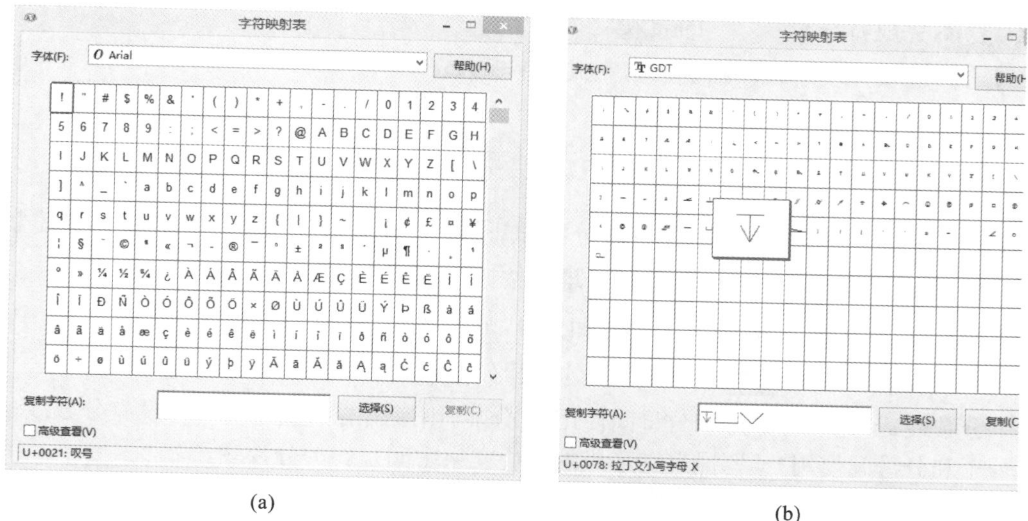

(a)　　　　(b)

图 5-39　"字符映射表"对话框

【示例 6】　输入文字"角 α＝20°±0.1"。

操作步骤如下：

(1) 输入"多行文字"命令，指定两个对角点，弹出【文字编辑器】显示选项卡。

(2) 选择所需【样式】、【字体】和【字高】，再输入文字，如图 5-40 所示。

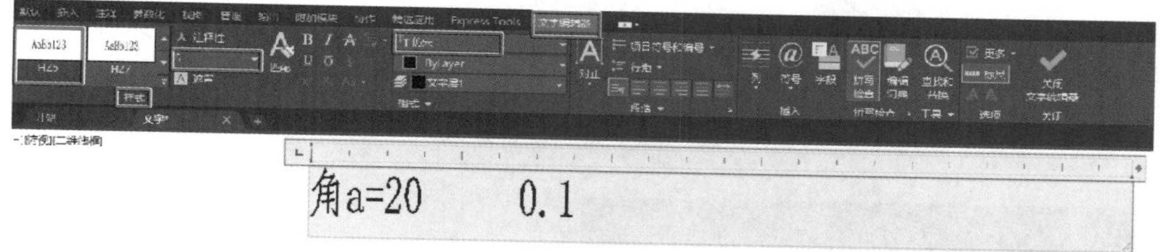

图 5-40　输入多行文字

(3) 在文字编辑框内选中"a"，单击【格式】显示面板中的"字体"(如图 5-40 所示，单击"仿宋")，在下拉列表中选择"Symbol"字体，如图 5-41 所示。

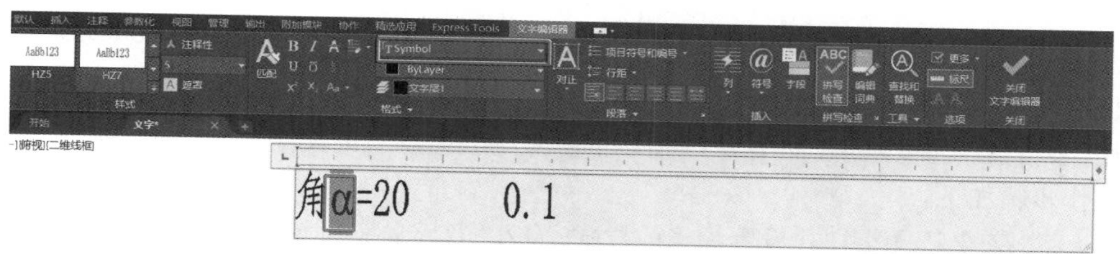

图 5-41　更改需要的符号"α"

(4) 在"文字"输入框中"20"右边单击，再单击【符号】按钮，选择【符号】菜单中的"度数" 度数 %%d ，完成特殊符号"°"的插入。

(5) 在"文字"输入框中"0.1"左边单击，再单击【符号】按钮，选择【符号】菜单中的"正/负"

正/负 %%p，完成特殊符号“±”的插入。

(6) 单击【关闭文字编辑器】按钮，完成文字输入。

5.5 创建堆叠形式的文字

堆叠文字是一种垂直对齐的文字或分数，如图 5-42 所示。用“多行文字”命令，单击【文字编辑器】显示选项卡→【格式】显示面板→堆叠按钮 b/a，可创建堆叠文字。

操作方法：依次输入分子、分隔符号和分母，分子和分母间用“/”“^”或“#”分隔；选中这一部分文字，单击堆叠按钮 b/a。若输入时分子和分母间使用“/”分隔，则形成的堆叠文字中间有水平分数线；若输入时分子和分母间使用“^”分隔，则形成的堆叠文字中间没有分数线；若输入时分子和分母间使用“#”分隔，则形成的堆叠文字中间是斜的分数线。

例如要创建如图 5-42 所示的中间有水平分数线的堆叠文字的方法：输入“多行文字”命令，指定两个对角点，弹出“文字”输入框；输入“CAD2022/2023”；选中文字“2022/2023”，如图 5-43所示；单击堆叠按钮 b/a。

图 5-42　文字堆叠效果

图 5-43　堆叠文字输入

$\phi 200\frac{H8}{m7}$　$\phi 60^{+0.678}_{-0.328}$　$2\,{}^{3}\!/\!{}_{4}$

图 5-44　分数与公差形式的文字

【示例 7】 创建分数与公差形式的文字。

用“多行文字”命令创建如图 5-44 所示的分数与公差形式的文字。

操作步骤如下：

(1) 将“符号 7”文字样式设置为当前样式；输入“多行文字”命令，指定两个对角点。

(2) 输入文字“%%c200H8/m7”，回车换行；输入文字“%%c 60+0.678^−0.328”，回车换行；输入文字“23#4”，如图 5-45 所示。

(3) 拖动选择文字“H8/m7”，如图 5-46 所示，再单击【格式】显示面板上的堆叠按钮 b/a，结果如图 5-47 所示。

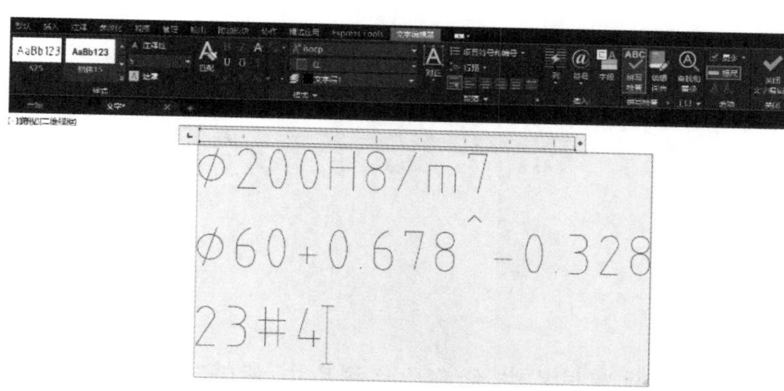

图 5-45 输入多行文字

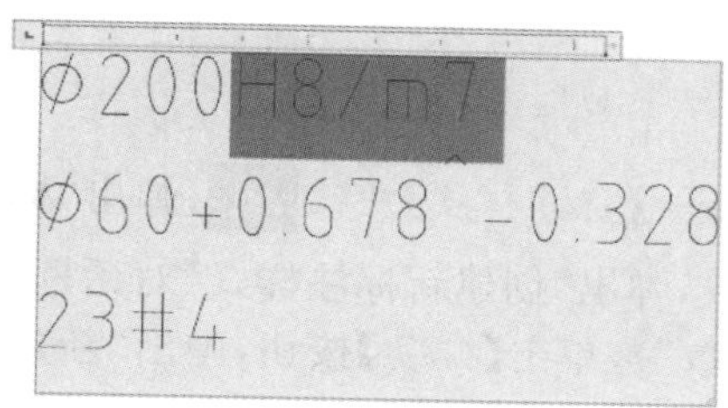

图 5-46 选择文字

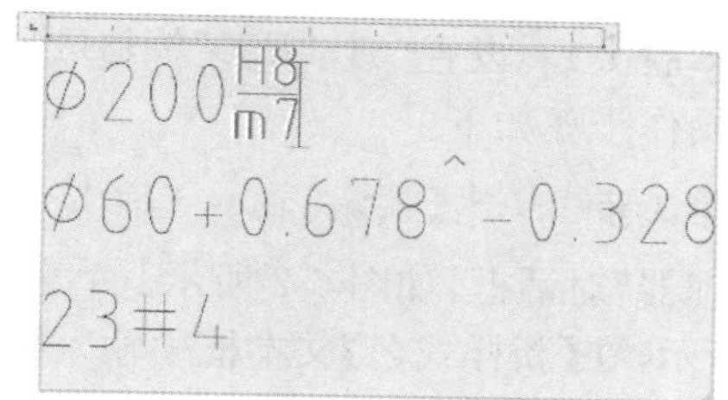

图 5-47 创建分数形式的文字

(4) 拖动选择文字"+0.678^-0.328",单击堆叠按钮 b/a ,结果如图 5-48 所示。

(5) 拖动选择文字"3＃4",如图 5-49 所示,单击堆叠按钮 b/a ,结果如图 5-44 所示。

(6) 单击【关闭文字编辑器】按钮,完成分数形式的文字的输入。

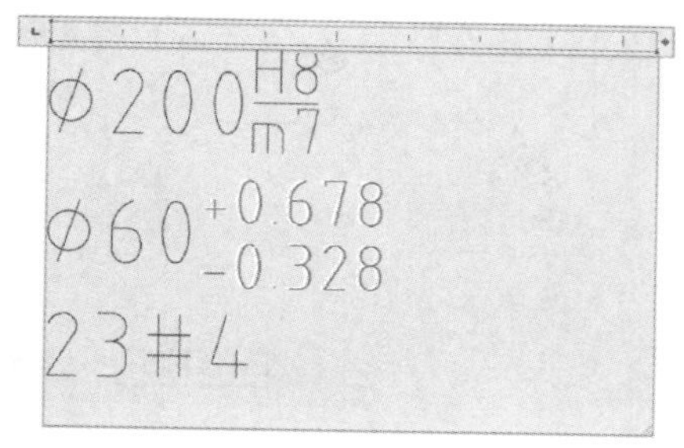

图 5-48 创建公差形式的文字

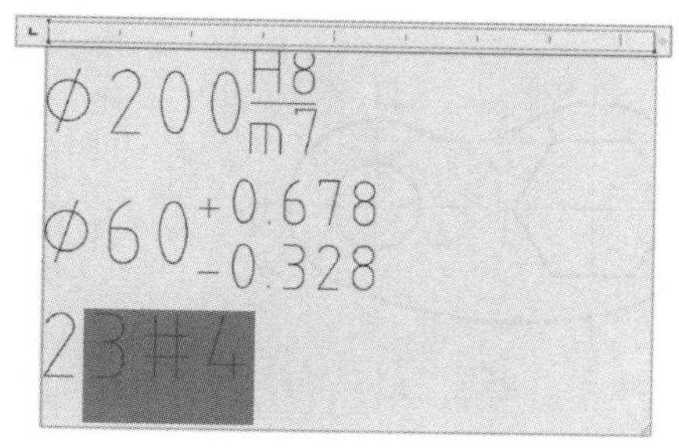

图 5-49 创建分数形式的文字

【举一反三 5-4】 完成图 5-50 所示文字的输入。

$$\phi 60 \pm 0.020 \quad 60° \quad \phi 50\frac{H7}{f8} \quad \phi 30^{+0.324}_{-0.016} \quad 5/8$$

图 5-50 特殊字符与堆叠文字的输入习题

项目 6　标注尺寸与查询面积

【本项目之目标】

能够设置尺寸样式、标注常用尺寸、修改已标注尺寸；能够“查询”周长和面积。

【体验 1】　绘制如图 6-1 所示图形，标注尺寸。

体验 1-1　设置“64”“*R*50”等整数尺寸的标注样式。

操作步骤如下：

第 1 步　单击【默认】显示选项卡→【注释】显示面板→【标注样式】按钮，弹出“标注样式管理器”对话框，如图 6-2 所示。单击右边【新建】按钮，弹出“创建新标注样式”对话框，如图 6-3 所示，在【新样式名】文本框中输入样式名称（如“整数”），单击【继续】按钮，弹出“新建标注样式：整数”对话框。

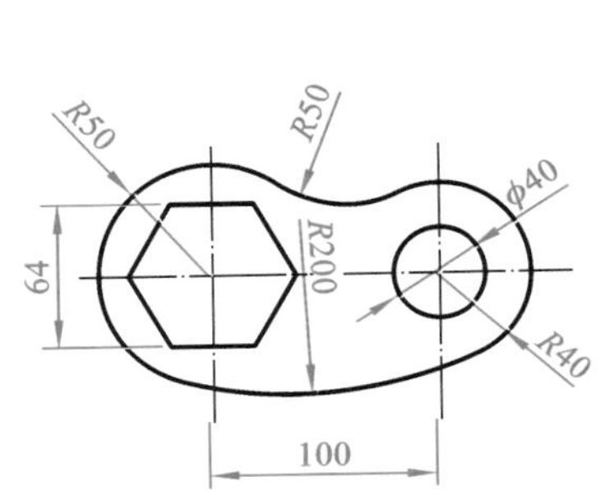

图 6-1　标注尺寸图

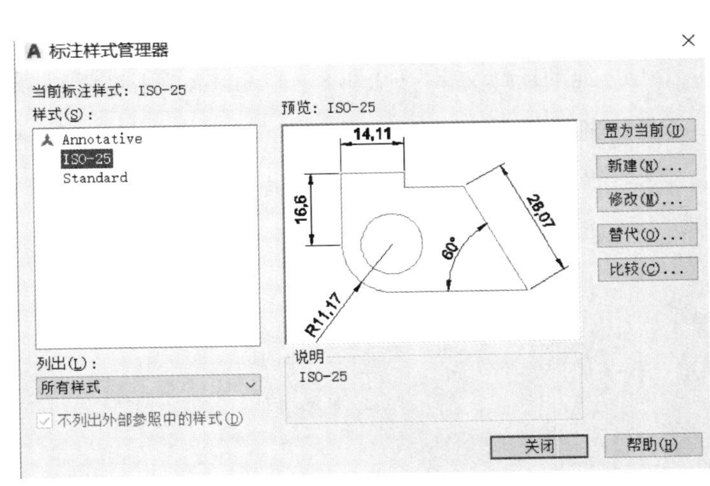

图 6-2　“标注样式管理器”对话框

第 2 步　在“线”选项卡设置尺寸线和尺寸界线的有关参数，颜色、线型、线宽等一般设置为【ByLayer】，设置后的参数如图 6-4 所示。这样的设置，在修改图层时，此图层上标注的尺寸特性会自动更新。

第 3 步　在“符号和箭头”选项卡设置符号和箭头的有关参数，机械图箭头一般设置为【实心闭合】，圆心标记为【无】。设置后的参数如图 6-5 所示。

第 4 步　在“文字”选项卡设置文字的格式和位置等。在【文字样式】下拉列表中，选择数字的文字样式，如“SZ3.5”，文字颜色设置为【ByLayer】，文字对齐的三个复选框，一般选择【与尺寸线对齐】。设置后的对话框如图 6-6 所示，其他设置取默认值。（若没有数字类的文字样

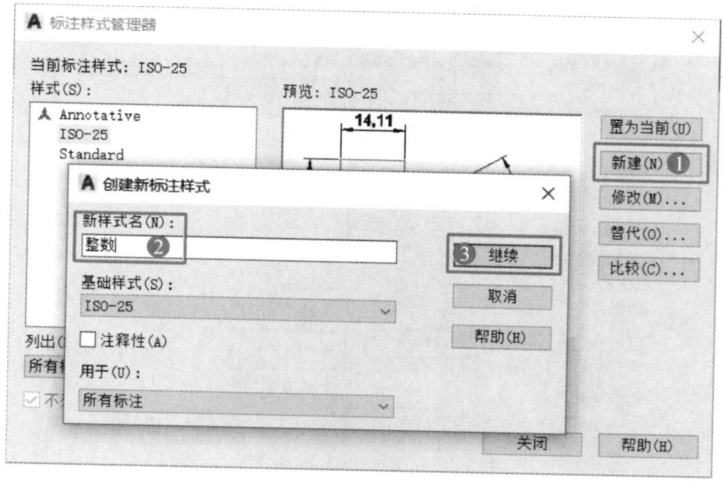

图 6-3　"创建新标注样式"对话框

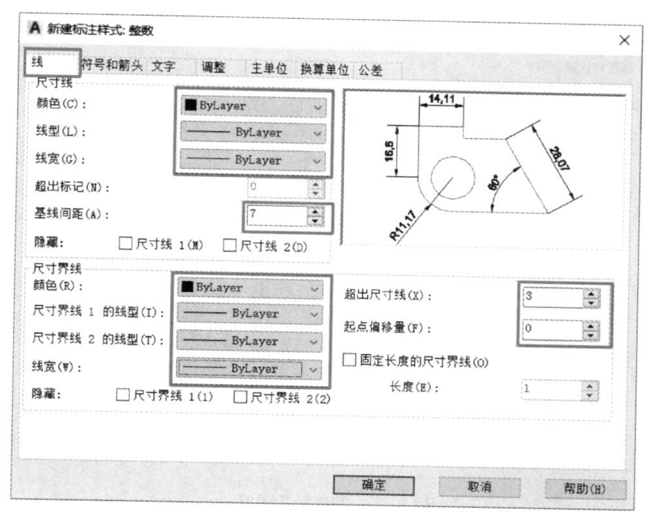

图 6-4　设置"线"的有关参数

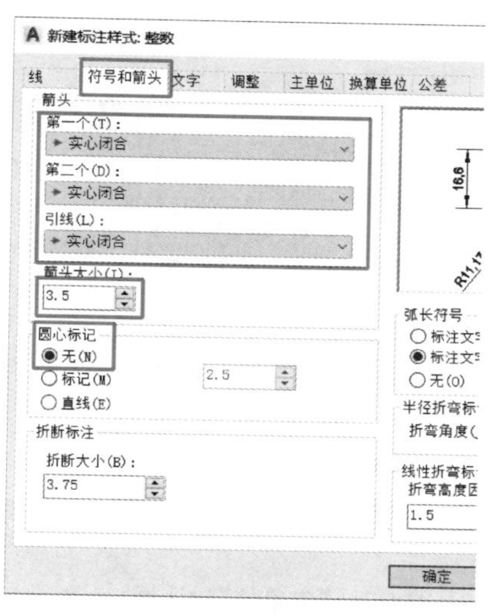

图 6-5　设置"符号和箭头"的有关参数

式，则先创建文字样式。）

第 5 步　在"调整"选项卡设置标注文字、箭头、引线和尺寸线的位置，一般取默认选项，不用修改。

第 6 步　在"主单位"选项卡设置数值格式与精度等属性，如精度设置为【0】，小数分隔符设置为【句点】，其他取默认选项。设置后的对话框如图 6-7 所示。

第 7 步　单击【确定】按钮，返回"标注样式管理器"对话框，从右边"预览"中可以看出，已有"整数"样式，如图 6-8 所示。单击【置为当前】按钮；单击【关闭】按钮。

体验 1-2　用前面设置的"整数"样式标注尺寸。

操作步骤如下：

第 1 步　建立"尺寸"图层并设置为当前图层；将"整数"样式设置为当前标注样式。

第 2 步　用线性命令标注长度尺寸 100。单击【默认】显示选项卡→【注释】显示面板→

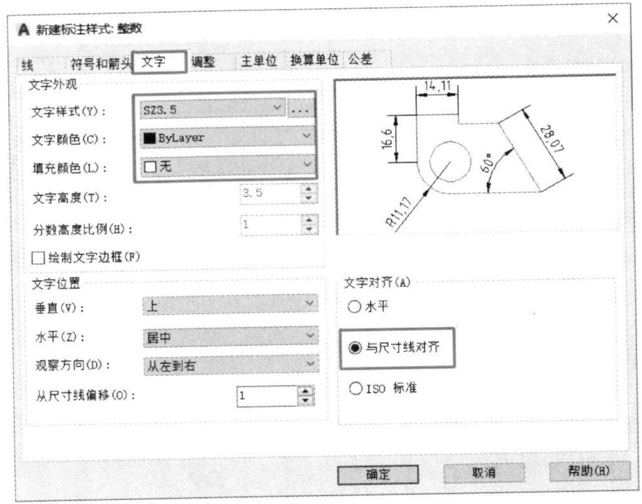

图 6-6　设置“文字”对话框

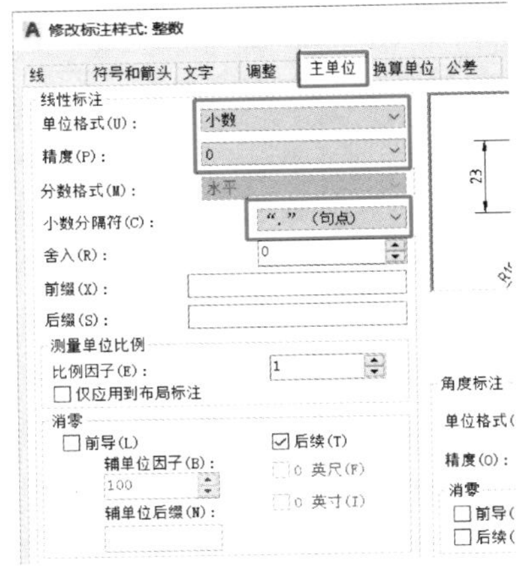

图 6-7　“主单位”对话框

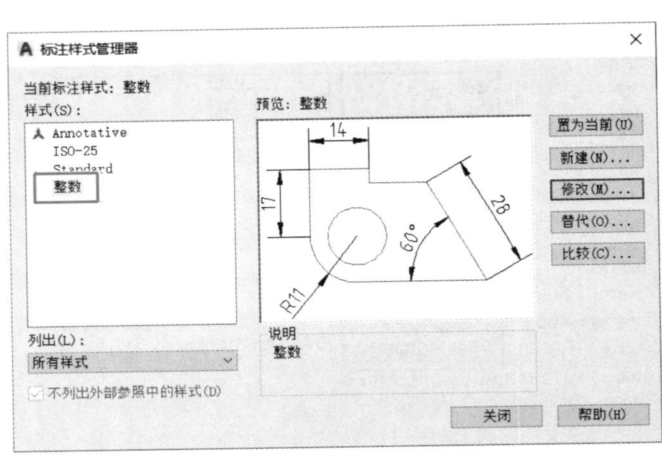

图 6-8　“整数”样式

【线性】命令按钮，按提示信息，捕捉第 1 个界线点单击，捕捉第 2 个界线点单击，向下移动光标到尺寸放置的位置点单击，将尺寸放置在图的下方，如图 6-9 所示。

第 3 步　用线性命令标注高度尺寸 64。按回车键，继续执行【线性】命令，按提示信息，捕捉第 1 个尺寸界线点单击，捕捉第 2 个尺寸界线点单击，向左移动光标到尺寸放置的位置点单击，将尺寸放置在图的左边，如图 6-10 所示。

第 4 步　用直径命令标注直径尺寸。单击【默认】显示选项卡→【注释】显示面板→【线性】下弹中的“直径”命令按钮，按提示信息，捕捉圆时单击，移动光标到尺寸放置的位置点单击，如图 6-11 所示。

第 5 步　用半径命令标注半径尺寸。单击【默认】显示选项卡→【注释】显示面板→【线性】下弹中的“半径”命令按钮，按提示信息，捕捉右边圆弧时单击，向右下移动光标到尺寸放置的位置点单击，如图 6-12 所示。重复操作 3 次，完成另外 3 个半径尺寸的标注，如图 6-13 所示。

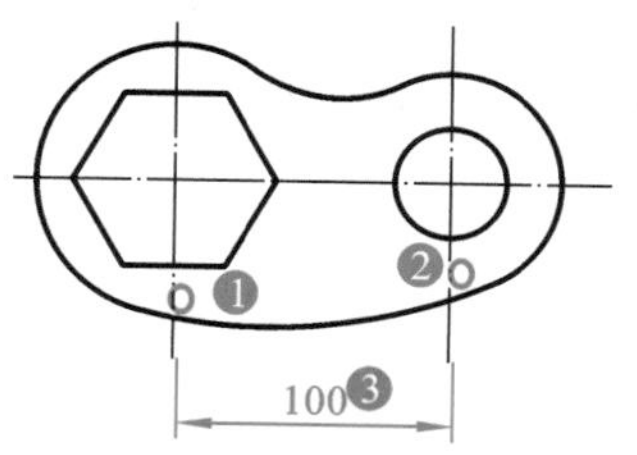

图 6-9　长度尺寸标注步骤

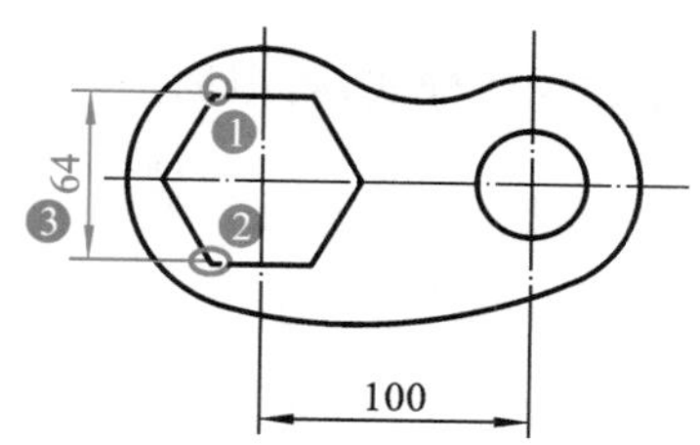

图 6-10　高度尺寸标注步骤

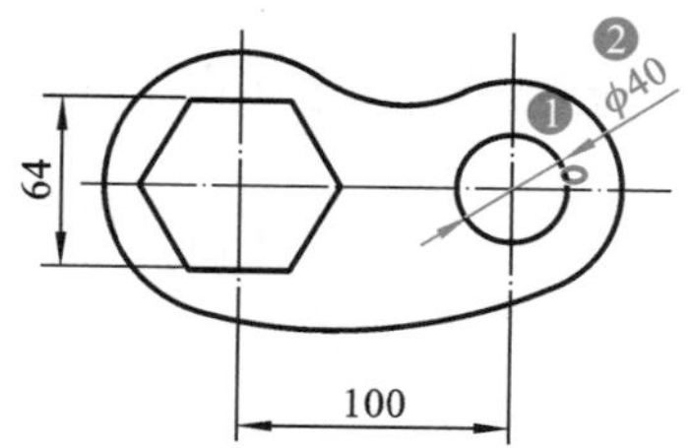

图 6-11　“直径”标注步骤

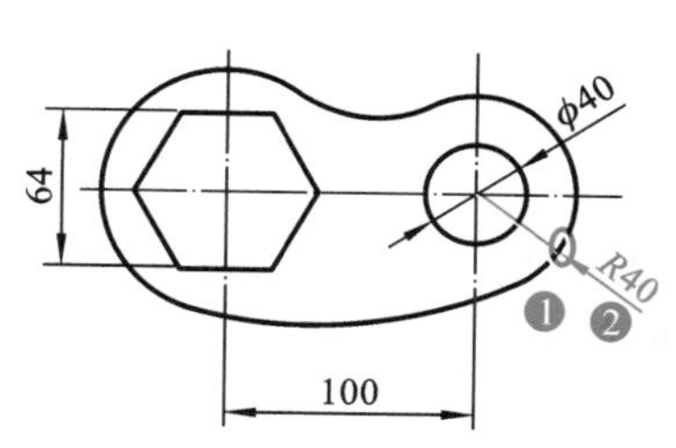

图 6-12　“半径”标注步骤

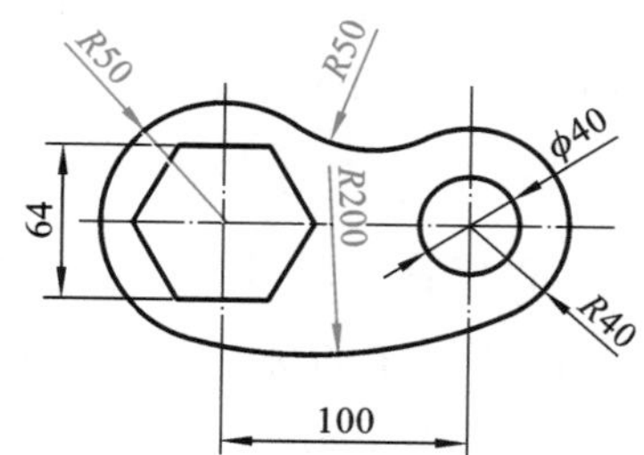

图 6-13　“半径”标注完成

6.1　AutoCAD 中标注尺寸的一般步骤

(1) 创建一个专门放置尺寸的“尺寸”图层，参考表 6-1。

表 6-1　“尺寸”图层

图层名	颜色	线型	线宽
尺寸	蓝	Continuous	0.25 mm

(2) 创建一种或多种数字文字样式，用于创建尺寸标注样式，参考表 6-2。

表 6-2　文字样式

样式名称	字体	字高	宽度因子	倾斜角度
工程字	gbenor.shx	0	1	0
数字 3.5	isocp.shx	3.5	1	0
数字 7	isocp.shx	7	1	0

(3) 创建标注样式。

(4) 用标注命令和状态栏的“对象捕捉”等功能标注尺寸。

6.2　设置标注样式和使用标注样式

标注样式是尺寸标注的基础，对尺寸的标注有着非常重要的作用，因为在 AutoCAD 中标注尺寸不同于手工绘图，尺寸界线、尺寸线、箭头、尺寸数字等尺寸要素由系统完成，不需自己绘制。用尺寸命令标注的尺寸是按标注样式来显示尺寸要素的，所以要根据所标注的尺寸内容设置和选用合适的标注样式。一般一种标注样式往往不能满足所有尺寸需要，因此，需要设置多种尺寸标注样式。对于工程图的标注样式，要根据国家标准的要求进行设置。

6.2.1 标注样式设置方法

1. 输入命令的方式

- 按钮命令：【默认】显示选项卡→【注释】显示面板→【标注样式】按钮
- 菜单命令：【格式】→【标注样式】
- 键盘命令：DIMSTYLE↙

2. 标注样式设置步骤

输入“标注样式”命令后，弹出“标注样式管理器”对话框。左边【样式】列表中列出了当前图形文件中所有已创建的标注样式，并显示了当前样式名及其预览图，如图 6-14 所示。AutoCAD 2022 中有“Annotative”“ISO-25”及“Standard”三种默认标注样式，新建文件时，就有这三个样式，但是这三种标注样式标注的尺寸均不符合国家标准，因此需要用户自行设置符合国标的标注样式。先在“样式”列表中单击选择一个样式，再单击【新建】按钮，即可以选择的样式作为基础样式来设置新样式，新建样式各参数的默认设置与其基础样式的一样。选择一个相近的样式作基础样式，只需对基础样式做一些修改就可以成为所需的新样式，从而提高效率。

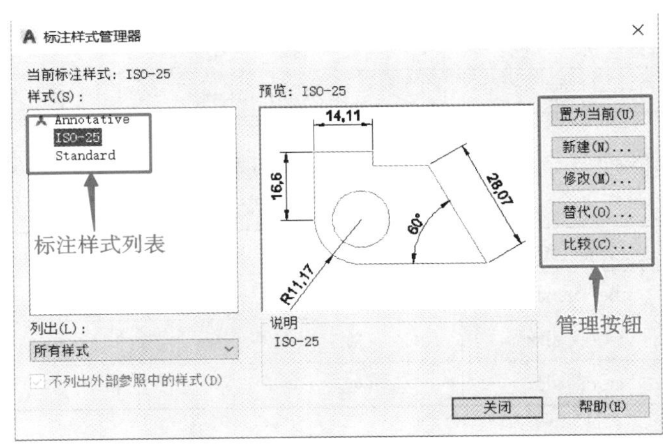

图 6-14 当前样式名及其预览图

例如在“样式”列表中单击“ISO-25”，单击【新建】按钮，弹出“创建新标注样式”对话框；在【新样式名】文本框中输入样式名称，如“GB-35”，其余项保留缺省设置，单击【继续】按钮，弹出“新建标注样式：GB-35”对话框，如图 6-15 所示。对各项进行设置，之后单击下方【确定】按钮，返回“标注样式管理器”对话框，如图 6-16 所示。可以重复操作，再次新建标注样式。最后单击“标注样式管理器”对话框下方【关闭】按钮，结束标注样式命令。

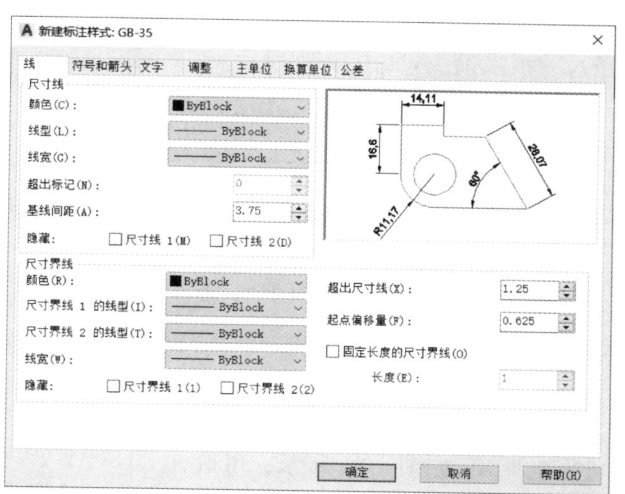

图 6-15　“新建标注样式:GB-35”对话框

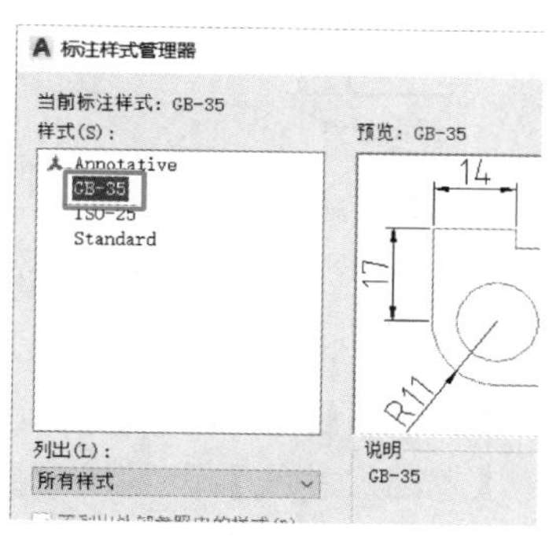

图 6-16　新建的标注样式

6.2.2　标注样式各参数的设置方法

1. 设置“线”参数

在“线”选项卡设置尺寸线和尺寸界线的参数,如图 6-17 所示。

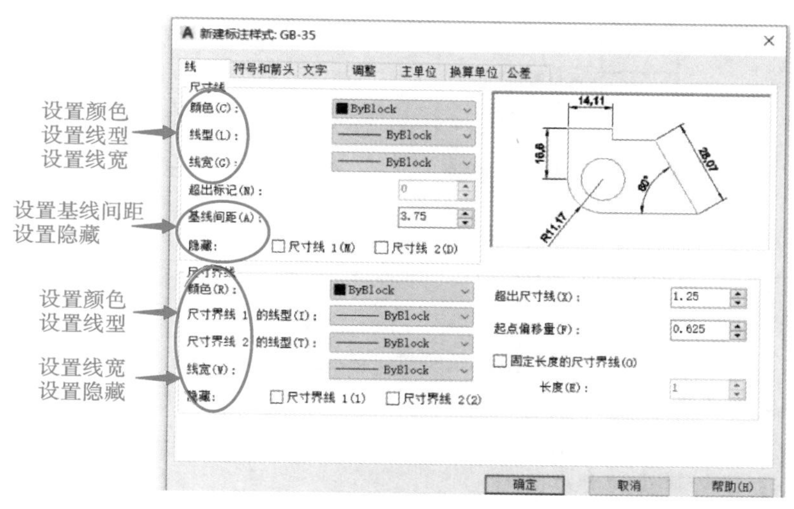

图 6-17　“线”选项卡

(1)【尺寸线】选项区:设置尺寸线的颜色、线型、线宽、超出标记以及基线间距、隐藏控制等属性。

【颜色】、【线型】、【线宽】:设置方法同“特性”显示面板中一样。

【超出标记】:指定尺寸线超过尺寸界线的距离,如图 6-18 所示。机械图中一般取 0。

【基线间距】:用于设置“基线标注”命令标注尺寸时,相邻两条平行尺寸线之间的距离值,如图 6-19 所示。此数值取大于 7 的值。

【隐藏】:确定是否显示某尺寸线,尺寸线分为两段,若【尺寸线 1】选中则隐藏第一条尺寸线及箭头,若【尺寸线 2】选中则隐藏第二条尺寸线及箭头,如图 6-20 所示。

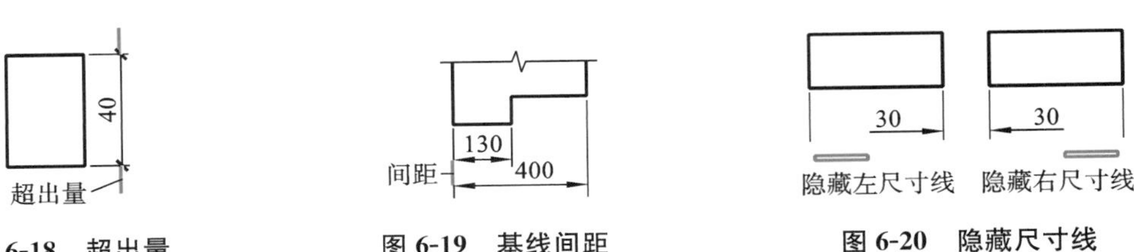

图 6-18　超出量　　**图 6-19　基线间距**　　**图 6-20　隐藏尺寸线**

(2)【尺寸界线】选项区:设置尺寸界线的颜色、线宽、超出尺寸线的长度和起点偏移量、隐藏控制等属性。

【颜色】、【线型】、【线宽】:设置方法同"特性"显示面板一样。

【超出尺寸线】:设置尺寸界线超出尺寸线的距离,如图 6-21 所示。可取 3。

【起点偏移量】:设置尺寸界线起点与捕捉点之间距离,如图 6-21 所示。可取 0。

【隐藏】:确定是否显示某尺寸界线,若【尺寸界线 1】选中则隐藏第一条尺寸界线,若【尺寸界线 2】选中则隐藏第二条尺寸界线,如图 6-22 所示。

【固定长度的尺寸界线】:选中该复选框时设置尺寸界线的固定长度。

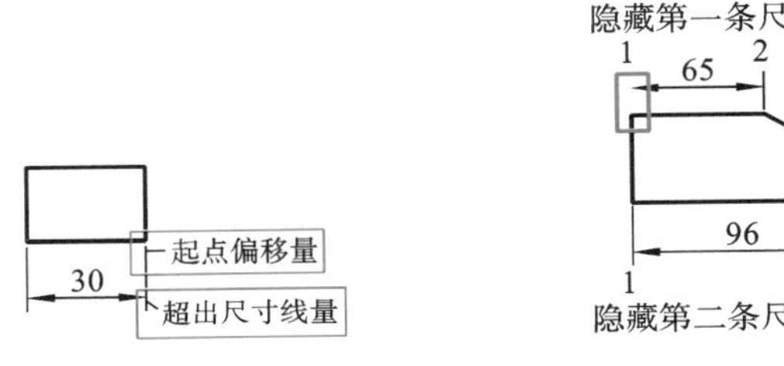

图 6-21　超出量和偏移量　　**图 6-22　隐藏尺寸界线**

2. 设置"符号和箭头"参数

用"符号和箭头"选项卡可以设置箭头、圆心标记、弧长符号和半径标注折弯的格式与位置,如图 6-23 所示。

(1)【箭头】选项区:设置尺寸线和引线箭头的类型及箭头尺寸大小等。

【第一个】、【第二个】:用于设置尺寸线两端的箭头类型,一般尺寸线的两个箭头应一致。

【引线】:设置引线标注所使用箭头的类型。

【箭头大小】:设置箭头的大小。

(2)【圆心标记】选项区:设置圆或圆弧的圆心标记类型和大小。如图 6-24 所示,依次是"无""标记""直线"。输入菜单【标注】→【圆心标注】命令后,单击圆或者圆弧可以标记圆心。

【无】:不作任何标记。

【标记】:以在其后编辑框中设置的数值大小在圆心处绘制十字标记。

【直线】:直接绘制圆的十字中心线。

(3)【弧长符号】选项区:设置弧长符号的放置位置或有无弧长符号。如图 6-25 所示,依次是"标注文字的前缀""标注文字的上方"和"无"三种方式。

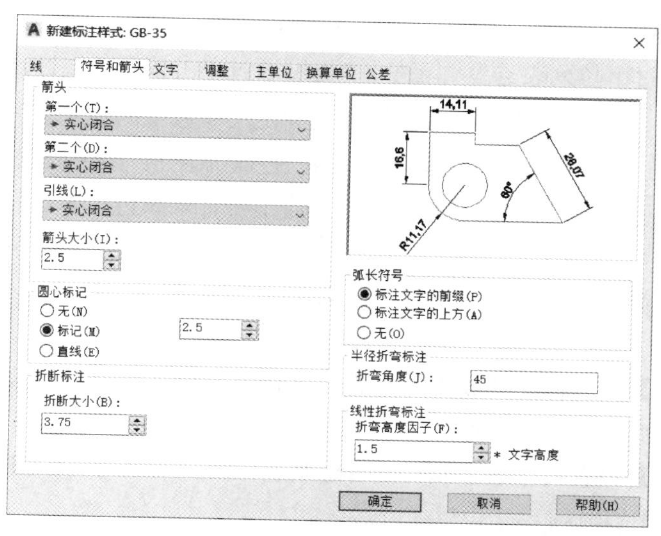

图 6-23　“符号和箭头”选项卡

图 6-24　圆心标记　　　　图 6-25　设置弧长符号的位置

3. 设置“文字”参数

在“文字”选项卡设置尺寸数字的格式、位置和对齐方式。“文字”选项卡包括【文字外观】、【文字位置】、【文字对齐】三个选项区，并在右上角的预览框中实时显示各选项的效果，如图6-26所示。

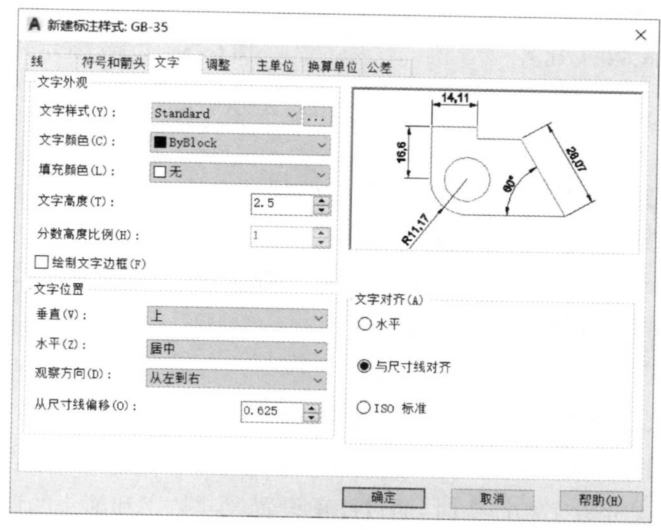

图 6-26　“文字”选项卡

(1)【文字外观】选项区:用于设置文字样式、颜色、是否给尺寸数字添加边框等。

【文字样式】:通过下拉列表选择文字样式,也可通过单击按钮 ... 打开"文字样式"对话框设置新的文字样式。文字样式中的参数设置要能满足尺寸数字的要求。

【文字颜色】:用于设置尺寸数字的颜色,同"特性"显示面板"颜色控制"一样。

【填充颜色】:用于设置尺寸数字的背景颜色,或不要背景颜色。

【文字高度】:设置当使用的文字样式中"字高"设置为"0"时,尺寸数字的高度尺寸。当使用的文字样式中"字高"设置不为"0"时,尺寸数字的高度尺寸与文字样式中"字高"设置的一致。

【分数高度比例】:设置标注分数或公差的文字相对于尺寸数字的字高比例。仅在选择了分数或公差标注时,此选项才起作用。

【绘制文字边框】:设置尺寸数字四周是否绘制边框线。效果对比如图 6-27 所示。

(2)【文字位置】选项区:用于设置尺寸数字相对于尺寸线的位置。

【垂直】:设置尺寸数字沿尺寸线垂直方向的放置位置。

【水平】:设置尺寸数字沿尺寸线平行方向的放置位置。

【从尺寸线偏移】:设置尺寸数字与尺寸线之间的距离。

(3)【文字对齐】选项区:用于设置尺寸数字是保持水平还是与尺寸线平行,如图 6-28 所示。

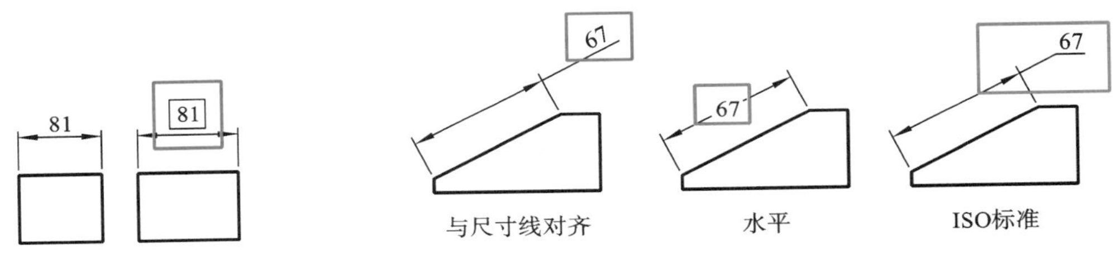

图 6-27　有无边框效果对比　　**图 6-28　文字对齐示例图**

【水平】:不管尺寸线的方向,尺寸数字的方向总是水平的。工程图上,角度尺寸的尺寸数字就要求总是水平方向摆放。

【与尺寸线对齐】:尺寸数字排列方向与尺寸线保持平行。工程图上距离尺寸一般要求尺寸数字与尺寸线保持平行。

【ISO 标准】:当尺寸数字在尺寸界线内时,尺寸数字排列方向与尺寸线保持平行;当尺寸数字在尺寸界线外时,尺寸数字水平排列。

4. 设置"调整"参数

在"调整"选项卡设置不在默认状态下的调整内容,如图 6-29 所示。

(1)【调整选项】选项区:用来解决一些较小尺寸的标注问题,小尺寸的尺寸界线之间的距离很小,不足以放置尺寸数字和箭头时,通过此项设置尺寸数字和箭头的调整位置。

【文字或箭头(最佳效果)】:根据尺寸界线间的距离大小,优选移出尺寸数字或箭头,或者尺寸数字与箭头都移出。

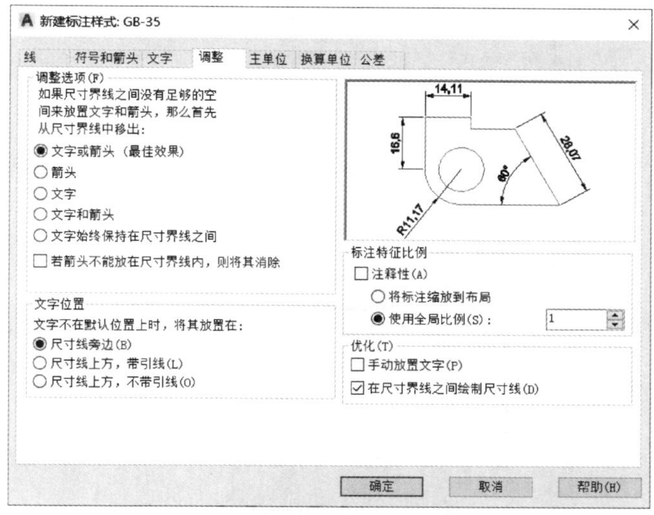

图 6-29　"调整"选项卡

【箭头】:尺寸界线之间的距离不足以放置尺寸数字和箭头时首先移出箭头。

【文字】:尺寸界线之间的距离不足以放置尺寸数字和箭头时首先移出尺寸数字。

【文字和箭头】:尺寸界线间距不足以放置尺寸数字和箭头时,尺寸数字和箭头都移出。

【文字始终保持在尺寸界线之间】:不论界线间能否放下数字,数字始终在尺寸界线间。

(2)【文字位置】选项区:设置尺寸数字不在默认位置时,尺寸数字放置的位置,如图 6-30 所示。

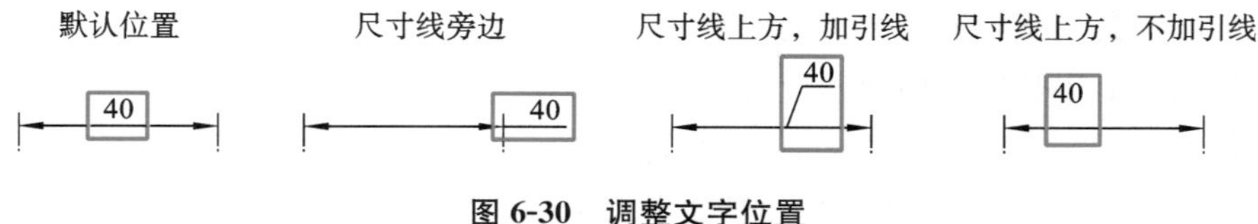

图 6-30　调整文字位置

(3)【标注特征比例】选项区。

【使用全局比例】:以文本框中的数值为比例因子缩放尺寸数字和箭头的大小,但不改变标注的尺寸数字的值。(模型空间标注选用此项)

【将标注缩放到布局】:以当前模型空间视口和图纸空间之间的比例为比例因子缩放标注。(图纸空间标注选用此项)

(4)【优化】选项区。

【手动放置文字】:标注时尺寸数字的位置没有确定,系统会提示确定尺寸数字的位置。

【在尺寸界线之间绘制尺寸线】:不论尺寸界线之间距离大小,尺寸界线之间必须绘尺寸线。

5. 设置"主单位"参数

在"主单位"选项卡可以设置主单位的格式与精度,以及标注的前缀与后缀等属性。"主单位"选项卡里包含"线性标注""清零"和"角度标注"三个选项区,如图 6-31 所示。

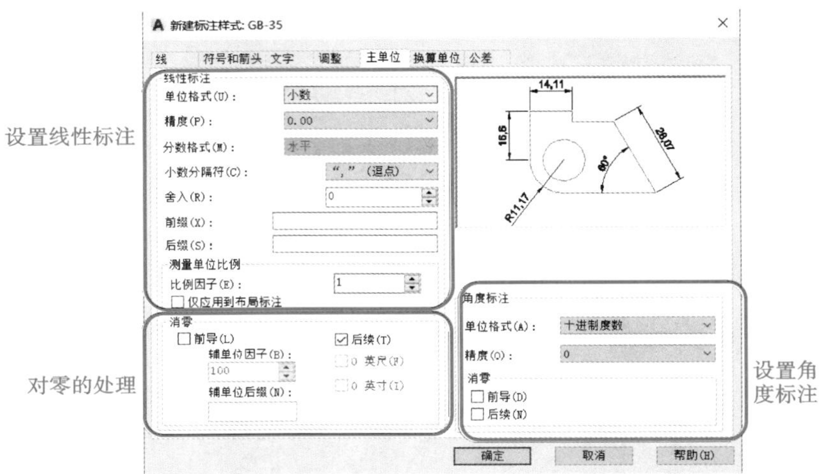

图 6-31 "主单位"选项卡

(1)【线性标注】选项区:用于设置线性尺寸的格式和精度。

【单位格式】:设置尺寸的单位类型,"小数"即为十进制数。

【精度】:设置尺寸数字的精度,"0"即为取整数,"0.0"即为小数点后取 1 位,小数点后最多可设置 8 位。用命令标注尺寸时,尺寸数字不是自己输入的,而是由系统测量所得,此处精度就是测量的尺寸数字精度。

【分数格式】:此选项通常为灰色,只有在"单位格式"下拉列表框中选定"分数"时,此选项才有效。

【小数分隔符】:用于设置小数点的形状,一般用"句点"形式。

【舍入】:用于对小数取近似值的设置。

【前缀】:设置尺寸数字前方的文字,若此处设置了文字,用此样式标注的尺寸,尺寸数字前全部自动加上这里的文字。例如在"前缀"文本框中输入"M",效果如图 6-32 所示。

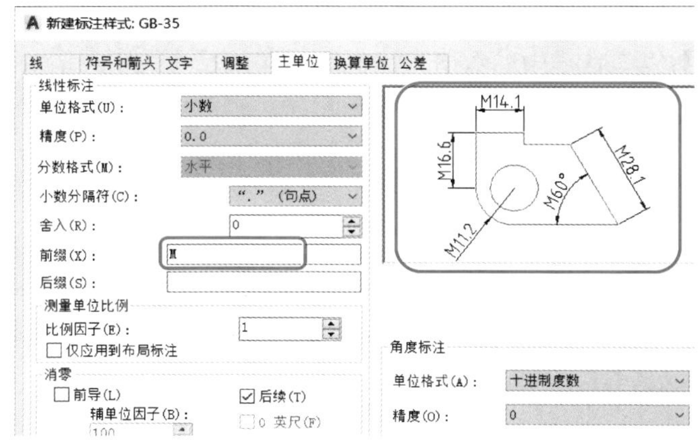

图 6-32 设置"前缀"

【后缀】:设置尺寸数字后方的文字,若此处设置了文字,用此样式标注的尺寸,尺寸数字后全部自动加上这里的文字。例如在“后缀”文本框中输入“H8”,效果如图 6-33 所示。

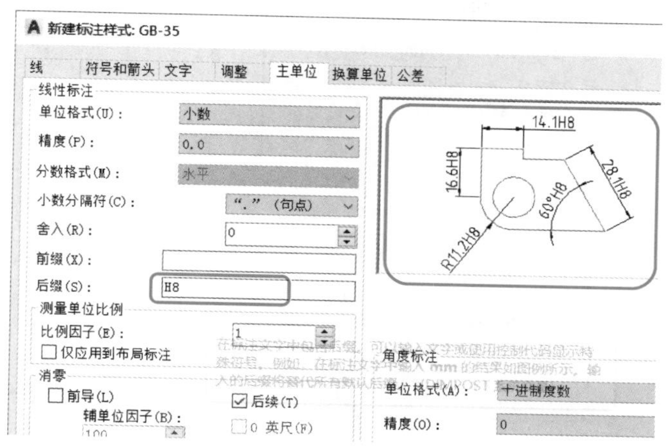

图 6-33　设置“后缀”

【测量单位比例】:用于设置比例因子以及该比例因子是否仅用于布局标注。标注时,系统自动把测量值乘测量比例因子后进行标注。例如将“测量比例因子”设置为 100,用此样式标注尺寸时,系统自动把测量值扩大 100 倍进行标注。如图 6-34 所示为复制的两个图,即大小一样,图 6-34a 所用标注样式的“测量比例因子”为“1”,图 6-34b 所用标注样式的“测量比例因子”为“100”。这对于绘制大尺寸的图,如建筑图很适用。

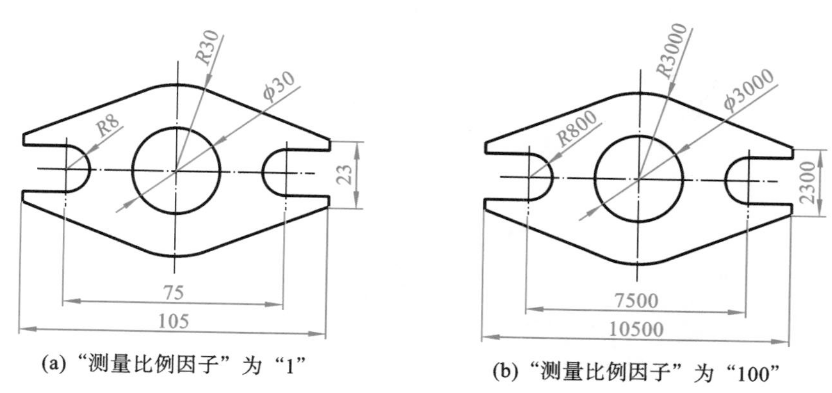

(a) “测量比例因子” 为 “1”　　(b) “测量比例因子” 为 “100”

图 6-34　不同“测量比例因子”效果图

(2)【消零】选项区:有【前导】和【后续】复选框,分别用于设置尺寸数字的前面零和后面零是否显示。如若设置了“后续”消零,当尺寸数字按精度应该为“6.00”时,图上实际显示为“6”。

(3)【角度标注】选项区:用于设置角度尺寸数字的格式、精度和单位。

6. 设置“换算单位”参数

在“换算单位”选项卡可以指定标注测量值中换算单位的显示并设置其格式和精度,如图 6-35 所示。一般选择“不显示”。

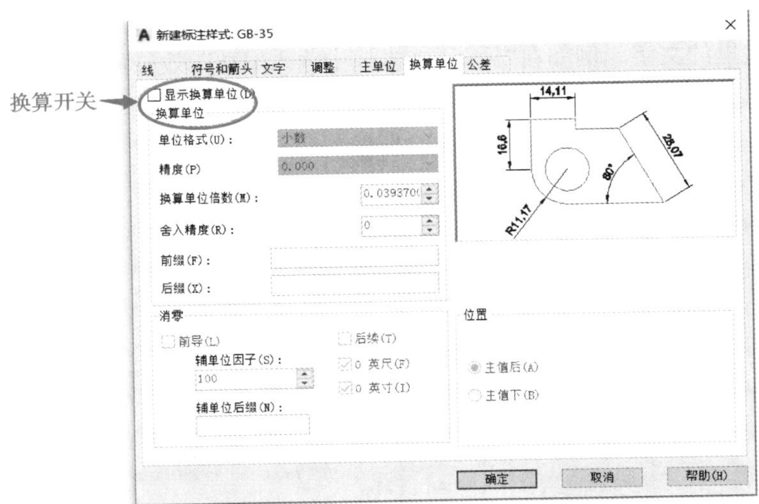

图 6-35 "换算单位"选项卡

7. 设置"公差"参数

在"公差"选项卡可以设置是否标注公差以及以何种方式进行标注,如图 6-36 所示。

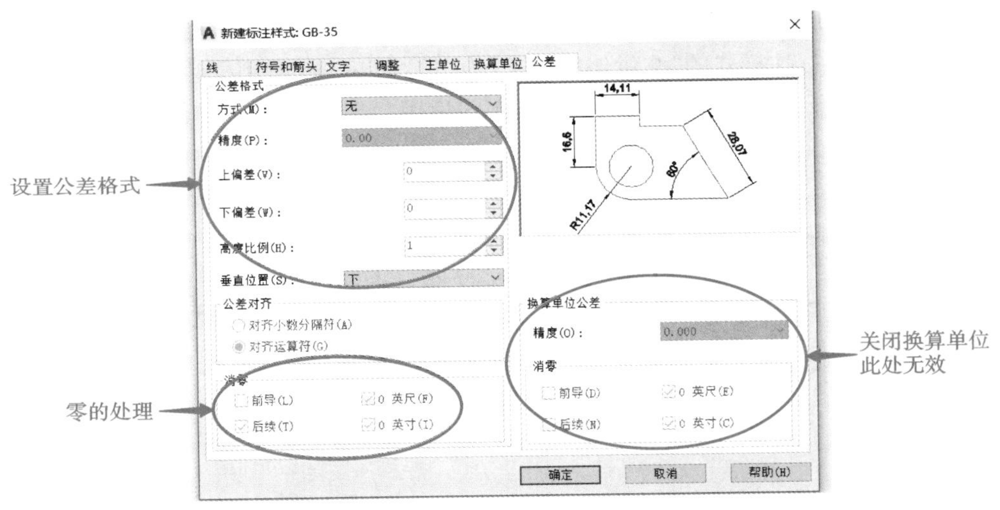

图 6-36 "公差"选项卡

6.2.3 "整数"样式设置

"整数"样式主要用于标注长、宽、高基本尺寸和圆弧半径、圆弧直径等尺寸。"整数"样式设置参考本项目体验 1-1 中的设置方法。如图 6-37 所示的尺寸为用"整数"样式,分别以"线性"命令、"半径"命令、"直径"命令标注的长度、圆弧半径、圆弧直径等尺寸。半径符号 R 和直径符号 ϕ 是半径命令和直径命令自动产生的,不用另行输入。

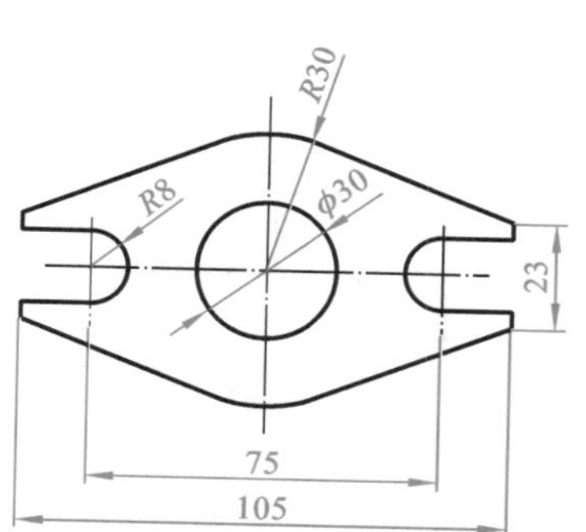

图 6-37　用设置的标注样式标注的尺寸

6.2.4　更换当前标注样式

输入命令时，尺寸自动使用当前标注样式显示尺寸，因此在输入命令前，一般要更换当前标注样式。在【默认】显示选项卡→【注释】显示面板下弹的标注样式控制下拉列表中单击样式名，可更换当前标注样式，如图 6-38 所示，图中的当前标注样式是"整数"样式。

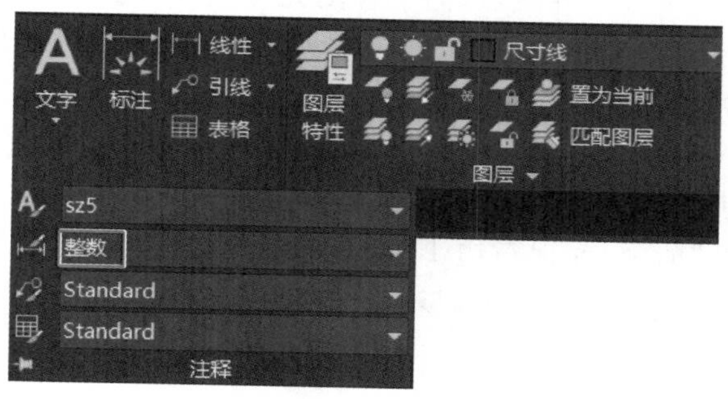

图 6-38　更换当前标注样式

6.3　水平尺寸和竖直尺寸的测量与标注

测量或标注两个点之间的水平距离或垂直距离时用"线性"标注命令。

输入命令的方式如下：

- 按钮命令：【默认】显示选项卡→【注释】显示面板→【线性】 线性
- 菜单命令：【标注】→【线性】
- 键盘命令：DLI↙或 DIMLIN↙或 DIMLINEAR↙

【操作步骤】输入"线性"命令，按提示信息，指定第一个尺寸界线点单击，指定第二个尺寸界线点单击，移动光标到适合放置尺寸的位置点单击。

【示例 1】　绘制如图 6-39 所示图形，并标注尺寸。

操作步骤如下：

第 1 步　新建文件，并保存文件。建立"粗实线"和"尺寸"两个图层。

第 2 步　建立"数字 3.5"文字样式，建立"整数"标注样式。

第3步　换“粗实线”图层为当前图层，用“直线”命令绘制如图6-39所示图形。

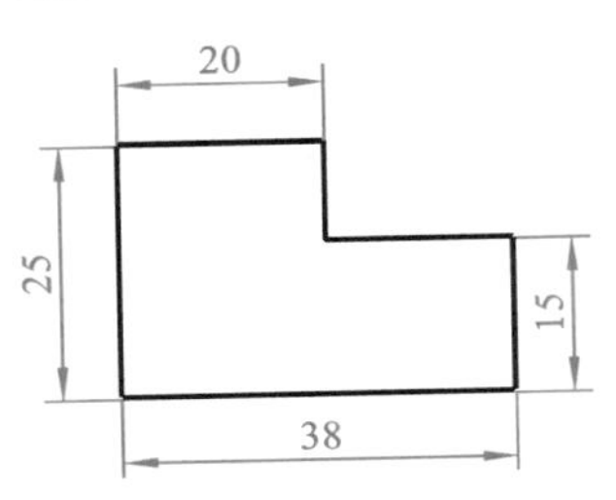

示例1

图6-39　“标注”命令示例

第4步　换“尺寸”图层为当前图层，将“整数”样式设置为当前标注样式。

第5步　用线性命令标注水平尺寸20、38。

(1) 输入“线性”命令，按提示信息，捕捉第1个尺寸界线点——最上方直线左端点单击，捕捉第2个尺寸界线点——最上方直线右端点单击，向上移动光标到尺寸放置的位置点单击，尺寸20就标注完成了。

(2) 继续执行“线性”命令，按照提示信息，分别单击长度38直线的左端点和右端点作为第一个尺寸界线点和第2个尺寸界线点，向下移动光标到尺寸放置的位置点单击，尺寸38就标注完成了，如图6-40所示。

第6步　用线性命令标注竖直尺寸25、15。

(1) 输入“线性”命令，捕捉左边25直线的上端点单击，捕捉25直线的下端点单击，向左移动光标到尺寸放置的位置点单击，竖直尺寸25就标好了。

(2) 继续执行“线性”命令，捕捉右边15直线的上端点单击，捕捉15直线的下端点单击，向右移动光标到尺寸放置的位置点单击，竖直尺寸15就标好了，如图6-41所示。

第7步　保存文件。

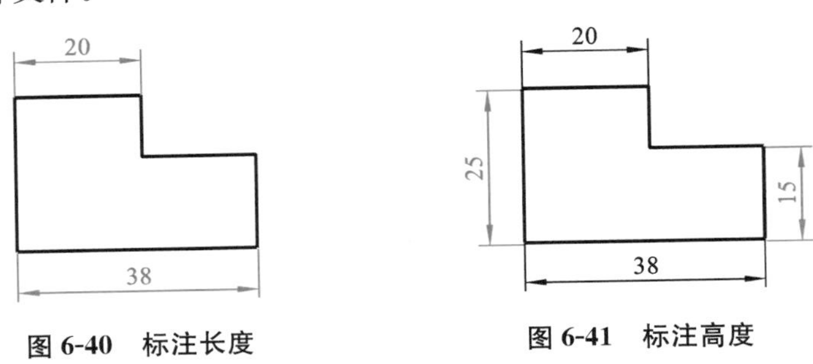

图6-40　标注长度　　　图6-41　标注高度

6.4　常用尺寸标注样式的设置

根据图上尺寸类型不同，设置一些相应的标注样式，以方便标注尺寸时直接应用，从而提高绘图速度。常用尺寸标注样式如表6-3所示。若合理选用设置顺序，可快速新建标注样式，其思路如下：先新建“整数”样式，再新建其他样式时，选择“整数”样式为【基础样式】，单击【继续】后，只需改变其他要求。“整数”样式的设置方法可参见前面的内容。“整数”样式也称为“线性”样式。

表 6-3　常用尺寸标注样式

尺寸类型	样式名称	基本要求	其他要求
两点距离尺寸，如 60；圆弧半径尺寸，如 $R60$；圆弧直径尺寸，如 $\phi60$	整数或(ZS)	(1) 尺寸线颜色、线型、线宽为【ByLayer】，基线间距为“8”； (2) 尺寸界线颜色、线型、线宽为【ByLayer】；超出尺寸线为“3”，起点偏移量为“0”，箭头大小设置为“3.5”； (3) 文字样式为“SZ5”，文字颜色为【ByLayer】； (4) 单位格式用【小数】，精度为【0】，小数分隔符为【句点】	—
数字水平放置，如角度尺寸，水平放置的半径和直径尺寸	水平或(SP)		选择文字对齐方式为【水平】
用线性命令标注直径，如 $\phi10$	线直径或(XZJ)		设置前缀为%%c
只有一端尺寸界线和箭头的尺寸	对称或(DC)		选择尺寸线中第二条【隐藏】，尺寸界线第二条【隐藏】

6.4.1　“水平”标注样式设置

“水平”标注样式用于标注尺寸数字始终处于水平的尺寸，如角度。如图 6-42a 所示，尺寸标注中的 $\phi8$、$\phi14$、$R2$、$R9$、$R18$ 为使用“水平”标注样式、用“半径”和“直径”命令标注尺寸的示例；如图 6-42b 所示为使用“水平”标注样式用“角度”命令进行的标注。

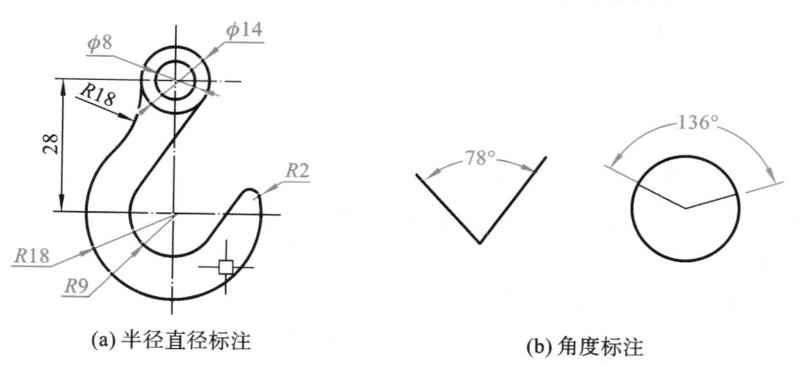

图 6-42　使用“水平”标注样式的尺寸

设置步骤如下：

(1) 输入“标注样式”命令，弹出对话框，单击左边“整数”样式，即使用设置好的“整数”样式为基础样式进行“水平”样式设置。单击右边【新建】按钮，弹出对话框；在【新样式名】下的方框中输入新样式名“水平”，单击【继续】按钮，弹出对话框。

(2) “线”“符号和箭头”“调整”“主单位”选项卡的设置默认“整数”样式设置，不进行改动。单击“文字”选项卡，在右下方“文字对齐”栏选择【水平】，如图 6-43 所示，单击【确定】按钮，完成“水平”样式设置。

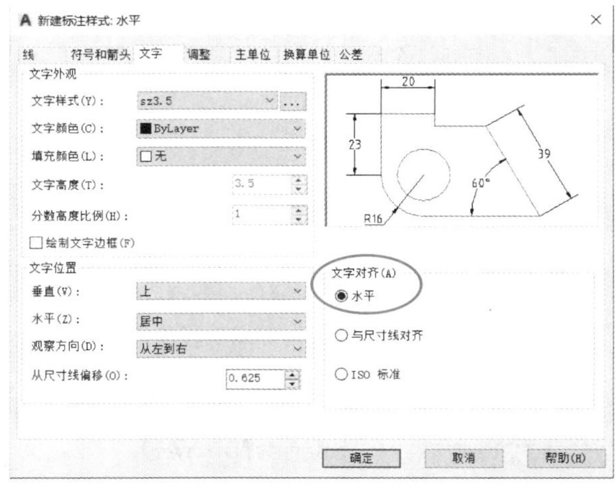

图 6-43　水平样式“文字”选项卡设置

【示例 2】　用“半径”或“直径”命令标注图 6-44 所示“半径”或“直径”尺寸。

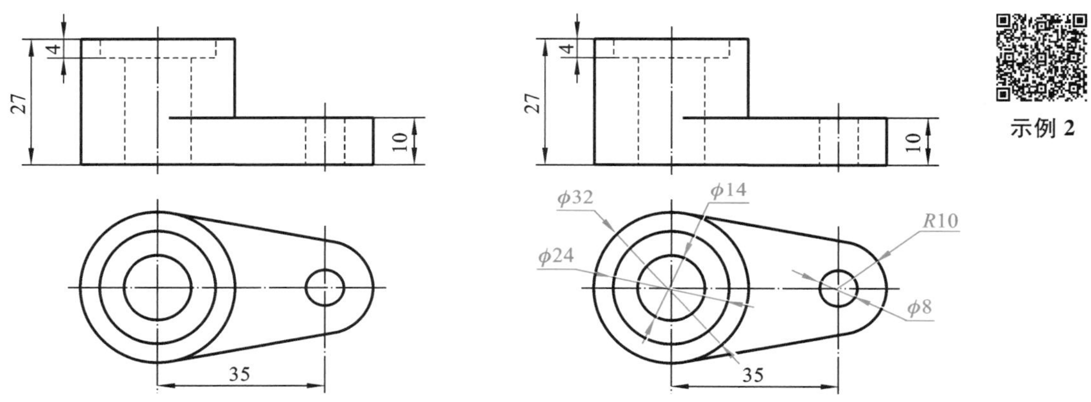

图 6-44　使用水平样式标注半径和直径

标注步骤:设“水平”样式为当前标注样式,如图 6-45 所示;单击【默认】显示选项卡→【注释】显示面板→【线性】下弹的“半径”命令,单击右边圆弧,向右上移动光标单击;单击【默认】显示选项卡→【注释】显示面板→【线性】下弹中的“直径”命令,选择右边小圆,向右下移动光标单击;按回车键(相当于继续输入“直径”命令),单击左边小圆,向右上移动光标单击;继续按回车键,选择左边中间圆,向左边移动光标单击;继续按回车键,选择左边最大圆,向左上移动光标

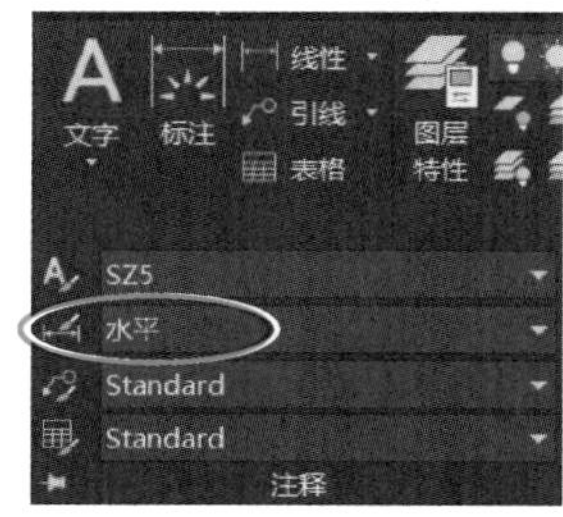

图 6-45　将“水平”样式设置为当前样式

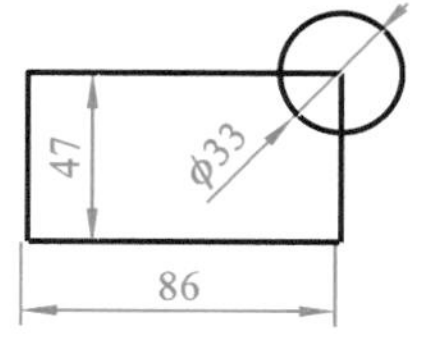

图 6-46　训练图

单击。

【举一反三 6-1】 绘制如图 6-46 所示图形并标注尺寸。

6.4.2 “线直径”标注样式设置

“线直径”标注样式用于在非圆弧上用“线性”命令或者“对齐”命令标注直径形式的尺寸，如图 6-47 所示的 ϕ15、ϕ22。

设置步骤如下：

(1) 输入“标注样式”命令，弹出对话框；单击左边“整数”样式，即使用设置好的“整数”样式为基础样式进行“线直径”标注样式的设置。单击右边【新建】按钮，弹出对话框；把新样式名设置为“线直径”，单击【继续】按钮，弹出如图 6-48 所示对话框。

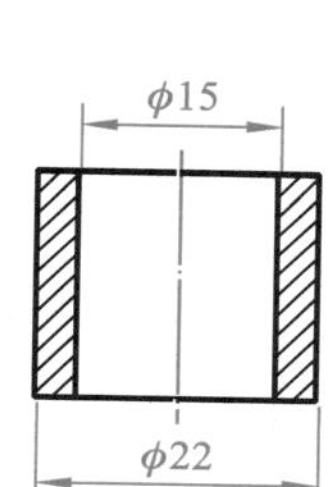

图 6-47 “线直径”标注样式

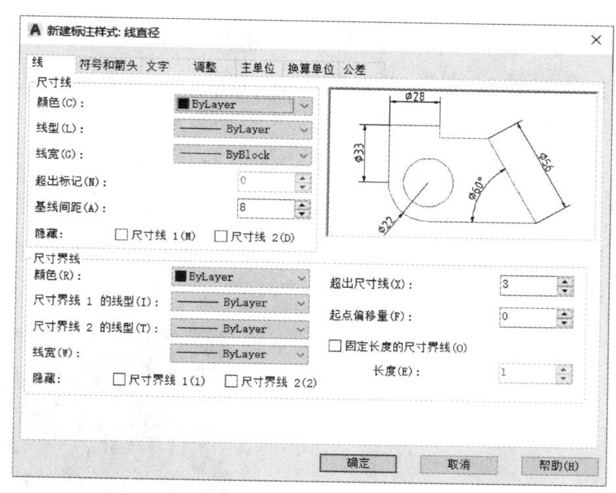

图 6-48 “线直径”样式设置对话框

(2) “线”“符号和箭头”“文字”“调整”选项卡的设置默认“整数”样式设置，不进行改动，单击“主单位”选项卡，在【前缀】框输入“%%c”，如图 6-49 所示，单击【确定】按钮，完成“线直径”样式的设置。

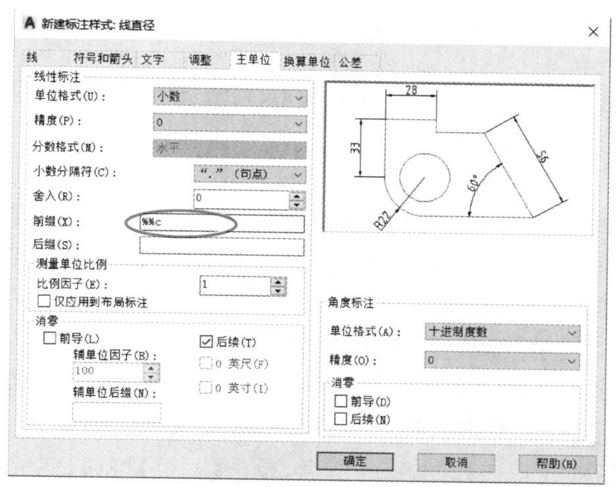

图 6-49 “线直径”样式“主单位”设置对话框

图 6-50 中的 ϕ14、ϕ28 即为使用“线直径”样式、“线性”命令标注的尺寸示例，而 50、80 为用“整数”样式、“线性”命令标注的尺寸。虽然都是用的“线性”命令，但显示效果不同，因为显示效果由标注样式控制。

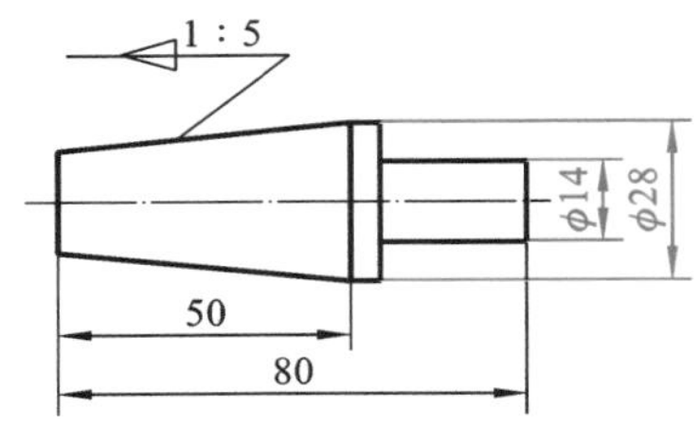

图 6-50　使用“线直径”样式标注尺寸

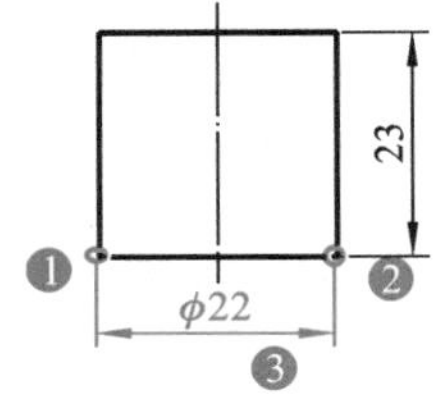

图 6-51　用“线直径”样式标注

【示例 3】　标注如图 6-51 所示尺寸 ϕ22。

如果要在非圆弧或非圆上标注直径，如图 6-51 所示尺寸 ϕ22，还是要用“线性”命令来标注，但要用“线直径”样式。

操作步骤如下：将“线直径”标注样式设置为当前标注样式，如图 6-52 所示；单击“线性”命令按钮；按提示信息，捕捉第 1 个界线点(下方左端点)单击；向右移动光标，捕捉第 2 个界线点(下方右端点)单击；向下移动光标，在放置尺寸的位置点单击。因为用的是“线直径”样式，所以系统会自动加符号“ϕ”。

示例 3

图 6-52　将“线直径”设置为当前样式

6.4.3　“对称”标注样式设置

“对称”标注样式用于只有一端有箭头的对称尺寸。如图 6-53 中的 ϕ14、ϕ7 为使用“对称”标注样式、“线性”命令标注的尺寸示例。

设置步骤如下：

(1) 输入“标注样式”命令，弹出对话框；单击“整数”，即使用设置好的“整数”样式为基础样式进行“对称”样式的设置；单击【新建】按钮，弹出对话框，输入新样式名为“对称”。单击【继续】按钮，弹出“对称”样式设置对话框。

(2) “符号和箭头”“文字”“调整”“主单位”选项卡的设置默认“整数”样式设置，不进行改动，在“线”选项卡尺寸线栏的隐藏项勾选【尺寸线 2】，在尺寸界线栏的隐藏项勾选【尺寸界线 2】，如图 6-54 所示，单击【确定】按钮，完成“对称”样式设置。

完成上述设置后的样式列表如图 6-55 所示，单击【关闭】按钮，完成常用标注样式的设置。

【举一反三 6-2】　创建如表 6-3 所示的常用标注样式。

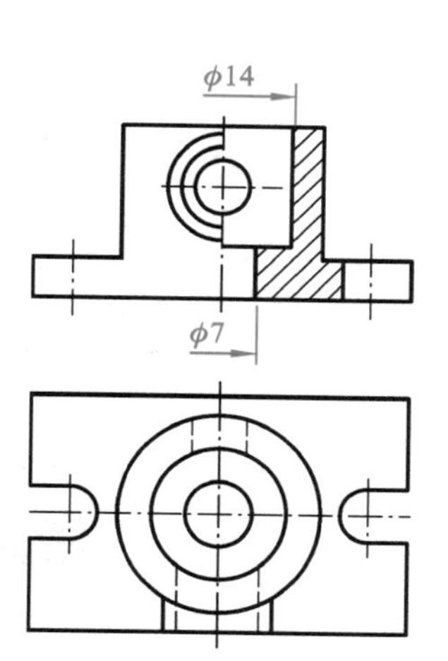

图 6-53　用“对称”样式标注尺寸

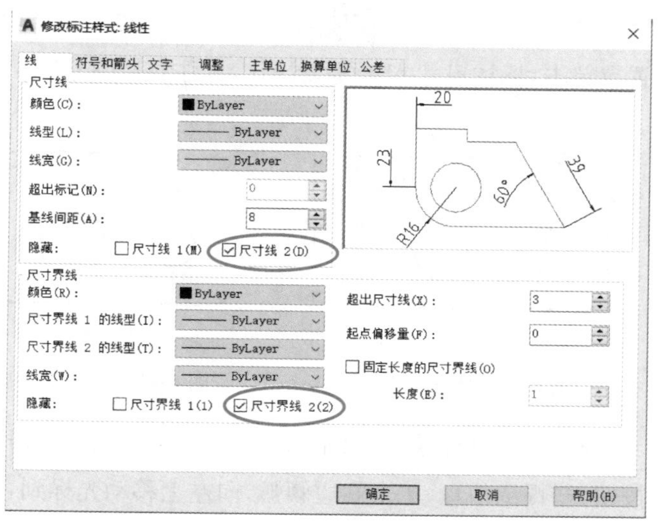

图 6-54　“对称”样式“线”设置对话框

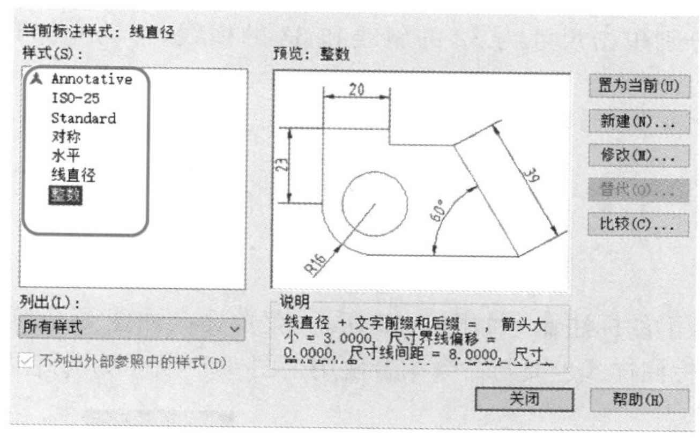

图 6-55　常用标注样式

6.5　常用尺寸的标注

【体验 2】　绘制如图 6-56 所示图形，并标注尺寸。

操作步骤如下：

第 1 步　新建文件，保存文件。创建所需图层、文字样式、常用标注样式；绘制图形。

第 2 步　设置“整数”样式为当前标注样式；单击【默认】显示选项卡→【注释】显示面板→“线性”线性命令按钮，按提示信息，标注水平尺寸 23、24、33 和竖直距离尺寸 22、36。单击【默认】显示选项卡→【注释】显示面板→“线性”下弹中的“对齐”对齐命令按钮，按提示信息，分别单击斜线的两个端点作为第一个尺寸界线点和第二个尺寸界线点，移动光标到左上方单击，斜线距离尺寸 32 就标注完成，如图 6-57 所示。

第 3 步　设置“水平”样式为当前标注样式；单击【默认】显示选项卡→【注释】显示面板→

“线性”下弹中的“直径”命令按钮，按提示信息，单击左边圆，向右下移动光标到合适放置点单击，标注尺寸 ϕ10；重复操作，标注右边圆直径 ϕ15，如图 6-58 所示。

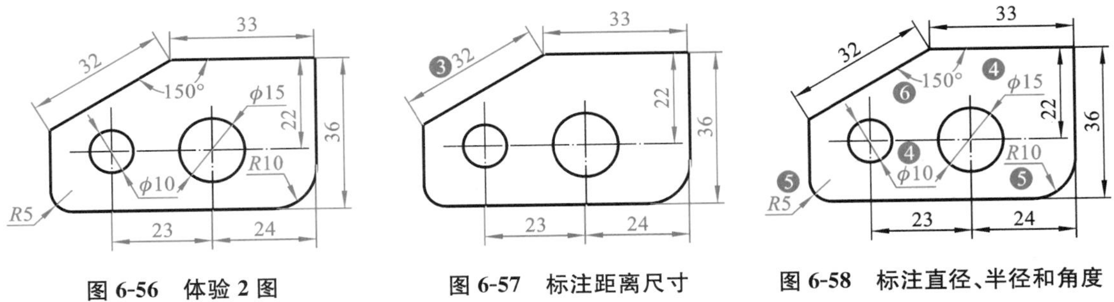

图 6-56　体验 2 图　　图 6-57　标注距离尺寸　　图 6-58　标注直径、半径和角度

第 4 步　单击【默认】显示选项卡→【注释】显示面板→“线性”下弹中的“半径”命令按钮，按提示信息，单击右边圆弧，向左上移动光标到合适放置点单击，标注 *R*10；重复操作，标注左边圆弧 *R*5。

第 5 步　单击【默认】显示选项卡→【注释】显示面板→“线性”下弹中的“角度”命令按钮，按提示信息，分别单击尺寸为 32 的斜线和 33 的横线，移动光标到下方单击，标注角度 150°。

第 6 步　保存文件。

6.5.1　命令输入方式与尺寸标注步骤

1. 命令

【注释】显示面板上的标注命令如图 6-59 所示，菜单命令如图 6-60 所示。不同尺寸需要对应不同命令，当前标注样式也要与命令结合使用。图 6-61 所示为“标注”命令示例。

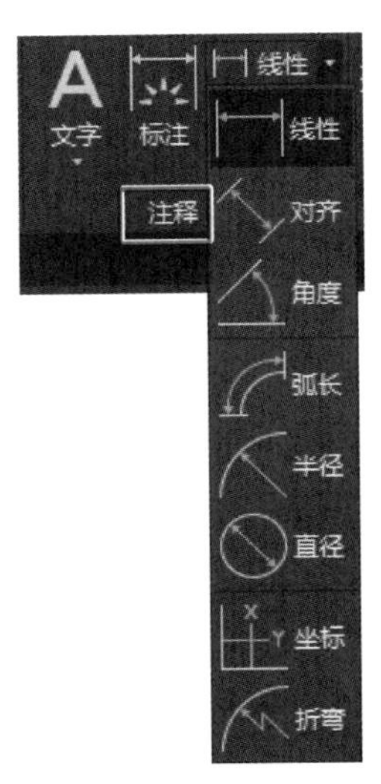

图 6-59　【注释】面板命令

图 6-60　菜单命令

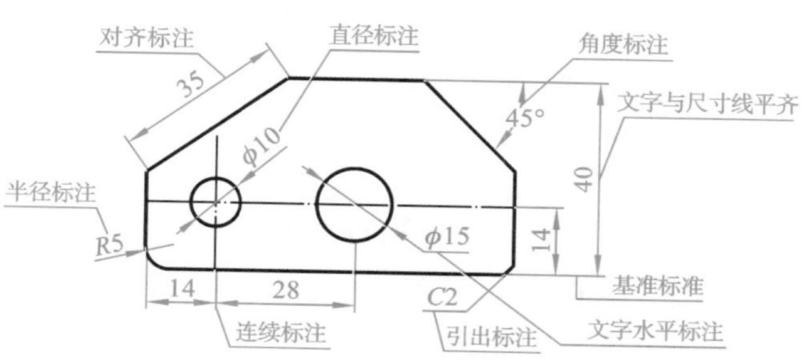

图 6-61　“标注”命令示例

2. 尺寸标注步骤

标注尺寸步骤为：将“尺寸”图层设置为当前图层；创建标注样式并设置所需当前标注样式；输入命令，选择界线点或对象，确认放置位置点。标注时，重点是能够根据尺寸类型选择具体命令。

6.5.2　水平距离或垂直距离的标注

标注两个尺寸界线点之间的水平距离或垂直距离时使用“线性”标注命令。

输入命令的方式如下：

- 按钮命令：【默认】显示选项卡→【注释】显示面板→【线性】线性按钮
- 菜单命令：【标注】→【线性】
- 键盘命令：DLI↙或 DIMLIN↙或 DIMLINEAR↙

【操作步骤】　输入“线性”命令后，提示“指定第一个尺寸界线原点或＜选择对象＞：”，此时有两种操作方法，一是指定两个点方式，即单击指定一个点，如图 6-62 所示的点①或②，将其作为第一条尺寸界线的起点；提示“指定第二条尺寸界线原点：”，单击指定第二条尺寸界线的起点；继续操作。二是指定对象方式，即按回车键；提示“选择标注对象：”，可选取要进行标注的线段，如图 6-62 所示的对象③。移动光标，在两点之间拖动一条水平方向或垂直方向的尺寸线，选择把尺寸线放置在水平或垂直位置，再在指定的放置位置单击。

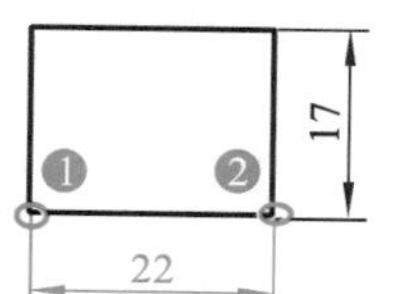

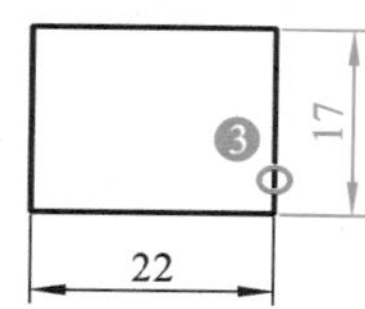

图 6-62　“选择尺寸界线原点和选择标注对象”示例

完成以上两种操作方法中的任意一种后，命令行选项操作方式相同，各功能说明如下：

(1) 单击“多行文字(M)”，上方弹出“文字编辑器”窗口，如图 6-63 所示，可以在数字前后添加其他文字，也可以输入新值代替测量值(缺省的数值为实际测量值)。

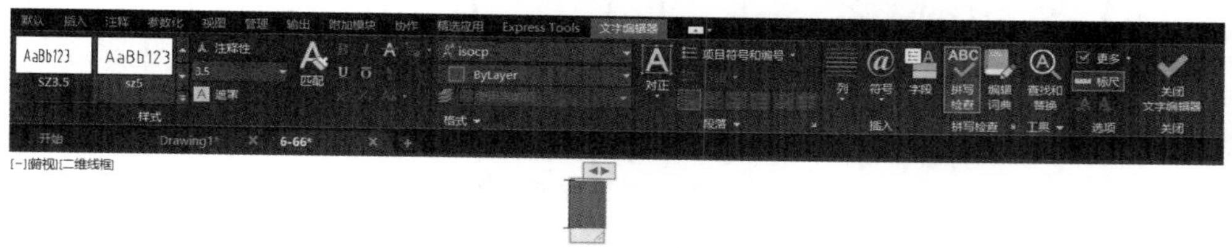

图 6-63　“文字编辑器”窗口

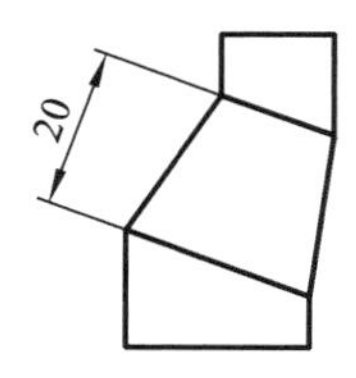

图 6-64　旋转线性尺寸标注

(2) 单击“文字(T)”，提示“输入标注文字<330>”，可输入替代测量值的文字。

(3) 单击“角度(A)”，提示“指定标注文字的角度:”，用于确定尺寸数字的角度。

(4) 单击“水平(H)”，确定在前面指定的两点之间标注水平尺寸。

(5) 单击“垂直(V)”，确定在前面指定的两点之间标注垂直尺寸。

(6) 单击“旋转(R)”，提示“指定尺寸线的角度<0>:”，可在前面指定的两点之间设置尺寸线的旋转角度。标注示例如图 6-64 所示。

6.5.3　两个尺寸界线点之间直线距离的标注

标注两个点之间直线距离用“对齐”标注命令。如图 6-65 所示尺寸 29 即为对齐标注。输入命令的方式如下：

- 按钮命令:【默认】显示选项卡→【注释】显示面板→【线性】下弹中的【对齐】
- 菜单命令:【标注】→【对齐】
- 键盘命令:DIMALIGNED↙DAL↙或 DILALI↙

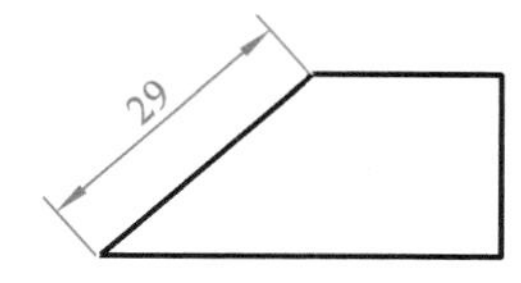

图 6-65　对齐标注

【操作步骤】　输入“对齐”命令，命令行提示“指定第一条尺寸界线原点或<选择对象>:”，有下列两种方法可选择：一是捕捉需要标注斜线的两个端点，移动光标找到适合放置尺寸的位置点后单击；二是直接按回车键，光标变成小方框形状，拾取需要标注的斜线，然后在适当的位置单击，确定尺寸的位置。

6.5.4　在圆或圆弧上标注直径

测量圆或圆弧的直径并标注直径时用“直径”标注命令。用“直径”命令标注圆和圆弧的直径时，系统自动加直径符号“ϕ”，如图 6-66 所示，图 6-66a 所示标注样式为【线性】样式，图 6-66b 所示标注样式为【水平】样式。输入“直径”命令的方式如下：

- 按钮命令:【默认】显示选项卡→【注释】显示面板→【线性】下弹中的【直径】
- 菜单命令:【标注】→【直径】
- 键盘命令:DIMDIAMETER↙或 DDI↙或 DIMDIA↙

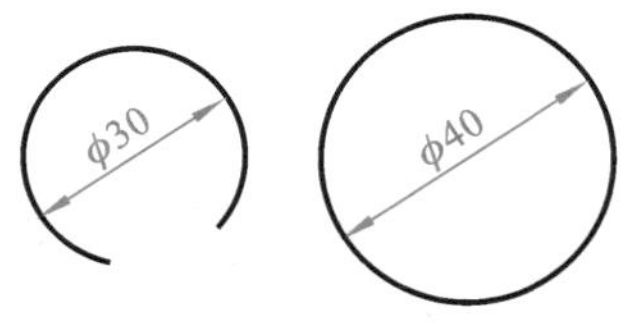

(a) 文字与尺寸线平行的标注样式

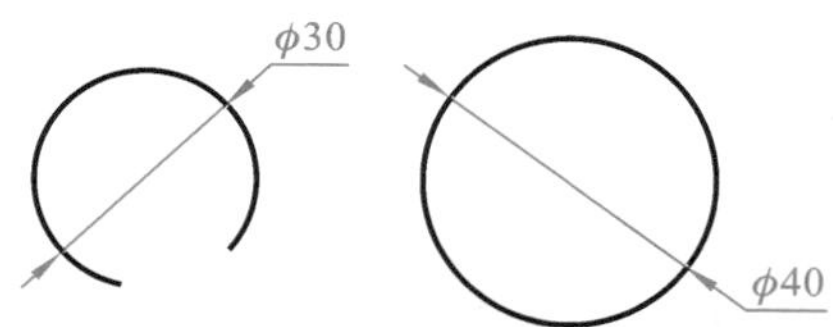

(b) 文字水平的标注样式

图 6-66　直径标注示例

【操作步骤】　输入命令，单击圆或圆弧，移动光标找到适合放置尺寸的位置点后单击。

6.5.5　在圆或圆弧上标注半径

测量圆或圆弧的半径并标注半径时用“半径”标注命令。用“半径”命令标注圆和圆弧的半径时，系统自动加半径符号“*R*”，如图 6-67 所示，图 6-67a 所示标注样式为【线性】样式，图 6-67b所示标注样式为【水平】样式。输入“半径”命令的方式如下：

- 按钮命令：【默认】显示选项卡→【注释】显示面板→【线性】下弹中的【半径】
- 菜单命令：【标注】→【半径】
- 键盘命令：DIMRADIUS↙或 DRA↙或 DIMRAD↙

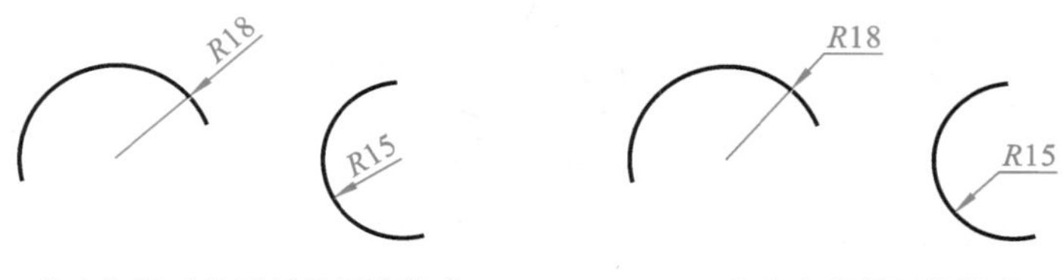

(a) 文字与尺寸线平行的标注样式　　(b) 文字水平的标注样式

图 6-67　半径标注示例

【操作步骤】　输入命令，按提示信息，单击圆或圆弧，移动光标找到适合放置尺寸的位置点后单击。

【示例 4】　绘制如图 6-68 所示图形，用已设置的“整数”样式标注尺寸。

示例 4

操作步骤如下：

第 1 步　建立图层，并绘图。

第 2 步　将“尺寸”层设置为当前图层；将“整数”样式设置为当前标注样式。

第 3 步　用“线性”命令标注图 6-69 所示水平尺寸和竖直尺寸。输入“线性”命令，按提示信息，捕捉第 1 个尺寸界线点单击，捕捉第 2 个尺寸界线点单击，移动光标到尺寸放置的位置点单击，如图 6-70 所示。重复 4 次操作，完成 4 个尺寸的标注。标注“4”“27”时，依次捕捉上下两个界线点后，向左移动光标，再单击放置尺寸的位置点，将尺寸放置在图的左边；标注“10”时，依次捕捉上下两个界线点后，向右移动光标，再单击放置尺寸的位置点，将尺寸放置在图的右边；标注“35”时，依次捕捉左右两个界线点后，向下移动光标，再单击放置尺寸的位置点，将尺寸放置在图的下方。

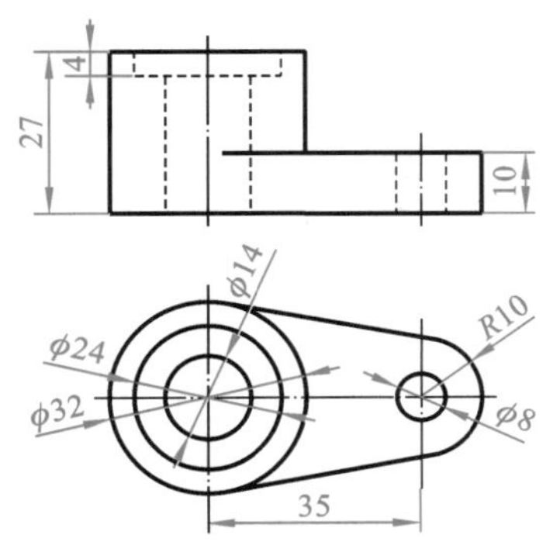

图 6-68　尺寸示例图

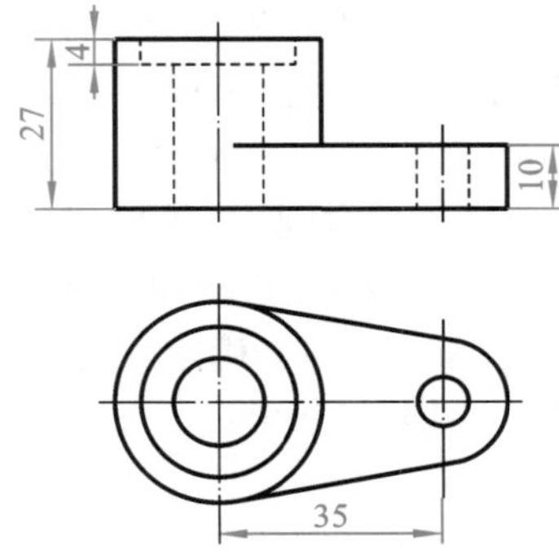

图 6-69　长度尺寸

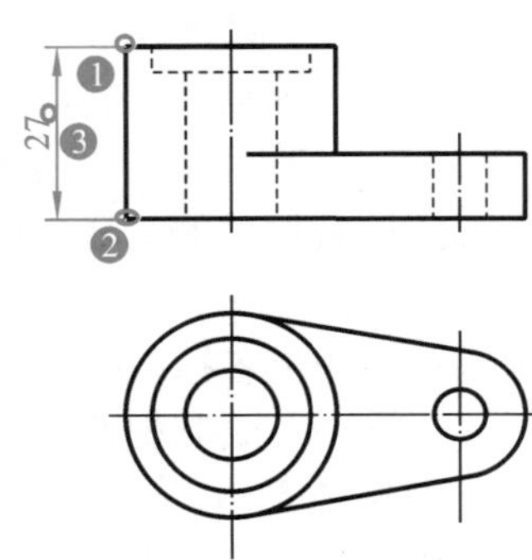

图 6-70　“线性”标注步骤

第 4 步　用“直径”命令标注直径尺寸。输入“直径”命令，按提示信息，捕捉圆时单击，移动光标到尺寸放置的位置点单击，完成 $\phi32$ 的标注，如图 6-71 所示。再依次重复 3 次操作，完成 $\phi24$、$\phi14$ 和 $\phi8$ 尺寸的标注，如图 6-72 所示。

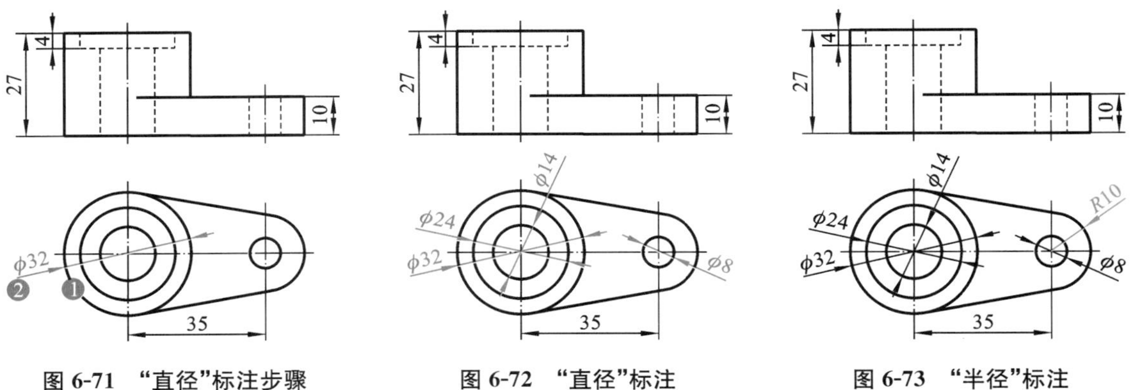

图 6-71　“直径”标注步骤　　图 6-72　“直径”标注　　图 6-73　“半径”标注

第 5 步　用“半径”命令标注图 6-73 所示半径尺寸。输入“半径”命令，按提示信息，捕捉圆弧时单击，移动光标到尺寸放置的位置点单击，完成 $R10$ 尺寸的标注。

第 6 步　保存文件。

6.5.6　角度尺寸的标注

标注两条直线之间的夹角、圆弧的弧度或三点间的角度时用“角度”标注命令。标注时系统自动加上角度符号“°”，如图 6-74 所示。输入命令的方式如下：

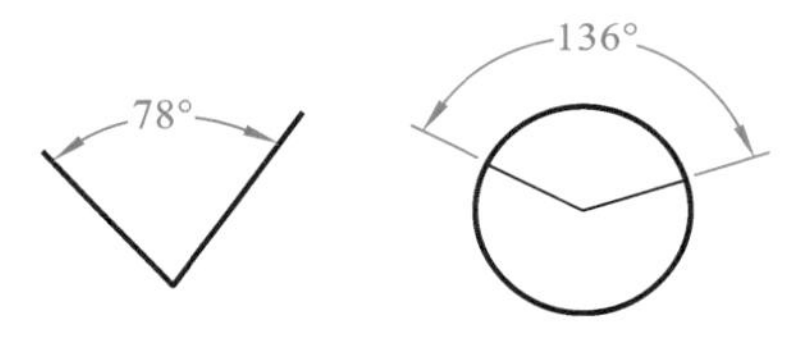

图 6-74　“角度”标注示例

- 按钮命令：【默认】显示选项卡→【注释】显示面板→【线性】下弹中的【角度】
- 菜单命令：【标注】→【角度】
- 键盘命令：DIMANGULAR↙ 或 DAN↙ 或 DIMANG↙

【操作步骤】　输入“角度”命令，命令行提示“选择圆弧、圆、直线或＜指定顶点＞：”，根据不同要求进行选择：

（1）若要标注两条边的角度，则直接拾取两条边，在适当位置单击确定放置尺寸的位置。

（2）对于圆弧对象，可直接拾取圆弧，然后在适当位置单击确定放置尺寸的位置。系统以圆心为角的顶点、以圆弧端点为尺寸界线的起点来确定要标注的角度。

（3）对于圆对象，先拾取圆且指定圆周上一点，再指定圆周上另一点，然后在适当位置单击确定放置尺寸的位置。标注的角度为拾取圆周上的一点与另一点之间的角度。

（4）若要按顶点标注角度，则按回车键，先拾取角度顶点，再分别拾取两条边的另一顶点，或在两条边上各拾取一点，然后在适当位置单击确定放置尺寸的位置。

【任务】　绘制图 6-75 所示图形，并标注尺寸。

操作步骤如下：

第 1 步　新建文件，进入绘图界面，保存文件。完成常用图层、数字文字样式、常用标注尺寸样式三项设置。按照给定的尺寸绘制图形，如图 6-76 所示。

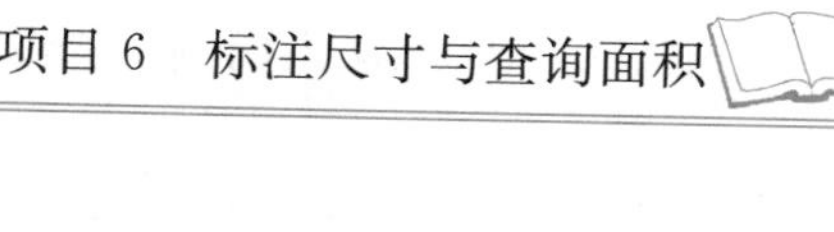

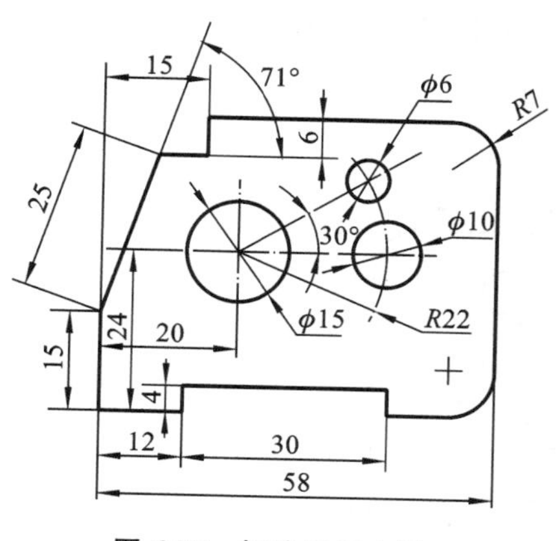

图 6-75　标注任务1图

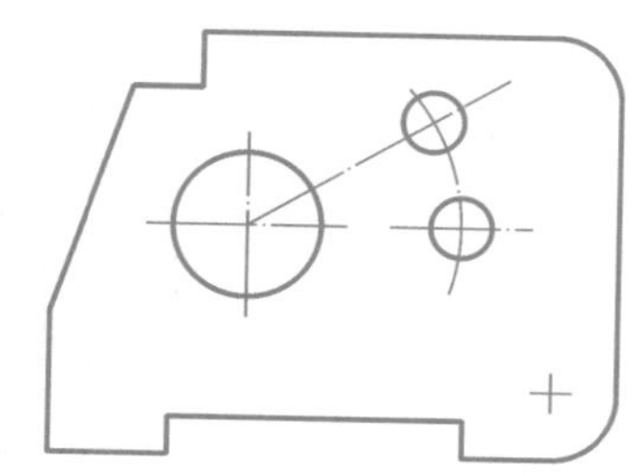

图 6-76　绘制图形

第 2 步　设“尺寸”层为当前图层，设置“整数”样式为当前标注样式。单击“线性”命令按钮，完成线性尺寸 6、15、15、20、58 的标注，如图 6-77 所示。输入“线性”命令，完成线性尺寸 12 的标注。重复上述操作，分别完成线性尺寸 30、4 和 24 的标注，如图 6-78 所示。

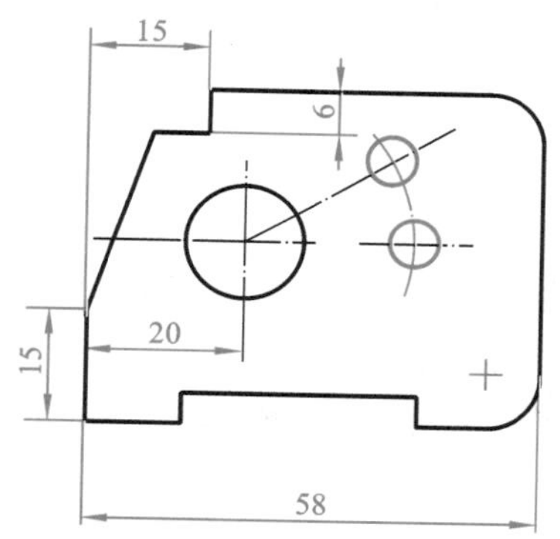

图 6-77　标注线性尺寸

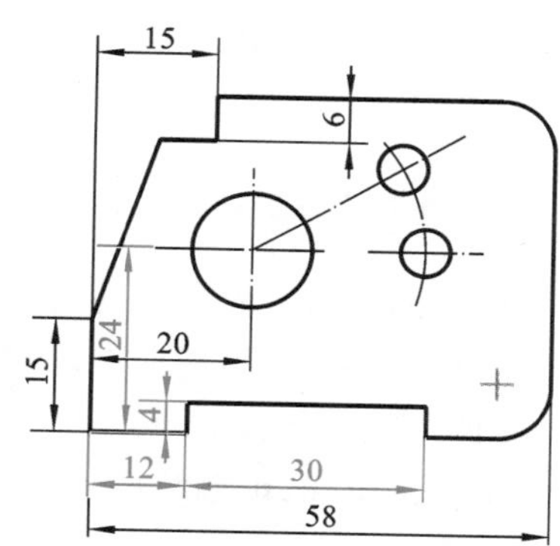

图 6-78　标注尺寸

第 3 步　输入“对齐”命令，完成尺寸 25 的标注；输入“半径”命令，完成尺寸 *R*7 的标注，如图 6-79 所示。

第 4 步　设置“水平”样式为当前标注样式。输入“半径”命令，完成尺寸 *R*22 的标注；输入“直径”命令，完成尺寸 ϕ6、ϕ15、ϕ10 的标注，如图 6-80 所示。

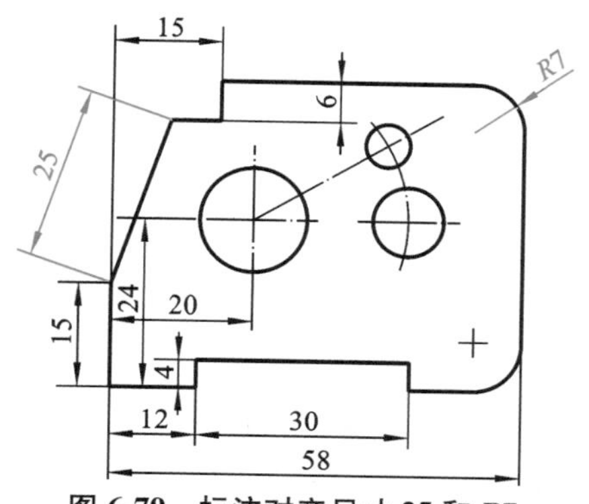

图 6-79　标注对齐尺寸 25 和 *R*7

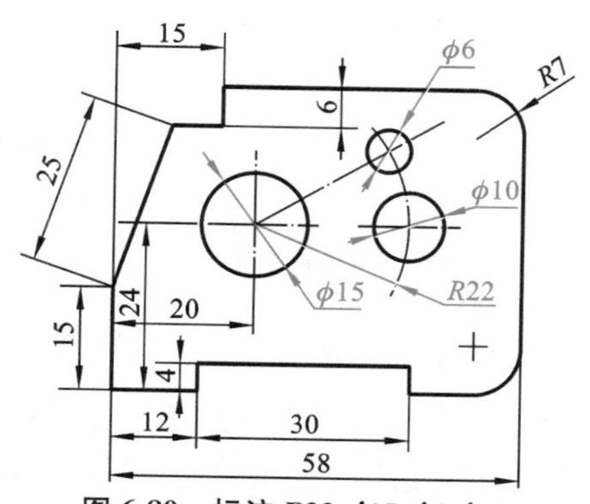

图 6-80　标注 *R*22、ϕ15、ϕ6、ϕ10

第 5 步 输入"角度"命令，完成角度尺寸 71°、30°的标注，如图 6-81 所示。

第 6 步 保存图形文件。

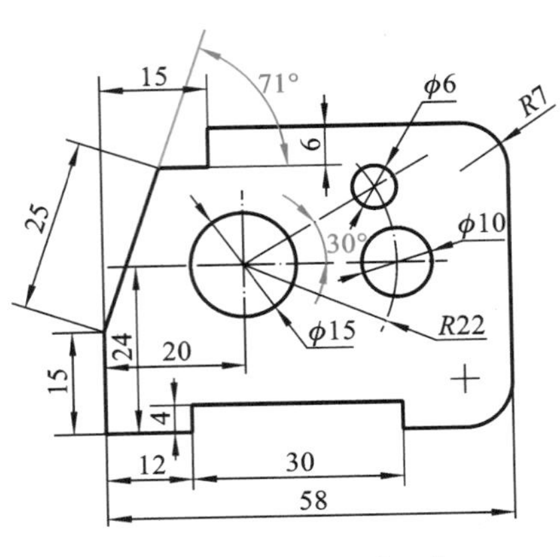

图 6-81 标注 71°、30°

6.6 修改已标注的尺寸

6.6.1 修改尺寸位置

在尺寸标注的编辑过程中，一般利用夹点进行尺寸界线和尺寸数字位置的修改。方法如下：选择要修改的尺寸，会出现夹点，如图 6-82a 所示；将光标放在起点或终点两端的夹点，再拖动光标，可调整尺寸界线起点或尺寸界线终点的位置，如图 6-82b 所示；将光标放在尺寸数字处的夹点上拖动鼠标，可调整尺寸数字放置的位置，如图 6-82c 所示。操作过程中，尺寸四要素会自动调整。

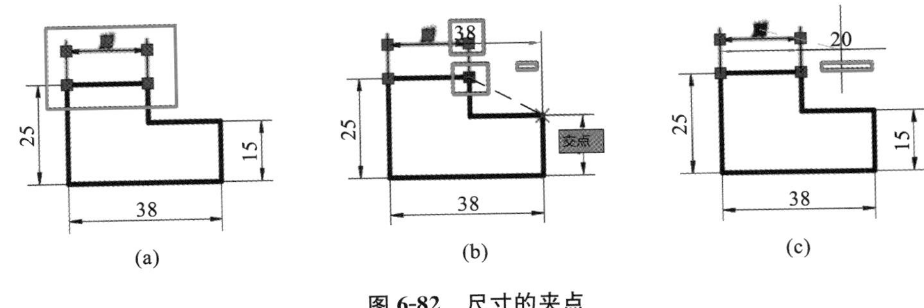

图 6-82 尺寸的夹点

6.6.2 查看标注样式与更换标注样式

1. 查看标注样式

选中一个尺寸对象，可在【注释】显示面板下弹的标注样式处查看标注样式。如图 6-83 所示，选中尺寸使用的标注样式是"整数"样式。

2. 更换标注样式

若将图中已标注尺寸的标注样式使用错了，可以将已标注尺寸的标注样式更换为另一种标注样式，而不需要删除后重新标注。方法如下：选取要更换样式的尺寸对象；单击【注释】显示面板下弹的“标注样式”下弹按钮，出现样式列表，如图 6-84a 所示；单击所需的新样式的名称，如“水平”，更改为新标注样式后结果如图 6-84b 所示。

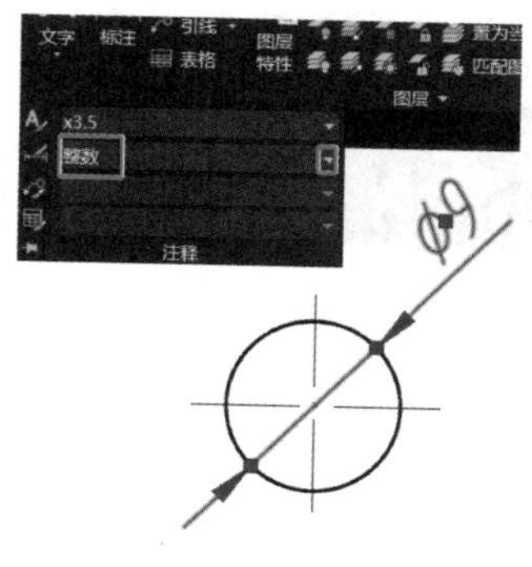

图 6-83　查看尺寸的标注样式

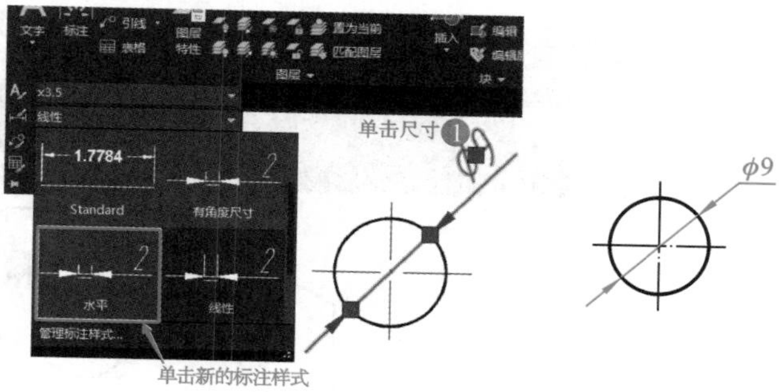

(a)　(b)

图 6-84　更换尺寸的样式

6.6.3　标注更新

【功能】　将图中已标注尺寸的标注样式更新为当前标注样式。

输入命令的方式如下：

- 按钮命令：【注释】显示选项卡→【标注】显示面板→【更新】 
- 菜单命令：【标注】→【更新】 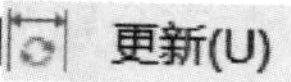 更新(U)
- 键盘命令：DIMSTYLE↙

【操作步骤】　欲将一尺寸的标注样式更新为当前标注样式，先输入“标注更新”命令，再选取该尺寸对象，然后按回车键即可。

【示例 5】　如图 6-85 所示，将左边尺寸样式改成右边尺寸样式。

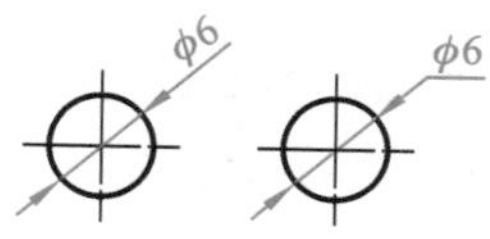

图 6-85　更新尺寸样式

示例 5

分析：将尺寸 $\phi 6$ 的“整数”样式更新为“水平”标注样式。

操作方法：将“水平”样式置为当前样式，再单击【注释】显示选项卡→【标注】显示面板→【更新】按钮，选取尺寸 $\phi 6$，按回车键。

6.6.4　修改尺寸数字与命令选项说明

输入命令的方式如下：

- 双击已标注的尺寸，修改尺寸数字

- 按钮命令:【注释】显示选项卡→【标注】显示面板→【倾斜】(或【文字角度】)
- 菜单命令:【修改】→【对象】→【文字】→【编辑】
- 键盘命令:DIMEDIT↙或 DDEDIT↙

【操作步骤】 选中需要修改的尺寸,执行修改尺寸数字命令,弹出如图 6-86 所示的对话框和文字输入窗口;窗口中文字为原来测量的尺寸数字,可以在其前或后加注文字,也可以删除原尺寸文字后重新输入文字;完成输入后,单击右边【关闭文字编辑器】按钮。

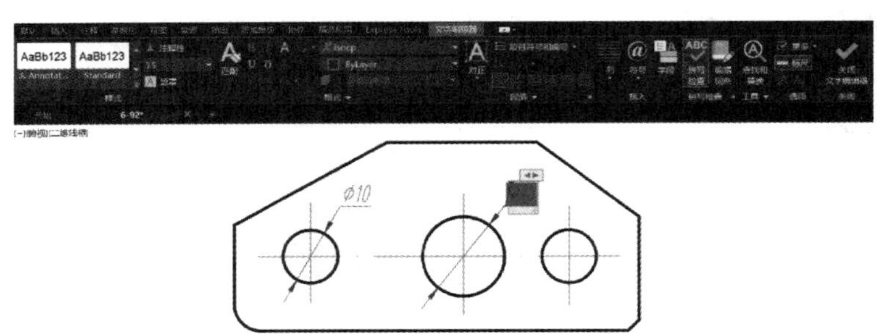

图 6-86 文字格式工具栏和文字输入窗口

【文字角度】:用于控制尺寸数字的倾斜角度。

【倾斜】:用于控制尺寸界线的倾斜角度。

例如将"ϕ10"修改为"2×ϕ10"的方法:双击选择"ϕ10"尺寸,在原文字的前面输入"2×",单击【关闭文字编辑器】按钮。例如将"ϕ15"修改为"ϕ15 H8"的方法:双击选择"ϕ15"尺寸,在原文字的后面输入"H8",单击【关闭文字编辑器】按钮。

【示例 6】 将图 6-87a 和图 6-88a 所示尺寸数字分别改成图 6-87b 和图 6-88b 所示尺寸数字。

分析:修改尺寸数字,图 6-87 需要用【文字角度】命令,图 6-88 需要用【倾斜】命令。

示例 6

修改方法:

(1) 输入【注释】显示选项卡→【标注】显示面板→【文字角度】命令,单击"29"的标注,输入角度"45",回车,结果如图 6-87b 所示。

(2) 输入【注释】显示选项卡→【标注】显示面板→【倾斜】命令,单击"44"的标注,回车,输入角度"120",回车,结果如图 6-88b 所示。

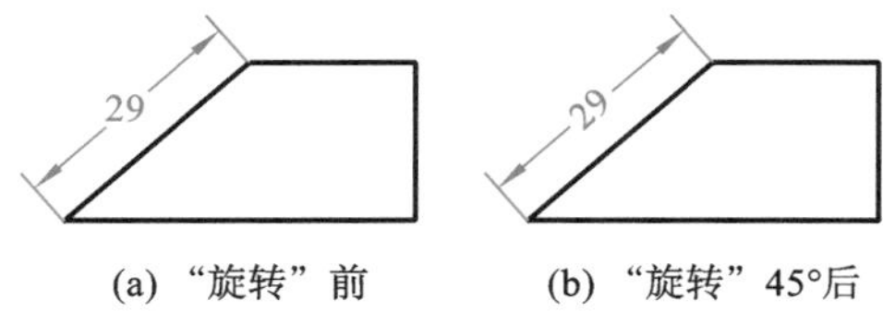

(a) "旋转"前 (b) "旋转"45°后

图 6-87 旋转尺寸数字

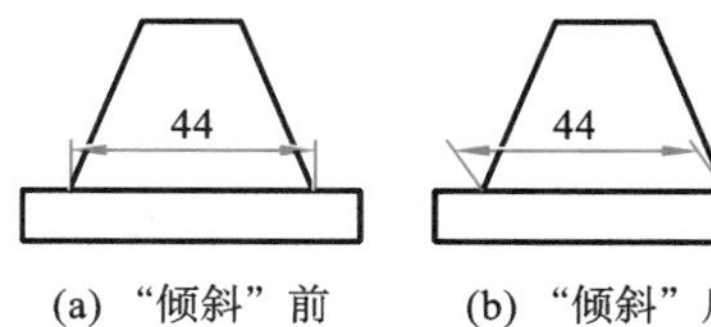

(a) "倾斜"前 (b) "倾斜"后

图 6-88 尺寸界线的倾斜编辑

【举一反三 6-3】　绘制图 6-89 所示图形，并标注尺寸。

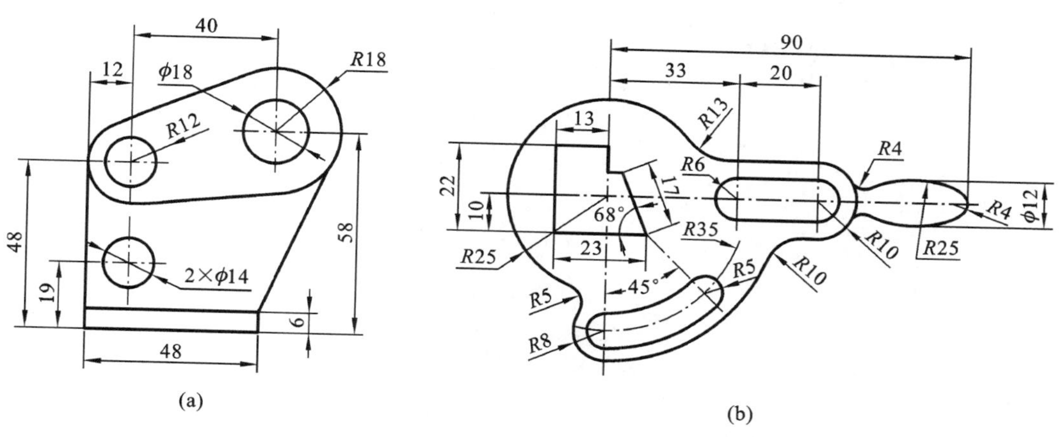

图 6-89　标注尺寸训练图

6.7　编辑标注样式

输入“标注样式”命令，弹出对话框，在左边样式列表中单击一个样式名，再分别单击【新建】、【修改】或【替代】按钮，继续操作，可以增加新的样式、修改选择的标注样式或替代选择的标注样式。单击【新建】、【修改】和【替代】按钮，分别弹出“新建标注样式”对话框、“修改标注样式”对话框和“替代标注样式”对话框，虽然对话框标题栏文字不同，但内容和选项完全一样，操作方法一样。注意“修改”与“替代”的区别，当“修改”了标注样式后，之前用此样式已标注的所有尺寸都会改变为修改后的样式，而创建替代标注样式后，该样式只对后面标注的尺寸起作用，不会改变已标注的尺寸样式。

6.7.1　增加标注样式

增加标注样式的方法：输入“标注样式”命令，弹出对话框，在左边样式列表中单击一个样式名，单击右边【新建】按钮，同前面讲的新建方法一样继续操作完成。

【举一反三 6-4】　增加“整数 2”标注样式，其文字样式用“SZ5”或“数字 5”。

6.7.2　修改已建标注样式

如果对已建立的尺寸样式不满意，可以修改已创建的标注样式的设置。方法：输入“标注样式”命令，弹出对话框；在左边样式列表中单击需要修改的样式名，如“整数 2”，如图 6-90 所示；单击右边【修改】按钮，弹出对话框；在对话框中修改参数设置，修改方法与新建样式的方法一样；修改完成后，单击【确定】按钮，返回“标注样式管理器”对话框，单击【关闭】按钮完成修改。

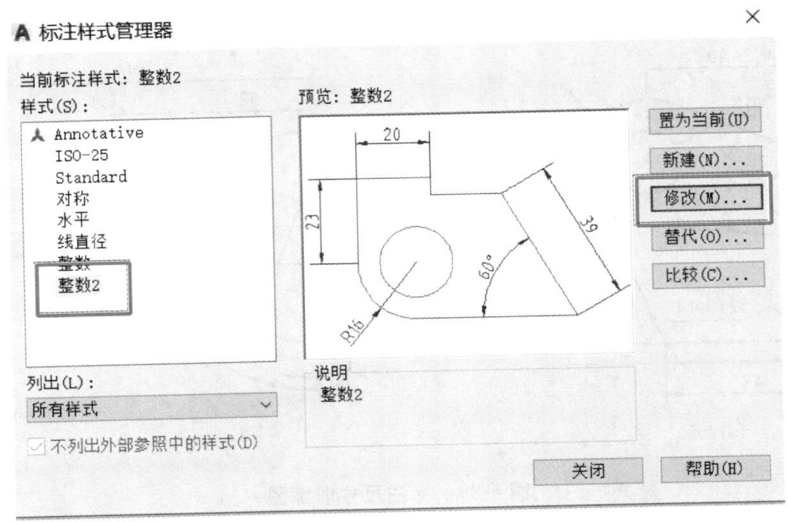

图 6-90 修改标注样式

当标注样式修改后，用该标注样式标注的尺寸会自动更新显示样式。例如标注样式"整数 2"修改前标注的尺寸如图 6-91a 所示，标注样式"整数 2"修改后标注的尺寸如图 6-91b 所示，标注样式"整数 2"修改后标注的尺寸数字前方均有"4×ϕ"。

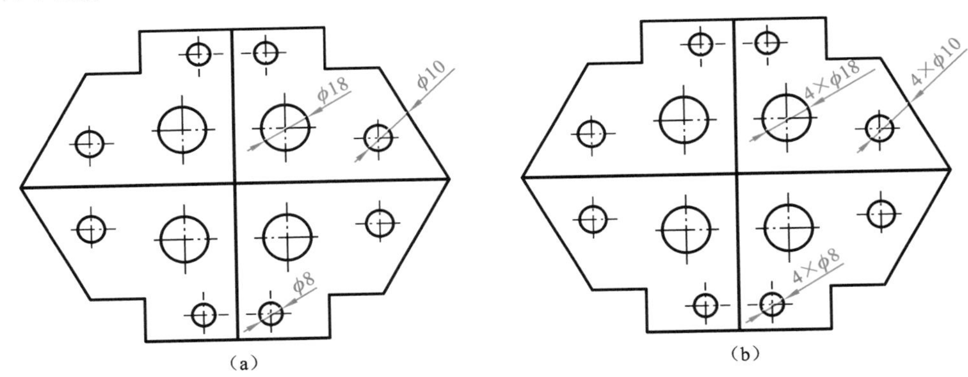

图 6-91 修改标注样式前后的尺寸标注

【举一反三 6-5】 修改"整数 2"标注样式，将"前缀"修改为"4×%%c"。

6.7.3 重命名标注样式与删除标注样式

在"标注样式管理器"对话框样式列表中，单击选中需要修改的样式后，按右键，弹出快捷菜单如图 6-92 所示，可对选中的样式进行"重命名""删除"等操作。如果要对某个样式进行重命名，在样式列表中相应样式名上单击右键，出现快捷菜单，单击【重命名】项，输入新的名称，在框外单击。如果要删除某样式，先要确认此样式是没有使用的样式且不是当前样式，再在样式列表中相应样式名上单击右键，在出现的快捷菜单中单击【删除】项。

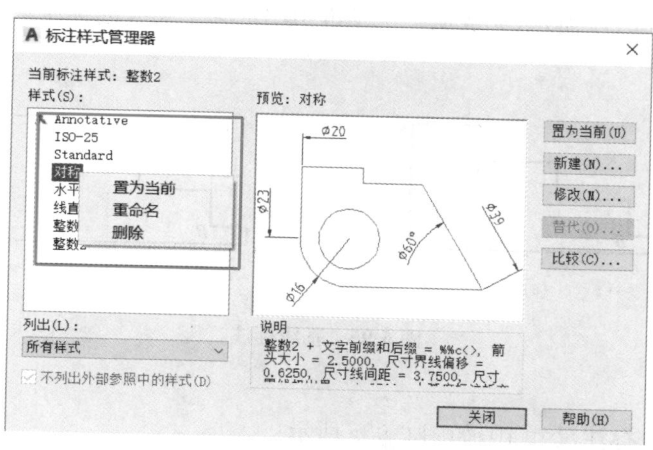

图 6-92　样式的"重命名"与"删除"

6.8　"基线"标注命令和"连续"标注命令的操作

1. "基线"标注

"基线"标注命令用于标注从同一个基准引出的一组尺寸，如图 6-93 所示。基线标注是以已有标注的第一个尺寸界线为公共基准生成的多次标注，因此在使用基线标注之前，必须已经存在标注。基线标注可以应用于线性标注、角度标注。输入命令的方式如下：

- 按钮命令：【注释】显示选项卡→【标注】显示面板→【连续】下弹中的【基线】按钮（见图 6-94）
- 菜单命令：【标注】→【基线】
- 键盘命令：DIMBASELINE↙或 DBA↙或 DIMBASE↙

【操作步骤】　标注完第一个尺寸后，单击"基线"命令按钮，如果上次是线性标注、对齐标注、角度尺寸、基线标注或连续标注，则系统自动捕捉标注的第一个尺寸界线起点为起点，直接指定第二个尺寸界线点即可，因为系统会自动以第一个尺寸的起点为第一个界线点，且各尺寸线之间的距离在标注样式中已设置（即设置的"基线间距"）。基线间距可以通过修改标注样式对话框中"线"选项卡下的"基线间距"来调整。基线标注可以重复单击，一次输入命令，可标注很多个基线尺寸，直到按回车键结束。

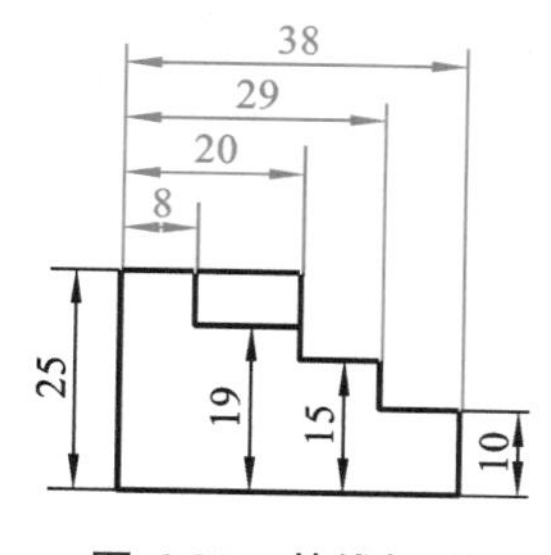

图 6-93　基线标注

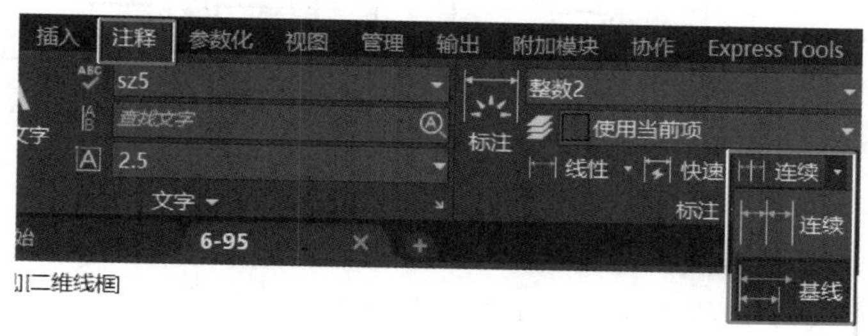

图 6-94　"连续"与"基线"标注

【示例 7】 如图 6-95 所示，完成从一个基准引出的多个尺寸的标注。

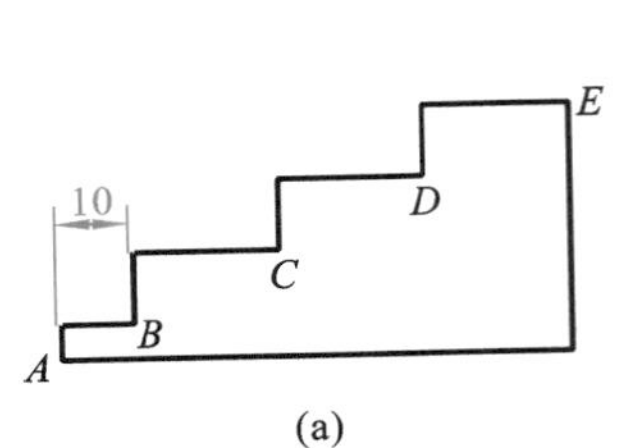

(a)

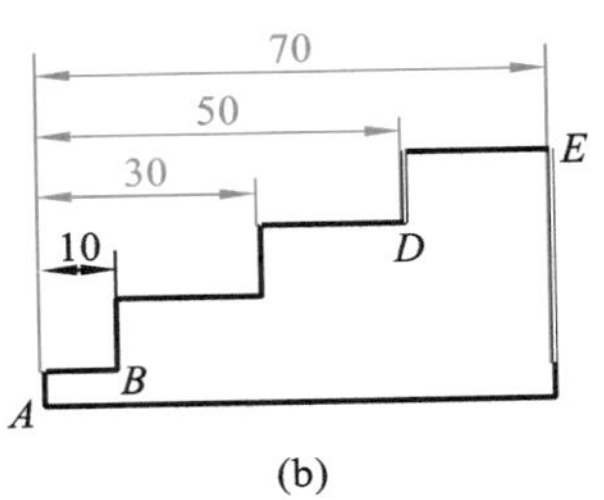

(b)

示例 7

图 6-95 基线标注

标注方法：

(1) 用线性命令标注尺寸 10，如图 6-95a 所示。

(2) 单击“基线”命令按钮，提示“指定第二条尺寸界线原点或[放弃(U)/选择(S)]<选择>:”，单击指定第二个尺寸界线点。

(3) 重复单击指定尺寸界线点，完成后按回车键，结果如图 6-95b 所示。

2. “连续”标注

“连续”标注命令用于标注一系列端点对端点放置的尺寸。每个连续标注都从前一个标注的第二个界线处开始，如图 6-96 所示。输入命令的方式如下：

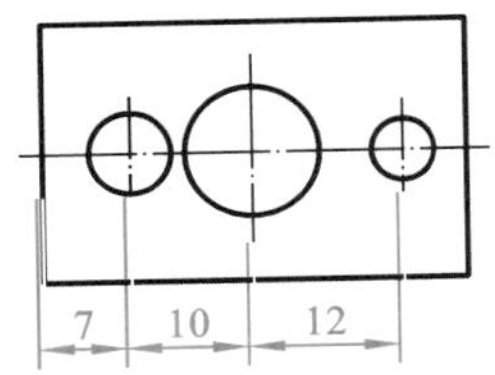

图 6-96 连续标注

- 按钮命令：【注释】显示选项卡→【标注】显示面板→【连续】连续按钮
- 菜单命令：【标注】→【连续】
- 键盘命令：DIMCONTINUE↙或 DCO↙或 DIMCONT↙

【操作步骤】 标注第一个尺寸后，单击“连续”命令按钮，如果上次是线性标注、对齐标注、角度尺寸、基线标注或连续标注等，则指定连续标注的第二个尺寸界线点即可，因为系统自动捕捉标注的上一个尺寸的第二个界线点为起点。可以重复单击第二点，直到按回车键结束。

【示例 8】 用“连续”命令标注如图 6-97 所示的尺寸。

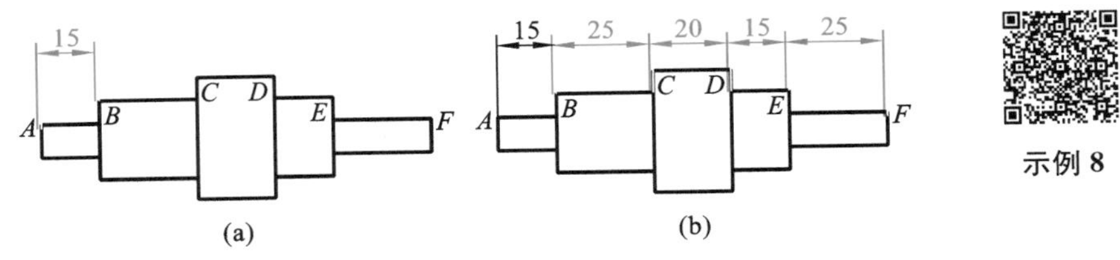

图 6-97 连续标注示例

标注方法：

(1) 用线性命令标注第一个尺寸 15。

(2) 单击“连续”命令按钮，提示“指定第二条尺寸界线原点或[放弃(U)/选择(S)]<选择>:”，指定第二个尺寸界线点，依次单击 C 点、D 点、E 点、F 点，按回车键结束标注。

6.9　查询周长与面积

6.9.1　命令的应用

标注命令也可以用于相应数据的测量，即虽然不需要标注某个尺寸，但可用命令去标注，从而测量相应数据。如要测量两点间的水平距离或垂直距离，则用“线性”命令；如要测量两点间的直线距离，则用“对齐”命令；如要测量两线间的角度，则用“角度”命令；如要测量圆或圆弧半径，则用“半径”命令；如要测量圆或圆弧直径，则用“直径”命令。

6.9.2　查询面积命令

【功能】　该命令可以测量选定对象的坐标、距离、半径、角度、面积和周长等。

输入命令的方式如下：

- 按钮命令：【默认】显示选项卡→【实用工具】显示面板→【测量】→相应按钮
- 菜单命令：【工具】→【查询】→相应子菜单
- 键盘命令：MEASUREGEOM↙

“测量”命令下弹按钮如图 6-98a 所示，有距离、半径、角度、面积等相应按钮。查询菜单如图 6-98b 所示，有距离、半径、角度、面积、点坐标等相应子菜单。

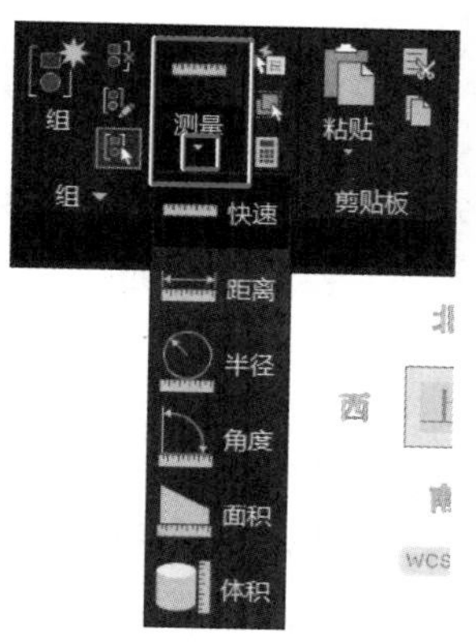

(a)【实用工具】显示面板

(b) 查询菜单

图 6-98　“查询”命令

【操作步骤】　输入命令→选择对象，按回车键确认。

测量命令常用来测量选定区域的面积和周长。操作步骤：输入“面积”命令→选择区域→选择完毕后按回车键确认。区域可以通过依次捕捉点的方式选择，如多边形图形。

【示例 9】　求图 6-99a 所示多边形图形的面积和周长。

操作步骤如下：

(1) 单击【默认】显示选项卡→【实用工具】显示面板→【测量】→【面积】按钮，提示信息“指定第一个角点或[对象(O)/增加面积(A)/减少面积(S)/退出(X)]<对象(O)>：”。

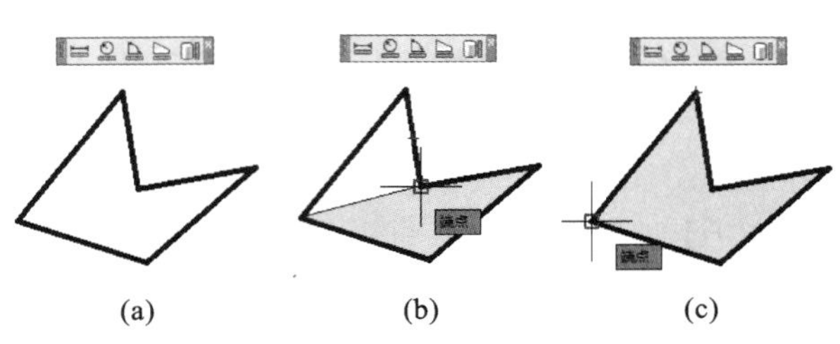

(a) (b) (c)

示例 9

图 6-99 多边形图形和区域

(2) 依次捕捉图形第一个顶点、第二个顶点，提示信息“指定下一个点或[圆弧(A)/长度(L)/放弃(U)/总计(T)]<总计>:”。

(3) 依次捕捉图形第三个顶点、第四个顶点，如图 6-99b 所示，直到回到第一个顶点，如图 6-99c 所示，按回车键结束。

每捕捉一个点，可观察到选择区域的变化，由于第五个顶点与第一个顶点之间是直线，所以只捕捉到第五个顶点，值是一样的。

(4) 回车结束后，提示信息“区域＝705.9142，周长＝144.0598”，即面积＝705.9142，周长＝144.0598。

如果所选择图形区域中有非直线，则可以先制作成面域，再查询。

6.9.3 面域

【功能】 用“面域”命令可以将二维闭合线框转化为整体对象，如图 6-100 所示。

输入命令的方式如下：

- 按钮命令：【默认】显示选项卡→【绘图】显示面板下弹中的【面域】按钮
- 菜单命令：【绘图】→【面域】
- 键盘命令：REG↙或 REGION↙

【操作步骤】 单击【默认】显示选项卡→【绘图】显示面板下弹中的【面域】按钮→选择要形成面域的二维封闭对象，可以选择多个对象→选择完成后按回车键确认。在 AutoCAD 中，可以对面域计算面积和周长，也可以进行布尔运算，即对其进行并集、差集和交集运算。

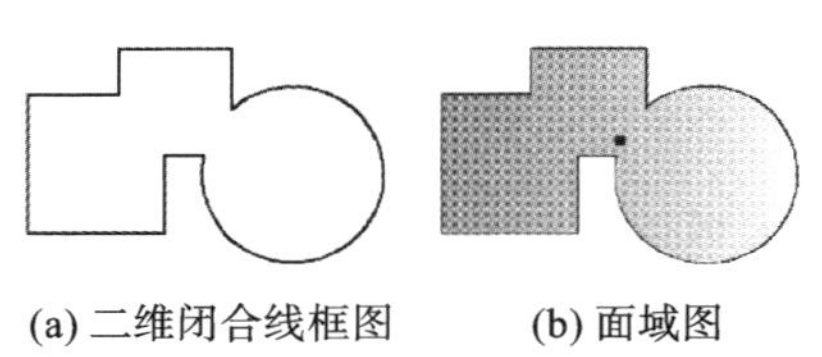

(a) 二维闭合线框图 (b) 面域图

图 6-100 二维闭合线框和面域

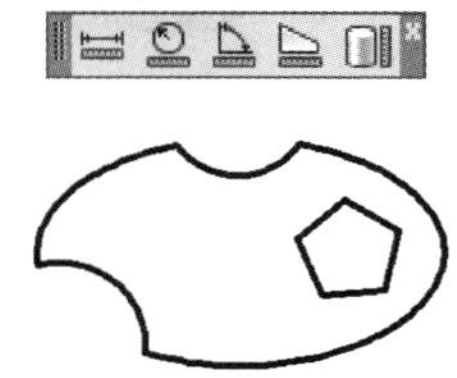

图 6-101 不规则图形

【示例 10】 求图 6-101 所示不规则图形的面积和周长，中间五边形为空孔。

示例 10

操作步骤如下：

(1) 利用面域命令将二维闭合线框转化为整体对象形成面域。

操作步骤：　输入“面域”命令→选择图 6-101 所示二维封闭图形→按回车键确认。

(2) 通过“差集”命令从外面域中减去中间面域，创建所需的面域。

操作步骤：　单击菜单【修改】→【实体编辑】→【差集】命令→选择被减去的面域，即选择外面域，按回车键确认→选择要减去的面域，即选择中间五边形面域，按回车键确认。

(3) 单击【默认】显示选项卡→【实用工具】显示面板→【测量】→【面积】按钮，提示信息“指定第一个角点或[对象(O)/增加面积(A)/减少面积(S)/退出(X)]<对象(O)>：”。

(4) 按回车键，选择“对象(O)”选项，提示“选择对象：”。

(5) 选择面域对象，如图 6-102 所示，按回车键，提示信息“区域＝417.3831，修剪的区域＝0.0000，周长＝115.3157”，即面积＝417.3831，修剪的区域＝0.0000，周长＝115.3157。

【举一反三 6-6】　测量粗实线区域的面积和周长。绘制图 6-103 所示图形，并测量粗实线区域的面积和周长，图 6-103a 所示中间图形为空孔。

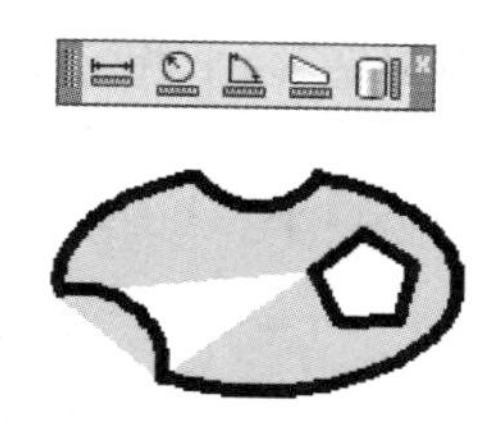

图 6-102　选择面域对象

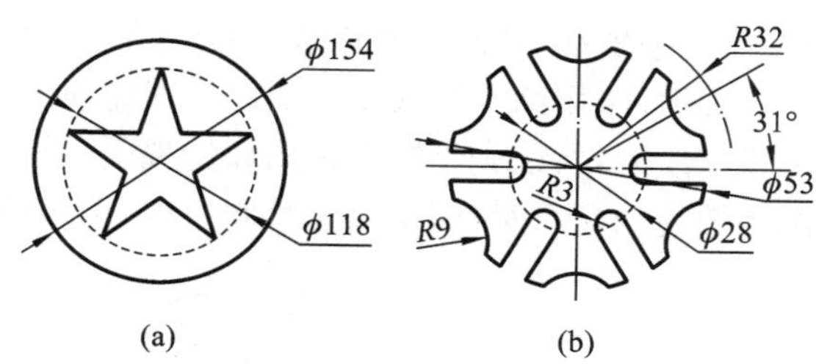

图 6-103　训练题

项目 7　绘制三视图、剖视图与引线标注

【本项目之目标】

能够绘制三视图和剖视图；掌握图案填充和引线标注的操作方法。

【体验 1】　绘制如图 7-1 所示三视图。

分析：线型有粗实线、点画线和虚线，绘图过程需要辅助线，所以需要设置“粗实线”“点画线”“虚线”和“辅助线（用细实线线型）”图层。因左视图上尺寸少，需根据“高平齐”“宽相等”的投影对应关系来绘制，所以先绘制主视图和俯视图，再绘制左视图，并通过 45°辅助线保证宽相等。主视图和俯视图左右对称，可以先绘制一半，再用镜像命令得到另一半。

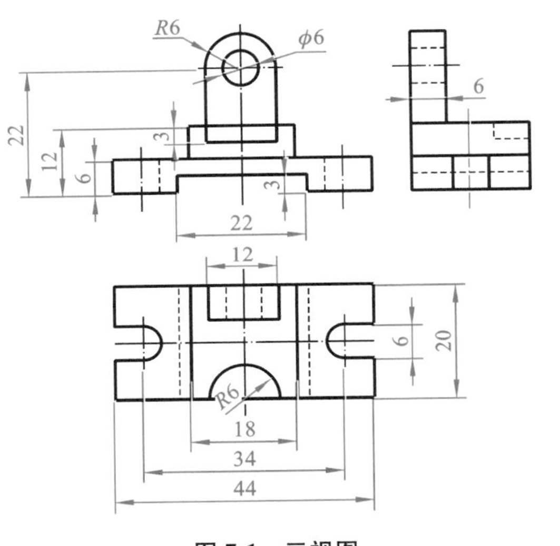

体验 1-俯视图绘制过程

体验 1-主视图和左视图绘制过程

图 7-1　三视图

绘制过程如下：

第 1 步　设置绘图环境和图层，设置“粗实线”“点画线”“虚线”和“辅助线（或细实线）”图层，如表 7-1 所示。以“7-1 三视图”为文件名保存文件。

表 7-1　图层设置（颜色可自己调整）

图层名	颜色	线型	线宽
粗实线	绿色	Continuous	0.50 mm
点画线	红色	ACAD_ISO04W100	0.25 mm
虚线	蓝色	ACAD_ISO02W100	0.25 mm
辅助线	黄色	Continuous	0.25 mm

第 2 步　绘制俯视图。换"点画线"层为当前层，绘制相互垂直的两条中心线；换"粗实线"层为当前层，利用"偏移"命令将上述竖直中心线向左偏移"9""11""17""22"，将水平中心线向上下各偏移"3"和"10"等；绘制直线，绘制圆，修剪、删除整理，将线移到"虚线"层，完成俯视图的左部分图形，如图 7-2a 所示；以中间垂直中心线为镜像轴，左右镜像；绘制 $R6$ 圆并修剪，完成俯视图，如图 7-2b 所示。

第 3 步　绘制主视图。

（1）换"辅助线"层为当前层，打开状态栏"正交限制光标"模式，单击【默认】显示选项卡→【绘图】显示面板下弹中的【构造线】命令→捕捉关键点单击→向上移动光标单击→回车结束；重复操作，绘制多条竖直构造线，如图 7-3a 所示。

（2）换"粗实线"层为当前层，用直线命令绘制主视图最下方的一条线；利用"偏移"命令将最下方的这条线向上偏移"3""6""12"和"22"；将上方一条线移动到"点画线"层，用直线命令沿辅助线绘制竖线；绘制 $R6$ 和 $\phi6$ 的圆，如图 7-3b 所示。删除辅助线，绘制直线，修剪整理完成主视图右边图形。左右镜像复制，完成主视图，如图 7-3c 所示。

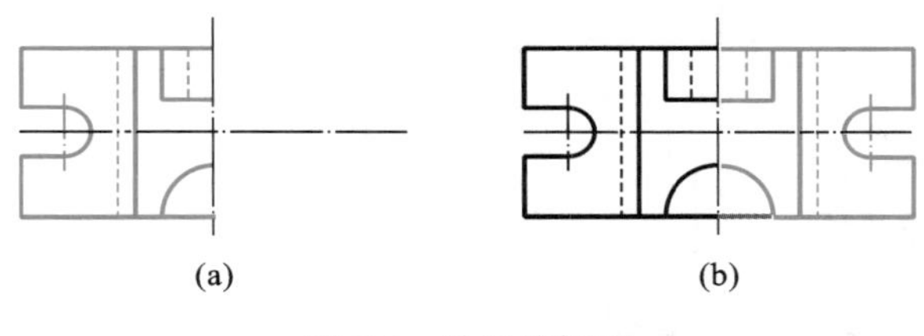

图 7-2　绘制俯视图

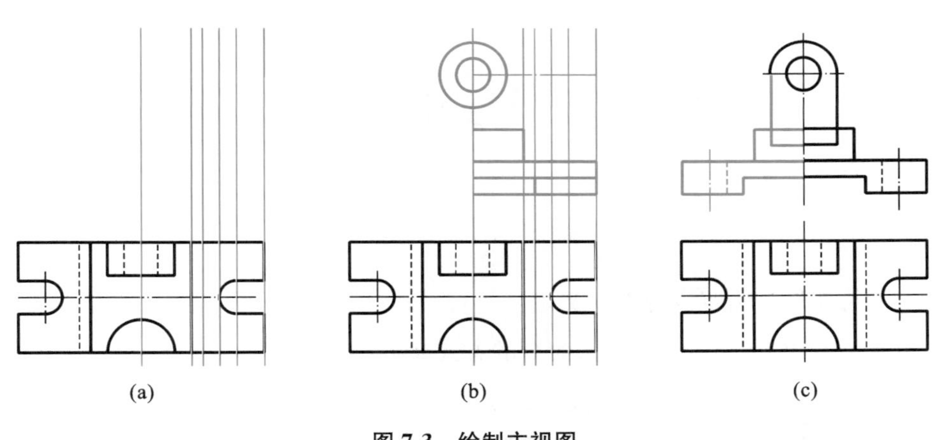

图 7-3　绘制主视图

第 4 步　绘制左视图。用"构造线"命令通过主视图相应位置点作辅助线确定主、左视图高平齐位置。单击【默认】显示选项卡→【绘图】显示面板下弹中的【构造线】命令→捕捉关键点单击→向右移动光标单击→回车结束；重复操作，绘制多条水平构造线，如图 7-4 所示。用"构造线"命令通过俯视图相应位置点作水平辅助线，用"构造线"命令通过与 45°辅助线交点作竖直辅助线，如图 7-5 所示。沿辅助线绘制直线，如图 7-6 所示。删除辅助线，修剪、删除整理完成左视图，如图 7-7 所示。

第 5 步　调整中心线长度，整理图形，保存文件。

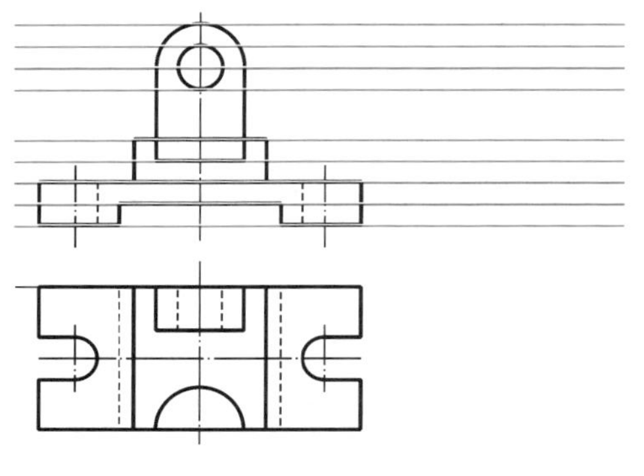
图 7-4　左视图的水平辅助线

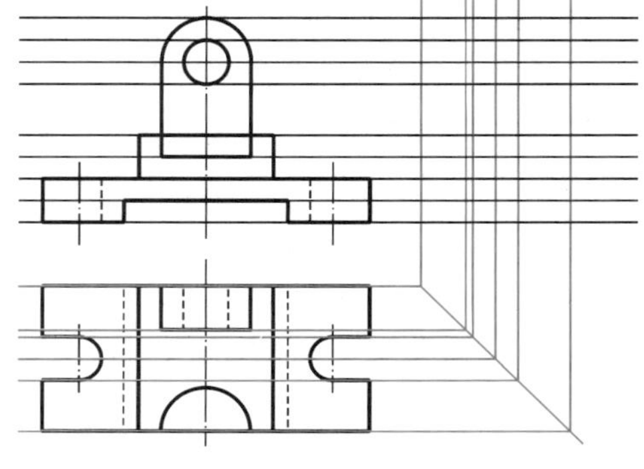
图 7-5　左视图的竖直辅助线

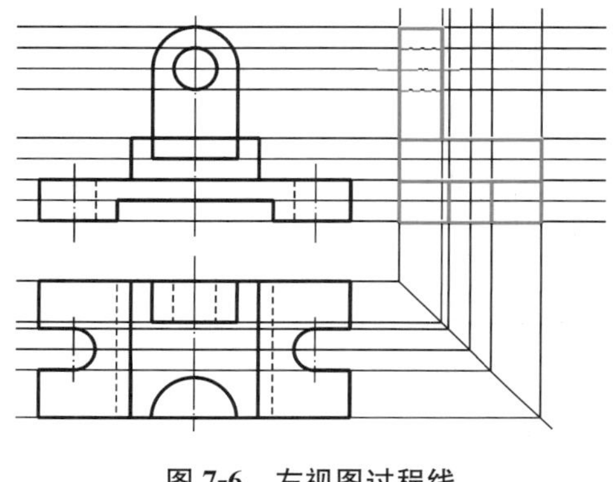
图 7-6　左视图过程线

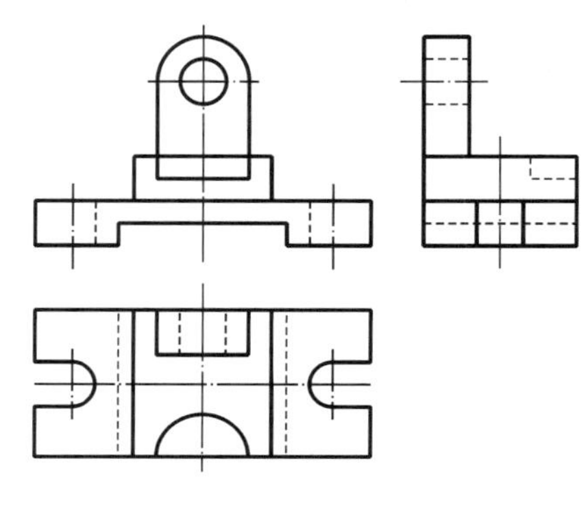
图 7-7　左视图

7.1　绘制无限长的线

7.1.1　构造线

【功能】　绘制通过给定点的双向无限长的直线，常用于作辅助线，如 7-8 所示。

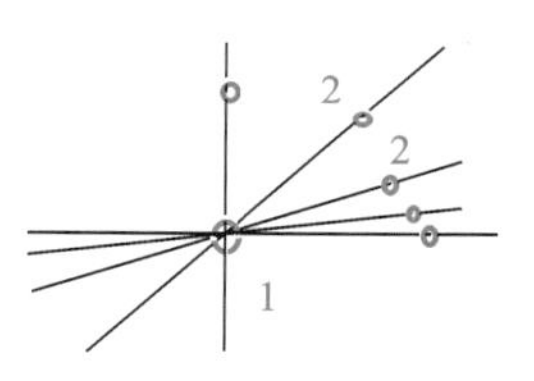

图 7-8　构造线

输入命令的方式如下：

- 按钮命令：【默认】显示选项卡→【绘图】显示面板下弹中的【构造线】按钮
- 菜单命令：【绘图】→【构造线】
- 键盘命令：XL↙或 XLINE↙

【操作步骤】　输入“构造线”命令→指定第一点→指定通过点。可回车结束，也可继续指定通过点，绘制多条经过第一点的线。打开状态栏“正交限制光标”模式，可以绘制无限长的水平线和竖直线。

7.1.2　射线

【功能】　绘制一端固定，另一端无限长的直线，常用于作辅助线，如图 7-9 所示。

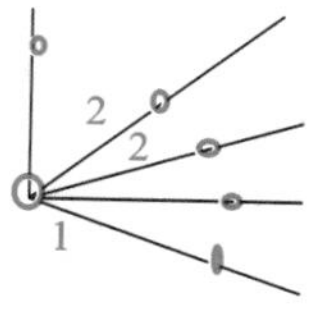

输入命令的方式如下：

- 按钮命令：【默认】显示选项卡→【绘图】显示面板下弹中的【射线】按钮
- 菜单命令：【绘图】→【射线】
- 键盘命令：RAY↙

图 7-9　射线

【操作步骤】　输入“射线”命令→指定射线的起点→指定射线的通过点。可回车结束，也可继续指定通过点，从而绘制多条经过第一点的射线。打开状态栏“正交限制光标”模式，可以绘制一端无限长的水平线和竖直线。

7.2　绘制圆弧

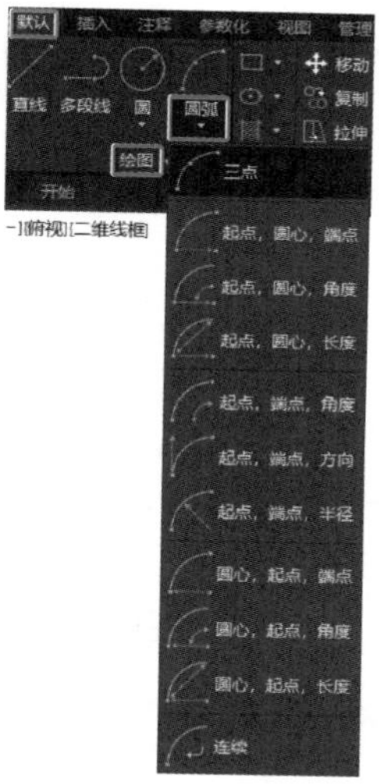

图 7-10　圆弧绘制方式

AutoCAD 提供了 11 种绘制圆弧的方法，如图 7-10 所示。圆弧的绘制具有方向性，逆时针旋转的角度为正，顺时针旋转的角度为负。输入命令的方式如下：

- 按钮命令：【默认】显示选项卡→【绘图】显示面板→【圆弧】下弹中的一种绘制方式按钮。
- 菜单命令：【绘图】→【圆弧】→圆弧绘制方式中的一种
- 键盘命令：A↙或 ARC↙

(1) “三点”方式　指定圆弧的起点、圆弧中间的任意一点、端点(即终点)绘制圆弧，如图 7-11a 所示。这是最常用的画圆弧方式。

【操作步骤】　输入“三点”圆弧命令→指定起点→指定第二点→指定端点。

(2) “起点，端点，半径”方式　指定圆弧的起点、端点和半径绘制圆弧，如图 7-11b 所示。

【操作步骤】　输入“起点，端点，半径”命令，依次指定圆弧的起点、端点和半径。圆弧按逆时针方向从起点旋转到端点。

(3) “起点，圆心，端点”方式　依次指定圆弧的起点、圆心和端点绘制圆弧，如图 7-11c 所示。

(4) “圆心，起点，端点”方式　依次指定圆弧的圆心、起点和端点绘制圆弧，如图 7-11d 所示。

(5) “圆心，起点，角度”方式　依次指定圆弧的圆心、起点、角度绘制圆弧，如图 7-11e 所示。角度为正对应逆时针走向，角度为负对应顺时针走向。

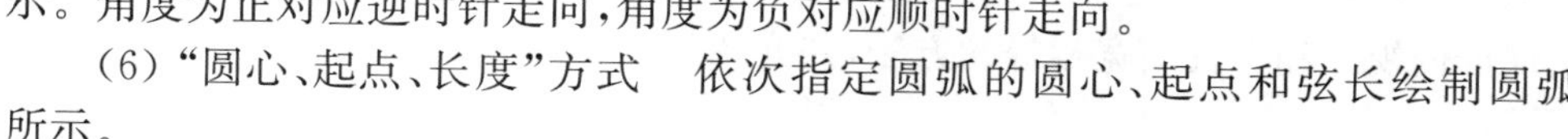

(6) “圆心、起点、长度”方式　依次指定圆弧的圆心、起点和弦长绘制圆弧，如图 7-11f 所示。

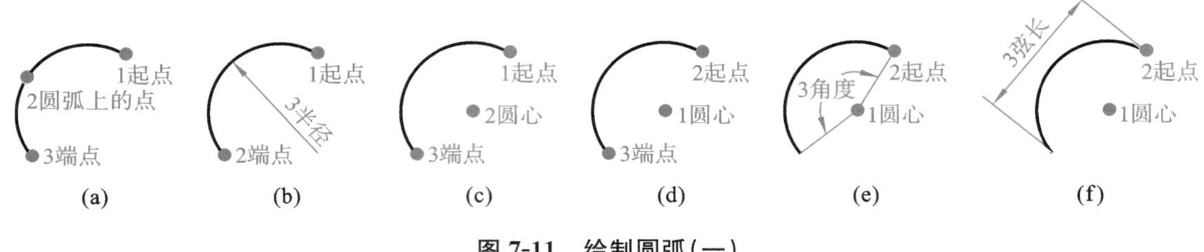

图 7-11 绘制圆弧(一)

(7)“起点,圆心,角度”方式 依次指定圆弧的起点、圆心和所包含的角度绘制圆弧,如图 7-12a 所示。角度为正对应逆时针走向,角度为负对应顺时针走向。

(8)“起点,圆心,长度”方式 依次指定圆弧的起点、圆心和弦长绘制圆弧,如图 7-12b 所示。

(9)“起点,端点,角度”方式 依次指定圆弧的起点、端点和所包含的角度绘制圆弧,如图 7-12c 所示。

(10)“连续”方式 紧接上一个命令,以上一个命令的终点作为圆弧的起点,且与上一个命令所产生的对象在圆弧起点处相切,如图 7-12d 所示。

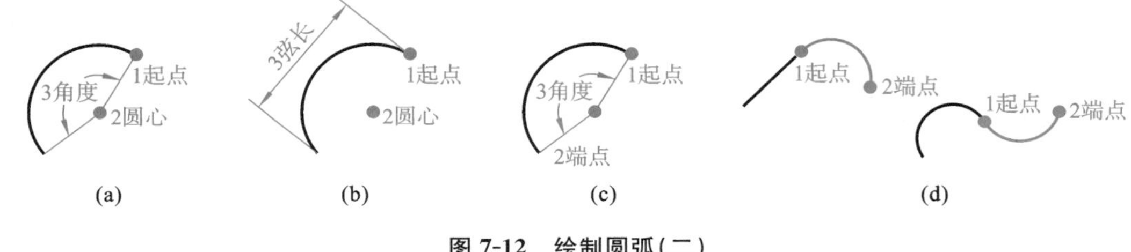

图 7-12 绘制圆弧(二)

7.3 绘制三视图

三视图中单个图形的绘制与前面所学的二维图形绘制方法相同。只是在绘制过程中要注意三视图之间“长对正”“高平齐”“宽相等”的投影对应关系。三视图绘制中一般使用“构造线”或“射线”命令和利用“对象捕捉”“正交限制光标”功能绘制辅助线来保证“长对正”“高平齐”的对应关系;可以利用绘制 45°辅助线来保证“宽相等”,也可以利用绘制圆和移动圆命令来保证“宽相等”,还可以使用其他方法来保证“宽相等”。

例如,绘制图 7-13 所示的三视图。三个图形单独绘制都非常简单,主要是要保证三视图之间“长对正”“高平齐”“宽相等”的投影对应关系。此例可以先绘制主视图和俯视图,后绘制左视图,也可以先绘制主视图和左视图,后绘制俯视图。绘制主视图和俯视图时,先绘制一个视图,再用构造线绘制竖直辅助线,然后绘制另一个视图,如图 7-14 所示。绘制主视图和左视图时,先绘制一个视图,再用构造线绘制水平辅助线,然后绘制另一个视图,如图 7-15 所示。用构造线绘制辅助线时,应使状态栏的“正交限制光标”处于打开模式。

下面介绍保证俯视图和左视图宽相等的方法,共介绍三种方法:一是利用绘制 45°辅助线来保证“宽相等”;二是利用绘制圆和移动圆命令来保证“宽相等”;三是使用复制加旋转的方法保证“宽相等”。此例选择先绘制主视图和俯视图,后绘制左视图的步骤。方法一如图 7-16a

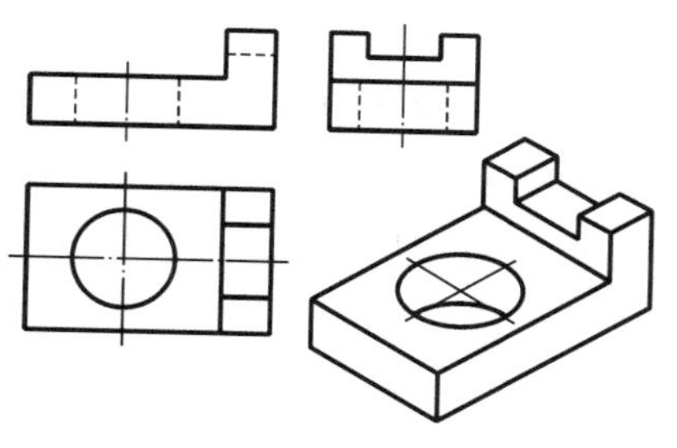

图 7-13　三视图

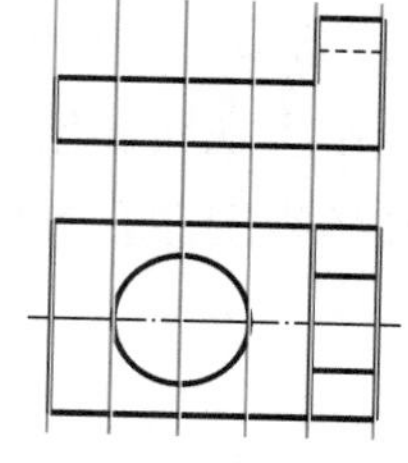

图 7-14　主视图和俯视图

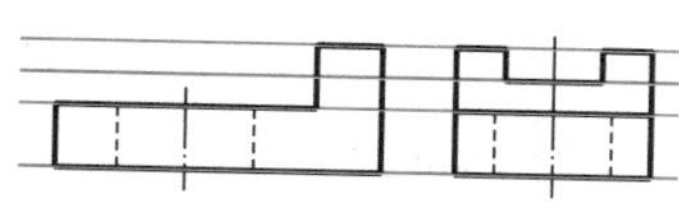

图 7-15　主视图和左视图

所示，过俯视图水平中心线绘制水平线，绘制 45°辅助线，再如同手工绘制方法用构造线命令在“正交限制光标”打开状态下绘制辅助线，完成左视图；方法二如图 7-16b 所示，在俯视图上绘制圆，再将圆移动到左视图上找到交点，相当于手工绘制中用分规量取尺寸，从而绘制左视图；方法三如图 7-16c 所示，复制俯视图，再将其旋转 90°，放置在俯视图右边，继续用构造线命令在“正交限制光标”打开状态绘制辅助线，完成左视图。

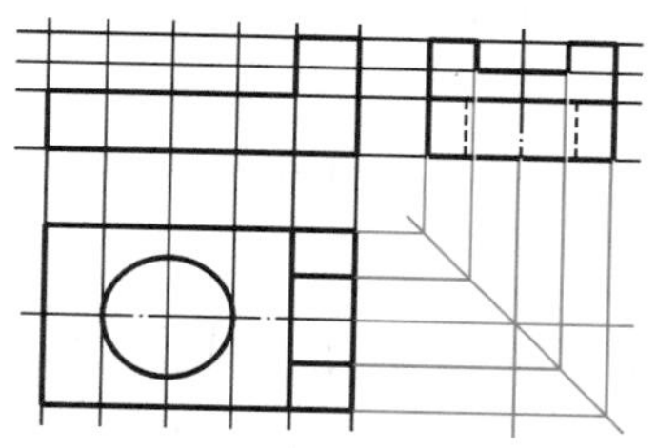

(a) 45°辅助线方法

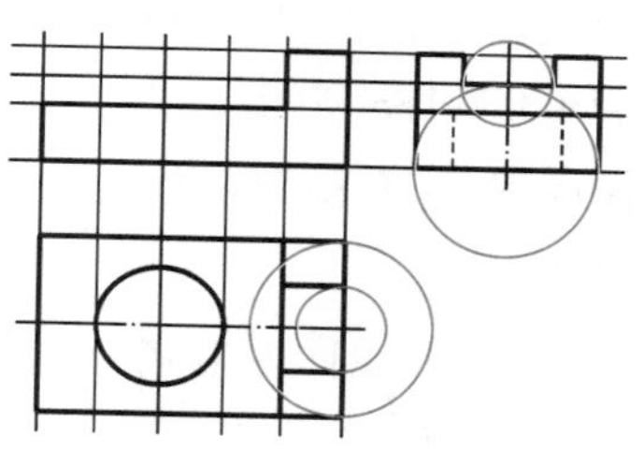

(b) 绘制圆和移动圆方法

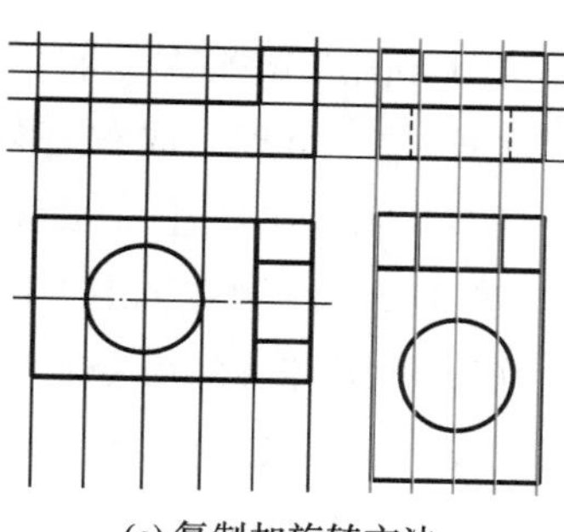

(c) 复制加旋转方法

图 7-16　根据俯视图绘制左视图

【示例 1】　绘制如图 7-17 所示三视图，不需要标注尺寸。

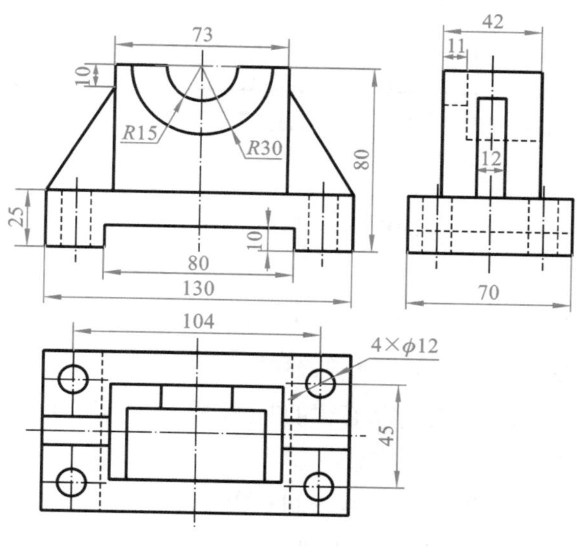

图 7-17　示例 1 三视图

分析:线型有粗实线、点画线和虚线,绘图过程需要辅助线,所以需要设置“粗实线”“点画线”“虚线”和“辅助线(用细实线线型)”图层。因左视图上尺寸较少,需要根据“高平齐”“宽相等”的投影对应关系来绘制,所以先绘制主视图和俯视图,再绘制左视图。此例通过绘制圆和移动圆方法来保证宽相等。主视图和俯视图左右对称,可以先绘制一半,再用镜像命令得到另一半。

绘制过程如下:

第 1 步 设置绘图环境和图层,图层分“粗实线”“点画线”“虚线”“辅助线(用细实线)”,如表 7-1 所示。以“示例 1 三视图”为文件名保存文件。

示例 1-主视图绘制过程

第 2 步 绘制主视图下部分图形。

(1) 置“点画线”层为当前层,绘制相互垂直的中心线;换“粗实线”层为当前层,绘制下方外部直线;利用“偏移”命令将上述竖直中心线向右偏移“52”得到右边孔中心线。

(2) 利用“偏移”命令将偏移的竖直中心线向左右各偏移“6”,绘制孔直线,再将孔直线移到“虚线”层。整理完成右边图形,如图 7-18a 所示。

(3) 以中间的垂直中心线为镜像轴,左右镜像,完成主视图下部分图形,如图 7-18b 所示。

第 3 步 绘制主视图上部分图形。

(1) 利用“偏移”命令将中间竖直中心线向左右各偏移“36.5”,将上方水平线向上偏移“55”(55=80−25);绘制外围粗直线;绘制“*R*15”“*R*30”的圆;删除偏移线,再将中间线移到“点画线”层,如图 7-18c 所示。

(2) 修剪“*R*15”“*R*30”的圆;绘制左右的斜直线,整理完成主视图,如图 7-18d 所示。

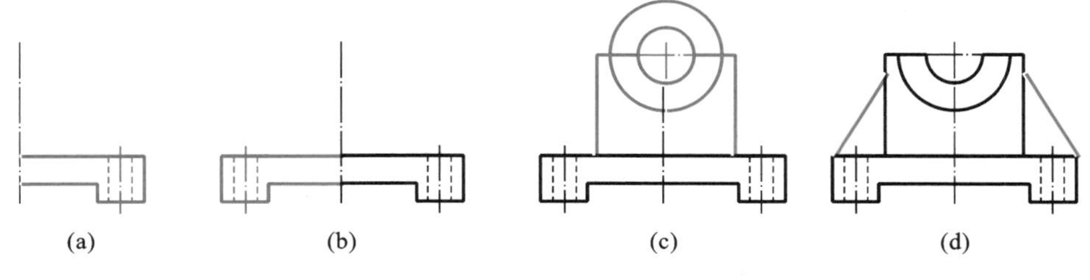

图 7-18 绘制主视图

第 4 步 绘制俯视图。

(1) 换“点画线”层为当前层,绘制水平的中心线。

(2) 利用“偏移”命令将水平线向上下各偏移“35”。

示例 1-俯视图和左视图绘制过程

(3) 换“辅助线”层为当前层,打开状态栏的“正交限制光标”,通过关键点绘制竖直的辅助线,用以保证主、俯视图长对正。

(4) 换“点画线”层为当前层,沿辅助线绘制右边中心线;换“虚线”层为当前层,沿辅助线绘制右边孔虚线;换“粗实线”层为当前层,沿辅助线绘制相应粗直

线，如图 7-19a 所示。

（5）删除辅助线；利用“偏移”命令将水平中心线向上下偏移，沿偏移辅助线绘制相应直线，如图 7-19b 所示。

（6）删除辅助线，修剪直线，绘制“ϕ12”的圆，如图 7-19c 所示。

（7）以中间的垂直中心线为镜像轴，左右镜像，整理完成俯视图，如图 7-19d 所示。

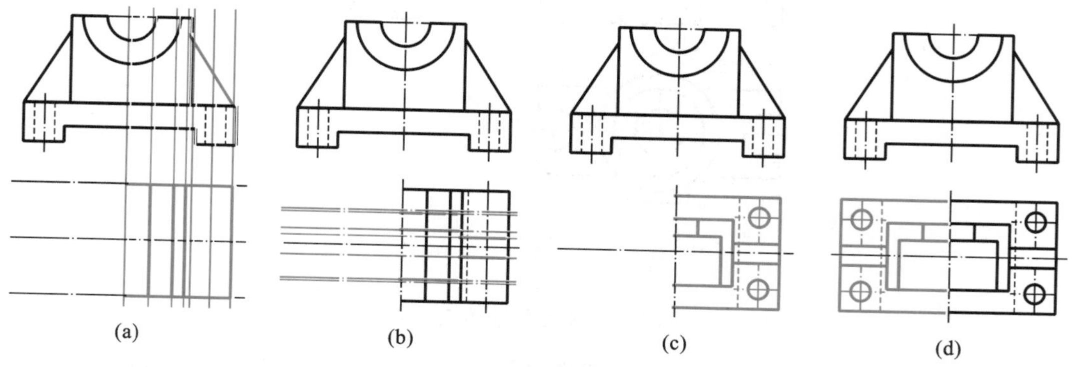

图 7-19　绘制俯视图

第 5 步　绘制左视图。

（1）换“辅助线”层为当前层，打开状态栏“正交限制光标”，通过关键点用“构造线”命令经主视图相应位置点作辅助线确定主、左视图高平齐位置。换“点画线”层为当前层，绘制右边竖直中心线；换“辅助线”层为当前层，在俯视图上绘制宽度的圆，并移动到左视图上，注意圆心位置，以保证宽相等；换“粗实线”层为当前层，沿辅助线绘制相应的直线，如图 7-20a 所示。删除辅助线和辅助圆；以中间的垂直中心线为镜像轴，左右镜像，修剪完成左视图主要图形。

（2）用“偏移”命令将中心线左右偏移“22.5”得到小圆孔的中心线；用“复制”命令将孔在主视图上的图形复制到左视图，如图 7-20b 所示。

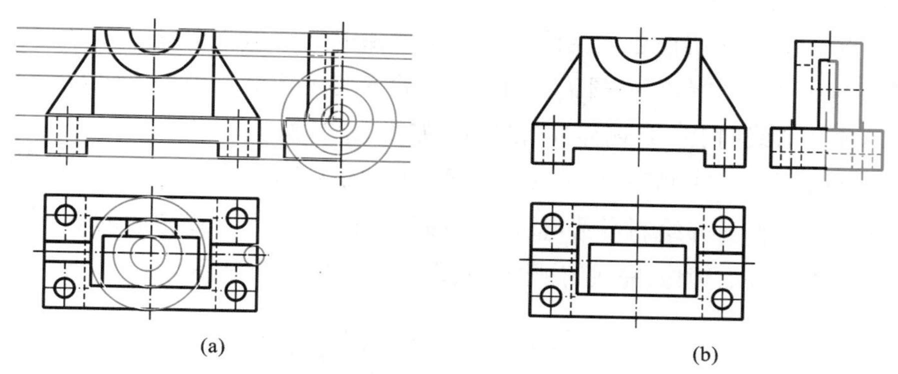

图 7-20　绘制左视图

第 6 步　调整中心线长度，整理图形，保存文件。

【示例 2】 绘制如图 7-21 所示三视图，不需要标注尺寸。

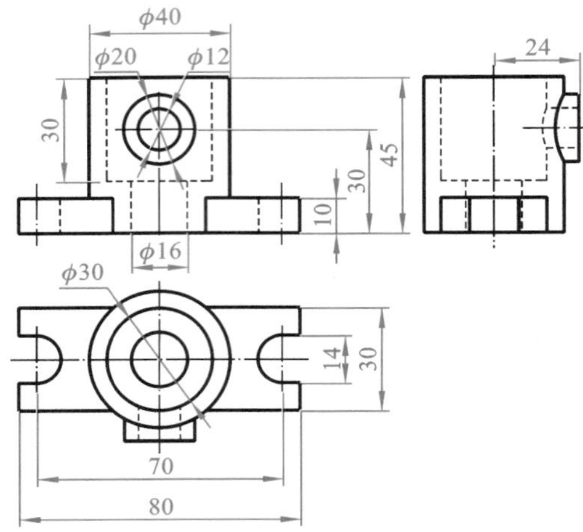

图 7-21 有相贯线的三视图

分析：线型有粗实线、点画线和虚线，绘图过程需要辅助线，所以需要设置“粗实线”“点画线”“虚线”和“辅助线(用细实线线型)”图层。因左视图上尺寸较少，需要根据“高平齐”“宽相等”的投影对应关系来绘制，所以先绘制主视图和俯视图，再绘制左视图。此例通过俯视图整体复制和旋转来保证宽相等。主视图和俯视图左右对称，可以先绘制一半，再用镜像命令得到另一半。左视图上有相贯线，用相贯线的近似画法，即用大圆的半径画圆弧，相贯线圆弧线用“圆弧”命令中的“起点，端点，半径”项来绘制。

绘制过程如下：

第 1 步 设置绘图环境和图层，图层分“粗实线”“点画线”“虚线”和“辅助线(或细实线)”。以“示例 2 三视图”为文件名保存文件。

第 2 步 绘制俯视图。

(1) 置“点画线”层为当前层，绘制相互垂直的两条中心线；换“粗实线”层为当前层，绘制“φ16”“φ30”“φ40”的圆。利用“偏移”命令将上述竖直中心线向右偏移“40”，水平中心线向上下各偏移“7”和“15”，如图 7-22a 所示。

示例 2-俯视图绘制过程

(2) 绘制外部直线，并删除外部偏移中心线；利用“偏移”命令将上述竖直中心线向右偏移“35”，修剪并绘制半圆，整理完成俯视图右边图形。以中间的垂直中心线为镜像轴，左右镜像，完成俯视图左边图形，如图 7-22b 所示。

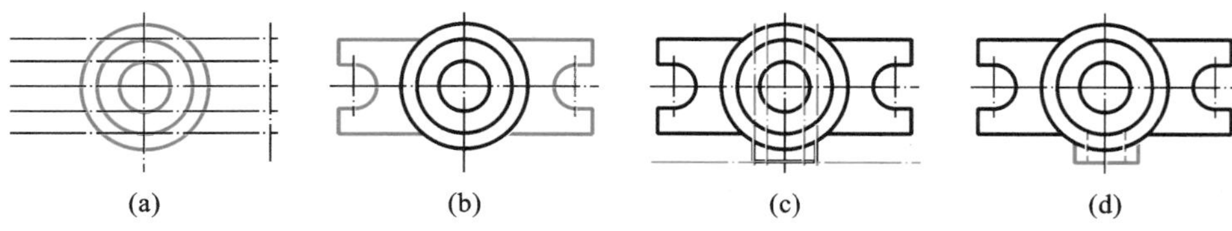

图 7-22 绘制俯视图

（3）利用“偏移”命令将上述竖直中心线向左右各偏移“6”和“10”，将水平中心线向下偏移“24”，如图7-22c所示。绘制直线，删除偏移线，再将中间线移到“虚线”层。完成俯视图，如图7-22d所示。

第3步　绘制主视图。

（1）换“辅助线”层为当前层，打开状态栏的“正交限制光标”，用“构造线”命令，通过关键点绘制垂直的线条，用以保证主、俯视图长对正；换“粗实线”层为当前层，用直线命令绘制主视图最下方的一条线；利用“偏移”命令将最下方的这条线向上偏移“10”“30”和“45”，如图7-23a所示。

示例2-主视图和左视图绘制过程

（2）绘制外部粗实线；换“虚线”层为当前层，用直线命令绘制中间的虚线；删除辅助线，完成左边主要图形。左右镜像复制，完成主视图主要图形。

（3）通过移动图层的方法将偏移的圆心位置线改到“点画线”层；换“粗实线”层为当前层，绘制“ϕ12”和“ϕ20”的圆。完成的主视图如图7-23b所示。

第4步　绘制左视图。

（1）用“旋转”命令，选择主视图右下角为基点，将俯视图复制旋转90°作为辅助图形，移动到合适的位置；用“构造线”命令过旋转图点作辅助线确定俯、左视图宽相等位置；用“构造线”命令通过主视图相应位置点作辅助线确定主、左视图高平齐位置，如图7-24所示。

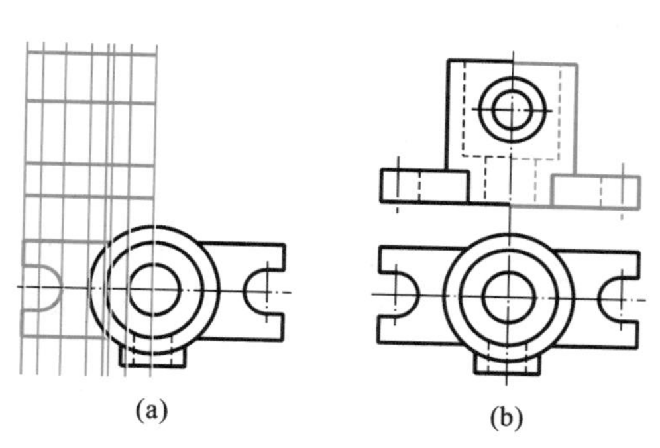

(a)　(b)

图7-23　绘制主视图

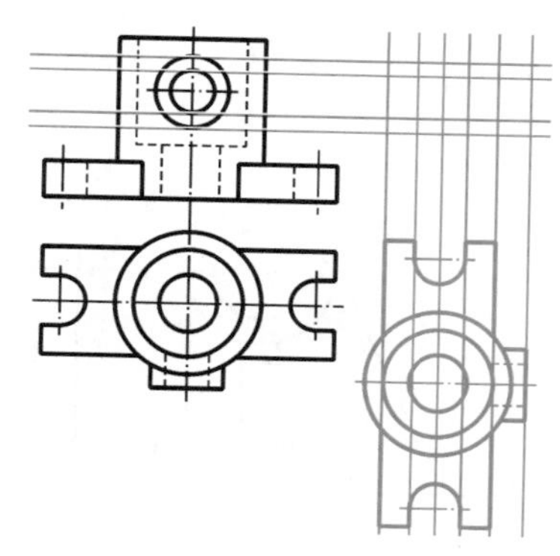

图7-24　左视图辅助线

（2）复制主视图上圆筒线到左视图；绘制下部分图形；删除小圆筒之外的辅助线，如图7-25a所示。绘制小圆筒线并修剪，删除辅助线，如图7-25b所示。

（3）绘制相贯线，用相贯线的近似画法，即用大圆的半径画圆弧。用“圆弧”命令中的“起点，端点，半径”项完成各相贯线的绘制，如图7-25c所示。

第5步　调整中心线长度，整理图形，保存文件。

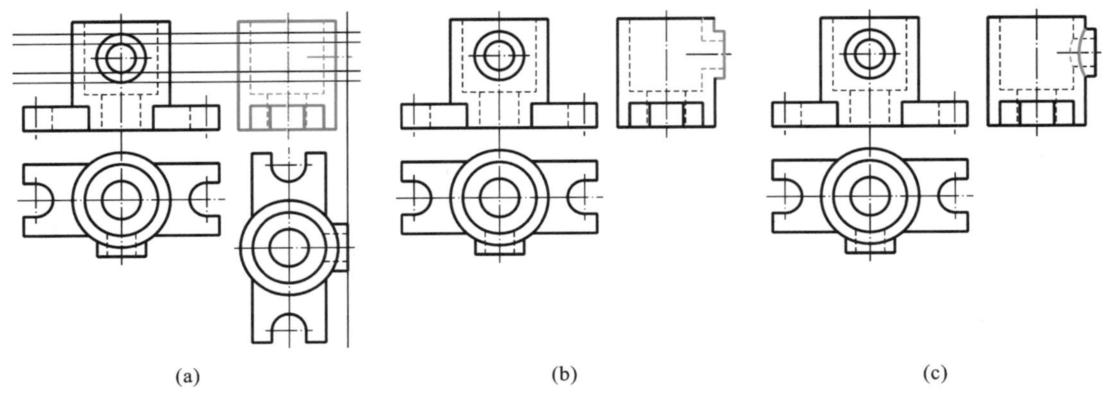

图 7-25　绘制左视图

【任务 1】　绘制如图 7-26 所示三视图，并标注尺寸。

分析：线型有粗实线、点画线和虚线，绘图过程需要辅助线，标注尺寸需要尺寸线，所以需要设置"粗实线""点画线""虚线""尺寸"（细实线线型）和"辅助线"图层。可以先绘制主视图，再绘制左视图，后绘制俯视图。

操作步骤如下：

第 1 步　设置绘图环境和图层，图层分"粗实线""点画线""虚线""尺寸"（用细实线）和"辅助线"。以"任务 1-三视图"为文件名保存文件。完成图层、文字样式、标注样式的设置。

第 2 步　按照尺寸绘制图形。绘制主视图和左视图，如图 7-27 所示。绘制俯视图，如图 7-28 所示。

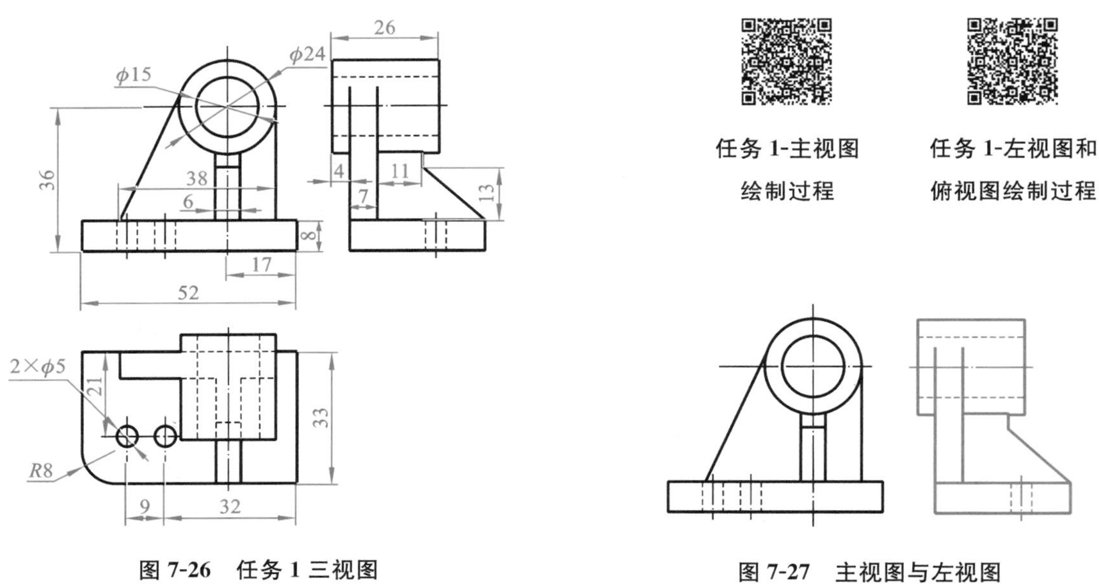

图 7-26　任务 1 三视图

图 7-27　主视图与左视图

第 3 步　换"尺寸"层为当前层，将"整数"样式设置为当前样式，用"线性"标注命令标注所有的长、宽、高等线性尺寸，如图 7-29 所示。

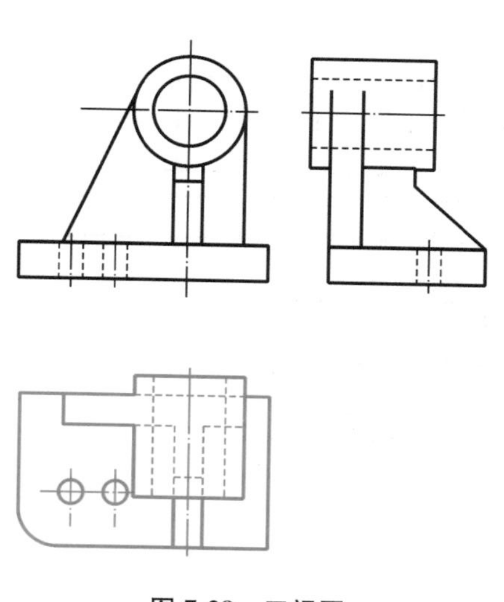

图 7-28　三视图

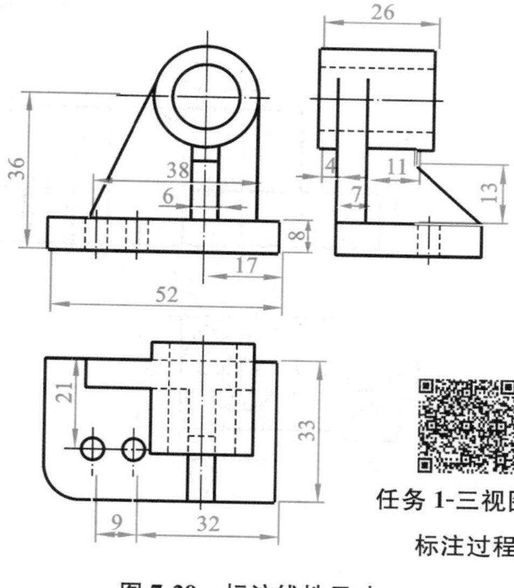

图 7-29　标注线性尺寸

任务 1-三视图的标注过程

第 4 步　将“水平”样式设置为当前样式，用“半径”标注命令标注圆弧上的半径尺寸，如 $R8$；用“直径”标注命令标注圆弧上的直径尺寸，如主视图上 $\phi24$、$\phi15$ 和俯视图上 $\phi5$，如图 7-30 所示。

第 5 步　修改俯视图上的 $\phi5$。双击需要修改的尺寸“$\phi5$”，激活文字窗口，文字为原尺寸文字，将光标移到其左边，输入“2×”；单击【确定】按钮，如图 7-31 所示。

第 6 步　保存文件。

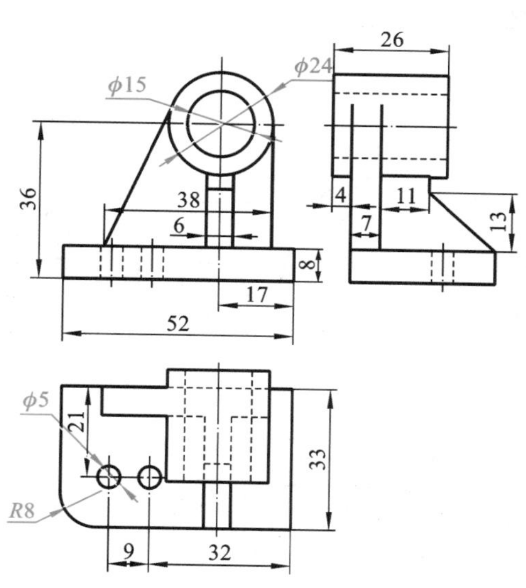

图 7-30　标注半径与直径

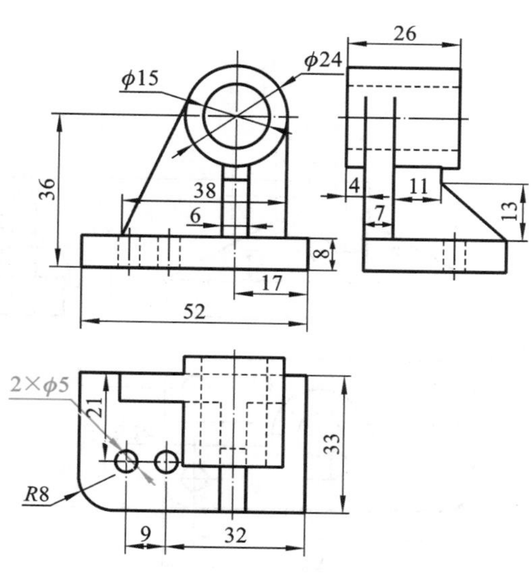

图 7-31　修改标注

【举一反三 7-1】 绘制图 7-32 所示三视图。

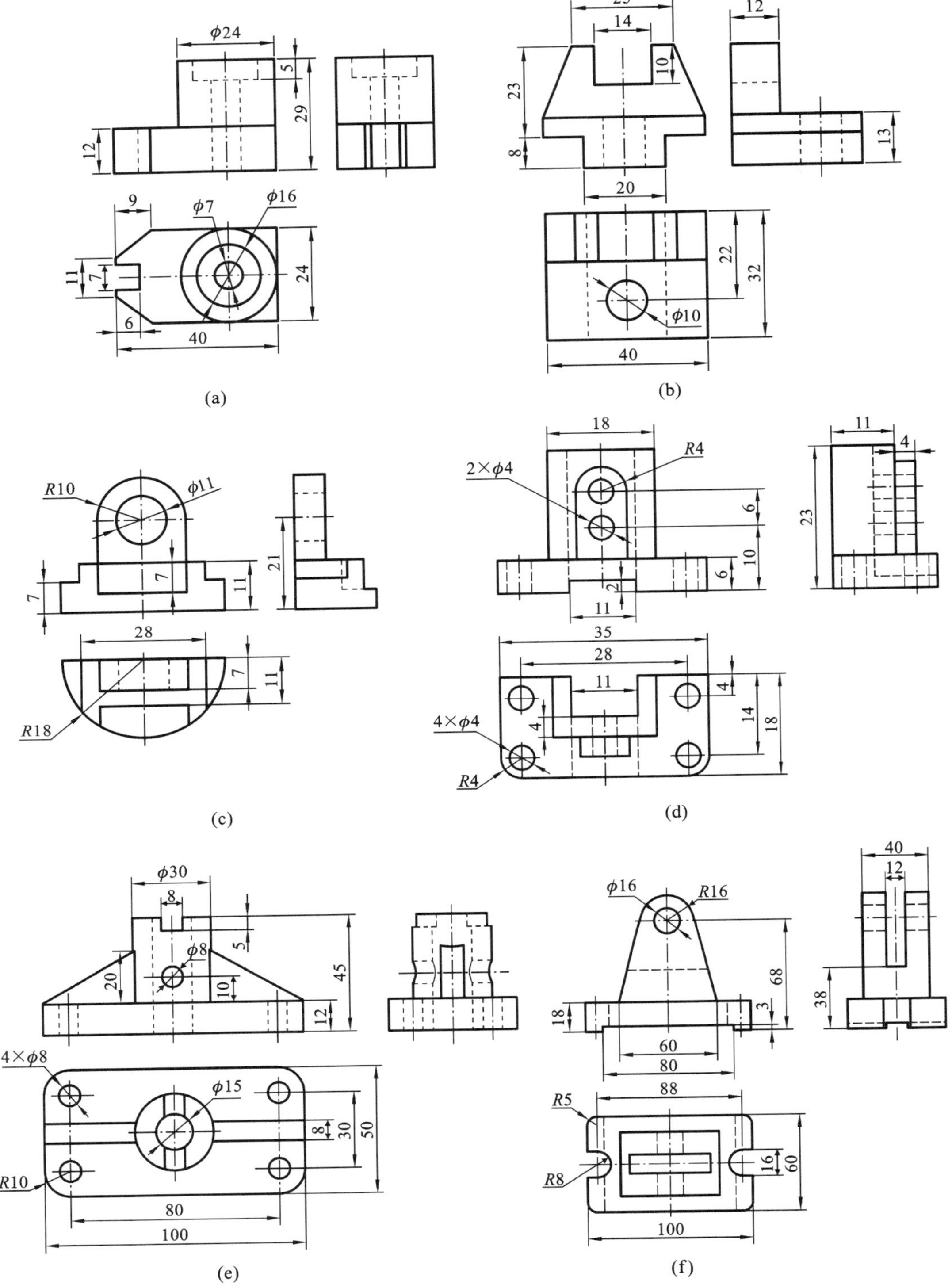

图 7-32 三视图绘制训练图

7.4　图案填充与编辑图案填充

【体验 2】　绘制如图 7-33a 所示图形。

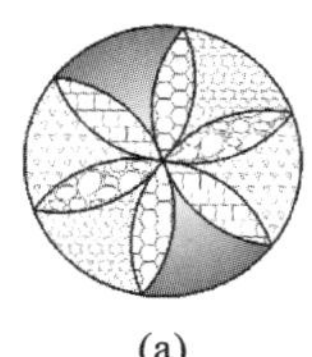

(a)

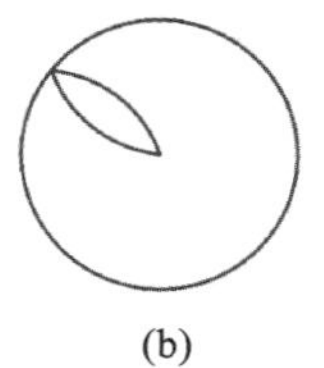

(b)

(c)

体验 2-图案填充

图 7-33　体验 2 图

操作步骤如下：

第 1 步　新建文件，并保存文件。建立“粗实线”和“细实线”图层。

第 2 步　设置“粗实线”层为当前层，绘制图 7-33a 所示图形的轮廓线。用“圆”命令绘制大圆，用“圆弧”命令绘制大圆里面的两个圆弧，如图 7-33b 所示。用“环形阵列”命令绘制大圆里面的其他圆弧，如图 7-33c 所示。

第 3 步　设置“细实线”层为当前层，单击【默认】显示选项卡→【绘图】显示面板→【图案填充】，上方弹出【图案填充创建】显示选项卡，根据提示“拾取内部点或”单击图形需要被“图案填充”的区域，选择填充的“图案”AR-B88，填充图案比例设置为“0.08”，如图 7-34 所示。单击“关闭图案填充创建”，即退出图案填充命令。

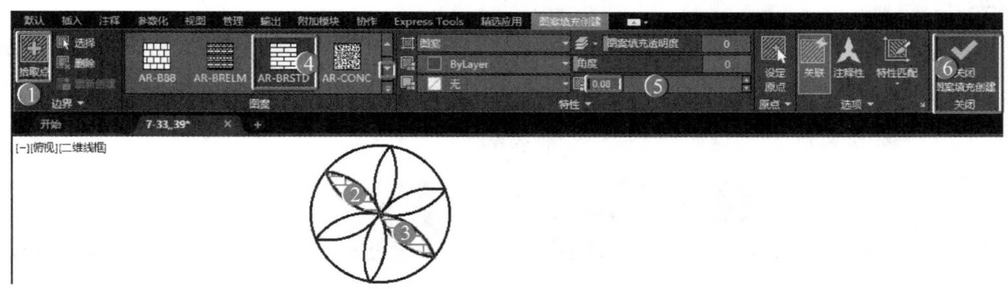

图 7-34　图案填充设置和效果(1)

第 4 步　按回车键，即继续执行上一次的“图案填充”命令，在弹出的【图案填充创建】显示选项卡上，根据提示“拾取内部点或”单击图形需要被“图案填充”的区域，选择填充的“图案”HONEY，图案填充颜色为“蓝色”，填充图案比例设置为“1”，如图 7-35 所示。单击“关闭图案填充创建”，即退出图案填充命令。

第 5 步　按回车键，即重复执行上一次的“图案填充”命令，用步骤 3 同样的方法，设置填充的“图案”为GRAVEL，图案填充颜色为“红色”，填充图案比例为“0.7”，如图 7-36 所示。

第 6 步　按回车键，即重复执行上一次的“图案填充”命令，用步骤 3 同样的方法，设置填充的“图案”为STARS，图案填充颜色为“绿色”，填充图案比例为“0.8”，如图 7-37 所示。

第 7 步　按回车键，即重复执行上一次的“图案填充”命令，用步骤 3 同样的方法，设置填

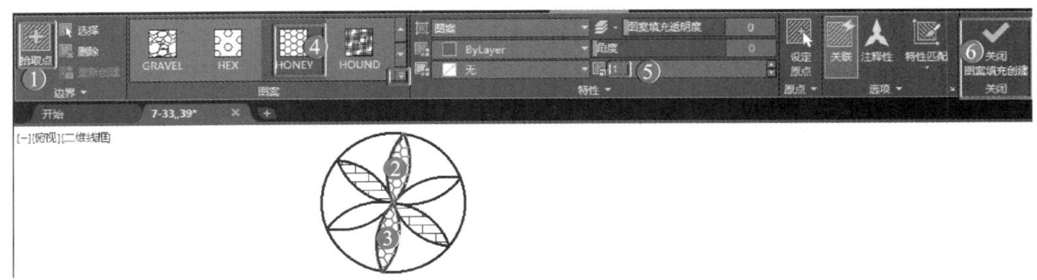

图 7-35　图案填充设置和效果(2)

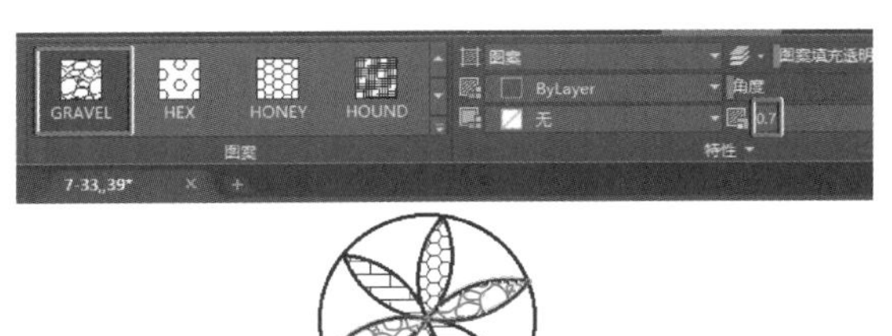

图 7-36　图案填充设置和效果(3)

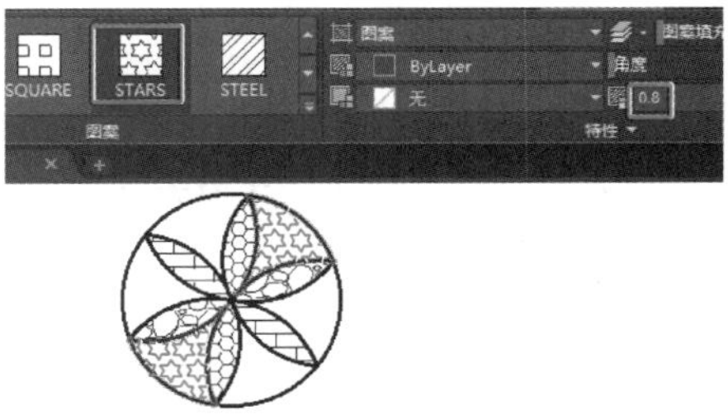

SQUARE
STARS
STEEL
图案
ByLayer
无
角度
0.8
特性

图 7-37　图案填充设置和效果(4)

充的"图案"为TRIANG，图案填充颜色为"绿色"，填充图案比例为"0.5"，如图 7-38 所示。

第 8 步　单击【默认】显示选项卡→【绘图】显示面板→【图案填充】下弹中的【渐变色】渐变色，上方弹出【图案填充创建】显示选项卡，根据提示"拾取内部点或"单击图形需要被"图案填充"的区域，"渐变色 1"颜色设置为"绿色"，图案选择GR_SPHER，"渐变明暗"设置为"100%"，如图 7-39 所示。单击"关闭图案填充创建"，即退出图案填充命令。

第 9 步　保存文件。

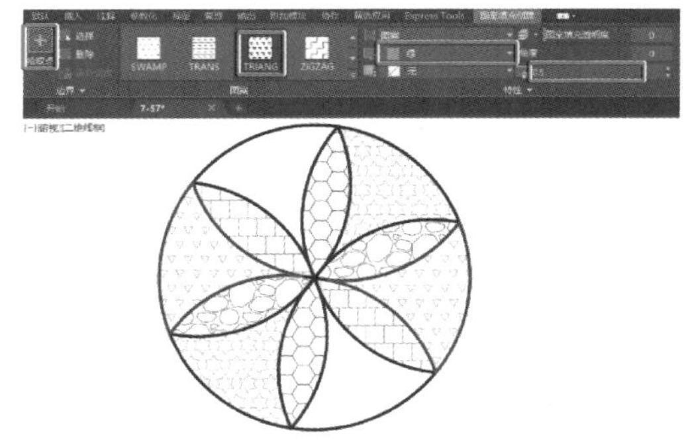

图 7-38　图案填充设置和效果(5)

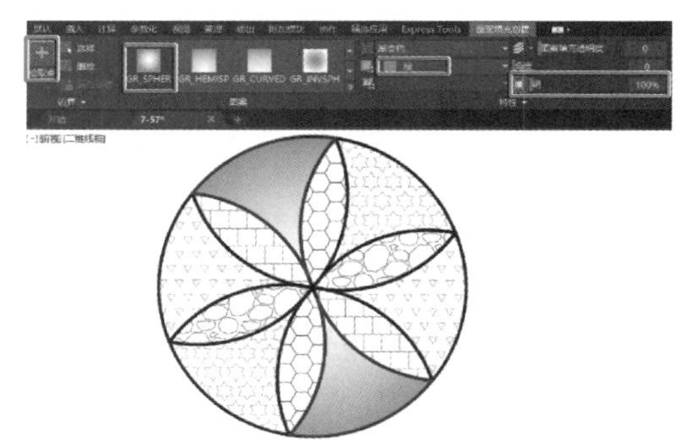

图 7-39　图案填充设置和效果(6)

7.4.1　图案填充

利用"图案填充"命令，可以将选定的图案填入指定的封闭区域内。

输入命令的方式如下：

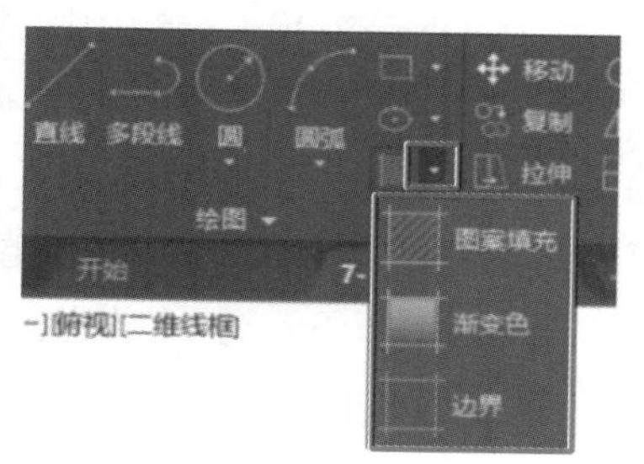

图 7-40　图案填充命令

- 按钮命令：【默认】显示选项卡→【绘图】显示面板→【图案填充】按钮(或【渐变色】按钮)(见图 7-40)
- 菜单命令：【绘图】→【图案填充】
- 键盘命令：H↙、BH↙、BHATCH↙或 HATCH↙

【操作步骤】　输入命令，弹出如图 7-41a 所示“图案填充创建”对话框。【边界】中的命令用来设置填充的边界，在【拾取点】按钮上单击，切换到绘图界面，在需要填充的区域内任何位置单击，即选择一个封闭区域，可单击选择多个。【图案】显示面板显示的是图案种类，在【图案】上方样例图标上单击，即选择填充图案；在【特性】显示面板中，向“角度”右边的框中输入角度值，用来确定图案的倾斜角度；向“比例”右边的框中输入比例值，用来确定图案的疏密程度。各项设置完成后，单击“关闭图案填充创建”，完成图案填充。

输入“渐变色”命令，弹出如图 7-41b 所示对话框，可以设置颜色逐渐变化的图案。

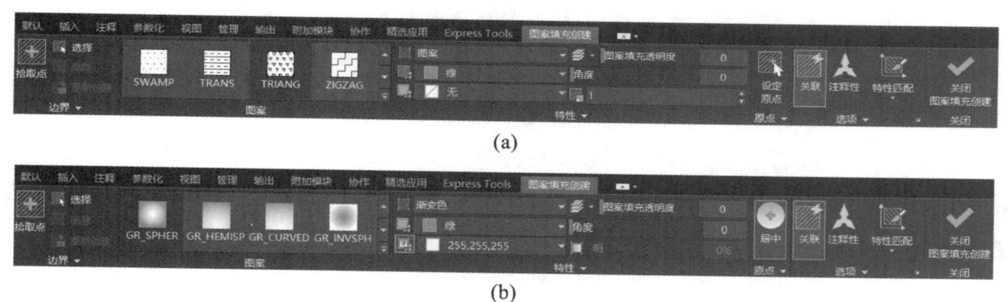

图 7-41　“图案填充创建”对话框和渐变色对话框

7.4.2　编辑图案填充

(1) 编辑填充的图案　输入命令的方式如下：

- 快捷键方式：单击填充的某图案(这是常用方法)
- 菜单命令：【修改】→【对象】→【图案填充】
- 键盘命令：HATCHEDIT↙

【操作步骤】　输入命令，弹出“图案填充编辑器”对话框，如图 7-42 所示，同“图案填充”的操作方法一样进行修改，可更换图案、修改角度、比例，之后单击关闭。

(2) 图案填充的分解　用“分解”命令将填充的图案分成单个对象。

图 7-42　图案填充编辑对话框

【举一反三 7-2】 绘制中国共青团团旗和中国国旗。

(1) 绘制如图 7-43a 所示中国共产主义青年团团旗。两圆中间及五角星中间填充黄色,其他区域填充红色。轮廓线可用红色细实线绘制,尺寸如图 7-43b 所示,图上三个点均为线的中点,大圆直径为(64×1/3),小圆直径为(64×1/4)。

(2) 绘制长 96、宽 64 的中国国旗,尺寸比例参考图 7-43c 所示。

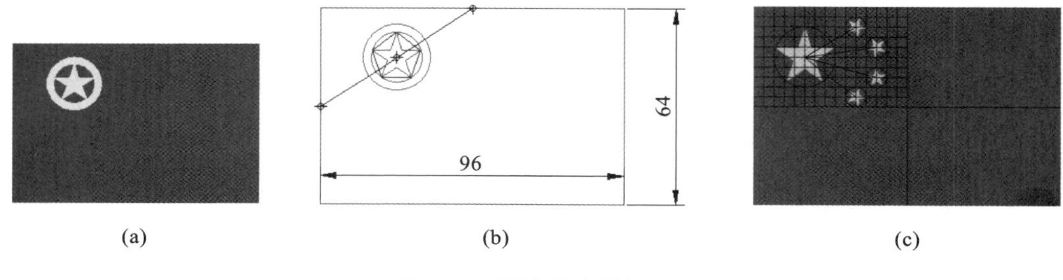

图 7-43 图案填充训练图

7.5 绘制剖视图

剖视图的绘制主要需要用到"图案填充",对于金属材料的图案填充样式一般选择为"LINE"和"角度 45"或者"ANSI31"。例如绘制图 7-44c 所示图形,主视图是全剖视图,先绘制俯视图,再用构造线命令在"正交限制光标"打开模式下绘制辅助线,如图 7-44a 所示;然后绘制主视图轮廓线,如图 7-44b 所示;最后用"图案填充"命令选择"LINE"图案绘制剖面线,如图 7-44c 所示。

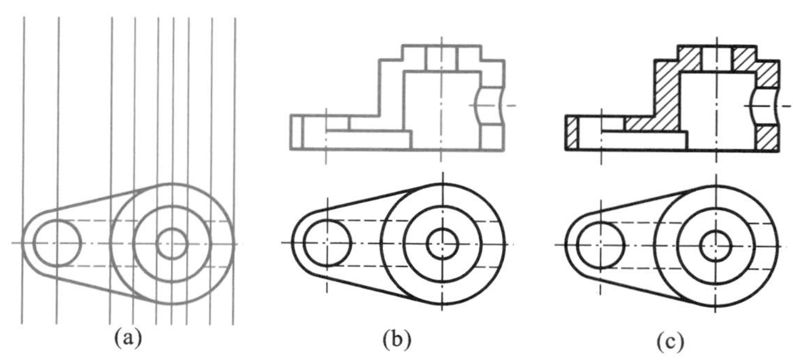

图 7-44 全剖视图绘制

例如绘制如图 7-45e 所示图形,因为主视图是半剖视图,外部轮廓左右对称,所以可先绘制一半再用镜像命令得到另一半;左右图形内部区别大,要分开绘制。先绘制俯视图,再用构造线命令在"正交限制光标"打开模式下绘制辅助线,如图 7-45a 所示;用直线命令绘制主视图左边轮廓线,如图 7-45b 所示;用镜像命令得到右边外部轮廓线,如图 7-45c 所示;再用构造线命令在"正交限制光标"打开模式下绘制辅助线,进而绘制主视图右边的内部轮廓线,如图 7-45d所示;最后用"图案填充"命令绘制剖面线,如图 7-45e 所示。

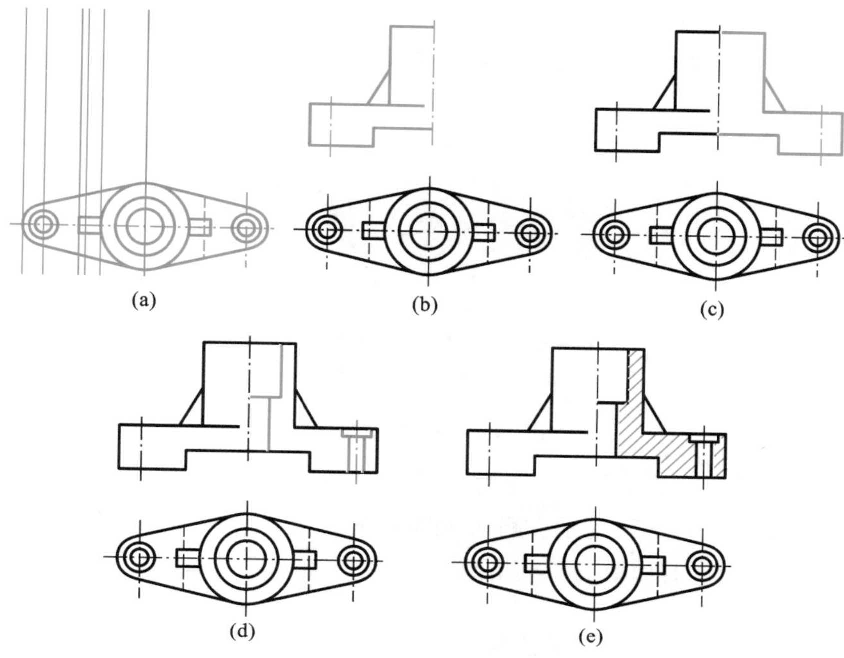

图 7-45　半剖视图绘制

【示例 3】　绘制如图 7-51 所示剖视图，并标注尺寸。

分析：线型有粗实线、点画线、波浪线和剖面线，绘图过程需要辅助线，标注尺寸需要尺寸线，所以需要设置"粗实线""点画线""细实线""剖面线""尺寸"和"辅助线(用细实线线型)"图层。波浪线用细实线图层，用"样条曲线"命令绘制，上下两个端点必须在粗实线上。剖面线用"图案填充"命令来绘制，"图案填充"命令需要封闭的边界，所以剖面线在轮廓线绘制之后绘制，且注意轮廓线要绘制成封闭的图形。俯视图中间的断面图需要根据 $A—A$ 剖切位置来确定，所以先绘制主视图并绘制 $A—A$ 剖切线，后绘制俯视图。

绘制过程如下：

第 1 步　设置绘图环境和图层，图层分"粗实线""点画线""细实线""剖面线""尺寸"和"辅助线"，如表 7-2 所示。以"示例 3 剖视图"为文件名保存文件。

表 7-2　图层设置

图层名	颜色	线型	线宽
粗实线	绿色	Continuous	0.50 mm
点画线	红色	ACAD_ISO04W100	0.25 mm
细实线	蓝色	Continuous	0.25 mm
剖面线	洋红	Continuous	0.25 mm
尺寸	蓝色	Continuous	0.25 mm
辅助线	黄色	Continuous	0.25 mm

第 2 步　绘制主视图的主要线。先置"点画线"为当前图层，绘制中心线，再换"粗实线"为

当前图层，绘制主要线，如图 7-46a 所示。换“细实线”为当前图层，在主视图中用“样条曲线”命令完成波浪线，再换“粗实线”为当前图层，绘制其他线，如图 7-46b 所示。

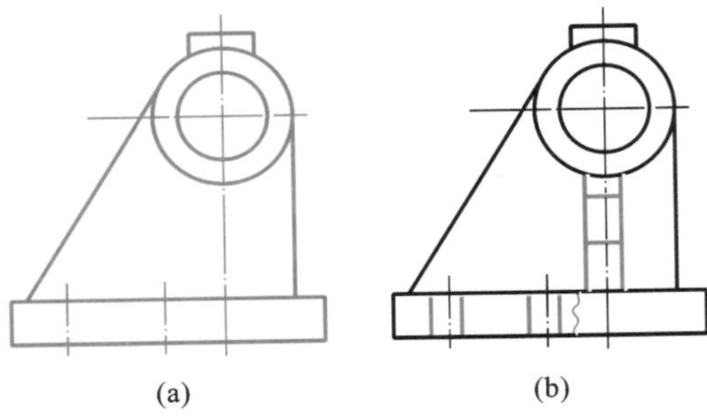

示例 3-主视图绘制过程

图 7-46　主视图主要图线

第 3 步　绘制俯视图的主要线。换“辅助线”为当前图层，用“构造线”命令完成辅助线，绘制俯视图主要图形，如图 7-47a 所示。删除辅助线，用直线命令绘制“*A*—*A*”剖切符号线，完成俯视图中断面图形的绘制，如图 7-47b 所示。

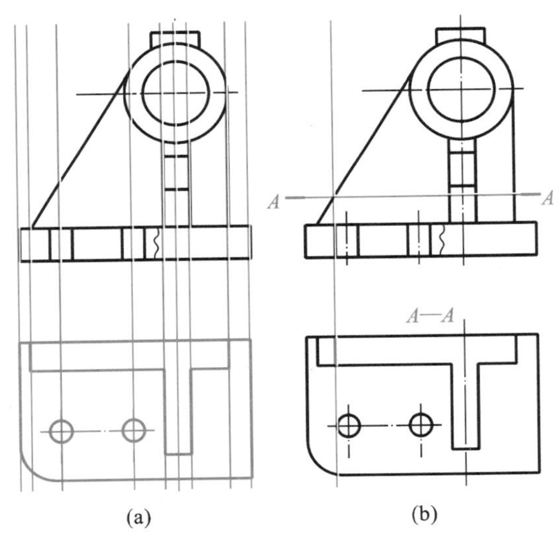

示例 3-俯视图绘制过程

图 7-47　俯视图主要图线

第 4 步　绘制左视图的主要线。换“辅助线”为当前图层，用“构造线”命令完成辅助线，绘制左视图主要图线；绘制“*B*—*B*”剖切符号线，如图 7-48 所示。删除辅助线，完成左视图主要线，如图 7-49 所示。

示例 3-左视图绘制和尺寸标注过程

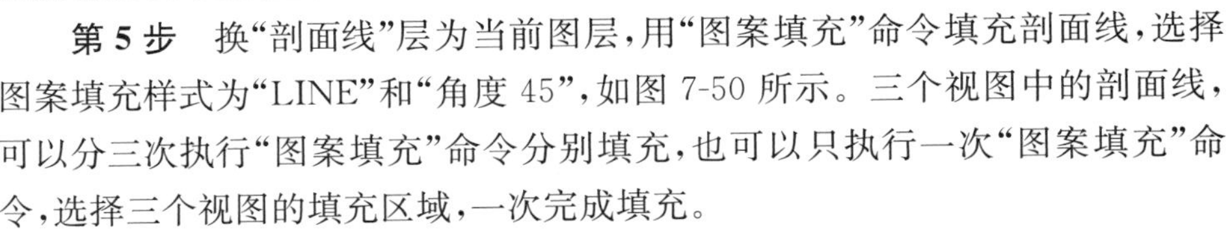

第 5 步　换“剖面线”层为当前图层，用“图案填充”命令填充剖面线，选择图案填充样式为“LINE”和“角度 45”，如图 7-50 所示。三个视图中的剖面线，可以分三次执行“图案填充”命令分别填充，也可以只执行一次“图案填充”命令，选择三个视图的填充区域，一次完成填充。

第 6 步　换“尺寸”层为当前图层，标注尺寸，保存文件，如图 7-51 所示。

说明：可用“特性匹配”命令将填充图案修改为相同图案。

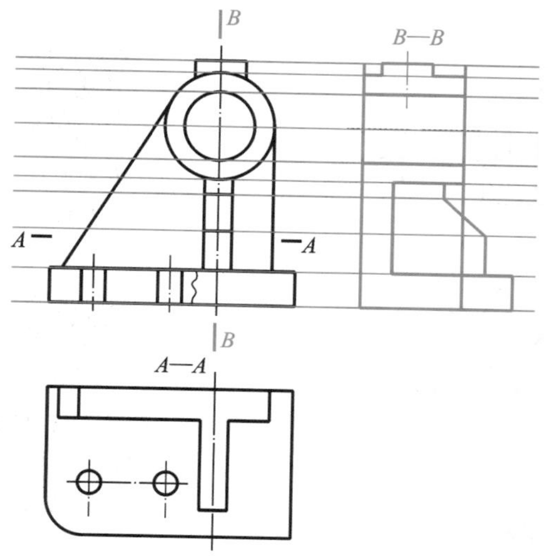

图 7-48　左视图主要图线

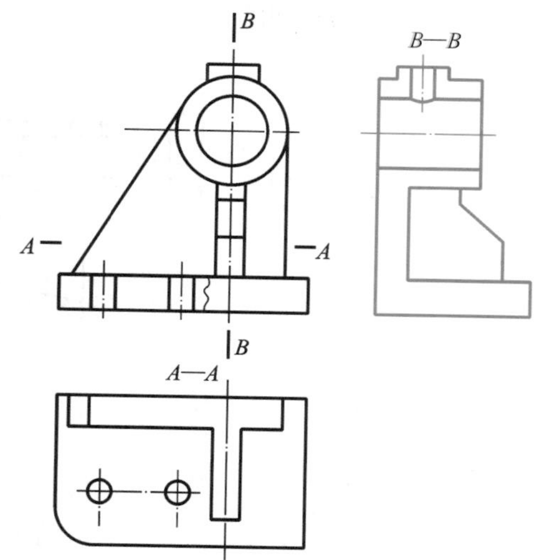

图 7-49　绘制左视图主要图形

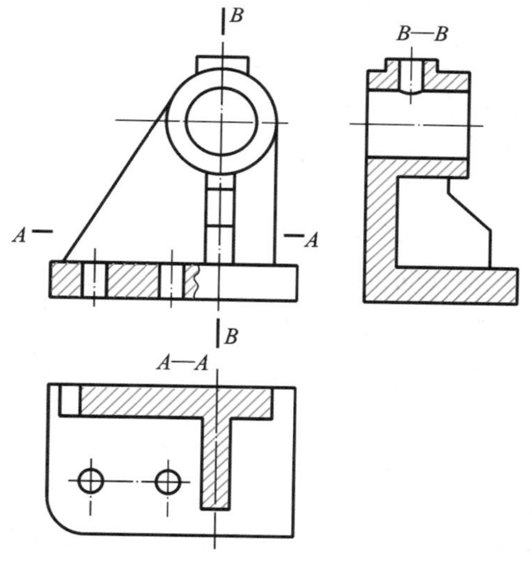

图 7-50　填充剖面线

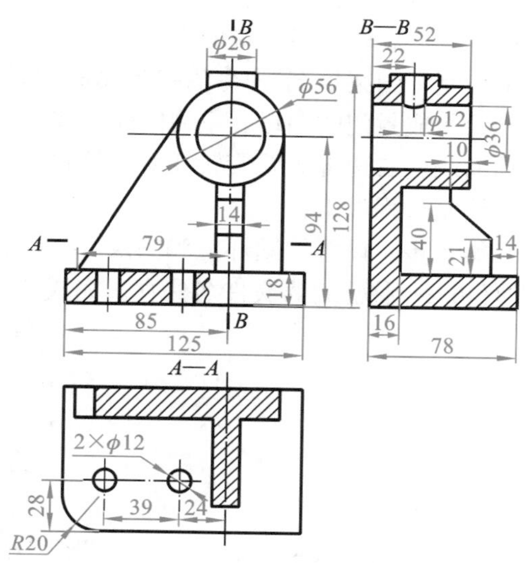

图 7-51　标注尺寸

【示例 4】　将图 7-52a 中的剖面线特性修改为图 7-52b 所示。

操作步骤：输入“特性匹配”命令，提示“选择源对象：”，则单击图 7-52a 上的细实线剖面线；提示“选择目标对象或[设置(S)]：”，则单击中间网格的剖面线；提示“选择目标对象或[设置(S)]：”，单击右边格子的剖面线；按回车键，结果如图 7-52b 所示。

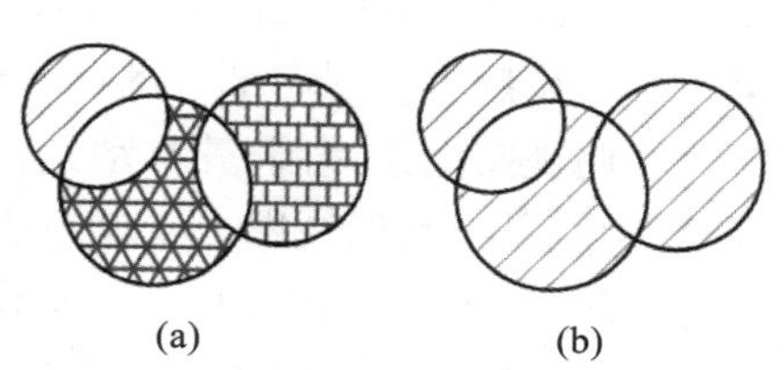

图 7-52　填充的特性匹配

【任务 2】 绘制如图 7-53 所示剖视图，并标注尺寸。

任务 2-俯视图绘制过程

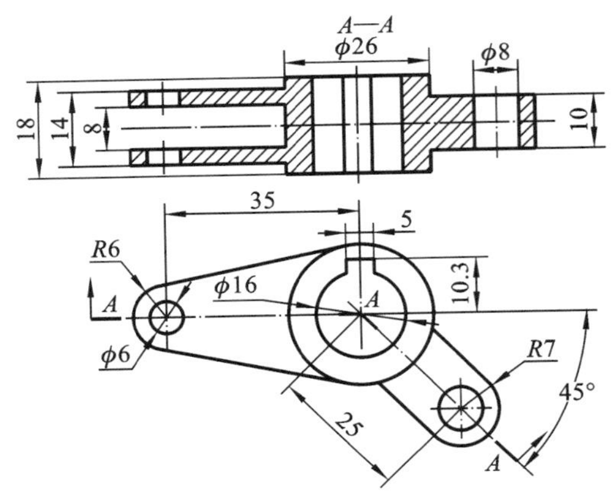

任务 2-主视图绘制与尺寸标注过程

图 7-53 剖视图绘制

分析: 线型有粗实线、点画线和剖面线，绘图过程需要辅助线，标注尺寸需要尺寸线，所以需要设置“粗实线”“点画线”“剖面线”“尺寸”和“辅助线(用细实线线型)”图层。主视图右边是俯视图右边旋转之后对应的图形，所以先绘制俯视图，后绘制主视图。剖面线用“图案填充”命令来绘制，“图案填充”命令需要封闭的边界，所以剖面线在轮廓线绘制之后绘制，且注意轮廓线要绘制成封闭的图形。主视图轮廓线分左右两部分绘制，左边部分是长对正的，用构造线绘制辅助线。右边部分要旋转找对应位置，可以通过绘制圆来完成。

绘制过程如下：

第 1 步 设置绘图环境和图层，图层分“粗实线”“点画线”“剖面线”“尺寸”和“辅助线”。以“任务 2-剖视图”为文件名保存。完成文字样式、标注样式的设置。

第 2 步 绘制俯视图。先置“点画线”层为当前图层，绘制中心线，45°线可用极轴追踪，再换“粗实线”层为当前图层，绘制圆和直线，如图 7-54 所示。

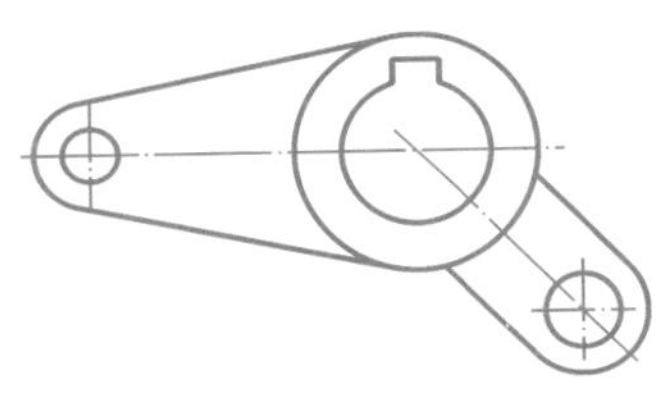

图 7-54 绘制俯视图

第 3 步 在俯视图上绘制“A—A”剖切符号线。

第 4 步 绘制主视图左部分图形。换“点画线”层为当前图层，绘制水平中心线，并作上下偏移；换“辅助线”层为当前图层，用构造线命令绘制辅助线；换“粗实线”层为当前图层，沿线绘制直线，如图 7-55 所示。

第 5 步 绘制主视图右部分图形。删除构造线辅助线和偏移辅助线；将水平中心线上下偏移“5”；在俯视图上绘制圆，并移动到主视图，注意圆心位置，绘制右边孔旋转后的中心线并移动到“点画线”层；从俯视图上复制右边小圆到主视图，如图 7-56 所示。绘制直线，删除多余线，整理完成主视图图形，如图 7-57 所示。

第 6 步 换“剖面线”层为当前图层，用“图案填充”命令填充剖面线，选择图案填充样式为“LINE”和“角度 45”，如图 7-58 所示。

第 7 步 标注尺寸。换“尺寸”层为当前层。

(1) 将“整数”样式设置为当前样式；用“线性”标注命令标注所有的长、宽、高等线性尺寸，用“对齐”命令标注对齐尺寸，如俯视图上的尺寸 25，如图 7-59 所示。

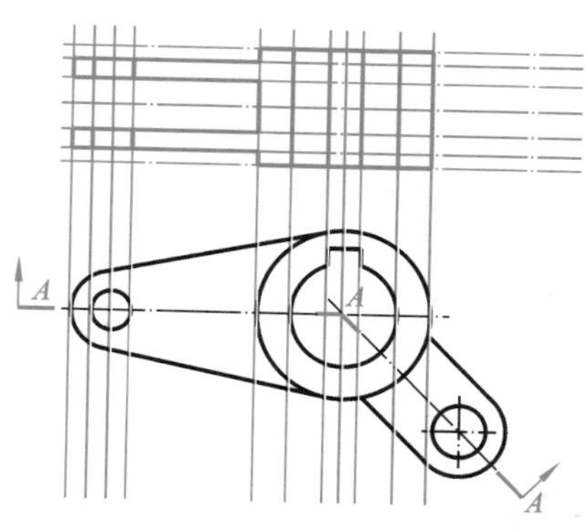

图 7-55　绘制主视图左部分图形

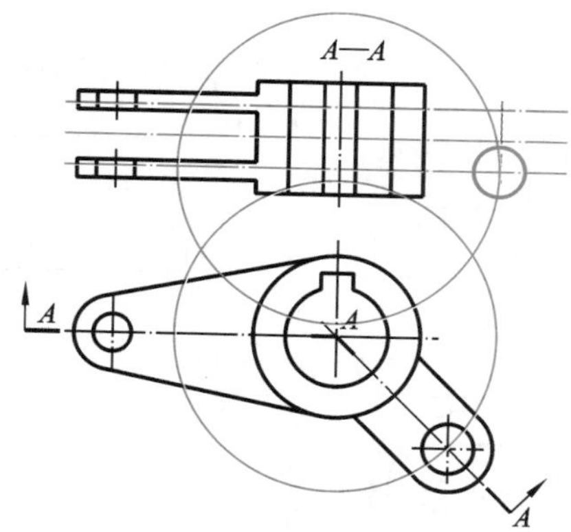

图 7-56　绘制主视图右部分图形

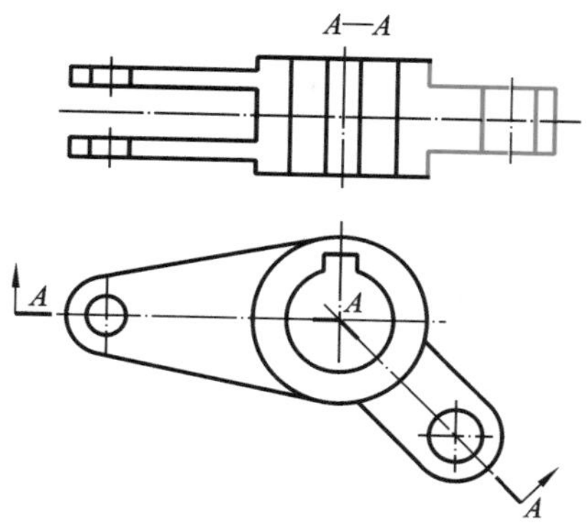

图 7-57　绘制主视图图形

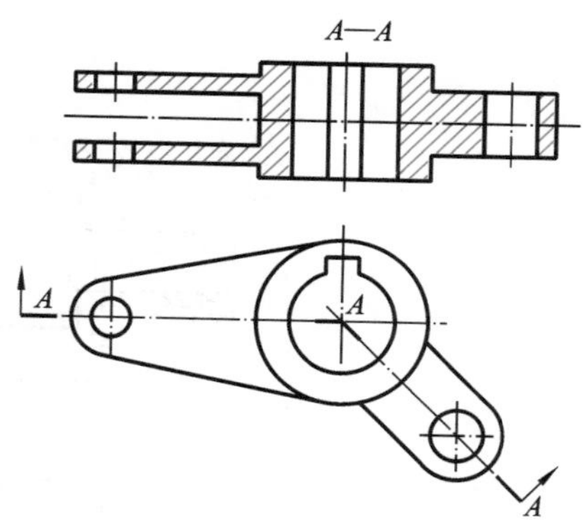

图 7-58　绘制剖面线

(2) 将"水平"样式设置为当前样式；用"半径"标注命令标注圆弧上的半径尺寸，如俯视图上的 $R6$、$R7$；用"直径"标注命令标注圆上的直径尺寸，如俯视图上的 $\phi6$ 和 $\phi16$；用"角度"命令标注角度尺寸，如俯视图上的 45°，如图 7-60 所示。

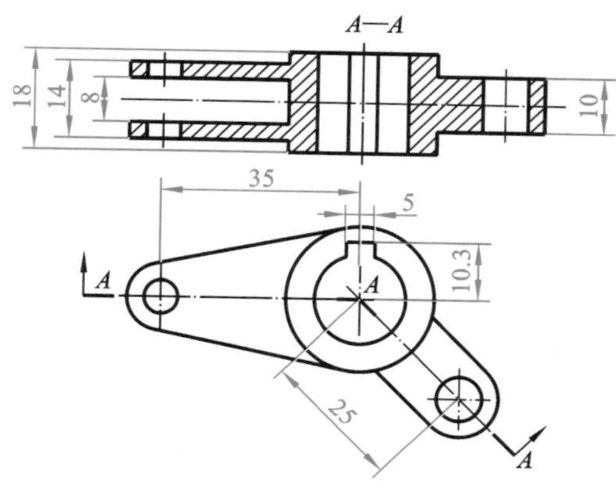

图 7-59　线性尺寸标注

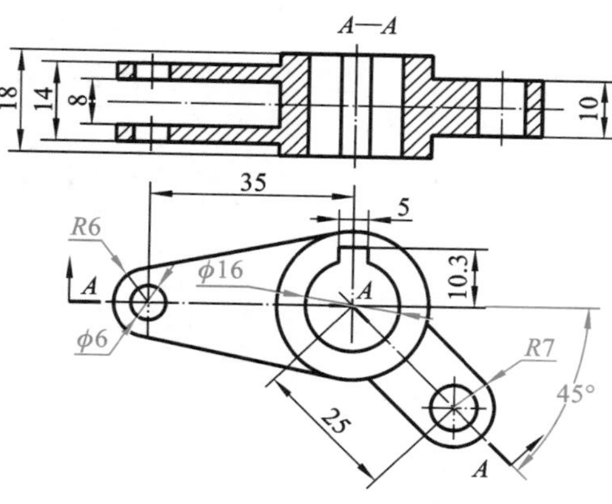

图 7-60　水平尺寸标注

(3) 将"线直径"样式设置为当前样式；用"线性"标注命令标注主视图上的线直径尺寸，如主视图上的 $\phi26$ 和 $\phi8$（见图 7-53）。

第 8 步 保存文件。

【举一反三 7-3】 完成图 7-61 所示剖视图。

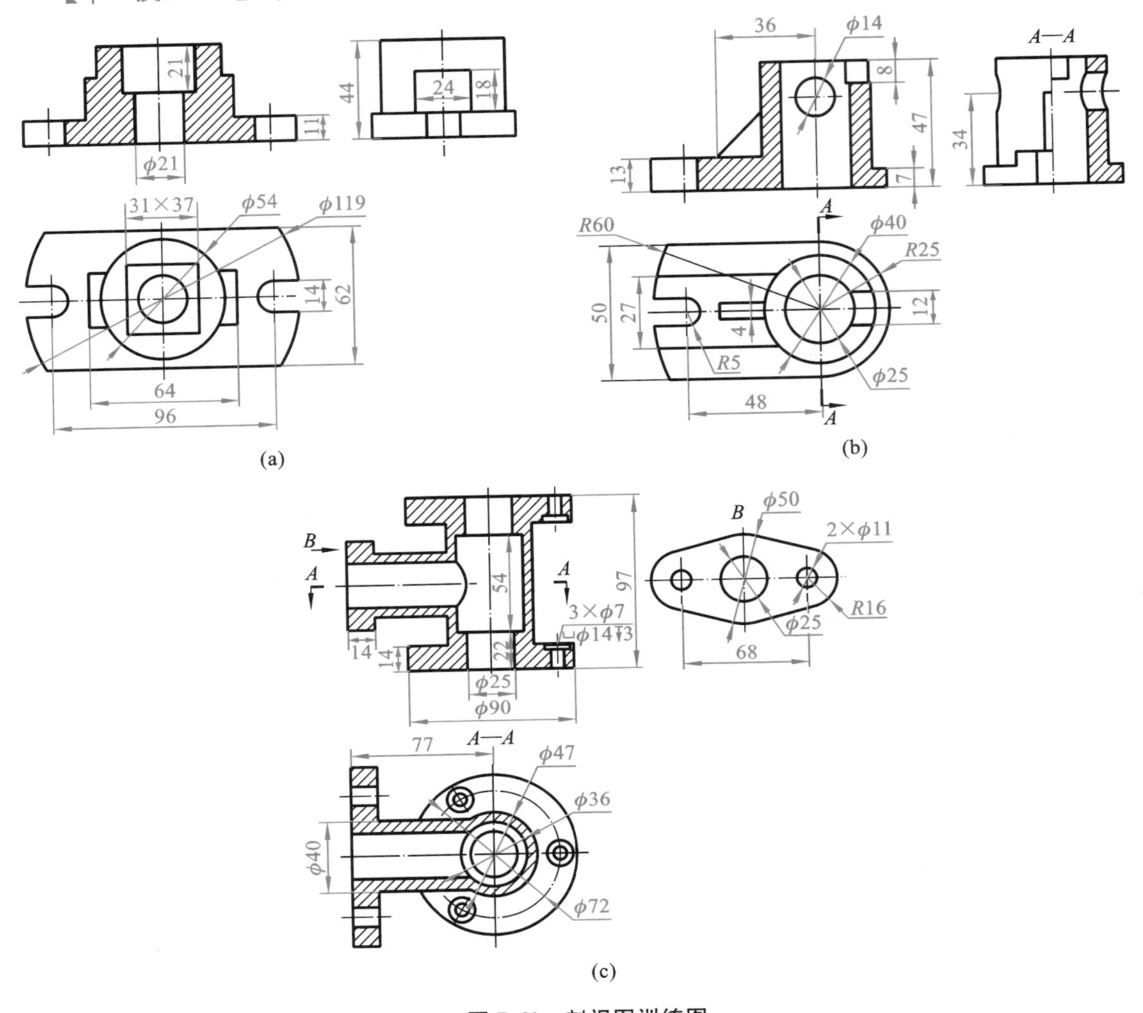

图 7-61 剖视图训练图

7.6 绘制指引线与管螺纹标记的标注

7.6.1 创建多重引线样式

输入命令的方式如下：

- 按钮命令：【默认】显示选项卡→【注释】面板下弹中的【多重引线样式】按钮
- 菜单命令：【格式】→【多重引线样式】
- 键盘命令：MLEADERSTYLE↙

操作步骤如下：

(1) 输入“多重引线样式”命令，弹出对话框如图 7-62 所示。单击【新建】按钮，弹出对话

框，在【新样式名】文本框中输入名称，如“箭头引线”，如图 7-63 所示。

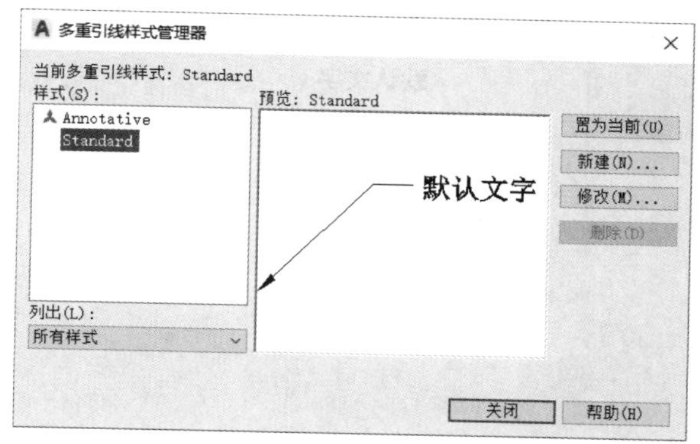

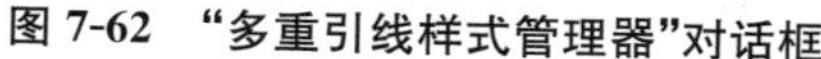
图 7-62　“多重引线样式管理器”对话框

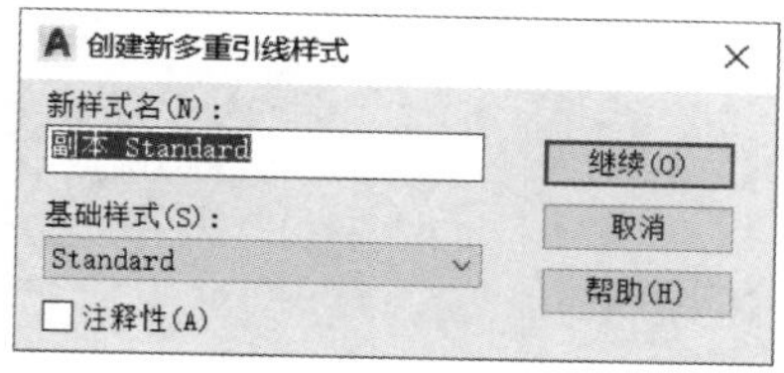

图 7-63　“创建新多重引线样式”对话框

(2) 单击【继续】按钮，弹出对话框。单击“引线格式”选项卡，设置引线格式。如在“常规”区，默认“类型”下拉列表中的“直线”标注样式，从“颜色”“线型”和“线宽”下拉列表中选择“ByLayer”；在“箭头”区中，默认“符号”下拉列表中的“实心闭合”，在“大小”文本框中输入“3”，如图 7-64 所示。

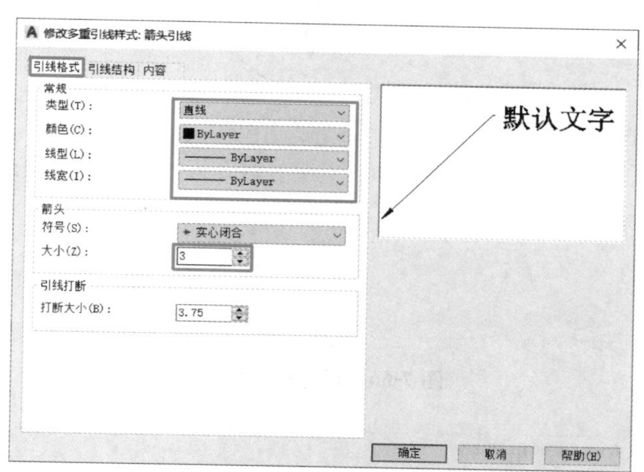

图 7-64　“引线格式”选项卡

(3) 单击“引线结构”选项卡，设置引线结构。如在“基线设置”区中，取消“自动包含基线”选项，其他选项保持默认值，如图 7-65 所示，只有一段直线。若想后续还自带一条直线，则不要取消“自动包含基线”选项。若想绘制的线必须是具有一定角度的线，可以在“约束”区域中设置其角度，如在“第一段角度”左边方框中单击，并从“第一段角度”右边下拉列表中选择“45”；在“第二段角度”左边方框中单击，并从“第二段角度”右边下拉列表中选择“90”，如图 7-66所示，则规定了必需的 45°线和 90°线。

(4) 单击“内容”选项卡，如图 7-67 所示，设置线后的内容。如在“多重引线类型”下拉列表中选择“无”，如图 7-68 所示。

(5) 单击【确定】按钮，返回“多重引线样式管理器”对话框，如图 7-69 所示，新建样式显示在左边样式列表中。可多创建几个样式，创建完成后单击【关闭】按钮。

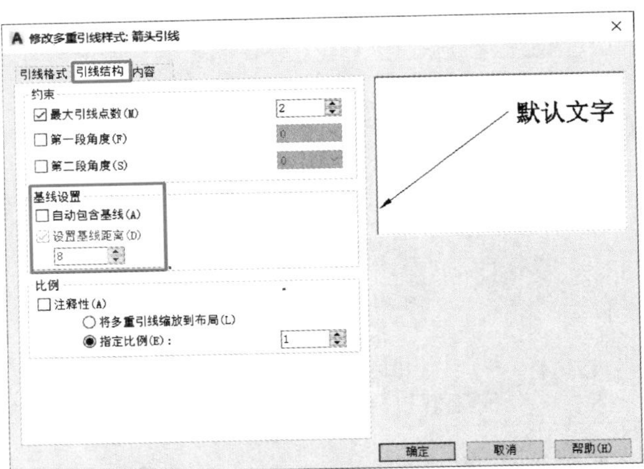

图 7-65 “引线结构”选项卡

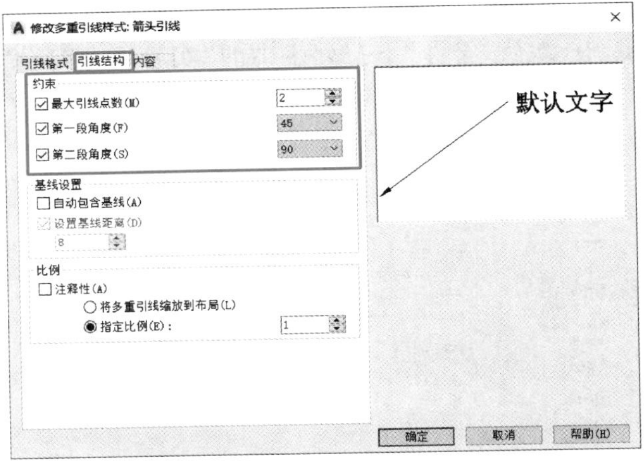

图 7-66 设置引线结构

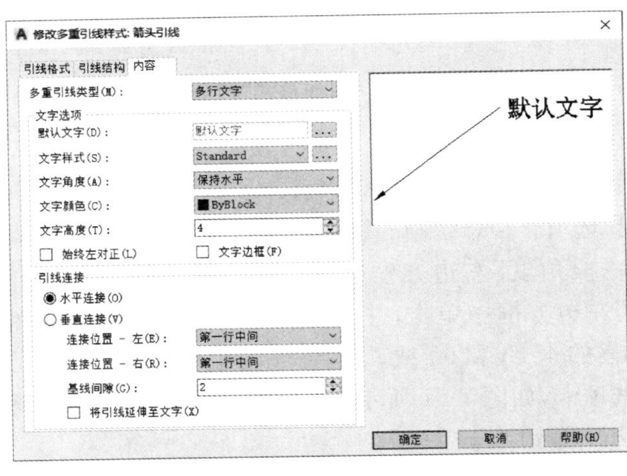

图 7-67 “内容”选项卡

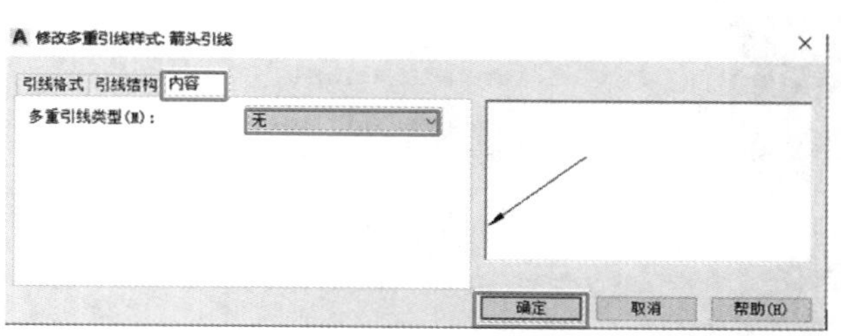

图 7-68　设置“内容”

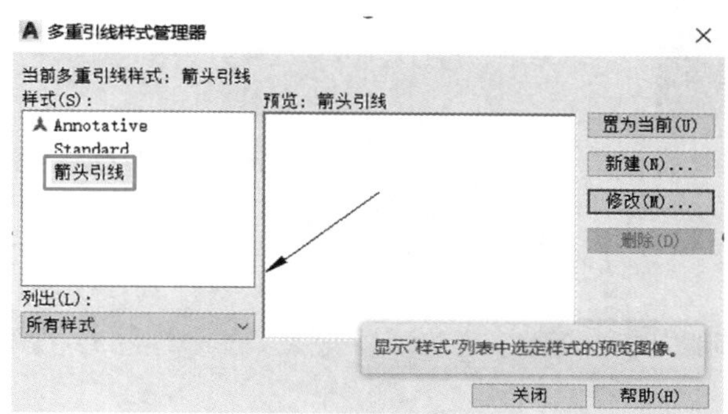

图 7-69　新建的多重引线样式

7.6.2　更换当前多重引线样式

用“多重引线”命令绘制的指引线按当前多重引线样式显示，所以绘制前需要更换当前多重引线样式。方法：单击“注释”显示面板下弹中的“多重引线样式”下弹按钮，单击所需的样式名称即可，如单击“箭头引线”，如图 7-70 所示。

7.6.3　绘制指引线

用“多重引线”命令可以绘制指引线。输入命令的方式如下：

- 按钮命令：【默认】显示选项卡→【注释】显示面板→【引线】 引线 按钮
- 菜单命令：【标注】→【多重引线】
- 键盘命令：MLEADER↙

【操作步骤】　输入“引线”命令→移动光标在指定引线箭头的位置处单击→移动光标在指定引线基线的位置处单击。

7.6.4　修改多重引线样式

输入“多重引线样式”命令，弹出对话框。移动光标指向左边样式列表需要修改的样式名称单击，如图 7-71 所示，单击【修改】按钮，弹出对话框，同新建一样进行修改。

图 7-70　当前多重引线样式

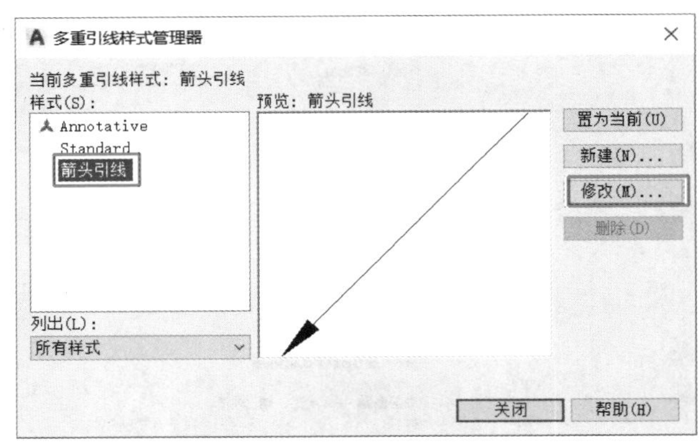

图 7-71　修改多重引线样式

7.6.5　引出尺寸的标注

引出尺寸的标注步骤如下：创建一个有基线有文字的引线样式，并设置此引线样式为当前样式，用“多重引线”命令标注。

【示例 5】　标注如图 7-72 所示管螺纹的代号。

操作步骤如下：

(1) 输入“多重引线样式”命令；单击【新建】按钮；在【新样式名】文本框中输入样式名称“箭头基线文字”；单击【继续】按钮。

(2) 单击“引线格式”选项卡，在“常规”区，从“颜色”“线型”和“线宽”下拉列表中选择“ByLayer”；在“大小”框中输入“3”，如图 7-73 所示。

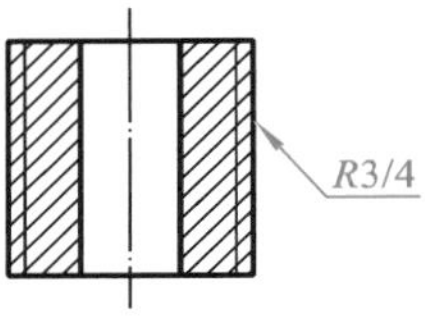

图 7-72　标注引出尺寸

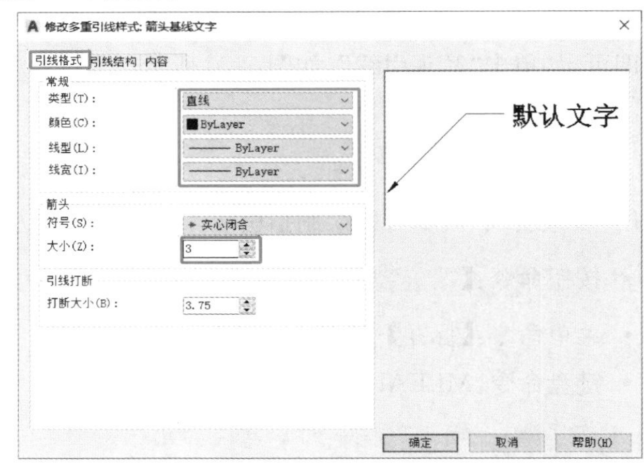

图 7-73　“引线格式”选项卡

(3) 单击“引线结构”选项卡，在“基线设置”区，将“设置基线距离”置为 2，其他选项保持默认值，如图 7-74 所示。

(4) 单击“内容”选项卡，在“多重引线类型”下拉列表中选择“多行文字”，在“文字选项”区设置文字样式为“sz5”、文字颜色为“ByLayer”，在“引线连接”区设置文字为“最后一行加下划线”，如图 7-75 所示。

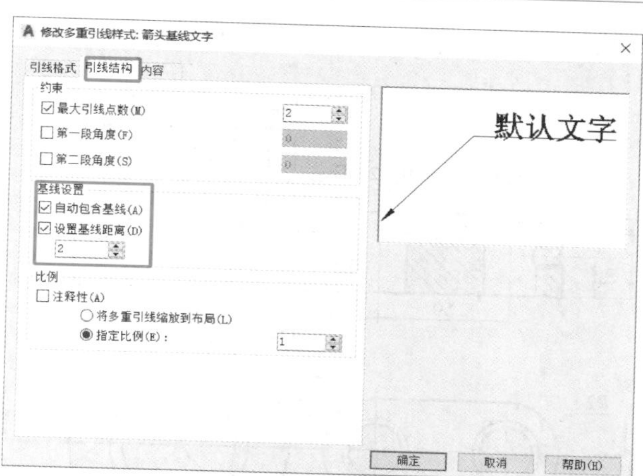

图 7-74　“引线结构”选项卡

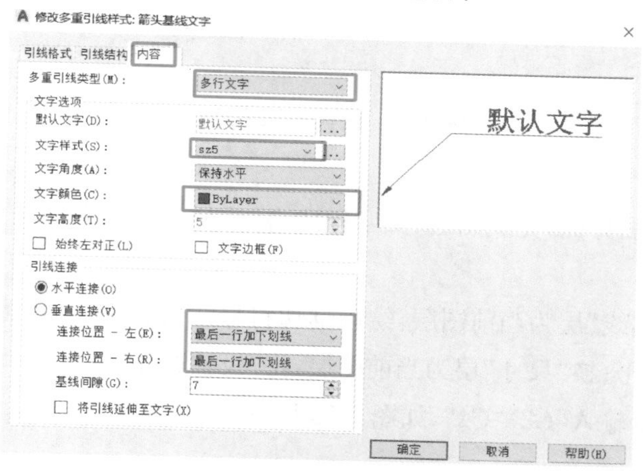

图 7-75　设置“内容”选项卡

(5) 单击【确定】按钮，返回“多重引线样式管理器”对话框，单击【关闭】按钮。将“箭头基线文字”样式设置为当前样式。

(6) 输入“多重引线”命令，移动光标到放置箭头处单击，向右下移动光标到引线基线位置处单击，弹出对话框如图 7-76 所示。输入文本“$R3/4$”，单击【关闭文字编辑器】按钮。

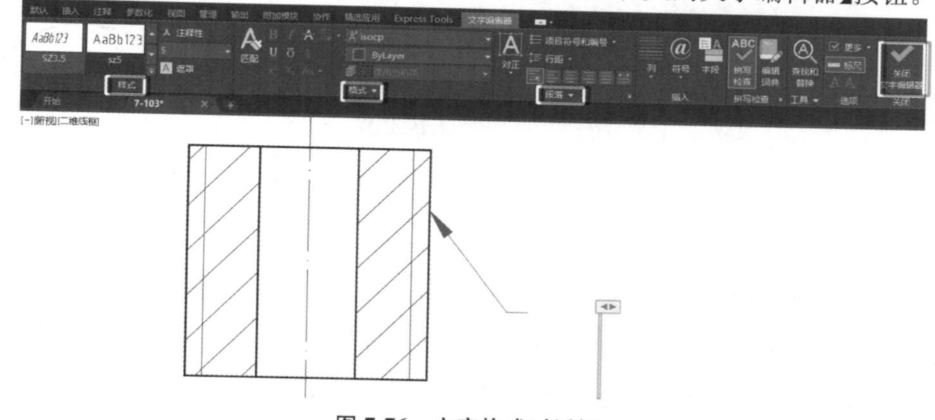

图 7-76　文字格式对话框

【任务 3】 绘制如图 7-77 所示的图形并标注尺寸和相关符号。

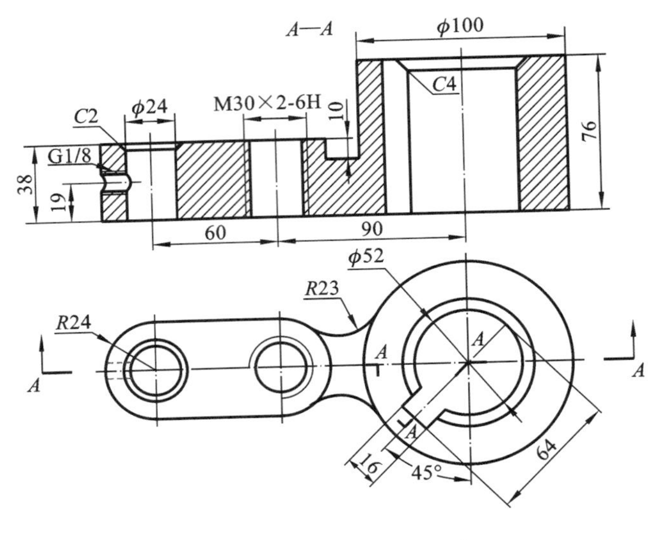

图 7-77 任务 3-标注尺寸

任务 3-俯视图的绘制

任务 3-主视图的绘制

任务 3-尺寸标注演示

操作步骤如下：

第 1 步 设置绘图界面，完成图层、文字样式、标注样式等设置。按照给定的尺寸绘制图形，如图 7-78 所示。

第 2 步 置“粗实线”层为当前图层，绘制剖切符号线；换“文字”层为当前图层，用文字命令输入剖视图名称字母；换“尺寸”层为当前图层，将“极轴追踪”设置为 45°并打开“极轴追踪”，绘制直线，用文字命令输入“*C*2”“*C*4”，如图 7-79 所示。

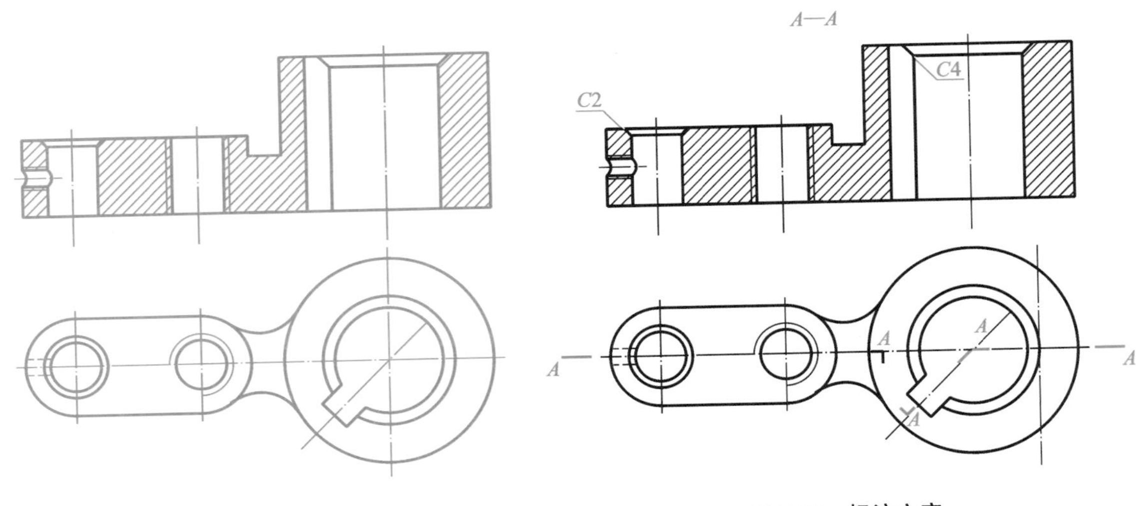

图 7-78 绘图

图 7-79 标注文字

第 3 步 将“整数”样式设置为当前样式。用“线性”命令标注所有的长、宽、高等线性尺寸，用“对齐”标注命令标注俯视图上的尺寸，如图 7-80 所示。

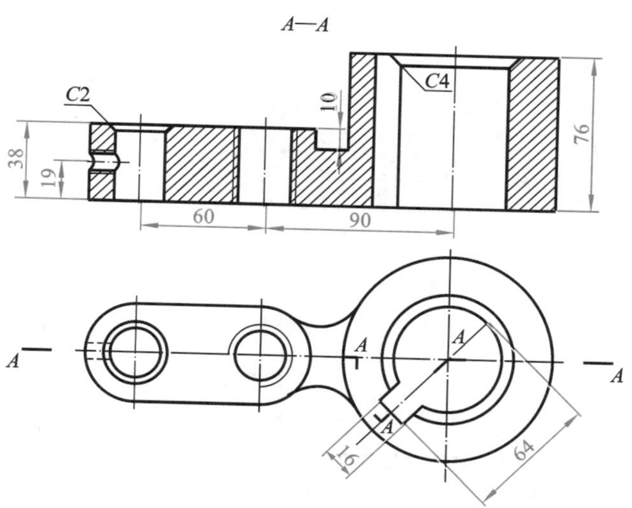

图 7-80　标注线性尺寸

第 4 步　将“线直径”样式设置为当前样式。用“线性”命令标注直线方向的直径尺寸，如主视图上的 ϕ24、ϕ100。将“水平”样式设置为当前样式。用“半径”标注命令标注圆弧上的半径尺寸，如俯视图上的 R24、R23。用“直径”标注命令标注圆弧上的直径尺寸，如俯视图上的 ϕ52。用“角度”标注命令标注角度尺寸，如 45°。标注结果如图 7-81 所示。

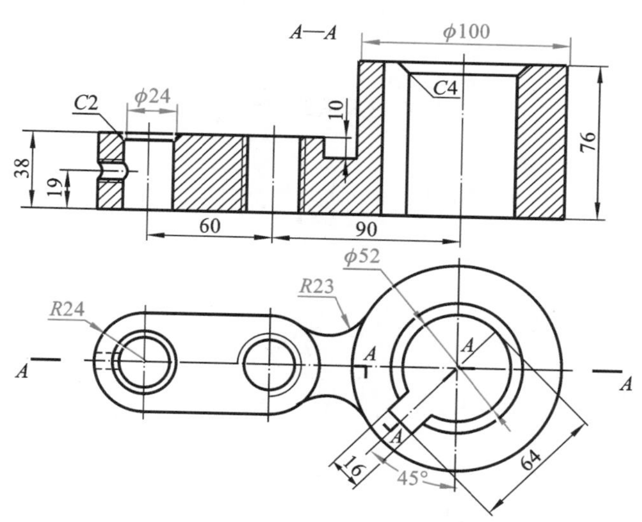

图 7-81　标注直径、半径和角度

第 5 步　将“整数”样式设置为当前样式。先用“线性”命令标注长“30”，再用“编辑标注”命令将其修改成“M30×2-6H”，如图 7-82 所示。

第 6 步　设置“多重引线”样式，用“多重引线”命令绘制箭头和指引线，用文字命令输入“G1/8”。完成全图，如图 7-83 所示。

第 7 步　保存文件。

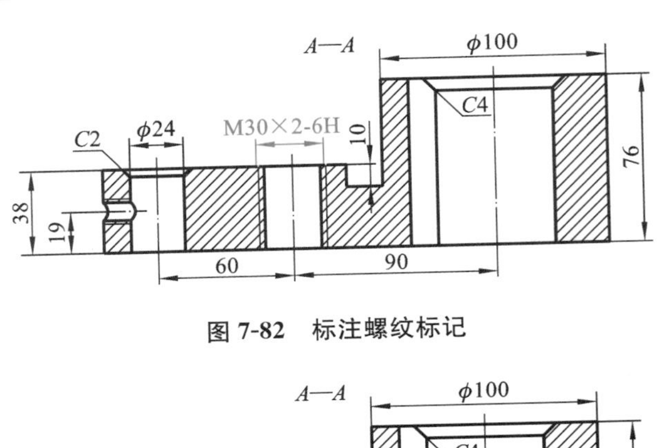

图 7-82 标注螺纹标记

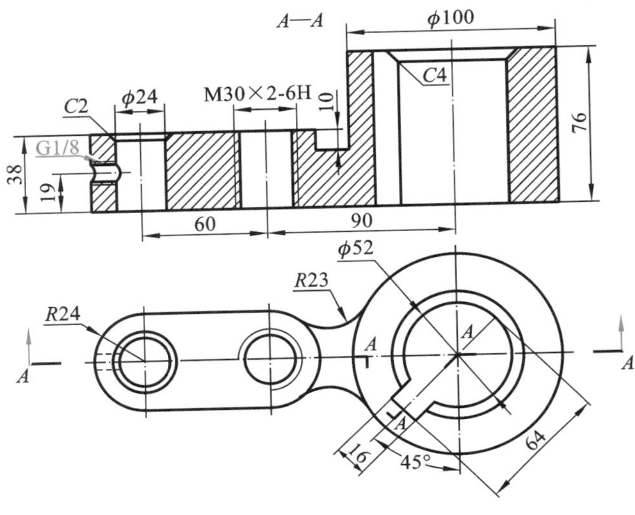

图 7-83 标注箭头线和管螺纹标记

7.7 更多绘图和编辑命令

7.7.1 点的定数等分与定距等分

(1) 定数等分 将选定的对象按一定数量平均分配，在等分点处绘制点，如图 7-84 所示。输入命令的方式如下：

- 按钮命令：【默认】显示选项卡→【绘图】显示面板下弹中的【定数等分】按钮
- 菜单命令：【绘图】→【点】→【定数等分】
- 键盘命令：DIV↙

【操作步骤】 输入“定数等分”命令→选择要等分的对象→输入需将对象等分成的段数（如“3”）→按回车键。

(2) 定距等分 将选定的对象按一定距离平均分配，在等分点处绘制点，如图 7-85 所示。输入命令的方式如下：

- 按钮命令：【默认】显示选项卡→【绘图】显示面板下弹中的【定距等分】按钮

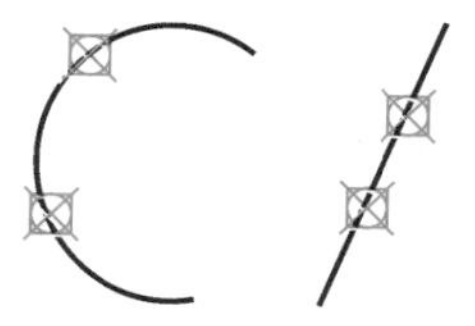

图 7-84　定数等分

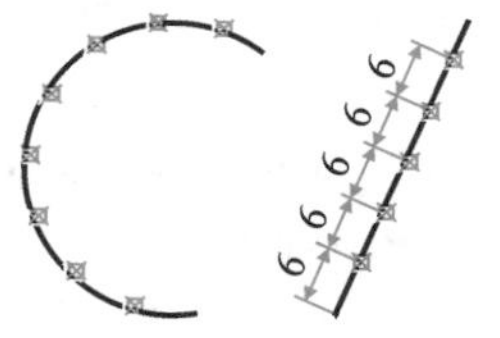

图 7-85　定距等分

- 菜单命令:【绘图】→【点】→【定距等分】
- 键盘命令:MEASURE↙

【操作步骤】 输入“定距等分”命令→选择要等分的对象→输入等分段的长度(如“30”)→按回车键。定距等分不一定能完全等分对象,从选择对象时靠近的那个端点开始测量,不足一个等分长度的部分,留在另一端。

7.7.2　绘制圆环

用于绘制线较宽的圆或者实心圆,如图 7-86 所示。输入命令的方式如下:

- 按钮命令:【默认】显示选项卡→【绘图】显示面板下弹中的【圆环】按钮
- 菜单命令:【绘图】→【圆环】
- 键盘命令:DONUT↙

图 7-86　绘制圆环

【操作步骤】 输入“圆环”命令→输入圆环的内径(指直径),按回车键→输入圆环的外径(指直径),按回车键→指定圆环的中心点→可继续指定圆环的中心点,绘制相同的圆环→按回车键结束。输入内圆直径为 0 时,绘制的为实心圆。

7.7.3　绘制椭圆与椭圆弧

椭圆的要素有长轴、短轴、椭圆位置及摆放的角度。输入命令的方式如下:

- 按钮命令:【默认】显示选项卡→【绘图】显示面板→【椭圆】下弹中的【圆心】圆心按钮(或【轴,端点】轴,端点按钮)(见图 7-87a)

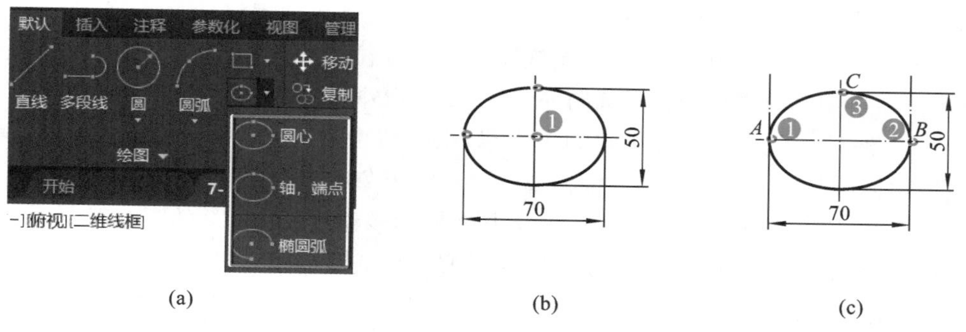

(a)　(b)　(c)

图 7-87　椭圆的绘制

- 菜单命令:【绘图】→【椭圆】→【圆心】(或【轴,端点】)
- 键盘命令:EL↙或 ELLIPSE↙

(1) 根据椭圆的中心和半轴绘制椭圆,如图 7-87b 所示。

【操作步骤】 输入“椭圆-圆心”命令→指定椭圆的中心点→指定一根轴的一端点(如捕捉点或输入 35,回车)→给定另一轴的半长(如捕捉点或输入 25,回车)。

(2) 根据椭圆两个端点及另一条半轴的长度绘制椭圆,如图 7-87c 所示。

【操作步骤】 输入“椭圆-轴,端点”命令→指定其中一轴的一个端点(捕捉 *A* 点)→指定轴的另一端点(捕捉 *B* 点)→给定另一轴的半径(捕捉 *C* 点)。

(3) 绘制椭圆弧 椭圆弧的画法是先确定椭圆,再取椭圆上的一段弧。

【操作步骤】 输入“椭圆-椭圆弧”命令,按椭圆画法确定椭圆→提示“指定起始角度或[参数(P)]:”,则输入起始角度→提示“指定终止角:指定终止角度或[参数(P)/包含角度(I)]:”,则输入终止角度。

【任务 4】 分图层绘制如图 7-88 所示椭圆图形。

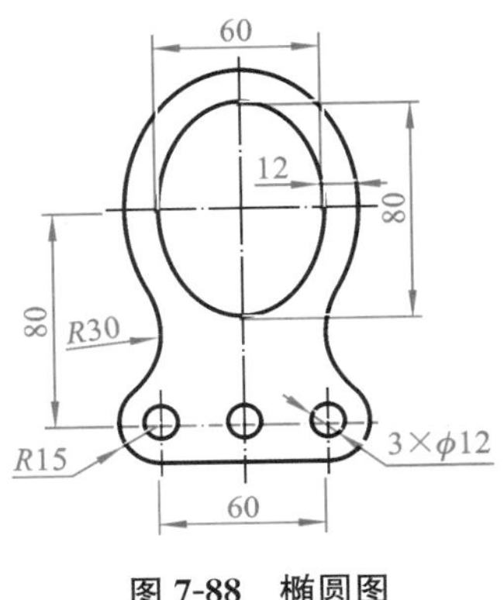

任务 4-椭圆图形的绘制

图 7-88 椭圆图

分析:此图左右对称,先绘制一半再镜像;内部小椭圆的轴尺寸已知,可直接绘制,外部大椭圆的轴尺寸未知,可以利用偏移命令来绘制;与椭圆相切的圆弧用圆角命令来绘制。

作图过程如下:

(1) 新建图形文件,设置图层,另存文件。

(2) 置“点画线”层为当前图层,绘制中心线。先绘制相互垂直的中心线,再用“偏移”命令绘制椭圆轴位置线,如图 7-89a 所示。

(3) 换“粗实线”层为当前图层,绘制椭圆(长轴 80 位置线已绘制,短轴为 60,输入 30,椭圆竖直放置),再用“偏移”命令将椭圆向外偏移 12 得到外部大椭圆,如图 7-89b 所示。

(4) 用“偏移”命令绘制下方小圆的中心线,水平线由椭圆水平中心线向下方偏移 80 得到,竖直线由椭圆竖直中心线向左方偏移 30 得到,如图 7-89c 所示。

(5) 用“圆”命令绘制下方 $\phi12$ 的圆,重复用“圆”命令绘制左边 $\phi12$ 的圆。以左边 $\phi12$ 圆的圆心为圆心,绘制 *R*15 的圆。调整左边 $\phi12$ 圆的竖直中心线的长短,如图 7-90a 所示。

(6) 用“直线”命令捕捉 *R*15 圆下方的切点,绘制水平线。运用“圆角”命令绘制左边 *R*30 的圆弧,设置半径为 30,分别选择偏移得到的大椭圆边和相应的 *R*15 的圆(此处必须用“圆角”命令绘制),如图 7-90b 所示。

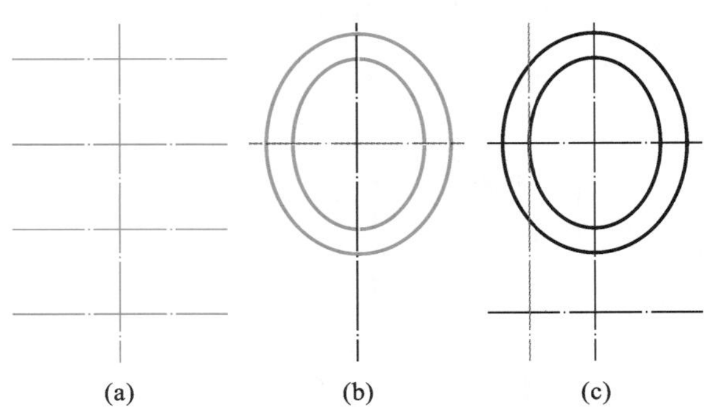

(a)　(b)　(c)

图 7-89　椭圆图绘制(一)

(7) 用“修剪”命令修剪 $R15$ 的圆得到左部分图形。用“镜像”命令左右镜像。用“修剪”命令修剪大椭圆下方的线，并调整中心线长度，完成全图，如图 7-90c 所示。

(8) 保存文件，关闭文件。

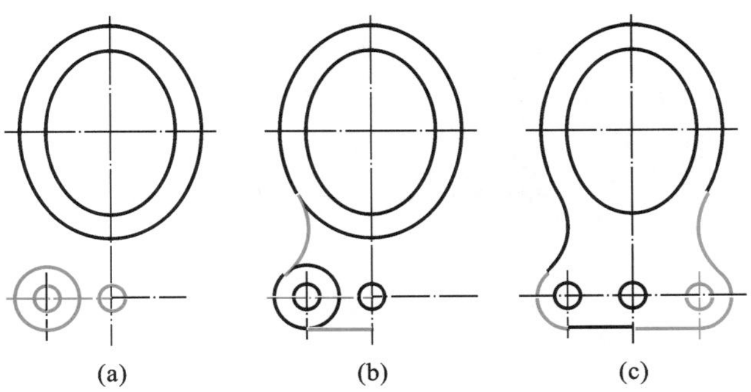

(a)　(b)　(c)

图 7-90　椭圆图绘制(二)

7.7.4　缩放对象

【功能】 在 AutoCAD 绘图中，一般采用 1 : 1 比例绘制图形，但若想调整图形尺寸大小，不需要重新绘制，只需用缩放命令来编辑图形。“缩放”命令可以将选定的对象以指定的基点为中心按指定的比例放大或缩小。具体缩放大小，可采用输入数值方式或参照方式确定。“缩放”命令不同于“显示缩放”命令，“缩放”命令改变了选择对象的真实大小。

输入命令的方式如下：

- 按钮命令:【默认】显示选项卡→【修改】显示面板→【缩放】 缩放 按钮
- 菜单命令:【修改】→【缩放】
- 键盘命令:SC↙或 SCALE↙

【操作步骤】 输入“缩放”命令→选择缩放对象，直到回车确认→选择基点→输入比例，回车结束。比例缩放的基点是在缩放过程中位置不发生改变的点。缩放比例是放大或缩小后的图形与原图形的比值。

【示例 6】 将如图 7-91a 所示耳板图放大 2 倍。

操作方法:输入“缩放”命令，选择所有图形并回车；单击拾取方形左下角顶点 B 作为缩放基点(若没有其他相对位置图形要求也可以选其他点,如 A 点),输入“2”按回车键,结果如图 7-91b 所示。

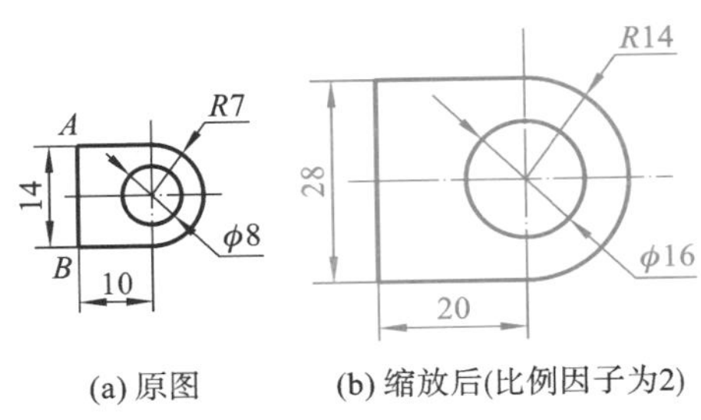

(a) 原图　(b) 缩放后(比例因子为2)

图 7-91　缩放图形

7.7.5　拉伸对象

【功能】 “拉伸”命令可以拉伸(或压缩)选中的对象,如图 7-92 所示。与窗口相交的对象被拉伸(或压缩),窗口外的对象不会有任何变化,完全在窗口内的对象将被移动。

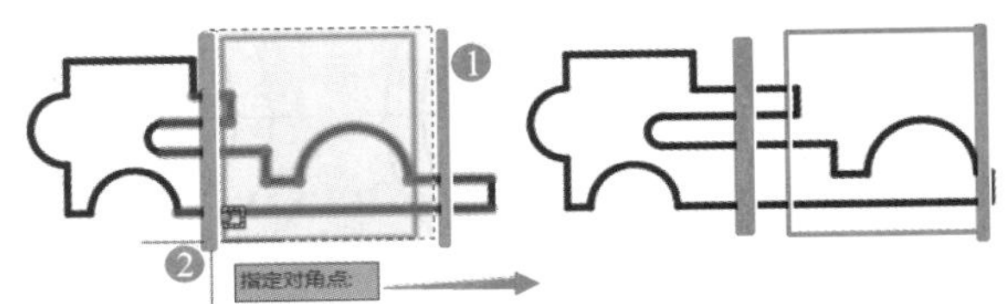

图 7-92　拉伸对象

输入命令的方式如下:

- 按钮命令:【默认】显示选项卡→【修改】显示面板→【拉伸】拉伸按钮
- 菜单命令:【修改】→【拉伸】
- 键盘命令:S↙或 STRETCH↙

【操作步骤】 输入“拉伸”命令→用“窗交”方式选择拉伸对象(即选择要移动的对象),按回车键→捕捉基点→捕捉指定第二点。可看见,与选择对象窗口边相交的对象按移动方向从“基点”到“第二点”之间的距离进行了调整,一边增加,一边减少相同量,选择对象窗口内的对象移动位置但大小不变。如图 7-92 所示是从左向右移动,观察红色相交线的变化。

7.7.6　拉长对象

【功能】 拉长对象可以修改直线、圆弧、椭圆弧、开放多段线和开放样条曲线的长度,还可以修改圆弧的包含角。修改尺寸可以指定为百分比、增量、最终长度或最终角度。

输入命令的方式如下:

- 按钮命令:【默认】显示选项卡→【修改】显示面板下弹中的【拉长】按钮
- 菜单命令:【修改】→【拉长】
- 键盘命令:Len↙或 Lengthen↙

【操作步骤】 输入“拉长”命令→提示“选择对象或[增量(DE)/百分数(P)/全部(T)/动

态(DY)]”，进行选项→单击对象便可完成拉长编辑，可继续选择其他对象完成拉长编辑，直至按回车键结束。

选项说明如下：

(1) 增量：通过指定对象的增量来设置对象的大小，该增量从选择点最近的端点开始测量，正值扩展对象，负值修剪对象。

(2) 百分数：通过指定对象增加后的总长度为原长度的百分数来设置对象长度。

(3) 全部：通过指定编辑完成后对象的长度或角度值来设定拉长的方法，即不论拉长前的长度或角度是多少，只在操作中输入拉长后的值。

(4) 动态：通过光标指定拉长后的位置来设定拉长的方法。

项目 8　绘制零件图、装配图与建筑图

【本项目之目标】

能够用 AutoCAD 绘制零件图、装配图和基础建筑图。

8.1　标注有公差的尺寸

8.1.1　公差标注样式的要求

公差尺寸的标注形式如图 8-1 所示，所用标注样式不同，但都是用“线性”标注命令标注的。公差标注样式的要求如表 8-1 所示。

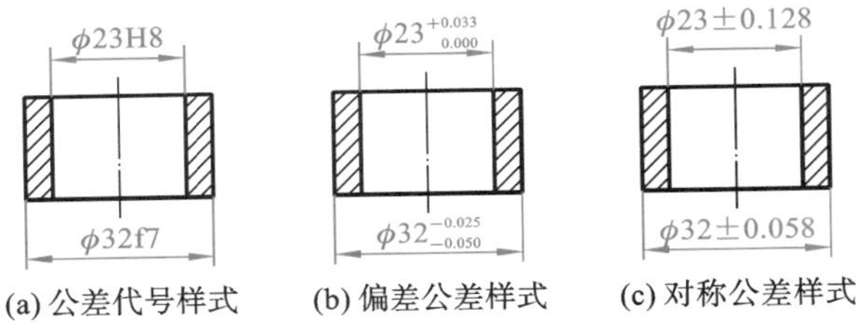

(a) 公差代号样式　(b) 偏差公差样式　(c) 对称公差样式

图 8-1　公差尺寸

表 8-1　公差标注样式的要求

尺 寸 类 型	样 式 名 称	基 础 样 式	其他要求(参考值)
有公差代号的尺寸，如 ϕ60H8	公差代号或(GC)	整数	【前缀】为“%%C”；【后缀】为“H8”
有上下偏差的尺寸	偏差公差或(PC)	整数	【前缀】为“%%C”；【方式】为“极限偏差”；【精度】为“0.000”；【上偏差】为“−0.025”，【下偏差】为“0.050”；【高度比例】为“0.7”
有对称偏差的尺寸	对称公差或(DC)	整数	【前缀】为“%%C”；【方式】为“对称”；【精度】为“0.000”；【上偏差】为“0.128”

8.1.2　新建公差样式

1. 新建“公差代号”样式

步骤如下：输入“标注样式”命令，弹出对话框，单击左边列表中的“整数”标注样式，单击【新建】按钮弹出对话框，在【新样式名】后输入“公差代号”；单击【继续】按钮，弹出对话框，在

“主单位”选项卡【前缀】框中输入“%%C”,【后缀】框中输入“H8”,光标在【前缀】框中单击可预览,如图 8-2 所示,单击【确定】按钮。

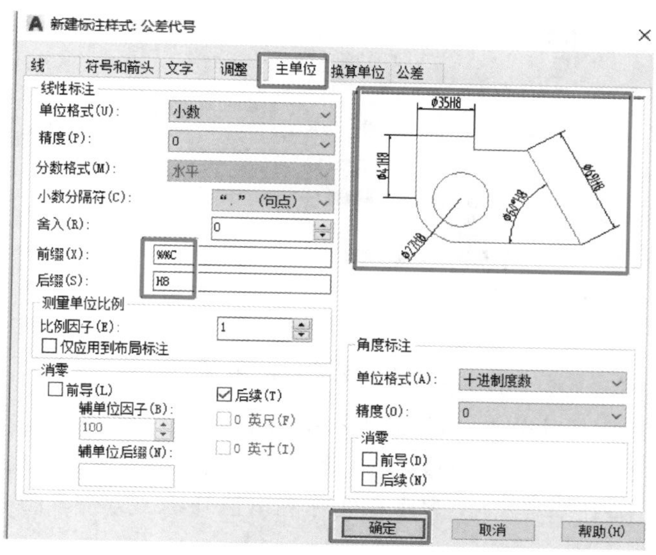

图 8-2　修改“主单位”选项

2. 新建“偏差公差”样式

步骤如下:

(1) 输入“标注样式”命令;单击选择左边列表中的“整数”标注样式作为基础样式,单击【新建】按钮;在【新样式名】后输入“偏差公差”;单击【继续】按钮;在“主单位”选项卡【前缀】框中输入“%%C”。

(2) 单击“公差”选项卡,选择【方式】为“极限偏差”;选定【精度】为“0.000”;输入【上偏差】为“−0.025”,【下偏差】为“0.055”;【高度比例】设为“0.7”,如图 8-3 所示。

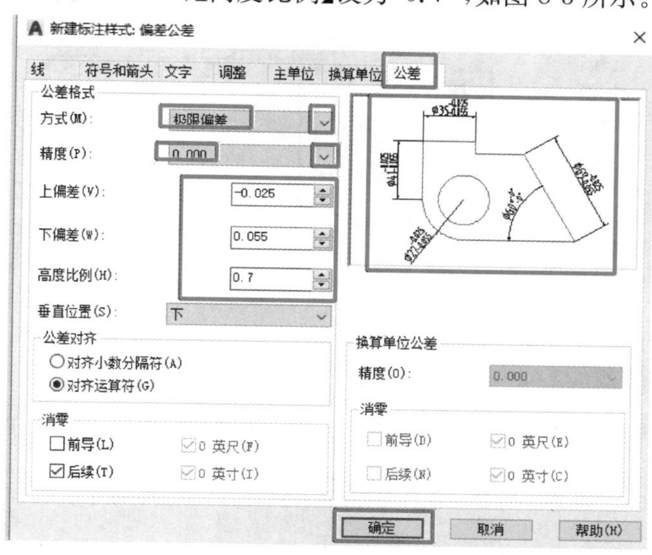

图 8-3　修改“公差”选项

(3) 单击【确定】按钮。

3. 设置标注样式中的“公差”参数

(1) “公差格式”选项组如图 8-4 所示。

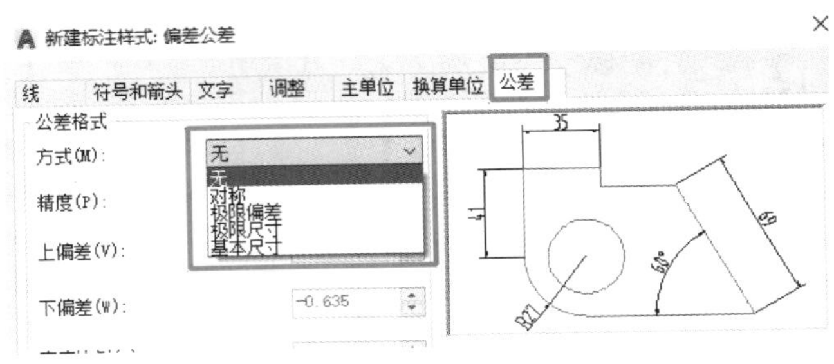

图 8-4 “公差格式”选项

【方式】:“无”表示不标注公差;“对称”表示添加正负值相同的公差;“极限偏差”表示添加正负值不同的公差,公差值在【上偏差】文本框和【下偏差】文本框中输入确定;“极限尺寸”表示添加正负值不同的公差;“基本尺寸”表示在实际测量值外绘出方框。图 8-5 所示为这些方式产生的不同标注效果。

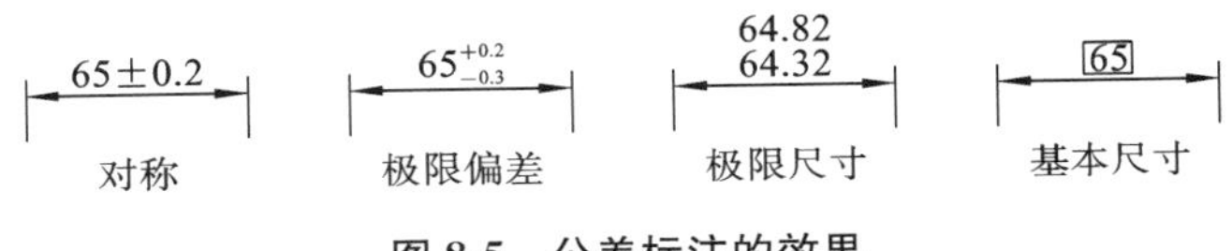

图 8-5 公差标注的效果

【精度】:用于设置公差值的小数位数。

【上偏差】和【下偏差】:用于设置上偏差值和下偏差值。默认值为上偏差是正值,下偏差是负值,如所需为相反的符号,则需在数值前先输入负号“—”,如图 8-6 所示。

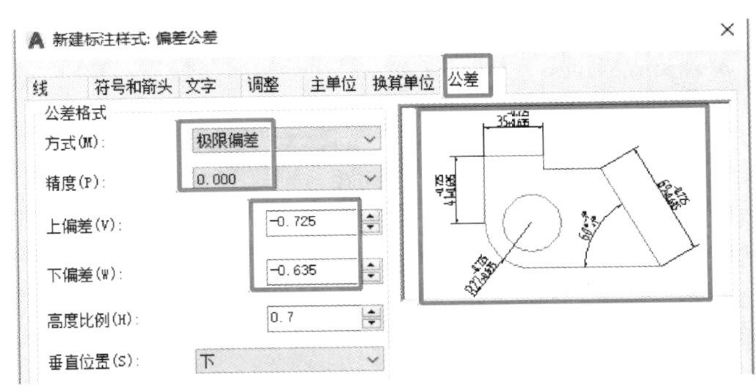

图 8-6 上、下偏差值输入负数的设置及预览效果

【高度比例】:用于设置公差文字与基本尺寸文字的高度比例。

【垂直位置】:用于设置基本尺寸文字与公差文字的相对位置,如图 8-7 所示。

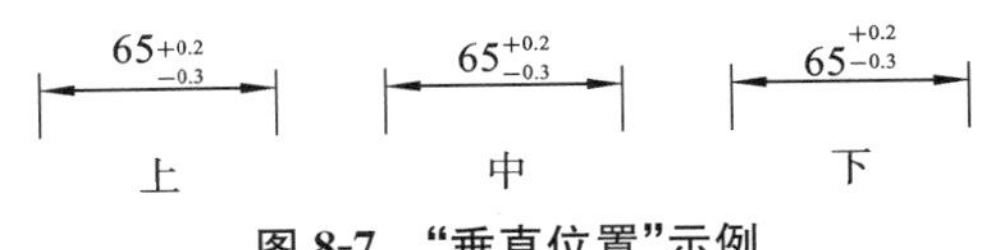

图 8-7 “垂直位置”示例

【消零】:用于设置公差数字的前面零和后面零是否显示。

(2)“换算单位公差”选项组　各选项功能与“公差格式”选项组中的同类选项相同。

4. 新建“对称公差”样式

步骤如下:

(1)输入“标注样式”命令;单击选择左边列表中“整数”标注样式作为基础样式,单击【新建】按钮;在【新样式名】后输入“对称公差”;单击【继续】按钮;在“主单位”选项卡【前缀】框中输入“%%C”。

(2)在“公差”选项卡中选择【方式】为“对称”,选定【精度】为“0.000”,输入【上偏差】为“0.128”,如图 8-8 所示。

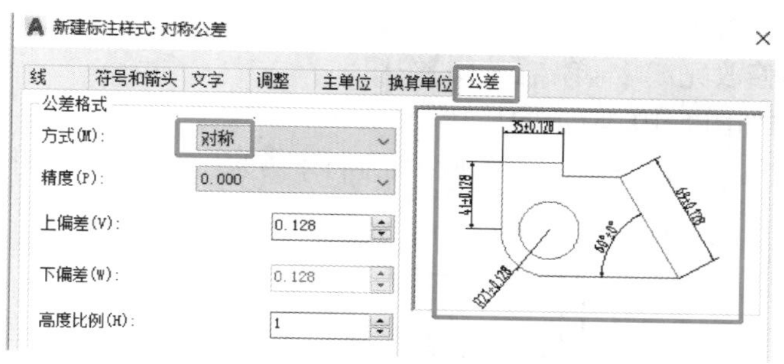

图 8-8　修改“公差”选项

(3)单击【确定】按钮完成创建。

8.1.3　标注有公差的尺寸

1. 标注有公差代号的尺寸

设置“公差代号”标注样式为当前样式,用“线性”标注命令标注,如图 8-9a 所示尺寸“ϕ23H8”。用此样式所标注的尺寸后面都有“H8”。

2. 标注有极限偏差值的尺寸

设置“偏差公差”标注样式为当前样式,用“线性”标注命令标注,如图 8-9b 所示。用此样式所标注的尺寸后面都有上下偏差。

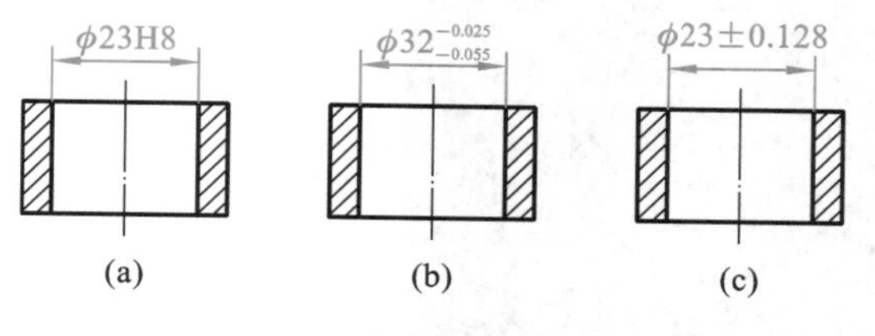

图 8-9　有公差的尺寸

3. 标注有对称公差值的尺寸

设置“对称公差”标注样式为当前样式,用“线性”标注命令标注,如图 8-9c 所示尺寸“ϕ23±0.128”。用此样式所标注的尺寸后面都有对称公差。

8.1.4　修改尺寸的公差值

对于图上有不同公差代号的情形，一般先用“公差代号”标注样式标注，再用“特性”命令修改。

对于图上有不同上下偏差的情形，一般先用“偏差公差”标注样式标注，再用“特性”命令修改。

“特性”命令输入的方法如下：选中一个尺寸对象，单击右键，选择【特性】，弹出对话框，其中列出了尺寸所有的特性和内容，单击相应文本框可以进行修改。拖动滚动条可查看所有选项。若拖动滚动条向下移动到“主单位”处，单击“标注后缀”框即可修改公差代号，修改完成后，单击【关闭】按钮。若拖动滚动条向下移动到“公差”处，单击“公差下偏差”和“公差上偏差”框即可修改偏差值，修改完成后，单击【关闭】按钮。

【示例 1】　标注如图 8-10a 所示的尺寸。

分析：先标注为“ϕ32H8”，如图 8-10b 所示，再将下方尺寸修改为“ϕ32f7”。

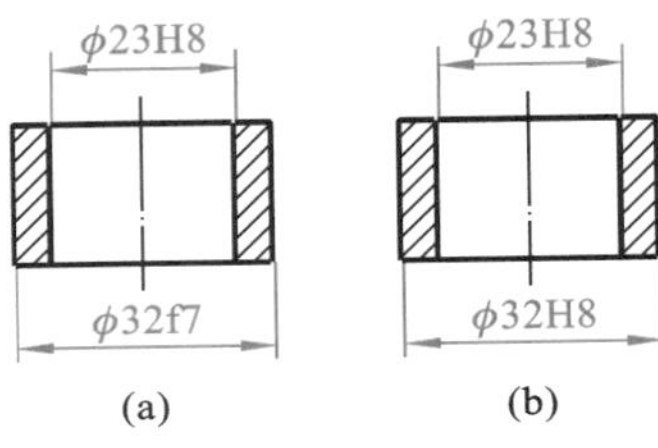

示例 1

图 8-10　不同公差代号的处理

操作步骤：单击要修改的尺寸 ϕ32H8；按右键出现对话框，选定【特性】单击；弹出“特性”对话框，向下拖动滚动条到【主单位】项，在【标注后缀】框中单击，将原来的“H8”改成“f7”，如图 8-11 所示，再单击【关闭】按钮。如图 8-12 所示，图中下方尺寸修改成了 ϕ32f7。按【Esc】键取消对象的选择。

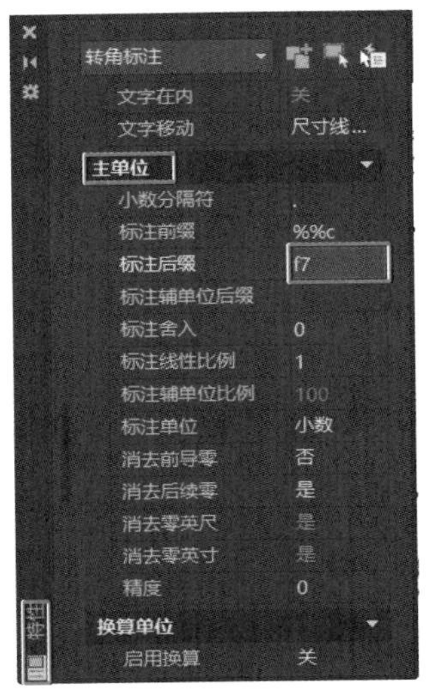

图 8-11　“特性”对话框

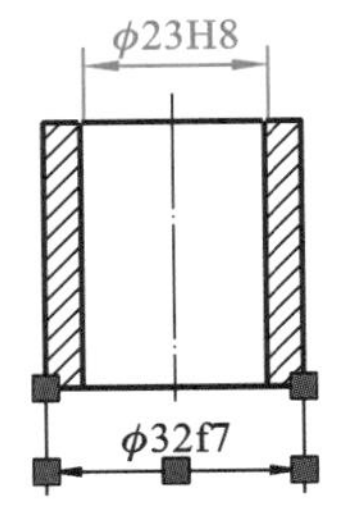

图 8-12　修改【后缀】

【示例 2】　标注如图 8-13a 所示的不同极限偏差尺寸。

分析:先标注为如图 8-13b 所示,再修改上方尺寸。

示例 2

操作步骤:选定要修改的尺寸;按右键出现对话框,单击【特性】;向下拖动滚动条到最下方的【公差】项,如图 8-14a 所示;在【公差上偏差】框中单击,输入新的上偏差值“0.033”;在【公差下偏差】框中单击,输入新的下偏差值“0”,如图 8-14b 所示,关闭“特性”对话框即可更新;按【Esc】键取消对象的选择。

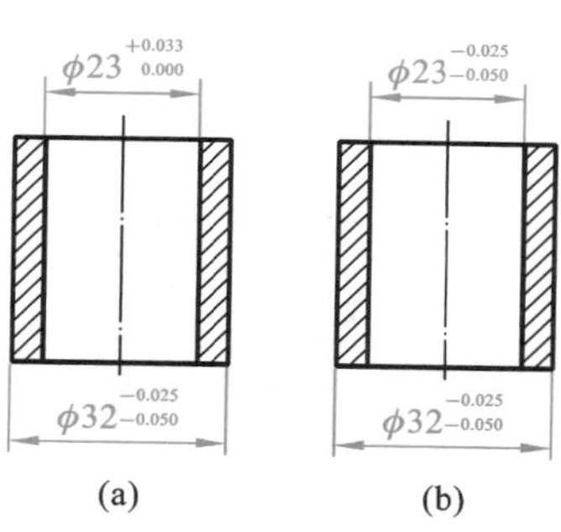

图 8-13　不同极限偏差的处理

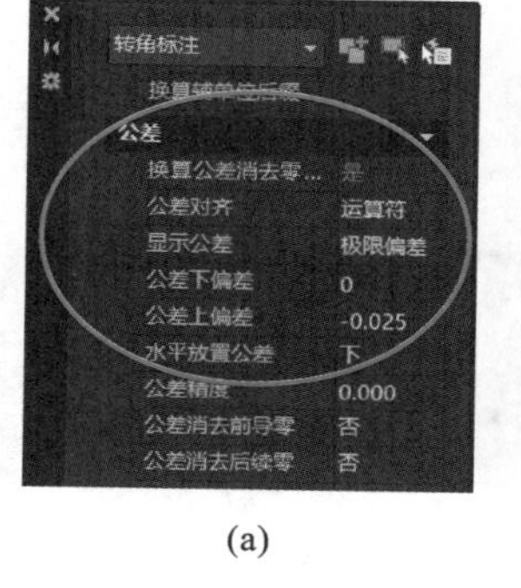

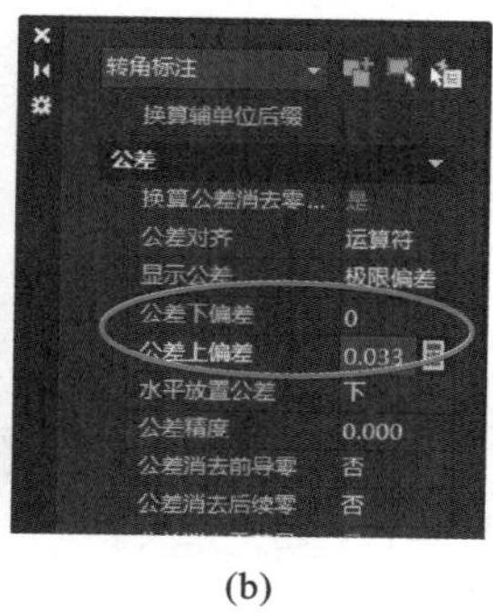

图 8-14　修改【公差】选项

标注有公差代号和极限偏差的尺寸,一般先用“线性”标注命令标注基本尺寸,再修改成所需的尺寸。

【示例 3】　标注如图 8-15 所示有公差代号和极限偏差的尺寸。

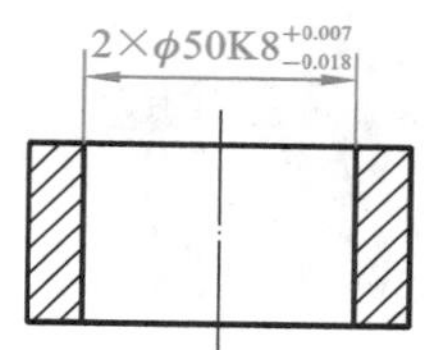

示例 3

图 8-15　有公差代号和极限偏差的尺寸

分析:先置“线直径”标注样式为当前样式,并用“线性”标注命令标注基本尺寸,再修改成所需的尺寸。

标注步骤如下:

(1) 置“线直径”标注样式为当前样式,并用“线性”标注命令标注尺寸“φ50”。

(2) 双击要修改的尺寸“φ50”,弹出【文字编辑器】对话框;移动光标到文本“φ50”左边,输入“2×”;移动光标到文本“φ50”右边,输入“K8”,如图 8-16 所示。

(3) 继续添加上下偏差值:先输入上下偏差值,输入格式为“上偏差值^下偏差值”,此处输入“+0.007^−0.018”,如图 8-17 所示。拖动鼠标选中输入的上下偏差值,如图 8-18 所示。

(4) 单击“堆叠” 按钮,结果如图 8-19 所示。单击文字编辑器上的【关闭文字编辑器】按钮,完成修改。按回车键退出命令。

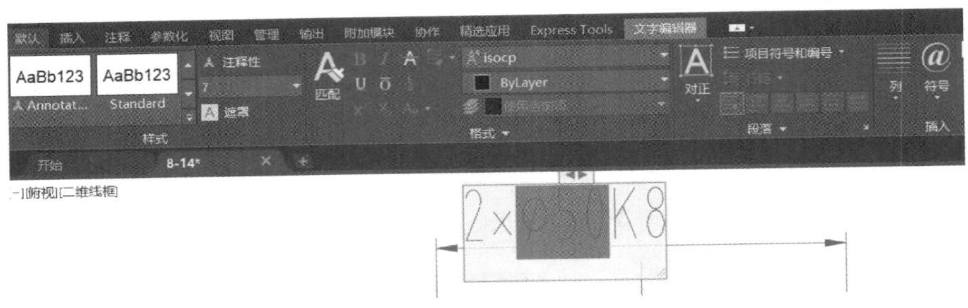

图 8-16　输入文字格式

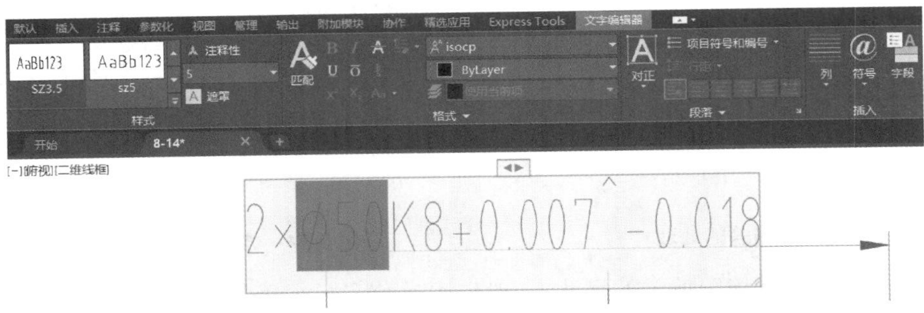

图 8-17　公差的输入

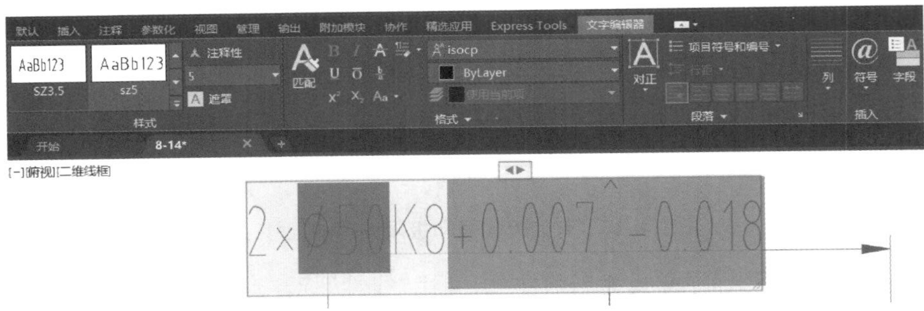

图 8-18　选择公差文本

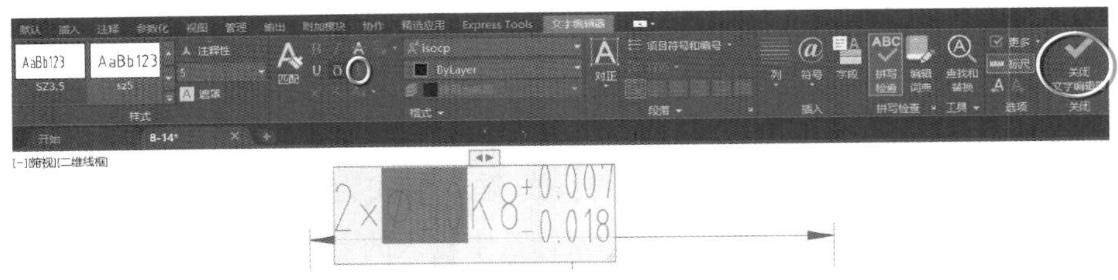

图 8-19　添加后的公差

【举一反三 8-1】 绘制图 8-20 所示图形，并完成图上所有标注。

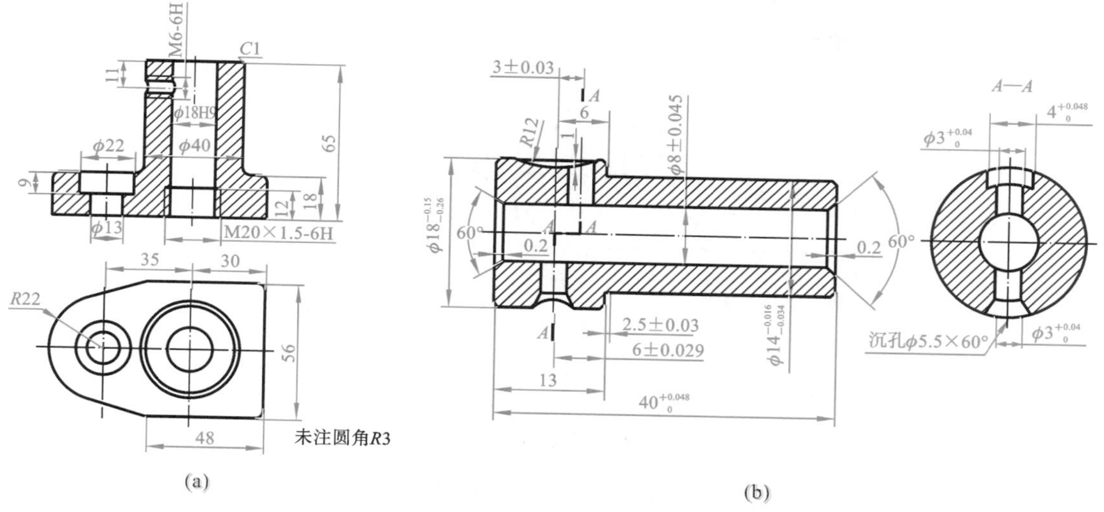

图 8-20　训练题图

8.2　标注几何公差

一般用“多重引线”命令绘制引线，用“公差”标注命令来标注几何公差符号。

8.2.1　样式设置及准备工作

设置几何公差图层，设置文字样式、标注样式，要求如表 8-2 所示，将样式置为当前样式。

表 8-2　设置要求

项　　目	名　　称	要　　求	备　　注
图层	几何公差	线型取“Continuous”，线宽取“0. 25”	置为当前图层
文字样式	GB-0	字体选择“isocp. shx”，字高取“0”	
标注样式	几何公差	(1) 尺寸线【颜色】、【线宽】改为“ByLayer”； (2) 尺寸界线【颜色】、【线宽】改为“ByLayer”； (3) 文字【颜色】改为“ByLayer”； (4) 文字样式为 GB-0，字高取“5”	置为当前样式

8.2.2　设置几何公差引线样式

创建带箭头的线，且只能水平方向和竖直方向摆放。步骤如下：

第 1 步　选择“几何公差”层为当前图层。输入“多重引线样式”命令，弹出对话框，单击【新建】弹出对话框，在【新样式名】框中输入“几何公差线”；单击【继续】弹出对话框，选中“引线格式”选项卡，在“常规”区中，从“颜色”“线型”和“线宽”下拉列表中选择“ByLayer”；在“箭头”区中，向“大小”框中输入“3”，其他选项保持默认值，如图 8-21 所示。

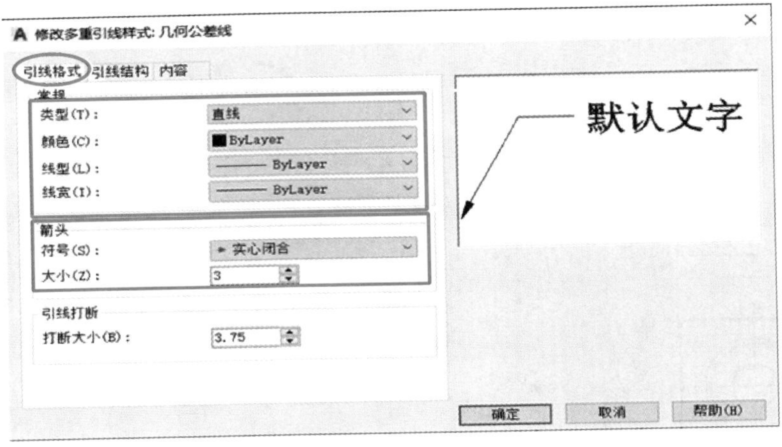

图8-21　“引线格式”选项卡

第2步　选中“引线结构”选项卡，在“约束”区，选中“最大引线点数”，将其设置为“3”；选中“第一段角度”，并在其下拉列表中选择“90”；选中“第二段角度”，并在其下拉列表中选择“90”；不勾选“自动包含基线”，其他选项保持默认值，如图8-22所示。

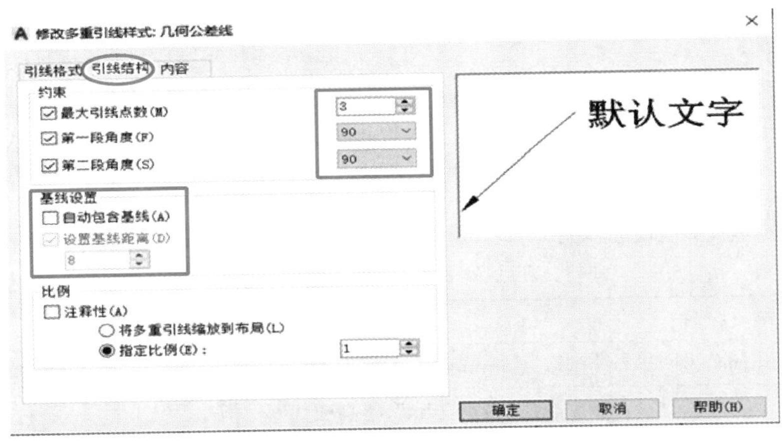

图8-22　“引线结构”选项卡

第3步　选中“内容”选项卡，在“多重引线类型”下拉列表中选择“无”，如图8-23所示；单击【确定】，返回“多重引线样式管理器”对话框，单击【关闭】按钮。

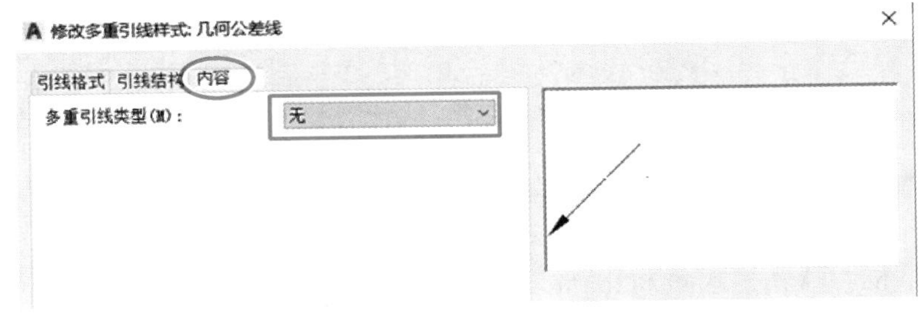

图8-23　“内容”选项卡

8.2.3　绘制几何公差引线

置"几何公差线"样式为当前多重引线样式：在【注释】显示面板下弹中的【多重引线样式】下拉列表中，选择"几何公差线"样式；再输入"多重引线"命令，单击指定引线箭头位置，移动光标，再单击。

8.2.4　标注几何公差符号

标注几何公差符号的步骤如下。

第 1 步　输入"公差"命令。输入"公差"命令的方法如下：

- 按钮命令：【注释】显示选项卡→【标注】显示面板下弹中的【公差】按钮
- 菜单命令：【标注】→【公差】
- 键盘命令：TOLERANCE↙

第 2 步　在弹出的"形位公差"对话框中，单击【符号】下的黑色方框，弹出"特征符号"对话框，如图 8-24 所示。在"特征符号"对话框中单击选择某个符号，如选择第一行第二列的同轴度符号，返回"形位公差"对话框。

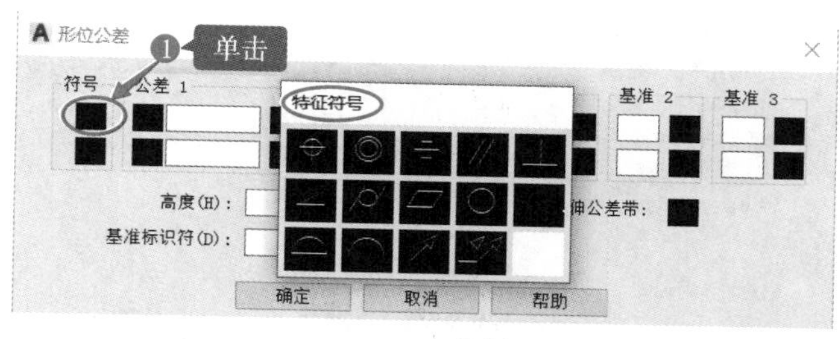

图 8-24　"形位公差"和"特征符号"窗口

第 3 步　在"形位公差"对话框中，在【公差 1】下的白色框格中输入需要设置的参数值，如"0.05"；单击【公差 1】下方左侧的黑色方框，选择直径符号∅是否插入，如图 8-25 所示。

第 4 步　在【基准 1】下的白色框格中输入与基准符号圆圈中相同的字母，如"A"。如需标注"附加符号"，则在【公差 1】下方右侧的黑色方框中单击，弹出对话框，如图 8-26 所示，可单击选择相应符号。单击【确定】按钮，显示几何公差框格，如图 8-27 所示。

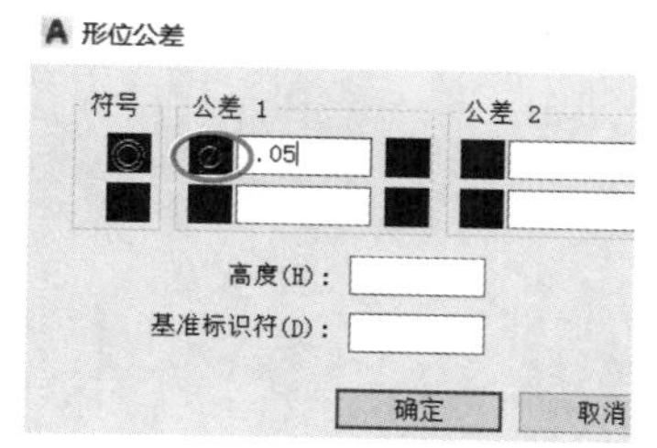

图 8-25　直径符号窗口

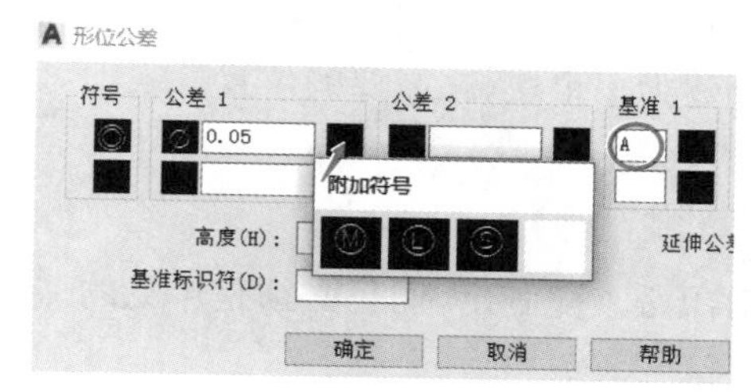

图 8-26　"附加符号"窗口

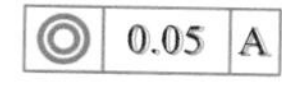

图 8-27　几何公差框格

8.2.5 调整几何公差框格位置与大小

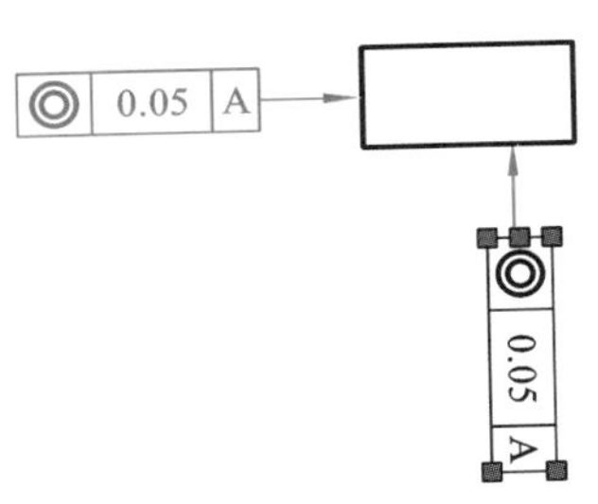

图 8-28 调整几何公差框格

1. 调整几何公差框格位置

用“移动”命令将几何公差框格移动到引线位置;若需要竖直放置,先用“旋转”命令旋转 90°,再移动。也可以用“夹点”方式移动,如图 8-28 所示。

2. 调整几何公差框格大小

如果图形缩放后,公差符号显示太小,可以调整“几何公差”标注样式中的“使用全局比例”,如由“1”改为“3”,如图 8-29 所示,再单击【确定】。

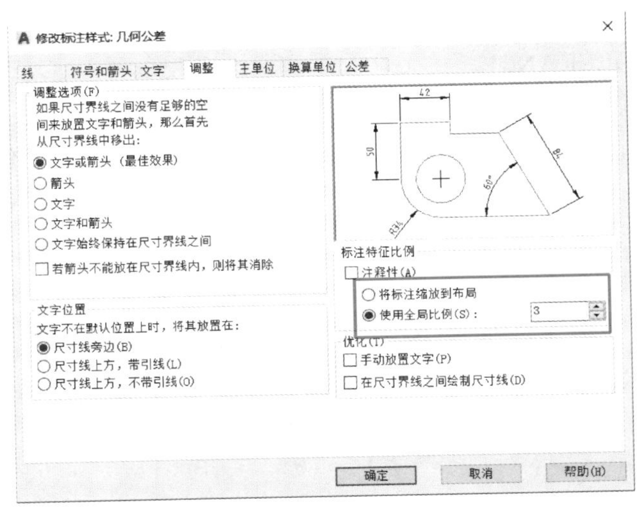

图 8-29 调整“使用全局比例”

8.3 图块的创建与使用

图块是一个或多个对象组成的对象集合,常用于绘制重复的图形。一旦一组对象组合成块,就可以根据作图需要将这组对象插入到图中任意指定位置,而且可以按不同的比例和旋转角度插入。可以给块定义属性,在插入时填写可变文字。因此对于绘图过程中相同的图形,不必重复绘制,只需将它们创建为一个块,在需要的位置插入即可。

8.3.1 创建块与插入块

创建块前,组成块的对象必须先画出,而且必须是可见的。

1. 创建块的方法

创建块的命令输入方式如下:

- 按钮命令:【默认】显示选项卡→【块】显示面板→【创建】 创建 按钮

- 菜单命令:【绘图】→【块】→【创建】
- 键盘命令:B↙或 BLOCK↙

输入命令,弹出“块定义”对话框,如图 8-30 所示,进行块的定义,然后单击【确定】按钮。

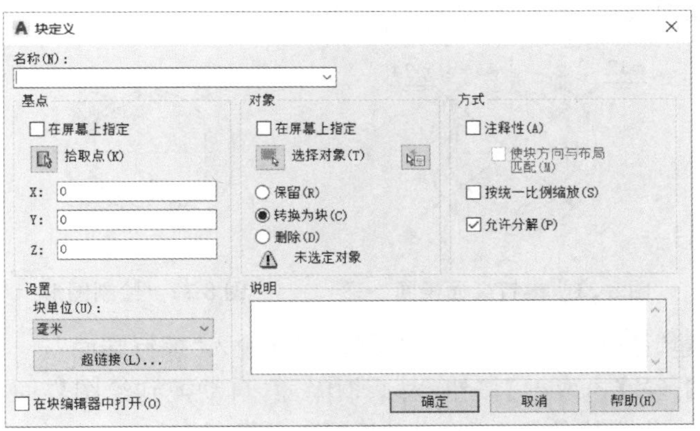

图 8-30　“块定义”窗口

各个选项的意义如下:

(1)【名称】框　输入图块名称(可以是字母、数字或符号)。

(2)【基点】组　用于确定图块插入基点的位置,即将图块插入图形中时与光标重合的点。

- 【在屏幕上指定】:选中此项,则关闭“块定义”对话框后,将提示用户指定基点。
- 【拾取点】:一般采用此方式。单击按钮后,“块定义”对话框暂时隐藏,在屏幕上单击作为基点的点后,重新弹出对话框,可继续操作。
- “X”“Y”“Z”框:用于输入坐标以确定块的基点。

(3)【对象】组　用于选择构成块的对象。

- 【在屏幕上指定】:选中此项,关闭“块定义”对话框后,将提示用户选择对象。
- 【选择对象】:一般选择此方式。单击此按钮,对话框隐藏,在绘图区中选择构成块的图形对象,选择完成后,按回车键,重新弹出“块定义”对话框,可继续操作。
- “快速选择”按钮:单击此按钮,弹出“快速选择”对话框,可以过滤选择当前绘图区中的某些图形对象作为块中的对象。
- 【保留】项:在创建块后,所选图形对象仍保留并且属性不变。
- 【转换为块】项:在创建块后,所选图形对象转换为块。
- 【删除】项:在创建块后,所选图形对象将被清除。

(4)【设置】组　用于指定块的设置,一般可取默认值。

(5)【方式】组　用于块的方式设置,一般可取默认值。

2. 创建块的一般步骤

绘制创建块所需的对象,包含图形和固定的文字;输入“创建”命令弹出对话框;在【名称】框中输入块名;在【基点】选项中单击【拾取点】,换成图形界面,指定块的插入点,返回对话框;单击【选择对象】,换成图形界面,在绘图区上选取组成块的对象,可以选多个对象,直到按回车键完成对象选择,返回对话框;在【对象】下选择一种对原选定对象的处理方式,如选择【保留】;

单击【确定】按钮，完成块的创建。

【示例 4】 将如图 8-31 所示螺钉端面视图创建为块。

操作步骤如下：

(1) 绘制螺钉端面视图，如图 8-32 所示，不用标注尺寸。

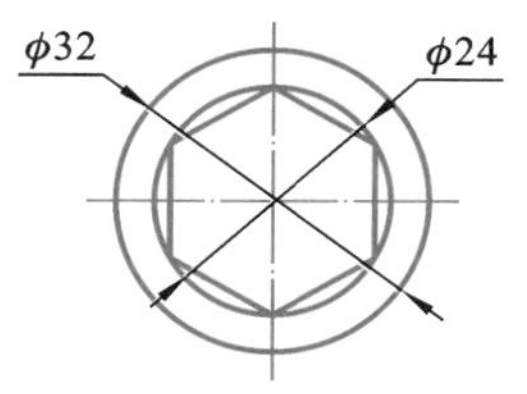

图 8-31 螺钉端面视图

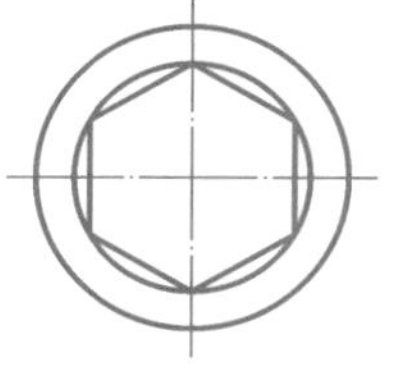

图 8-32 绘制图形

示例 4

(2) 输入块“创建”命令，弹出对话框；在【名称】框输入“螺钉端面”。

(3) 单击【基点】区的【拾取点】按钮，对话框隐藏，自动换到绘图界面，移动光标指向图上圆心处单击，即取圆心作为块的插入点，自动返回对话框。

(4) 单击【对象】区的【选择对象】按钮，对话框隐藏，自动换到绘图界面，选择绘制的螺钉端面视图，按回车键，自动返回对话框。

(5) 选中【按统一比例缩放】，参数的设置如图 8-33 所示。

(6) 单击【确定】，完成块的创建。

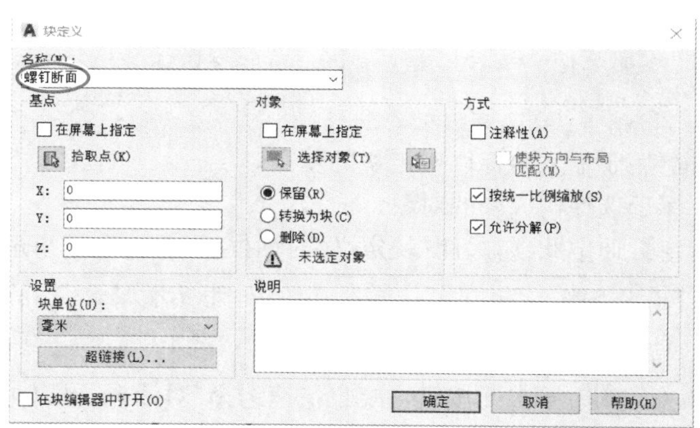

图 8-33 参数设置

3. 插入块

创建块后就可使用“插入”命令把块插入到当前图形中了。在插入块时，需要指定块的名称、插入点、缩放比例和旋转角度等。插入前，至少要有一个块。

输入块“插入”命令的方法如下：

- 按钮命令：【默认】显示选项卡→【块】显示面板→【插入】按钮

或【插入】显示选项卡→【块】显示面板→【插入】按钮

- 菜单命令：【插入】→【块】
- 键盘命令：I↙或 INSERT↙

【操作步骤】　单击块“插入”命令，出现块列表窗口，如图 8-34 所示，窗口中有所建块的图形预览和图块名称；单击要插入的块名称；根据命令行的提示，如图 8-35 所示，单击插入块的旋转、比例、分解、基点和重复等信息，最后指定块的插入点即可完成操作。

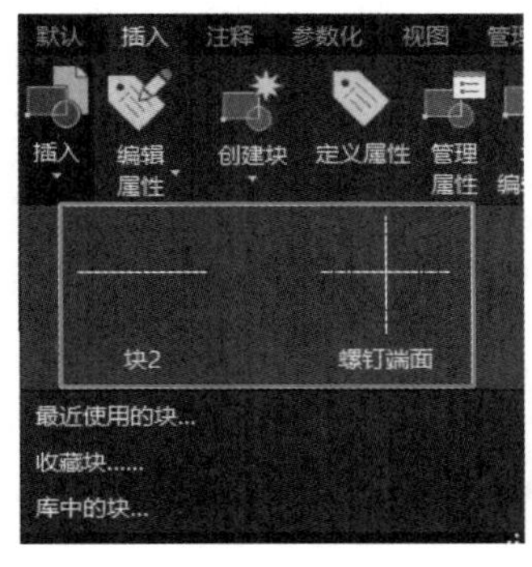

图 8-34　“插入”块列表窗口

指定插入点或 [基点(B)/比例(S)/旋转(R)/分解(E)/重复(RE)]: _Scale 指定
指定旋转角度 <0>: 0
-INSERT 指定插入点或 [基点(B) 比例(S) 旋转(R) 分解(E) 重复(RE)]:

图 8-35　“插入”块的命令行提示信息

“插入”块命令行各个选项的意义如下：

(1)【插入点】：用于指定块的插入点的位置。默认由光标在当前图形中捕捉插入点。一般选用此方式。

(2)【比例(S)】：用于指定块的缩放比例。单击“比例(S)”，命令行提示指定三个轴方向上的比例因子。

(3)【旋转(R)】：用于指定块的旋转角度。

(4)【分解(E)】：用于将插入的块分解为各个单独的图形对象。

(5)【重复(RE)】：执行一次块“插入”命令，可以重复插入绘图区域多个相同的块。

(6)【基点(B)】：指定插入块时的基准点。

【示例 5】　将“螺钉端面”块插入图形中，如图 8-36 所示。

示例 5

操作步骤如下：

第 1 步　用“直线”命令和“偏移”命令绘制边框及位置线，如图 8-37 所示。

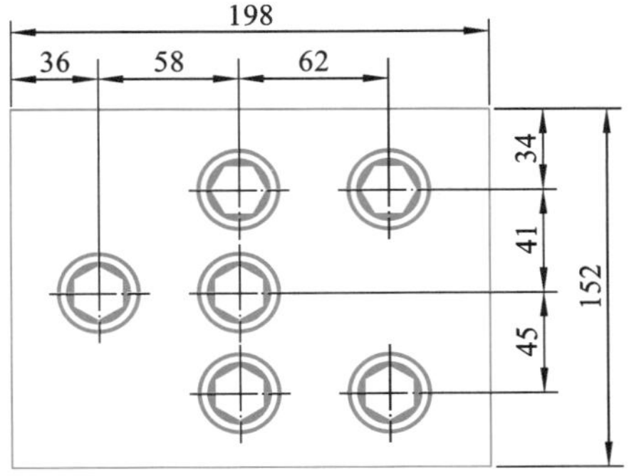

图 8-36　“插入”块示例

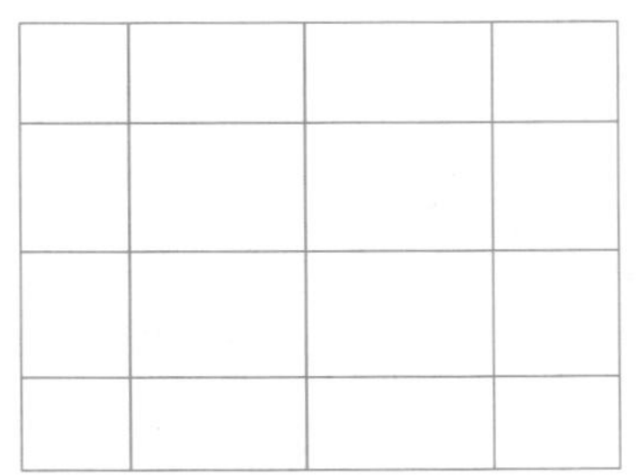

图 8-37　绘制边框及位置线

第 2 步　插入“螺钉端面”块。

(1) 单击块“插入”命令，出现列表窗口，如图 8-38 所示，在窗口中单击“螺钉端面”，“插入”窗口消失。

（2）提示指定插入点，单击命令行窗口中“重复(RE)”，单击“是(Y)”，如图 8-39 所示，在位置线交点处单击，即确定块的插入位置，单击 4 次插入了 4 个相同的块，如图 8-40 所示。

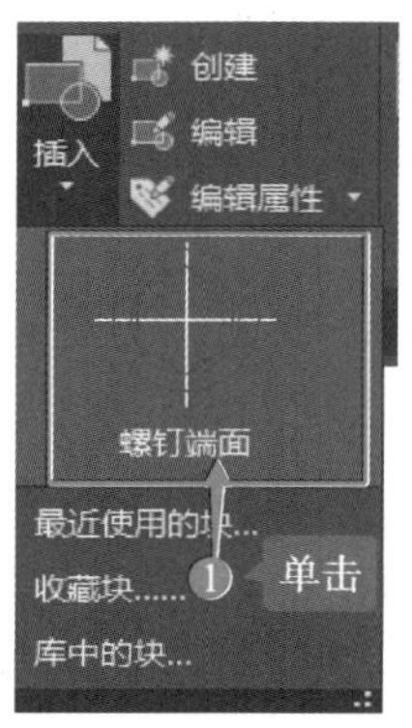

图 8-38 “插入”列表窗口

图 8-39 插入 4 个“螺钉端面”块的位置

（3）单击块“插入”命令，出现列表窗口；在窗口中单击“螺钉端面”，“插入”窗口消失。在命令行窗口单击“旋转(R)”，提示“指定旋转角度：”，输入“90°”，按回车键；在命令行窗口单击“重复(RE)”，单击“是(Y)”。如图 8-41 所示，在右上方位置线交点处单击，即确定最后两个块的插入位置；插入块完成后如图 8-42 所示。

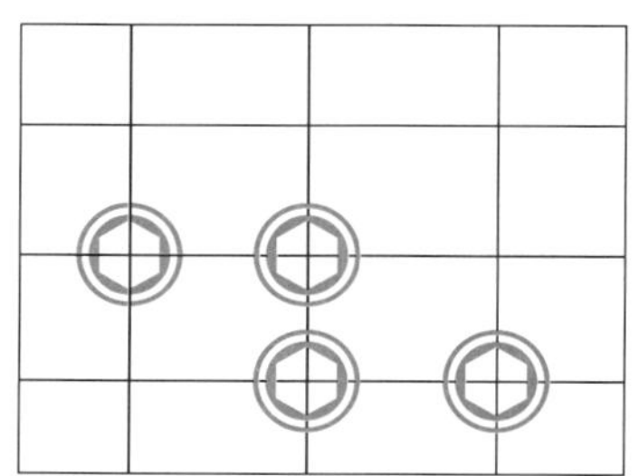

图 8-40 完成插入 4 个“螺钉端面”块图形

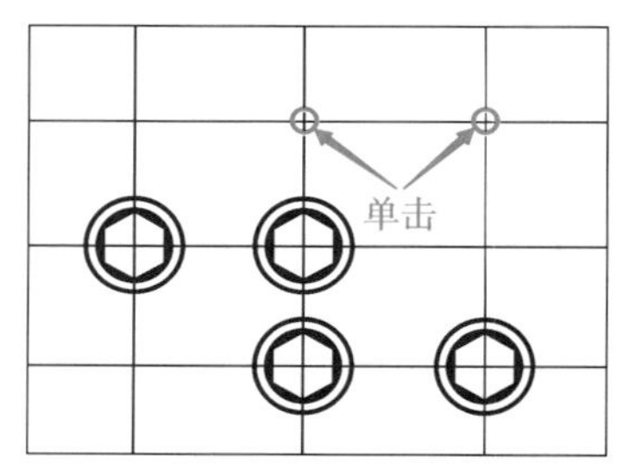

图 8-41 插入 2 个“螺钉端面”块的位置

第 3 步 删除位置线，完成图形，如图 8-43 所示。

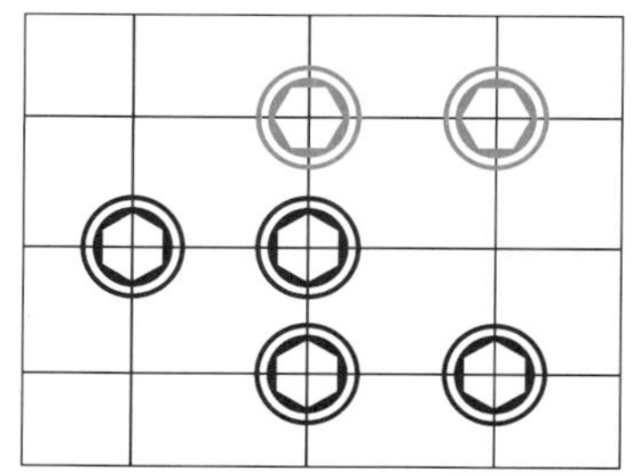

图 8-42 插入 2 个旋转的“螺钉端面”块

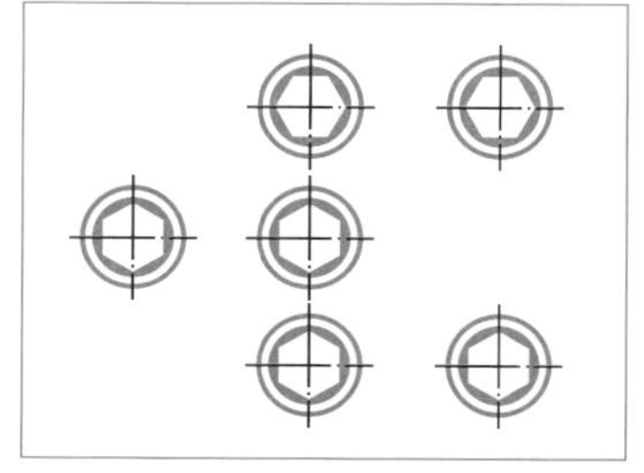

图 8-43 完成的图形

8.3.2 创建属性块与插入属性块

块属性是块附带的一种可变文本信息。在创建一个属性块前，必须先定义属性。

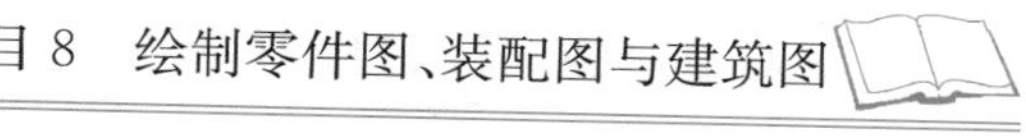

1. 创建属性块的一般步骤

绘制创建块所需的对象，包含图形和固定的文字；定义块属性；用输入块命令创建块。在创建带属性的块时，需要同时选择块属性作为块的对象。

2. 定义块属性

输入“定义属性”命令的方式如下：

- 按钮命令：【默认】显示选项卡→【块】显示面板下弹中的【定义属性】按钮

或【插入】显示选项卡→【块定义】显示面板→【定义属性】按钮

- 菜单命令：【绘图】→【块】→【定义属性】
- 键盘命令：ATT↙或 ATTDEF↙

【操作步骤】　输入“定义属性”命令，弹出“属性定义”对话框，如图 8-44 所示，完成各项设置后，单击【确定】按钮。“属性定义”窗口中各选项的含义如下：

（1）【模式】：设置块属性的模式属性值。一般不用修改。

（2）【属性】：设置属性数据。

- 【标记】：标识图形中出现的属性。
- 【提示】：指定在插入有该属性定义的块时，命令行显示的提示信息。
- 【默认值】：指定默认属性值，即命令行显示提示信息时，“<>”中的值。

（3）【插入点】：指定属性文字放置位置。一般选择“在屏幕上指定”方式。

（4）【文字设置】：设置属性文字的对正方式、文字样式、高度和旋转。

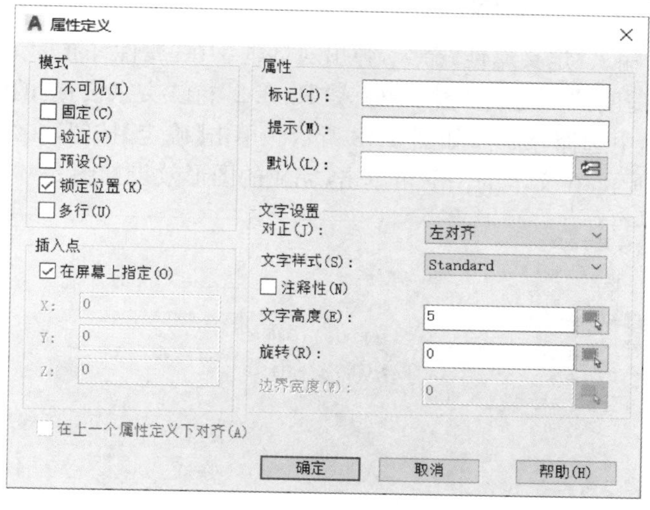

图 8-44　“属性定义”对话框

8.3.3　编辑块属性

对于已经插入的属性块，还可以用“编辑属性”命令对其属性值进行修改。方法：直接双击插入的属性块，会弹出“增强属性编辑器”对话框，如图 8-45 所示；在各选项卡中分别对各属性进行修改后，单击【确定】按钮，关闭对话框，结束编辑。

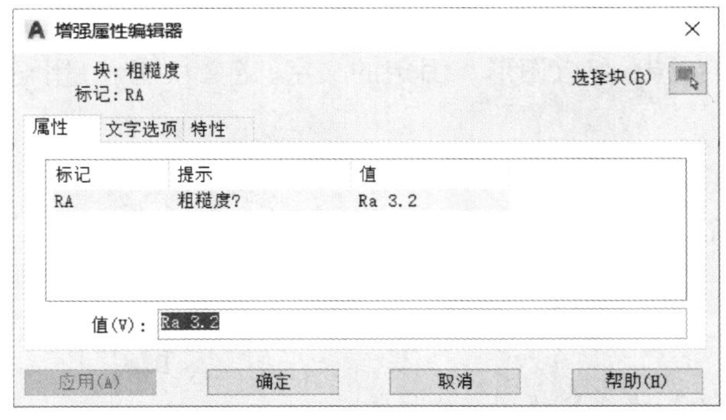

图 8-45 “属性”选项卡

【示例 6】 制作和插入粗糙度符号块。

第 1 步 制作粗糙度符号块。

(1) 绘制一个表面粗糙度代号。创建“粗糙度”层，要求同“文字”层；换“粗糙度”层为当前层。按如图 8-46 所示尺寸，用“直线”命令和“偏移”命令绘制直线（角度线可设置“极轴追踪”角度为“60”），再用“修剪”命令修改代号，如图 8-47 所示。

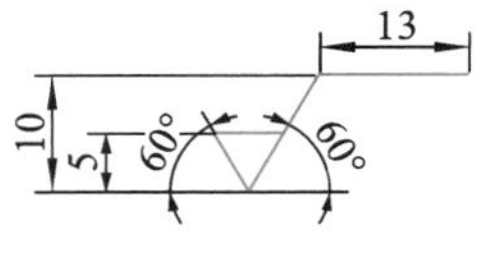

图 8-46 粗糙度代号

图 8-47 绘制的粗糙度代号

示例 6

(2) 定义属性。输入“定义属性”命令，弹出对话框。在“属性”的【标记】框中输入“Ra”，在【提示】框中输入“粗糙度?”，在【默认】框中输入“Ra 3.2”；在“文字设置”的【对正】框中选择“左上”，在【文字样式】框中选择“SZ5”，如图 8-48 所示。单击【确定】按钮，在绘图窗口中单击指定插入点，如图 8-49a 所示，在文本的左下角单击，完成的图形效果如图 8-49b 所示。

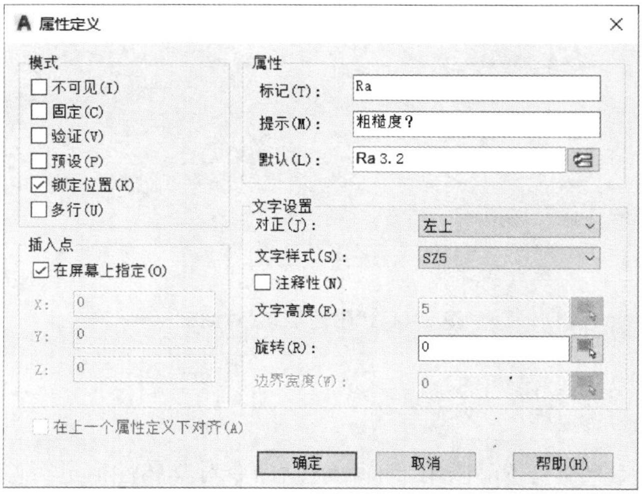

图 8-48 “属性定义”对话框

（3）创建块。输入块“创建”命令，弹出“块定义”对话框，在【名称】框中输入“粗糙度”，单击“基点”中的【拾取点】按钮，在绘图区中单击代号最低点处作为图块的基点，如图 8-50 所示。单击“选择对象”按钮，在绘图区选择如图 8-49b 所示的图形和属性，下方选项选“转换为块”，按回车键返回对话框，如图 8-51 所示。单击【确定】按钮，弹出“编辑属性”对话框，如图 8-52 所示，可以输入相应粗糙度数值，单击【确定】按钮。完成的图形效果如图 8-53 所示。

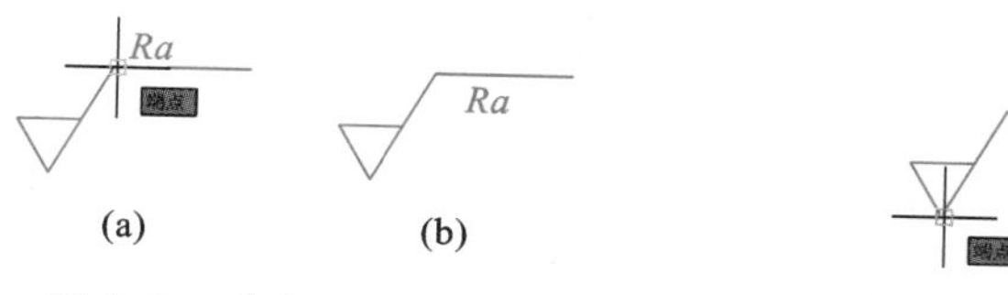

图 8-49　定义属性插入点　　图 8-50　选择基点

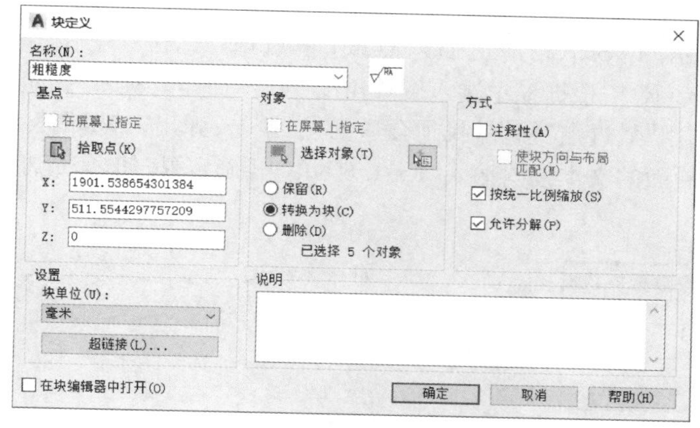

图 8-51　块定义

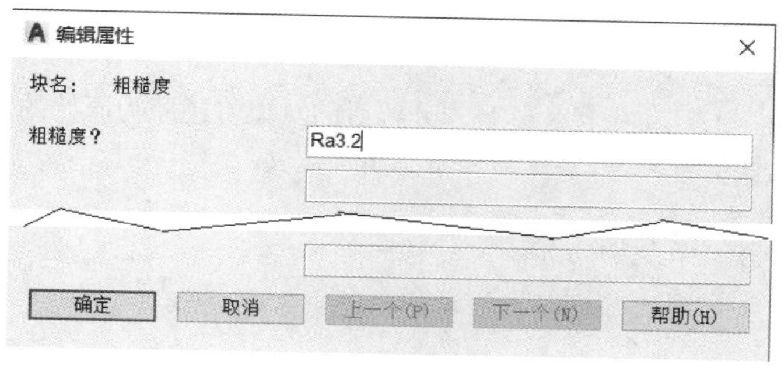

图 8-52　“编辑属性”对话框

第 2 步　插入“粗糙度”块到如图 8-54 所示的图形中。

（1）绘制上方的粗糙度符号。输入块“插入”命令，如图 8-55 所示，出现列表窗口，在“插入”下弹中选择“粗糙度”块。

（2）命令行提示“指定插入点或”，移动光标到上方图线上，利用“最近点”捕捉，找到合适的点，如图 8-56 所示，单击；弹出“编辑属性”对话框，单击【确定】按钮，完成上方块的插入。

（3）绘制左方的粗糙度符号。输入块“插入”命令，如图 8-55 所示，出现列表窗口，在“插入”下弹中选择“粗糙度”块。

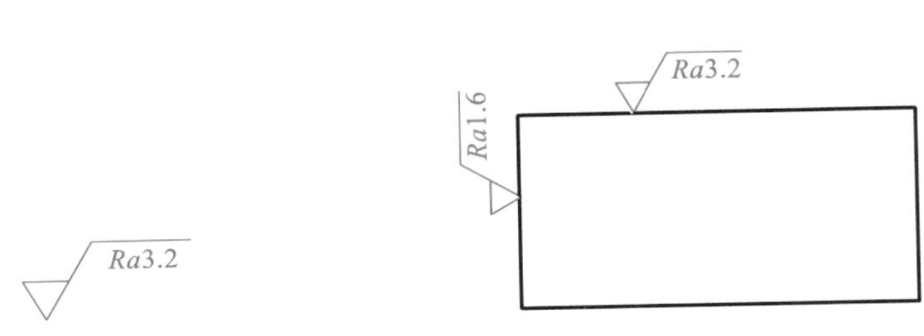

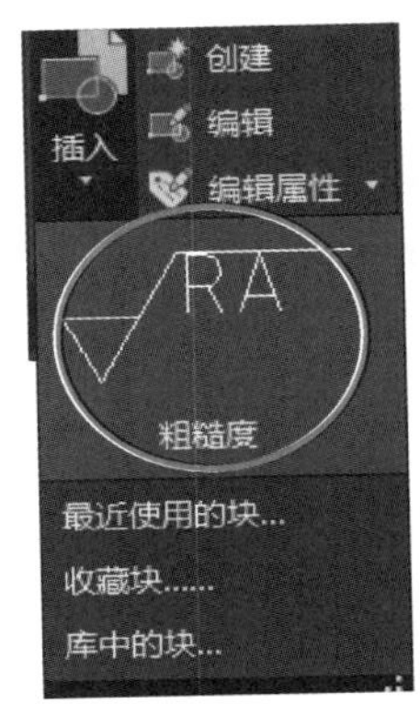

图 8-53　创建的块　　图 8-54　插入块　　图 8-55　插入带属性的块

(4) 命令行提示"INSERT 指定插入点或[基点(B)比例(S)旋转(R)分解(E)重复(RE)]:",单击"旋转(R)",根据提示输入旋转角度"90°",回车。提示"指定插入点或",移动光标到左方竖线上,利用"最近点"捕捉,找到合适的点,单击;弹出"编辑属性"对话框,如图 8-57 所示,在"粗糙度?"后面的文本框内输入"Ra 1.6",单击【确定】按钮,完成左方块的插入。

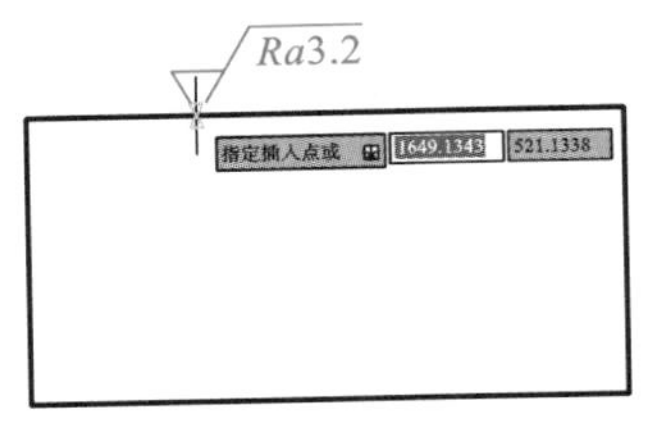

图 8-56　指定插入点

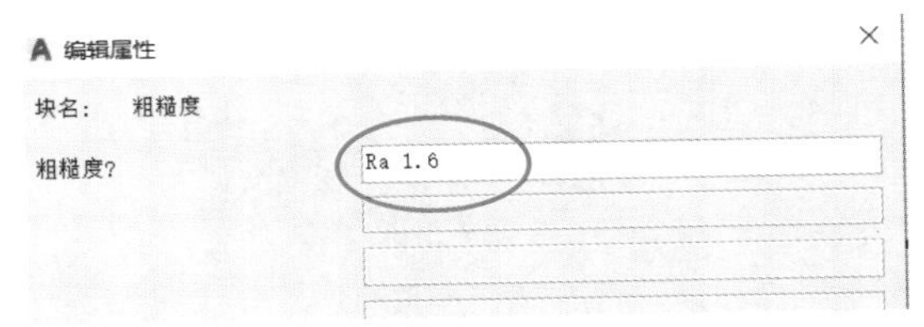

图 8-57　编辑属性

8.3.4　分解块

插入块后,可用"分解"命令将其分解。分解后的对象将还原为原始的图层属性设置状态。如果分解属性块,属性值将丢失,并重新显示其属性定义。

8.3.5　创建外部块与插入外部块

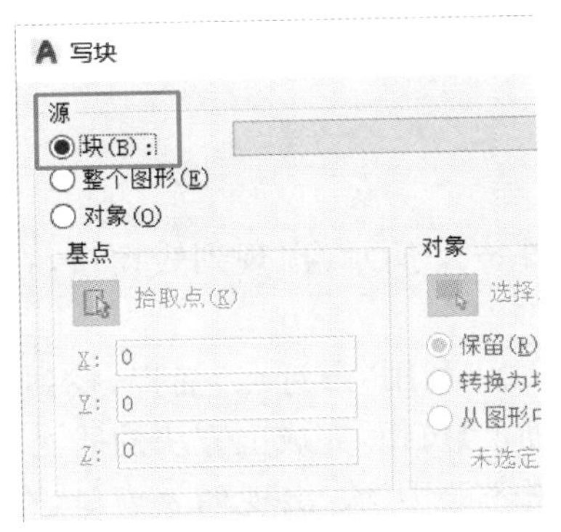

图 8-58　"写块"对话框

1. 创建外部块

利用创建外部块命令可以将当前图形中的块或图形对象保存为独立的图形文件,以便在其他图形文件中使用。输入命令的方式如下:

- 键盘命令:W↙或 WBLOCK↙

【操作步骤】 输入命令后,弹出如图 8-58 所示的"写块"对话框,设置各选项后,单击【确定】按钮完成外部块的创建。"写块"对话框中各选项说明如下:

(1)【源】选项区:指定外部块的来源,有 3 种方式。

- 【块】下拉列表:将现有的块创建为外部块。

• 【整个图形】:选择当前整个图形为块对象来创建外部块。

• 【对象】:从屏幕上选择对象并指定插入点来创建外部块。同创建块一样操作。

(2)【基点】:指定块的插入点。同创建块一样操作。

(3)【对象】:选择对象及选择一种对原选定对象的处理方式。同创建块一样操作。

(4)【目标】:输入新图形的路径和文件名称。在右边按钮上单击,弹出"浏览图形文件"对话框,可对外部块的路径和文件名称进行设定。

【示例 7】 将"螺钉端面"块创建为外部块。

操作方法如下:输入【W】,按回车键后,弹出对话框;在【源】选项区选择【块】,即选择将现有的块创建为外部块;在【块】右边列表中单击,选择"螺钉端面";在【目标】选项区列表框右边的按钮上单击,弹出对话框,对外部块的路径和文件名称进行设定,如图 8-59 所示。单击【确定】按钮完成外部块的创建。

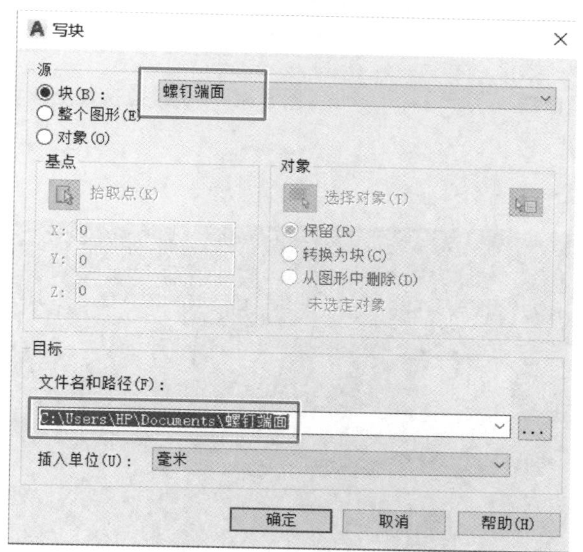

示例 7

图 8-59 "写块"对话框

2. 插入外部块

输入块"插入"命令的方式如下:

• 按钮命令:【默认】显示选项卡→【块】显示面板→【插入】按钮

• 菜单命令:【插入】→【块】

• 键盘命令:I↙或 INSERT↙

【操作步骤】 输入块"插入"命令,如图 8-60 所示,出现列表窗口,单击【库中的块...】;如图 8-61 所示,弹出【为块库选择文件夹或文件】对话框,指定块所在的路径,单击块文件名,单击【打开】按钮,进入"块库"对话框,如图 8-62 所示;完成选项设置,长按左键,将库中的"螺钉端面"外部块拖动到绘图区;单击"块库"对话框的关闭按钮,完成操作。

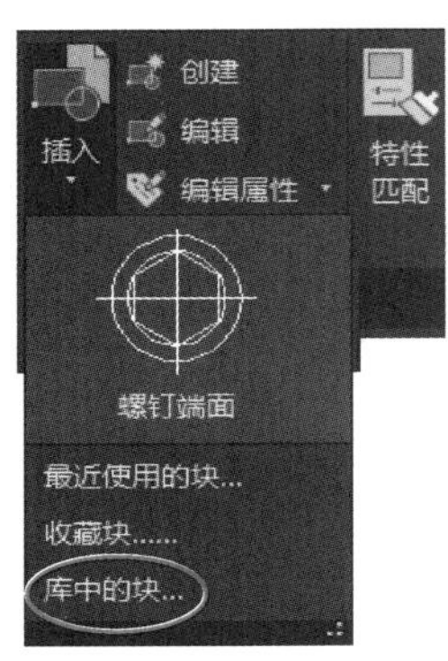

图 8-60 "插入"列表窗口

图 8-61 "为块库选择文件夹或文件"对话框

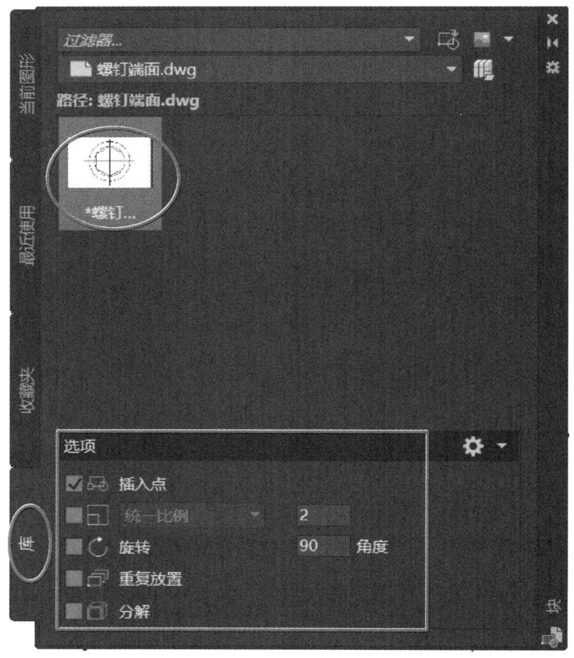

图 8-62 选定后的"块库"对话框

【举一反三 8-2】 绘制图 8-63 所示图形，并完成所有标注。

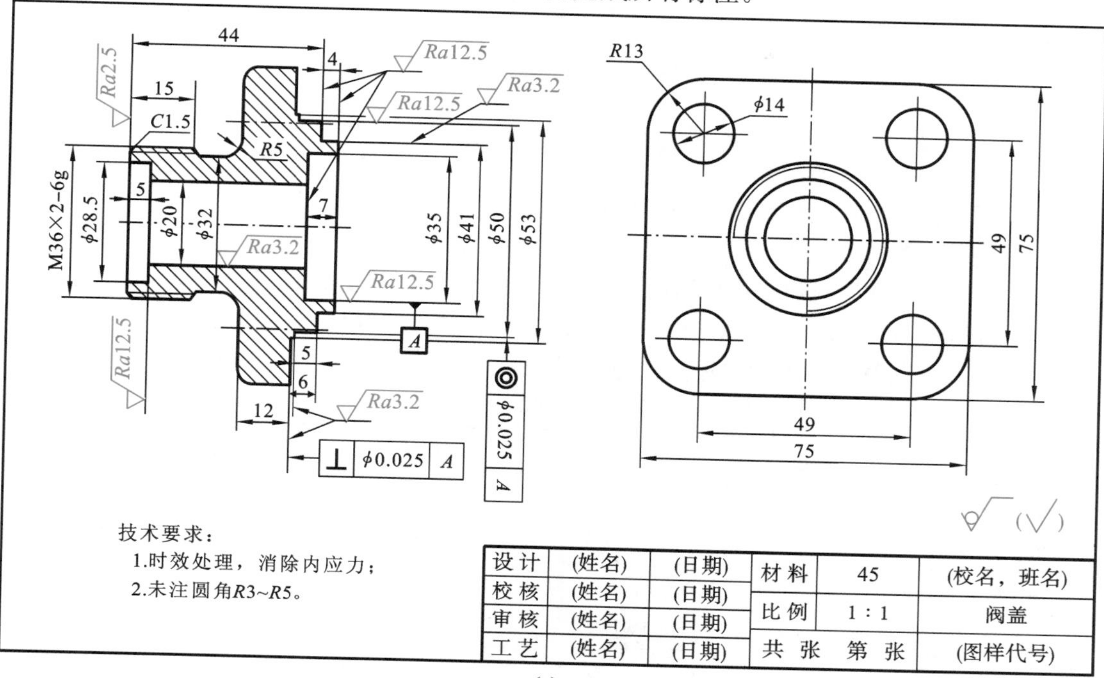

设计	(姓名)	(日期)	材料	45	(校名，班名)
校核	(姓名)	(日期)			
审核	(姓名)	(日期)	比例	1：1	阀盖
工艺	(姓名)	(日期)	共 张　第 张		(图样代号)

(a)

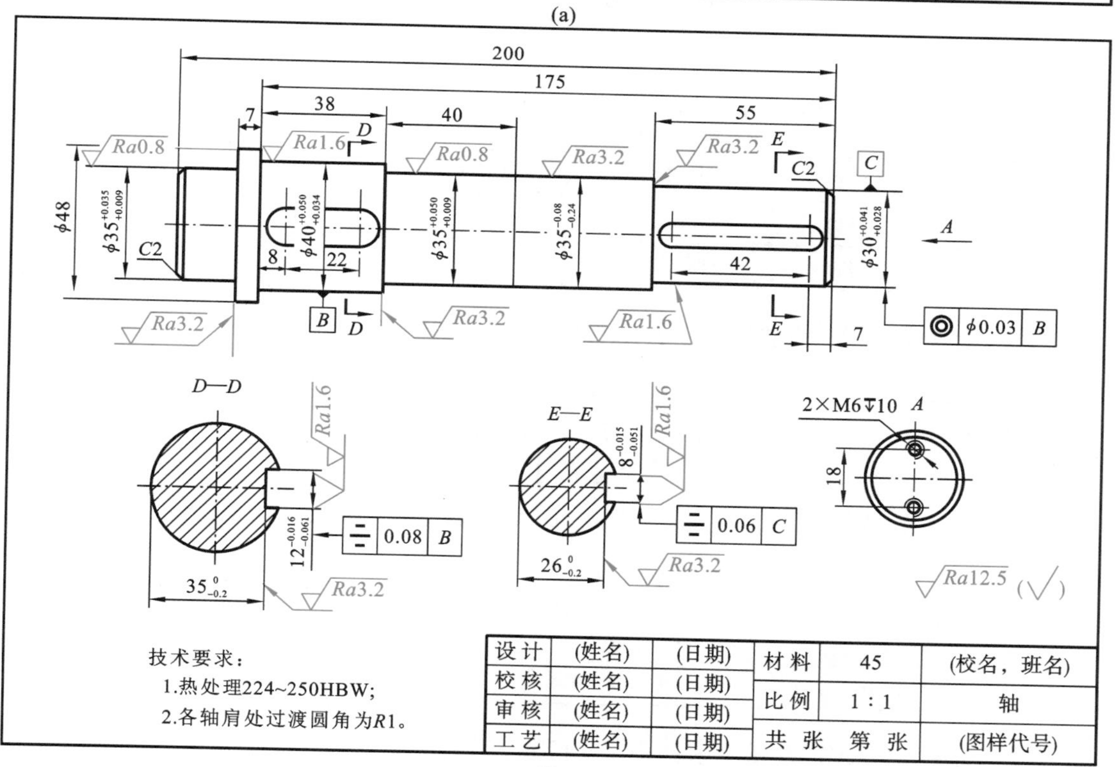

设计	(姓名)	(日期)	材料	45	(校名，班名)
校核	(姓名)	(日期)			
审核	(姓名)	(日期)	比例	1：1	轴
工艺	(姓名)	(日期)	共 张　第 张		(图样代号)

(b)

图 8-63　标注训练习题

8.4　绘制零件图

8.4.1　绘制零件图所需样板图文件的制作

绘制零件图前最好制作样板图，包括设置图层、文字样式、标注样式、多重引线样式和绘制标题栏、图幅块、粗糙度块等。

(1) 新建文件，以“机械零件图”作为文件名保存。换背景色为白色(也可以不换)。

(2) 新建图层。图层设置如表 8-3 所示，其中“用途”一栏是图层使用时的要求，设置图层时不需考虑。图层颜色是以背景色为白色设置的，可以自己选择合适的颜色。

表 8-3　图层设置

名　称	颜　色	线　型	线　宽	用　途
轮廓线	黑	Continuous	0.50	绘制轮廓粗实线
粗实线	黑	Continuous	0.50	绘制粗实线、剖切符号
细实线	绿	Continuous	0.25	绘制螺纹细实线、绘图辅助线
点画线	红	Acad04w100	0.25	绘制轴中心线、对称线
虚线	青	Acad02w100	0.25	绘制虚线
剖面符号	黄	Continuous	0.25	绘制剖面线
文字	蓝	Continuous	0.25	标注文字
尺寸	蓝	Continuous	0.25	标注尺寸
粗糙度	洋红	Continuous	0.35	标注粗糙度
几何公差	洋红	Continuous	0.25	标注几何公差、基准符号等
双点画线	红	Acad05w100	0.25	画双点画线

(3) 设置文字样式。设置要求如表 8-4 所示，基础样式为“Standard”。

表 8-4　文字样式

样式名	字　体	字　高	宽度因子	倾斜角度	排列效果	用　途
仿宋 3.5	仿宋	3.5	0.7	0	不选	标注汉字
仿宋 5	仿宋	5	0.7	0	不选	标注汉字
仿宋 10	仿宋	10	0.7	0	不选	标注汉字
GB-0	isocp. shx	0	0.7	0	不选	设置标注样式
符号 3.5	isocp. shx	3.5	0.7	0	不选	标注除汉字外的其他数字及特殊字符
符号 7	isocp. shx	7	0.7	0	不选	

(4) 设置标注样式。设置要求如表 8-5 所示，基础样式为“ISO-25”。设置时，可先新建“整数”标注样式，按基本要求修改后保存。再新建其他标注样式时，选择“整数”标注样式为基础样式，只需改变其他要求。

表 8-5　标注样式

<table>
<tr><th>尺寸类型</th><th>样式名</th><th>基本要求</th><th>其他要求(参考值)</th></tr>
<tr><td>两点距离，圆弧半径，圆弧直径</td><td>整数</td><td rowspan="7">(1) 尺寸线【颜色】、【线型】、【线宽】为"ByLayer"，基线间距为"8"；
(2) 尺寸界线【颜色】、【线型】、【线宽】为"ByLayer"，【超出尺寸线】为"2"，【起点偏移量】为"0"，【箭头大小】为"3"；
(3) 文字样式为"GB-0"，文字颜色为"ByLayer"，文字高度为"5"；
(4) 单位格式用"小数"，精度为"0"，小数分隔符为"句点"</td><td>—</td></tr>
<tr><td>用线性命令标注直径</td><td>线直径</td><td>【前缀】为"%%c"</td></tr>
<tr><td>数字水平放置尺寸</td><td>水平</td><td>选择【文字】中对齐方式为【水平】</td></tr>
<tr><td>只有一端尺寸界线和箭头的尺寸</td><td>对称</td><td>选择尺寸线中第二条【隐藏】，尺寸界线第二条【隐藏】</td></tr>
<tr><td>有公差代号的尺寸，如 ϕ60H8</td><td>公差代号</td><td>【前缀】为"%%c"；【后缀】为"H8"</td></tr>
<tr><td>有上下偏差的尺寸</td><td>偏差公差</td><td>【前缀】为"%%c"；【方式】为"极限偏差"；【精度】为"0.000"；【上偏差】为"−0.025"，【下偏差】为"0.050"；【高度比例】为"0.7"</td></tr>
<tr><td>有对称偏差的尺寸</td><td>对称公差</td><td>【前缀】为"%%c"；【方式】为"对称"；【精度】为"0.000"；【上偏差】为"0.128"</td></tr>
<tr><td>标注几何公差</td><td>几何公差</td><td>上述前三点要求</td><td>—</td></tr>
</table>

(5) 设置多重引线样式。设置要求如表 8-6 所示，基础样式为"Standard"。引线格式如图 8-64 所示；"箭头基线文字"的引线结构如图 8-65 所示，"箭头基线文字"的内容如图 8-66 所示。"几何公差线"的引线结构如图 8-67 所示。

表 8-6　多重引线样式

<table>
<tr><th>样式名</th><th>图层</th><th>引线格式</th><th>引线结构</th><th>内容</th><th>用途</th></tr>
<tr><td>箭头线</td><td>文字</td><td rowspan="3">【类型】为"直线"；【颜色】、【线型】、【线宽】为"ByLayer"；【箭头】为"实心闭合"，【大小】为"3"</td><td>【最大引线点数】为"3"；【基线设置】去掉"自动包含基线"</td><td>无</td><td>绘制箭头线</td></tr>
<tr><td>箭头基线文字</td><td>尺寸</td><td>【最大引线点数】为"2"；【基线设置】选择"自动包含基线"，【设置基线距离】为"2"</td><td>选择"多行文字"；设置文字样式为"GB-0"，文字颜色为"ByLayer"，文字高度为"5"；设置引线连接为"最后一行加下划线"</td><td>绘制带文字的箭头线</td></tr>
<tr><td>几何公差线</td><td>几何公差</td><td>【最大引线点数】为"2"，【第一段角度】选择"90"，【第二段角度】选择"90"；【基线设置】去掉"自动包含基线"</td><td>无</td><td>绘制正交的箭头线</td></tr>
</table>

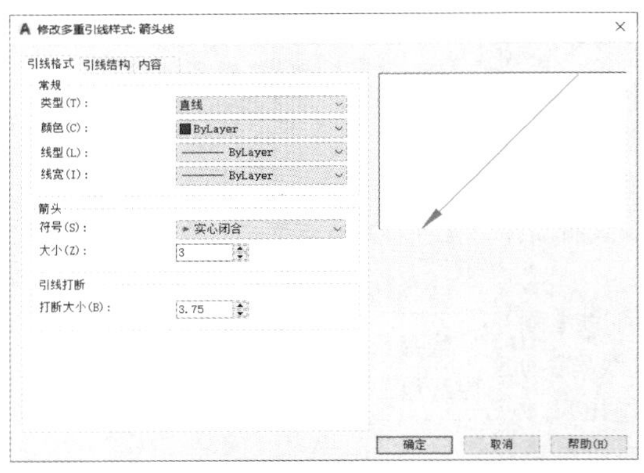

图 8-64　引线格式

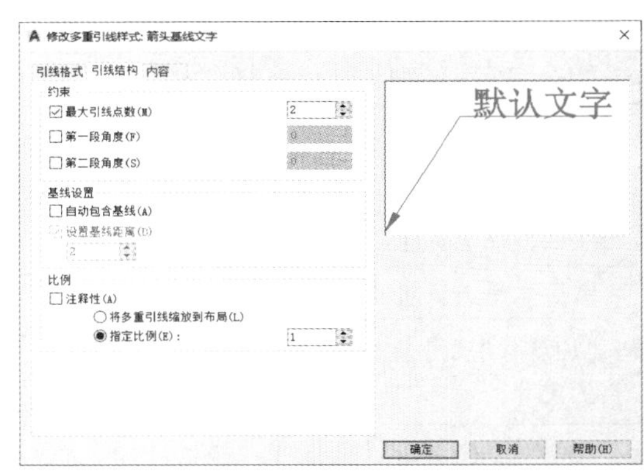

图 8-65　“箭头基线文字”的引线结构

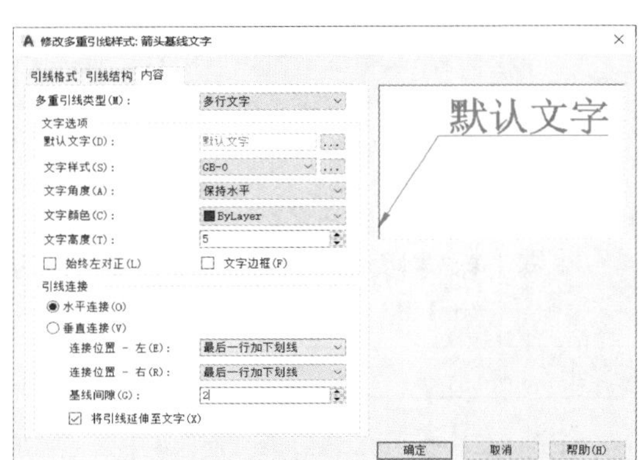

图 8-66　“箭头基线文字”的内容

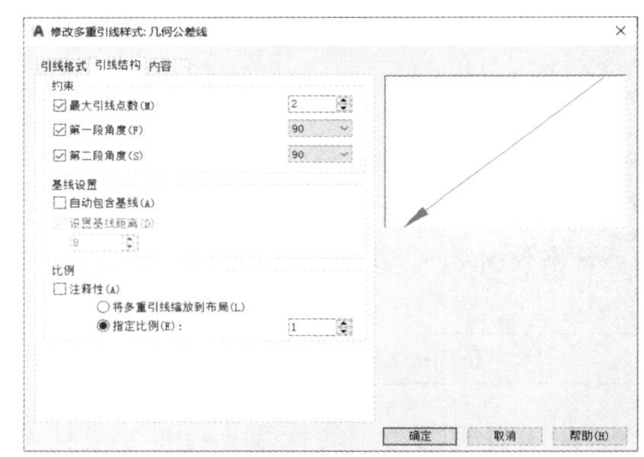

图 8-67　“几何公差线”的引线结构

(6) 绘制标题栏和图幅块。按图幅尺寸绘制矩形,制作成块,按图幅大小命名。制作粗糙度块。

【任务 1】　绘制如图 8-68 所示的端盖零件图。

绘制步骤如下:

第 1 步　打开“机械零件图”样板图,另存为新的文件名“端盖零件图”。插入“A3 图幅”块,插入点取在坐标原点。移动标题栏到图框右下角,填写标题栏。

第 2 步　绘制零件图图形。

(1) 换相应图层,用直线命令和圆命令绘制左视图主要线,如图 8-69 所示。倒角圆尺寸和螺纹孔小径尺寸用夸大画法,即不按尺寸绘制,保证图形清楚可见。用环形阵列命令完成左视图,如图 8-70 所示。

任务 1-左视图绘制过程

(2) 绘制主视图上部分的主要线,用镜像命令得到下部分,如图 8-71 所示。绘制主视图内部线,如图 8-72 所示。用图案填充命令填充剖面线,如图 8-73 所示。

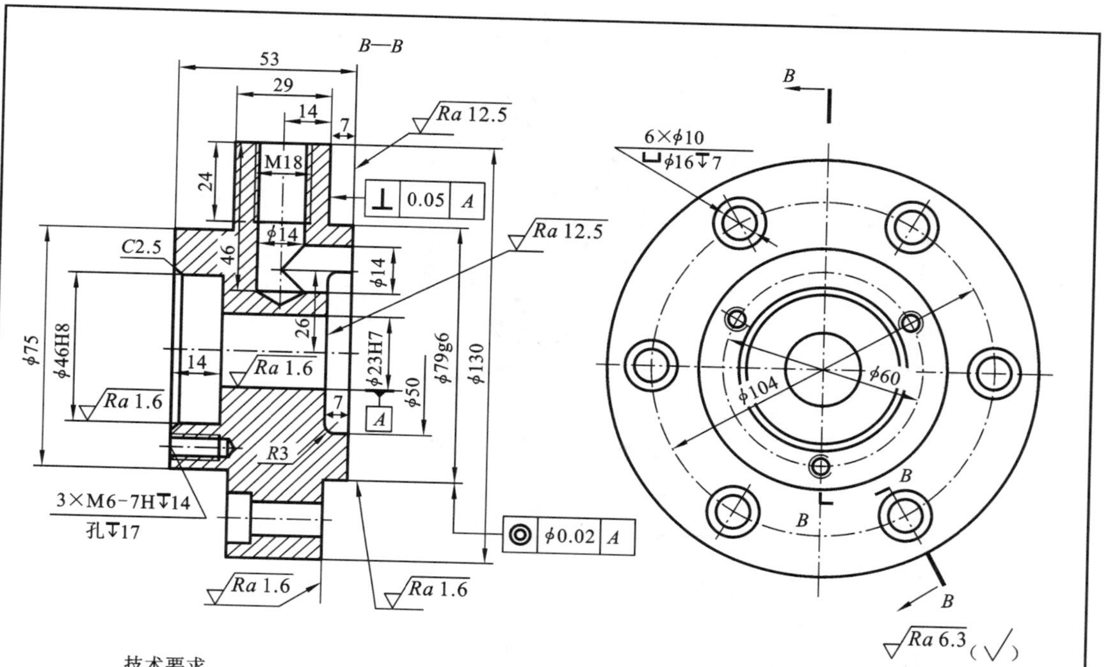

技术要求

1.铸造要求表面平滑，不许有砂眼等缺陷。
2.未注铸造圆角$R3$。
3.未注倒角$C2$。
4.未注尺寸公差按IT15级。

设计	(姓名)	(日期)	材料	HT200	(校名，班名)
校核	(姓名)	(日期)	比例	1 : 1	端盖
审核	(姓名)	(日期)	共 张	第 张	(图样代号)
工艺	(姓名)	(日期)			

图 8-68　端盖零件图

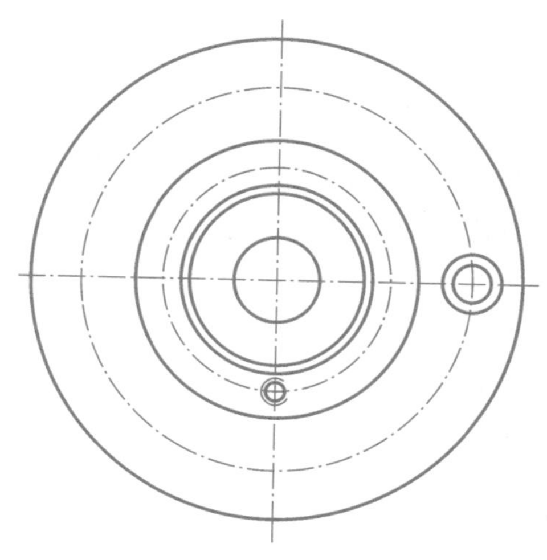

图 8-69　左视图主要线

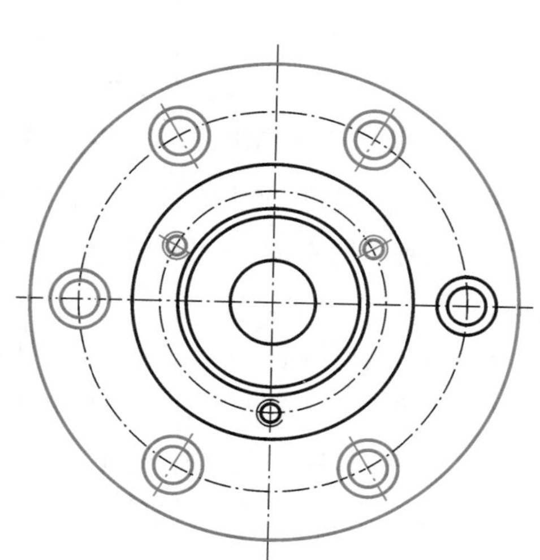

图 8-70　左视图

任务 1-主视图绘制过程

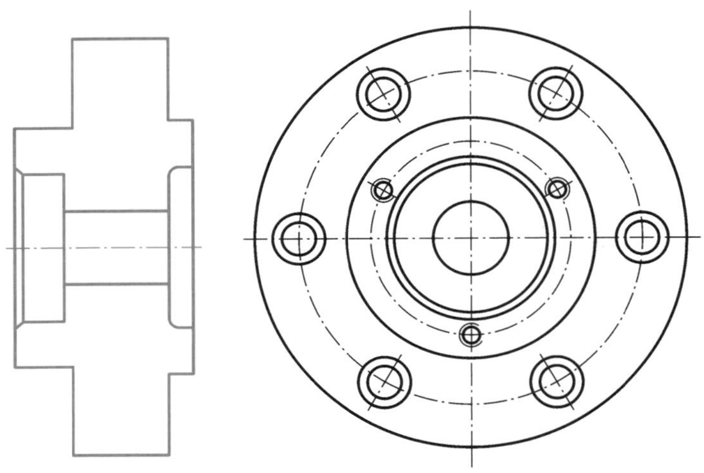

图 8-71　主视图主要线

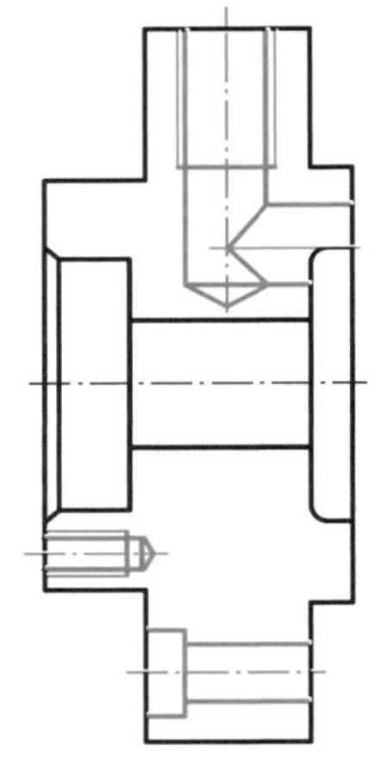

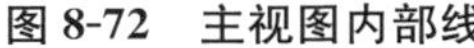

图 8-72　主视图内部线

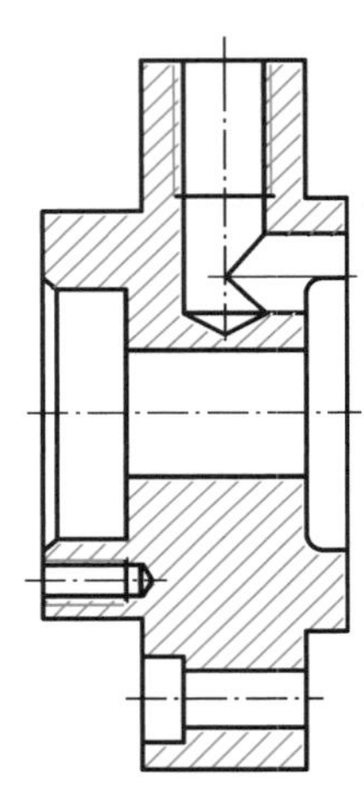

图 8-73　填充剖面线

第 3 步　标注零件图的尺寸。换“尺寸”层为当前图层。更换相应标注样式先依次标注整数尺寸、线直径尺寸、半径尺寸，再标注公差尺寸；通过编辑尺寸的方法，修改尺寸公差、螺纹标记等，如图 8-74 所示。

第 4 步　标注组合尺寸和剖视图的标注。

(1) 设置“符号 7”文字样式为当前文字样式。

(2) 绘制线，用文字命令，标注左下角和中间上方的组合尺寸，如图 8-75 所示。用直线命令和文字命令，标注倒角尺寸“*C*2.5”。

(3) 换“粗实线”层为当前图层，绘制剖切符号线。换“文字”层为当前图层，换“箭头线”为当前多重引线样式，用多重引线命令绘制箭头线；用文字命令输入字母，如图 8-76 所示。

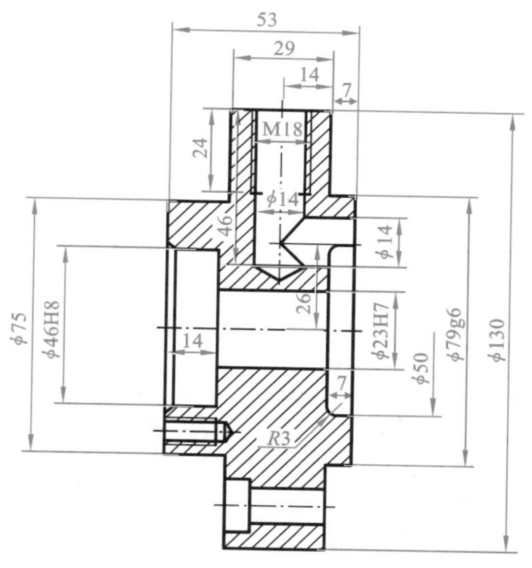

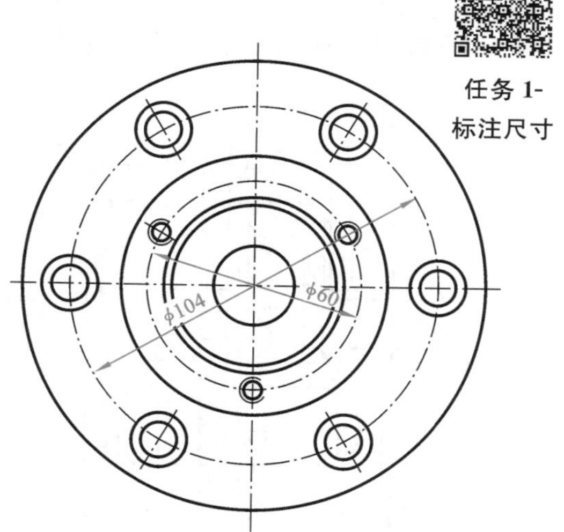

任务 1-标注尺寸

图 8-74　标注零件图的尺寸

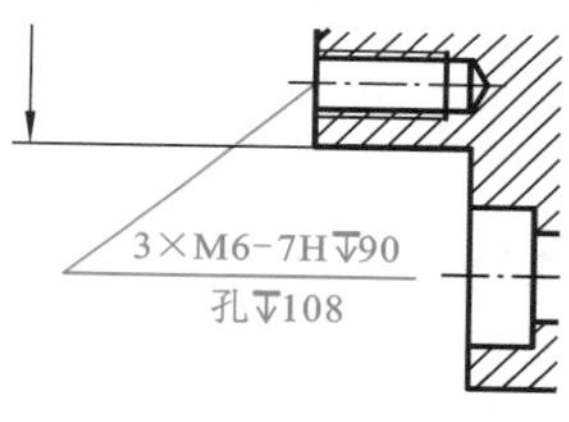

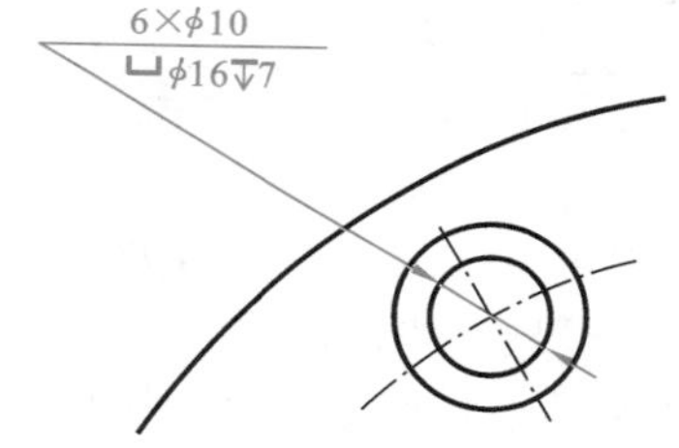

任务 1-组合尺寸标注

图 8-75　组合尺寸

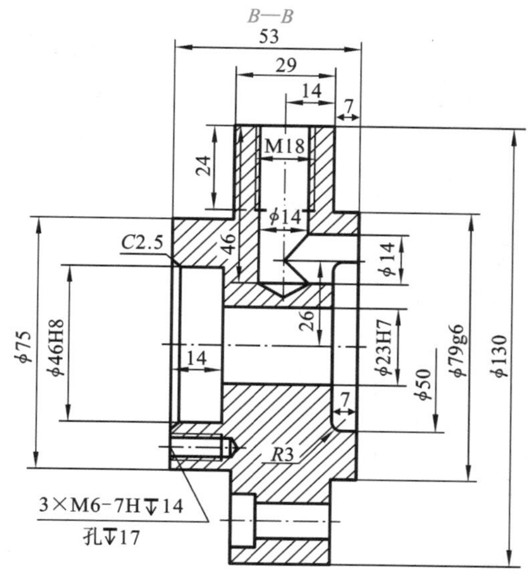

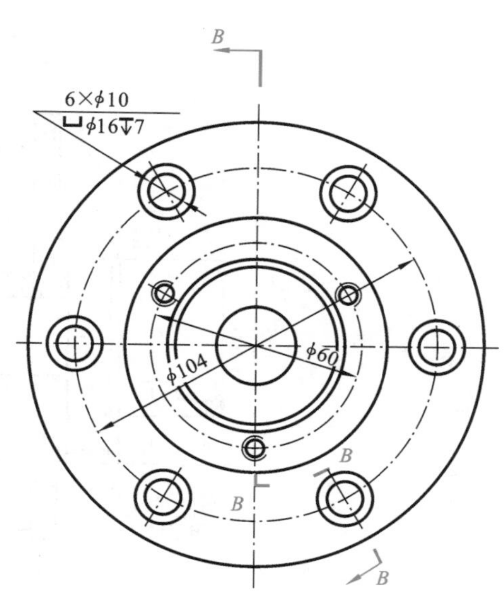

图 8-76　剖视图的标注

第 5 步 标注零件图技术要求。

(1) 换"粗糙度"层为当前图层，用插入块命令标注粗糙度符号，换"箭头线"为当前多重引线样式，用多重引线命令绘制指引线；移动粗糙度符号到引线上，如图 8-77 所示。

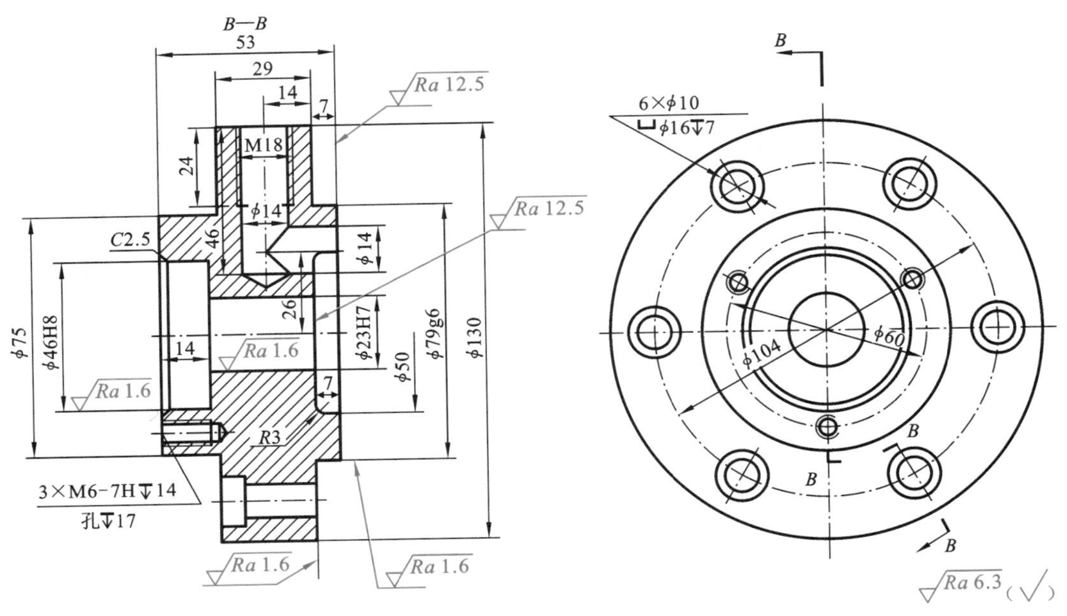

图 8-77 标注粗糙度符号

(2) 换"几何公差"层为当前图层，换"几何公差"标注样式为当前标注样式，用标注中的公差命令标注几何公差；换"几何公差线"为当前多重引线样式，用多重引线命令绘制几何公差线；移动几何公差方格到引线处。用标注中的公差命令，只填写对话框右边基准符号，再绘制直线，完成标注基准符号，如图 8-78 所示。

任务 1-几何公差和技术要求

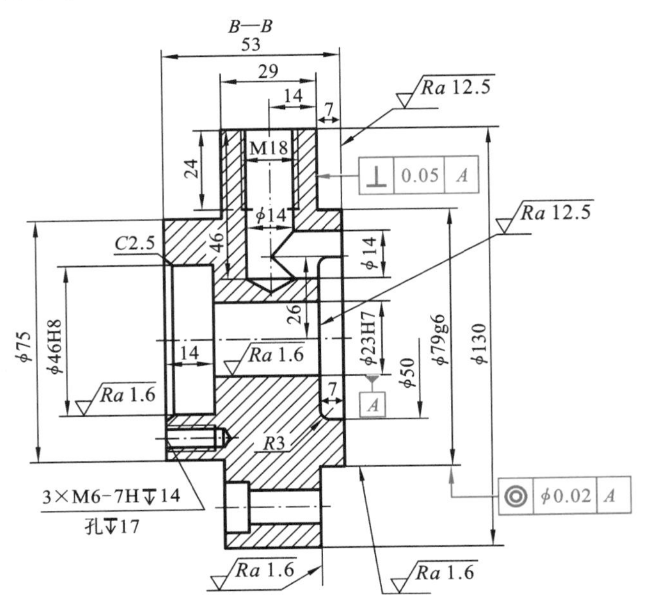

图 8-78 标注几何公差及基准符号

(3) 换“文字”层为当前图层，用文字命令输入左下角的技术要求，完成全图。

第 6 步　保存文件，关闭文件。

8.4.2　绘制零件图的方法与步骤

1. 新建样板图文件

绘图前，一般准备好样板图。有了样板图，每次新建图形时，不是从“新建”文件开始，而是先“打开”所需样板图文件，再“另存为”新的文件名，然后进行绘图及其他操作。样板图是把每次需要设置的绘图环境做成的一个文件，制作样板图包括设置图层、文字样式、尺寸标注样式、多重引线样式和绘制标题栏、粗糙度块。

2. 绘制零件图的步骤

(1) 打开样板图，另存为新的文件名。确定图幅，移动标题栏。根据图形选定图幅，插入相应图幅块，插入点可以取在坐标原点。移动标题栏到图框右下角。选定比例，缩放图幅块和标题栏。选定比例后，CAD 图仍然是 1∶1 的，而是缩放图幅和标题栏，例如若选定比例为 1∶5，则将图幅块和标题栏放大 5 倍。填写标题栏，注意比例。

(2) 绘制零件图图形。要求分图层绘制，绘制的尺寸和线型要符合国标规定。先用绘图和编辑命令完成图上各种图线，再用图案填充命令填充剖面线。

(3) 绘制剖视图的标注符号。剖视图标注符号也可在后面绘制。

(4) 标注零件图的尺寸。先标注一般尺寸，更换相应标注样式依次标注线性尺寸、直径尺寸、半径尺寸、角度尺寸，再标注公差尺寸、偏差尺寸，最后通过修改编辑方式标注其他尺寸，包括不同尺寸公差、螺纹标记等。

(5) 标注零件图技术要求。包括表面粗糙度、几何公差及基准符号、其他技术要求、文字说明等。

(6) 保存文件。

【任务 2】　绘制阀体零件图。以如图 8-79 所示的阀体零件图为例，绘制零件图。

绘制步骤如下：

第 1 步　打开文件和保存文件。打开“机械零件图. dwg”文件，用“另存为”命令保存为“阀体. dwg”文件。

第 2 步　确定图幅，移动标题栏；确定比例，填写标题栏。选定 A3 横放图幅，插入“A3 图幅”块，插入点取在坐标原点；移动表格标题栏到图框右下角。选定比例为 1∶1，图幅块和标题栏不用缩放，不用调整标注样式比例和多重样式比例，填写标题栏。

第 3 步　绘图。绘图过程可按自己习惯的思路和命令执行，下面是其中的一种方法。

(1) 设置捕捉对象，可选中端点、中点、圆心、交点、垂足、切点、最近点。打开对象捕捉、对象跟踪模式。

(2) 将轮廓线层设置为当前层，画主视图图形。

①打开“正交限制光标”，画一条竖直线，长 140(取名：主中心线)；将此线移到“点画线”层。

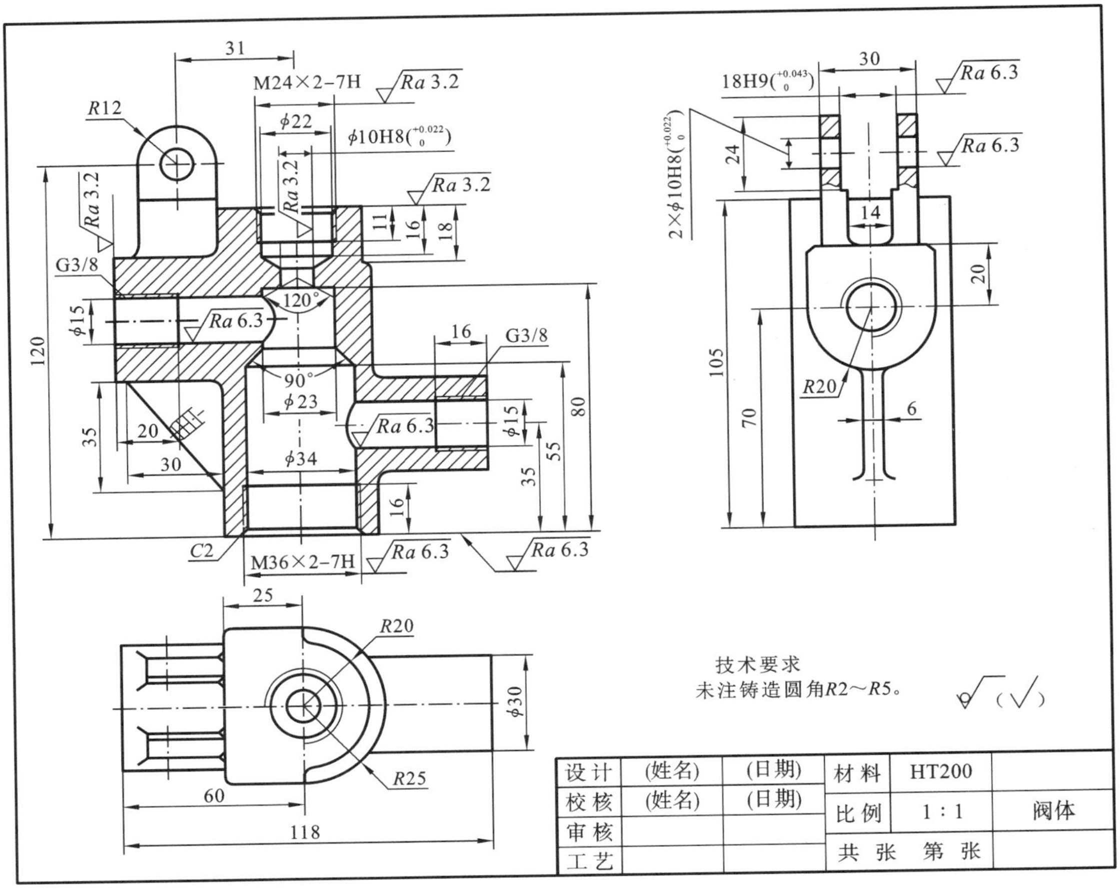

技术要求
未注铸造圆角$R2\sim R5$。

设计	(姓名)	(日期)	材料	HT200	
校核	(姓名)	(日期)	比例	1:1	阀体
审核					
工艺			共 张	第 张	

图 8-79　阀体零件图

②用直线命令绘制中心线左边的主要粗实线，只画中间圆筒的图线，下方向右伸出的圆筒图线暂不绘制；中间 90°、120°可用极坐标输入值；图中 $C2$ 用倒角命令绘制，使用倒角命令时要修改距离(D)；过渡圆角用圆角命令绘制，可取半径为 5，如图 8-80 所示。

③用镜像命令将绘制的图形沿“主中心线”左右镜像，修整上方图形，如图 8-81 所示。

任务 2-主视图和俯视图绘制

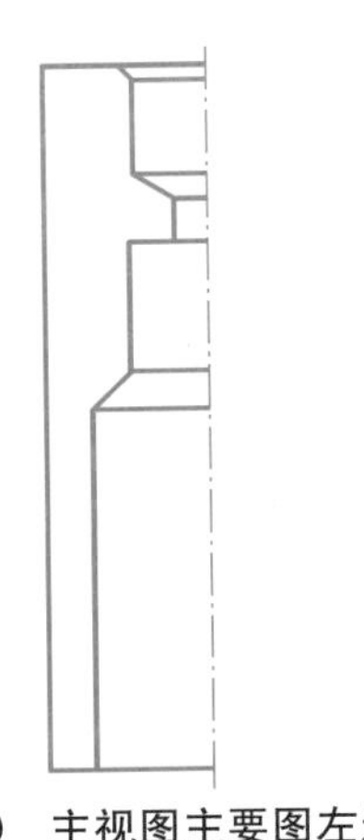

图 8-80　主视图主要图左边

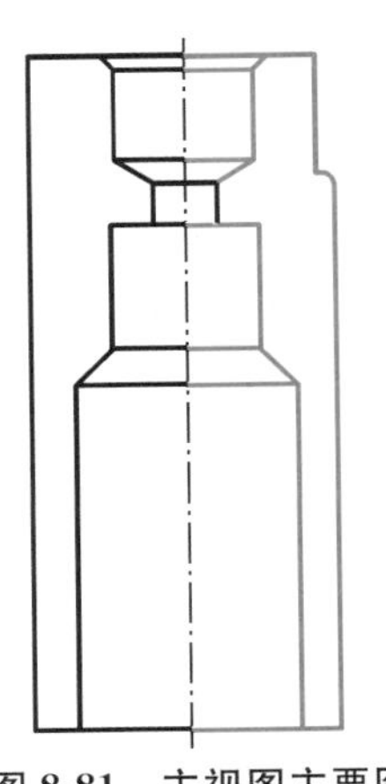

图 8-81　主视图主要图

④用偏移命令在左上方画一条水平直线，距离最下的一条水平线为 70；将此线移到点画线层。用偏移命令在左边画一条竖直线，距离中间“主中心线”（绘制的第一条线）为 60；将此线移到轮廓线层。画左边的圆筒粗实线及其他粗实线。可先用偏移命令，再将图形移到轮廓线层，用修剪命令剪去不要的线，完成上部分，而后用镜像命令完成下部分，如图 8-82 所示。

⑤用偏移命令在右上方画一条水平直线，距离最下的一条水平线为 35；将此线移到点画线层。用偏移命令在右边画一条竖直线，距离最左竖直线为 118。画右边的圆筒粗实线及其他粗实线。用修剪命令剪去不要的部分，如图 8-83 所示。

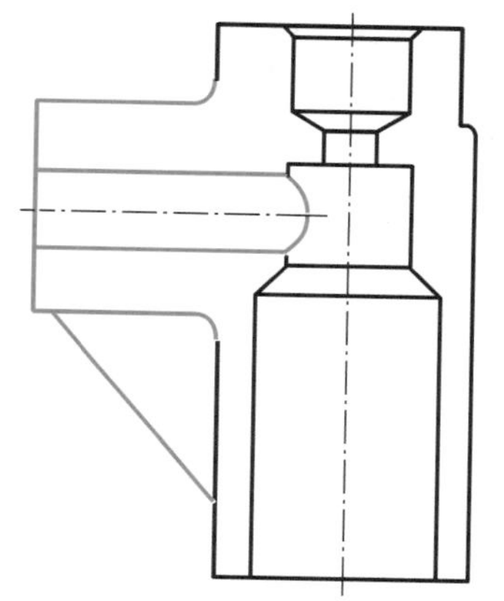

图 8-82　主视图左边图

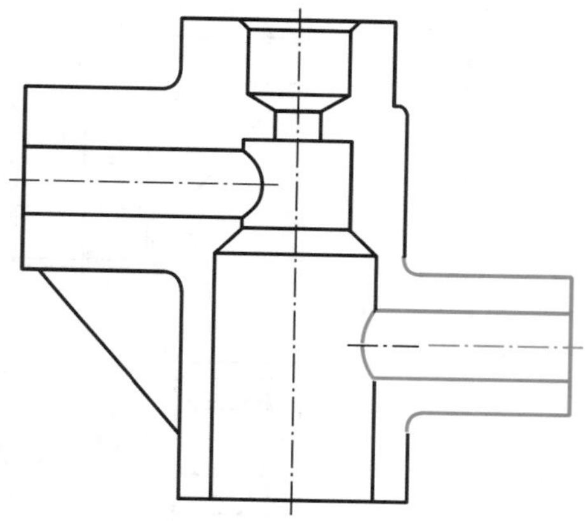

图 8-83　主视图右边图

⑥画左边上方图形。换细实线层为当前层，画 4 处螺纹的细实线，可采用夸大画法。左右螺纹内孔直径为 15，大径直径可画成 18；上、下螺纹大径直径分别为 24、36，如图 8-84 所示。

（3）画俯视图。可以先画一半图形，再上下镜像。画 3/4 圆时，可先画出圆，再用修剪命令或打断命令剪去不要的部分，如图 8-85 所示。

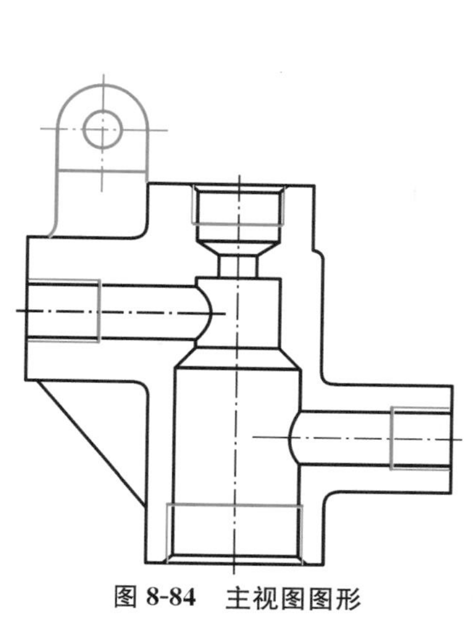

图 8-84　主视图图形

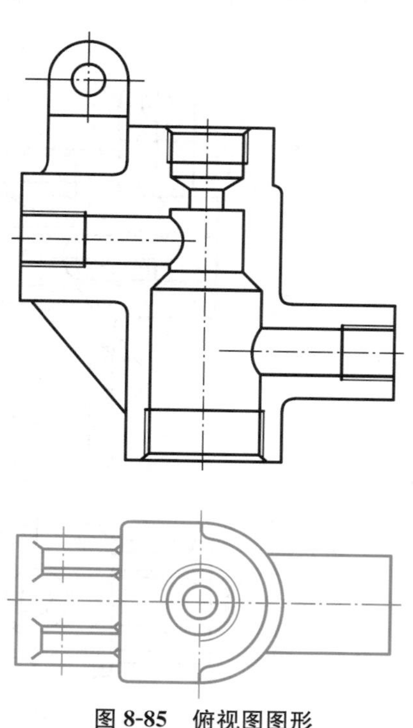

图 8-85　俯视图图形

（4）画左视图。可以先画一半图形，再左右镜像。左视图上的波浪线，可先画出边界，再修剪。画 3/4 圆时，可先画出圆，再用修剪命令或打断命令剪去不要的部分，如图 8-86 所示。

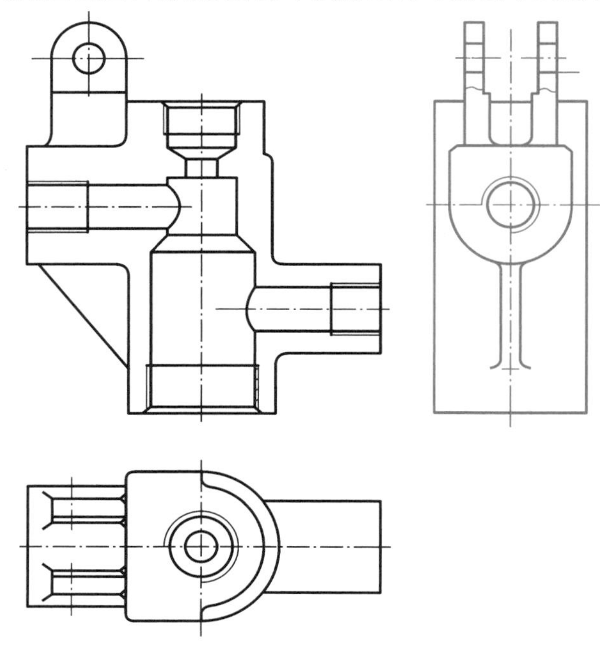

任务 2-左视图绘制

图 8-86　左视图图形

（5）换剖面符号层为当前层，用图案填充命令画剖面线。【图案】样式可取直线样式，取【角度】为 45°。选择填充区域时，可用“标准”工具栏中的“显示平移”“窗口缩放”等透明命令改变图形的显示位置和大小，从而方便观察和选择图形区域。整理细节，完成的零件图图形如图 8-87 所示。

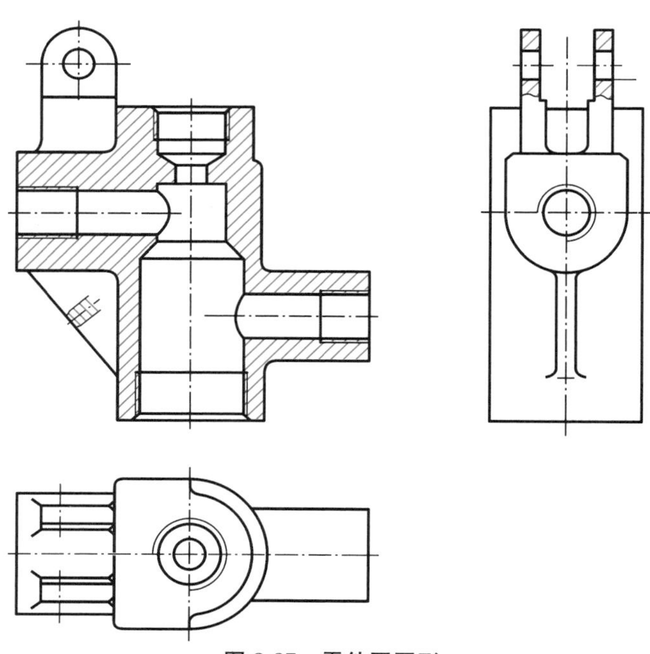

图 8-87　零件图图形

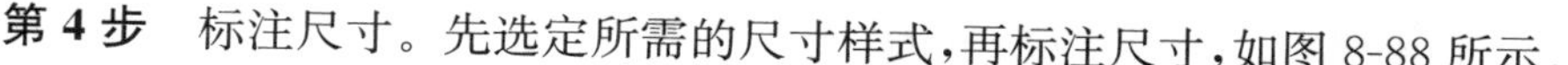

第 4 步　标注尺寸。先选定所需的尺寸样式，再标注尺寸，如图 8-88 所示。

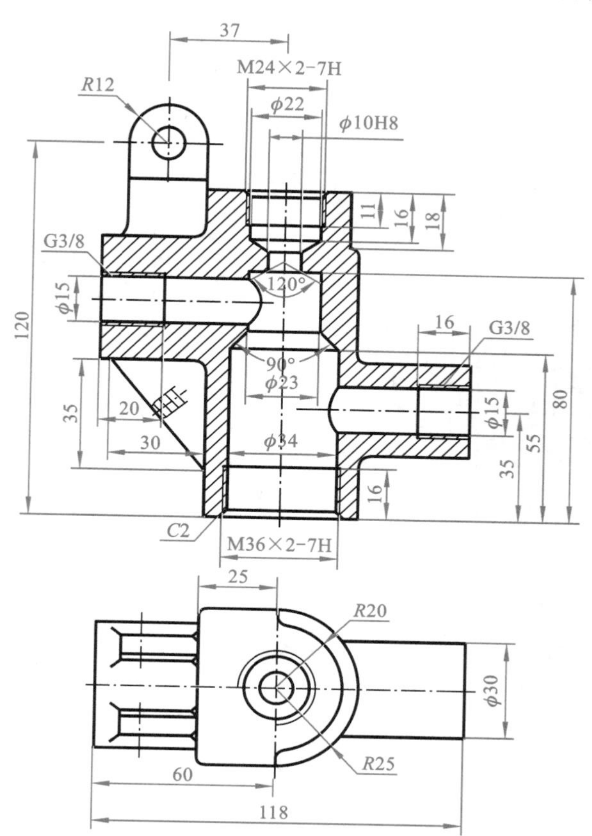

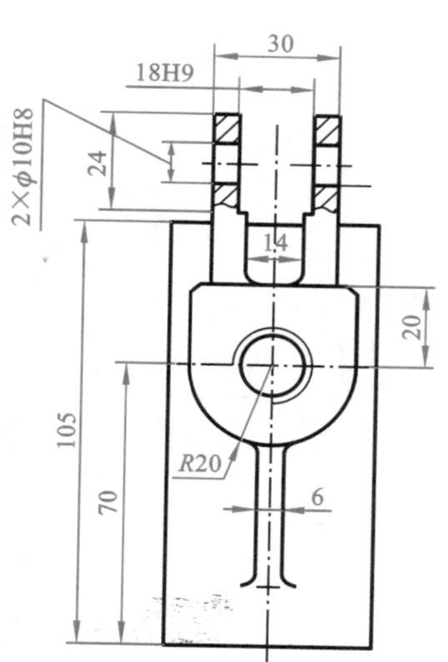

图 8-88　标注零件图尺寸

（1）换“尺寸”为当前层，关闭剖面符号层。将“整数尺寸”标注样式设置为当前标注样式。用线性命令标注所有的长、宽、高等基本尺寸，如 118、120、55。用半径命令标注圆弧上的半径尺寸，如 $R12$、$R20$、$R25$。

任务 2-阀体尺寸标注

（2）将“线直径”标注样式设置为当前标注样式。用线性命令标注直线方向的直径尺寸，如 ϕ15、ϕ23、ϕ30。

（3）将“水平尺寸”标注样式设置为当前标注样式。用角度命令标注角度尺寸，如主视图上的 120°、90°。

（4）标注上下螺纹代号。将“线性尺寸”标注样式设置为当前标注样式。执行线性命令，捕捉尺寸界线的两个端点，标注出尺寸“24”和“36”。修改尺寸“24”和“36”：双击尺寸“24”，光标移动到“24”前面，输入螺纹代号“M”，光标移动到“24”后面，输入“×2-7H”，关闭“文字编辑器”；重复上述操作，修改尺寸“36”。

（5）标注左右管螺纹代号。将“箭头基线文字”多重引线样式设置为当前多重引线样式，用多重引线命令标注。

（6）标注 $C2$ 倒角尺寸。用直线命令和文字命令绘制。

第 5 步 标注技术要求，如图 8-89 所示。

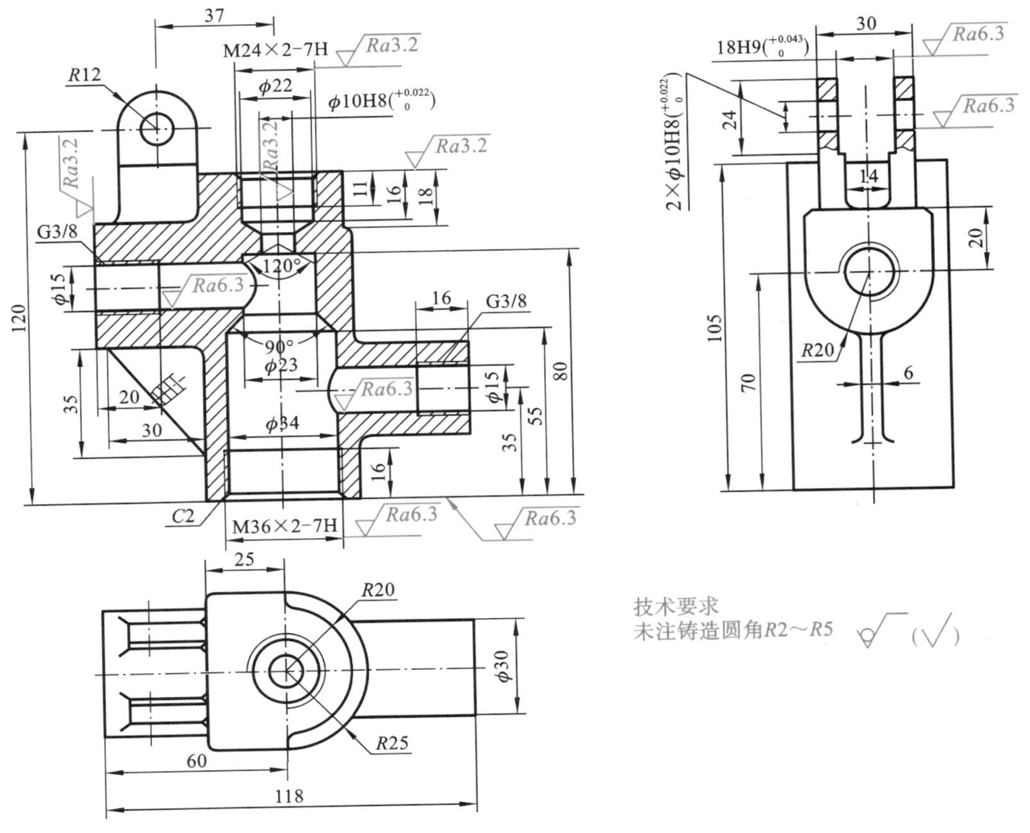

图 8-89 标注零件图技术要求

任务 2-阀体技术要求

(1) 标注公差尺寸。

①标注主视图上的 $\phi10H8(^{+0.022}_{0})$。设置"公差代号"标注样式为当前标注样式，用线性命令标注，再用编辑标注命令修改。

②标注左视图上的 $18H9(^{+0.043}_{0})$。设置"线性尺寸"标注样式为当前标注样式，用线性命令标注，再用编辑标注命令修改。

③标注左视图上的 $2\times\phi10H8(^{+0.022}_{0})$。设置"公差代号"标注样式为当前标注样式，用线性命令标注，再用编辑标注命令修改。

若数字位置不满意，可选取该尺寸，拖动数字夹点来移动数字位置。

(2) 标注表面粗糙度。换"粗糙度"层为当前图层。通过"插入块"命令插入"粗糙度"图块来标注。

(3) 标注文字说明的技术要求。

第 6 步 标注剖切符号和视图名称。在相应图层上完成。

第 7 步 检查、修改零件图，保存零件图。打开剖面符号层，用移动夹点方法调整尺寸数字、粗糙度符号、几何公差的位置，保存文件，结果如图 8-79 所示。

【举一反三 8-3】 绘制如图 8-90 所示零件图。

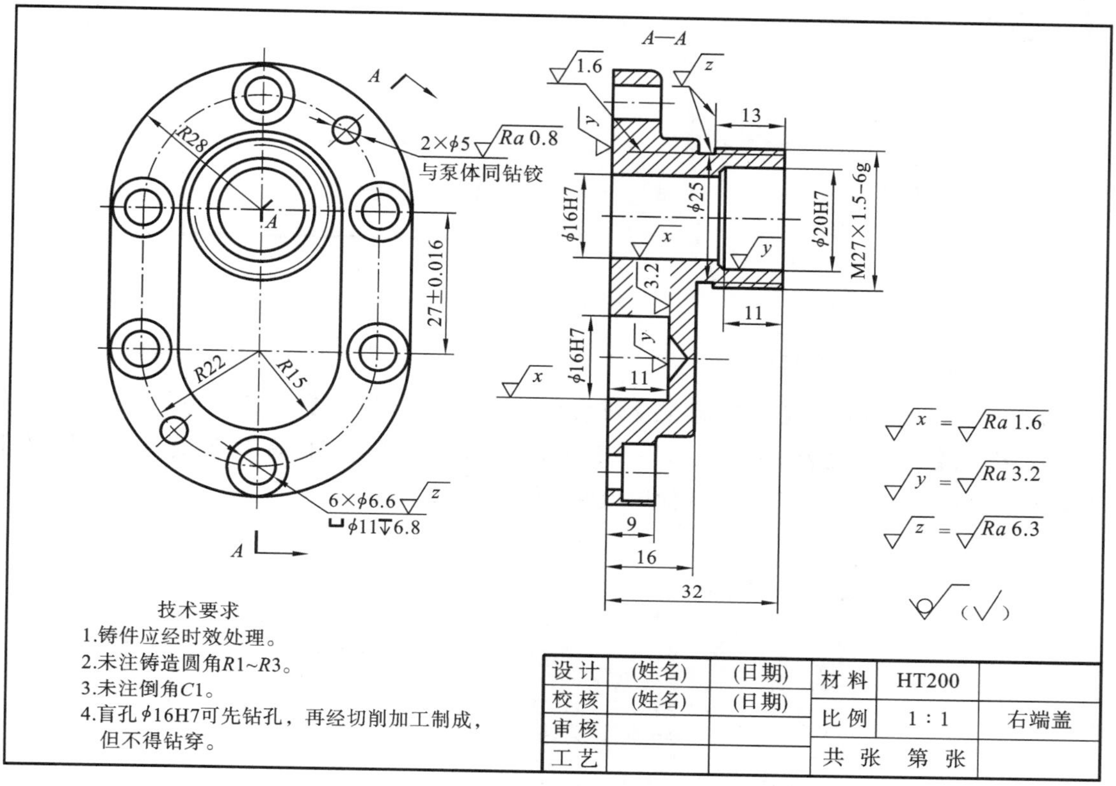
A—A
2×ϕ5 Ra 0.8
与泵体同钻铰
R28
R22
R15
27±0.016
6×ϕ6.6 z
ϕ11 6.8
ϕ16H7
ϕ25
ϕ20H7
M27×1.5-6g
13
11
9
16
32
x = Ra 1.6
y = Ra 3.2
z = Ra 6.3
技术要求
1.铸件应经时效处理。
2.未注铸造圆角R1~R3。
3.未注倒角C1。
4.盲孔ϕ16H7可先钻孔，再经切削加工制成，但不得钻穿。
设计 (姓名) (日期)
校核 (姓名) (日期)
审核
工艺
材料 HT200
比例 1：1
共 张 第 张
右端盖

图 8-90　右端盖零件图

8.5　绘制装配图

8.5.1　装配图样板文件创建方法

利用 AutoCAD 绘制装配图之前最好也创建样板文件，创建装配图样板文件的方法如下。

（1）打开文件“机械零件图”，用“另存为”命令以“机械装配图”作为文件名保存。

（2）置“文字”层为当前图层，创建明细表。

（3）创建序号引线样式。

①选择“文字”层为当前图层。输入“多重引线样式”命令，弹出对话框，在左边单击“Standard”，再单击【新建】按钮，弹出对话框，在【新样式名】框中输入“圆点引线”。单击【继续】按钮，弹出对话框，选择“引线格式”项，在【常规】区，从【颜色】、【线型】和【线宽】下拉列表选择“ByLayer”；在【箭头】区，从【符号】下拉列表中选择“点”，在【大小】框中输入“2”，其他选项保持默认值，如图 8-91 所示。

②选择“引线结构”项，在【基线设置】区域，【设置基线距离】为“2”，其他选项保持默认值，如图 8-92 所示。

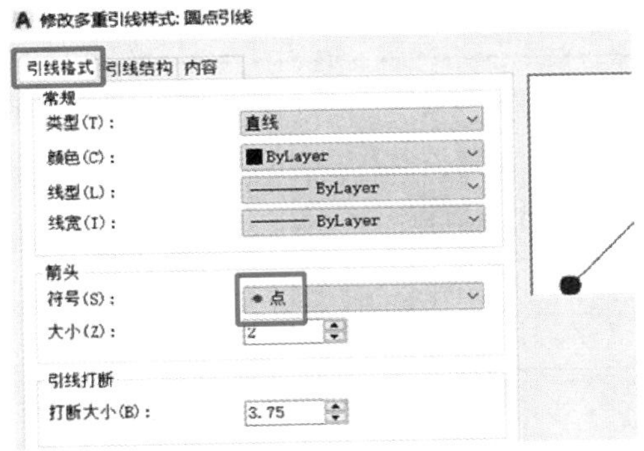

图 8-91 “引线格式”项

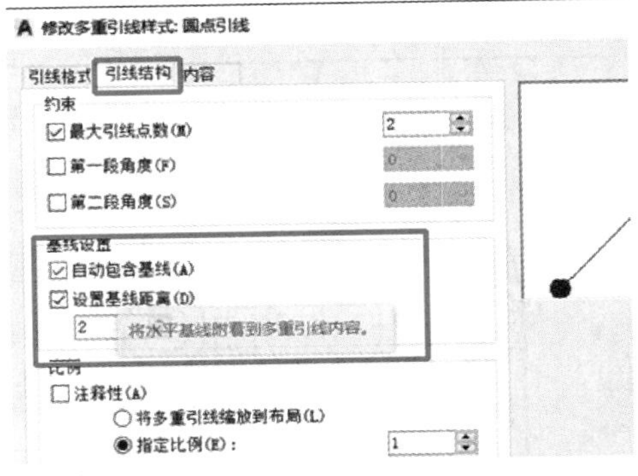

图 8-92 “引线结构”项

③选择“内容”项，从【文字样式】列表中选择“GB-0”，从【文字颜色】列表中选择“ByLayer”，在【文字高度】框中输入“7”；在【引线连接】区，从【连接位置-左】和【连接位置-右】列表中选择“最后一行加下划线”，其他选项保持默认值，如图 8-93 所示。

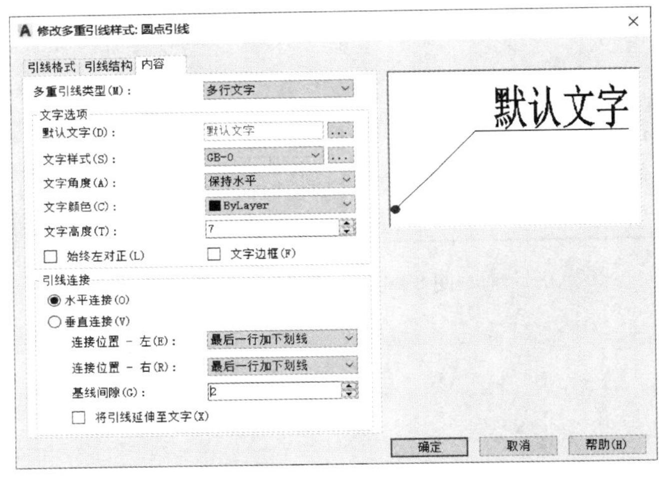

图 8-93 “内容”项

④完成创建后，单击【确定】按钮，返回“多重引线样式管理器”对话框，单击【关闭】按钮。

(4) 保存文件，关闭文件。

8.5.2 绘制装配图的方法和步骤

利用 AutoCAD 绘制装配图一般可以采用下列方法和步骤。

(1) 绘制出各个零件图。若只需要绘制装配图，则可以只绘制零件图图形。

(2) 将零件图中组成装配图的部分创建为块文件。先集中创建块，绘制装配图时只需要将块按图形所在位置插入即可。创建块之前，若零件图图形方向与装配图图形方向不一致，则先用旋转命令或者用镜像命令调整零件图图形方向，再创建块。可将零件图每个视图分别制作成块，方便绘制装配图时选择。

(3) 打开“机械装配图”样板文件，保存为新的装配图文件名。根据图形选定图幅，插入相应图幅块，插入点可以取在坐标原点。移动标题栏和明细表到图框右下角。

(4) 确定比例，缩放图幅块，调整明细表行数，填写标题栏。

(5) 将零件图的各个块文件按照装配关系分别插入装配图的适当位置。

(6) 移动块，确保各零件图形位置正确后，用“分解”命令将图形分开，再进行删除、修剪等编辑，即可得到装配图。

(7) 用“图案填充”命令绘制剖面符号。要求同一零件剖面线必须一致，不同零件剖面线必须有区别，可以用“特性匹配”命令来实现一致。

(8) 标注装配图的尺寸，标注技术要求。对组成装配体的零件编排序号，标注序号引线，填写明细表。保存文件，关闭文件。

【任务 3】　绘制弹性辅助支承装配图。根据图 8-94 所示弹性辅助支承轴测图和图8-95所示零件图，绘制其装配图。说明：螺钉 4 为 M6×12(GB/T 75-2018)，尺寸查有关标准。

该部件的功能是：支承柱 5 由于弹簧 3 的作用能上下浮动，使支承帽 7 能随被支承物变化而始终自位，起到辅助作用。调整螺钉 2 可调节弹簧力的大小。

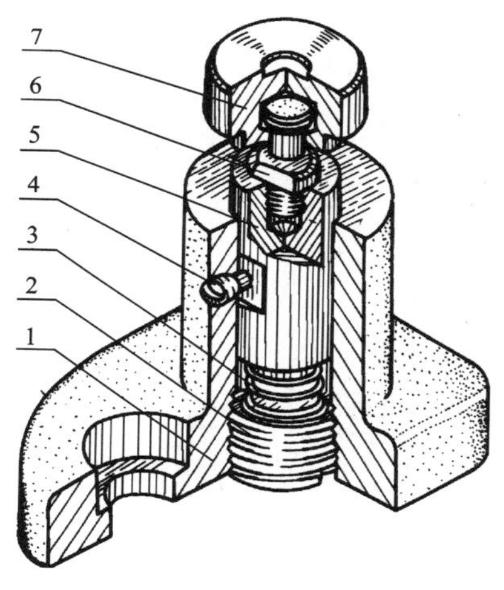

图 8-94　弹性辅助支承轴测图

1—底座；2—调整螺钉；3—弹簧；4—螺钉；5—支承柱；6—顶丝；7—支承帽

任务 3-绘制装配图形

任务 3-绘制剖面线和标注尺寸

任务 3-技术要求和明细栏

绘图步骤如下：

第 1 步　选择表达方案。因图 8-94 所示轴测图前方最能反映弹性辅助支承的装配主干线和零件主要形状特征，故选择此方向为主视图方向，并按此工作位置摆放。选择主视图和俯视图两个视图来表达。主视图选择全剖视图，用一个正平面在前后对称面处剖开。俯视图采用视图方式表达，辅助表达该部件的外部形状。

第 2 步　打开“机械装配图”样板文件，保存为新的装配图“弹性辅助支承装配图”。根据图形选定图幅 A3，插入“A3 图幅”块，插入点可以取在坐标原点。移动标题栏和明细表到图框右下角。选定比例为 1∶1。绘制明细表，行数为 8 行(7 类零件)。

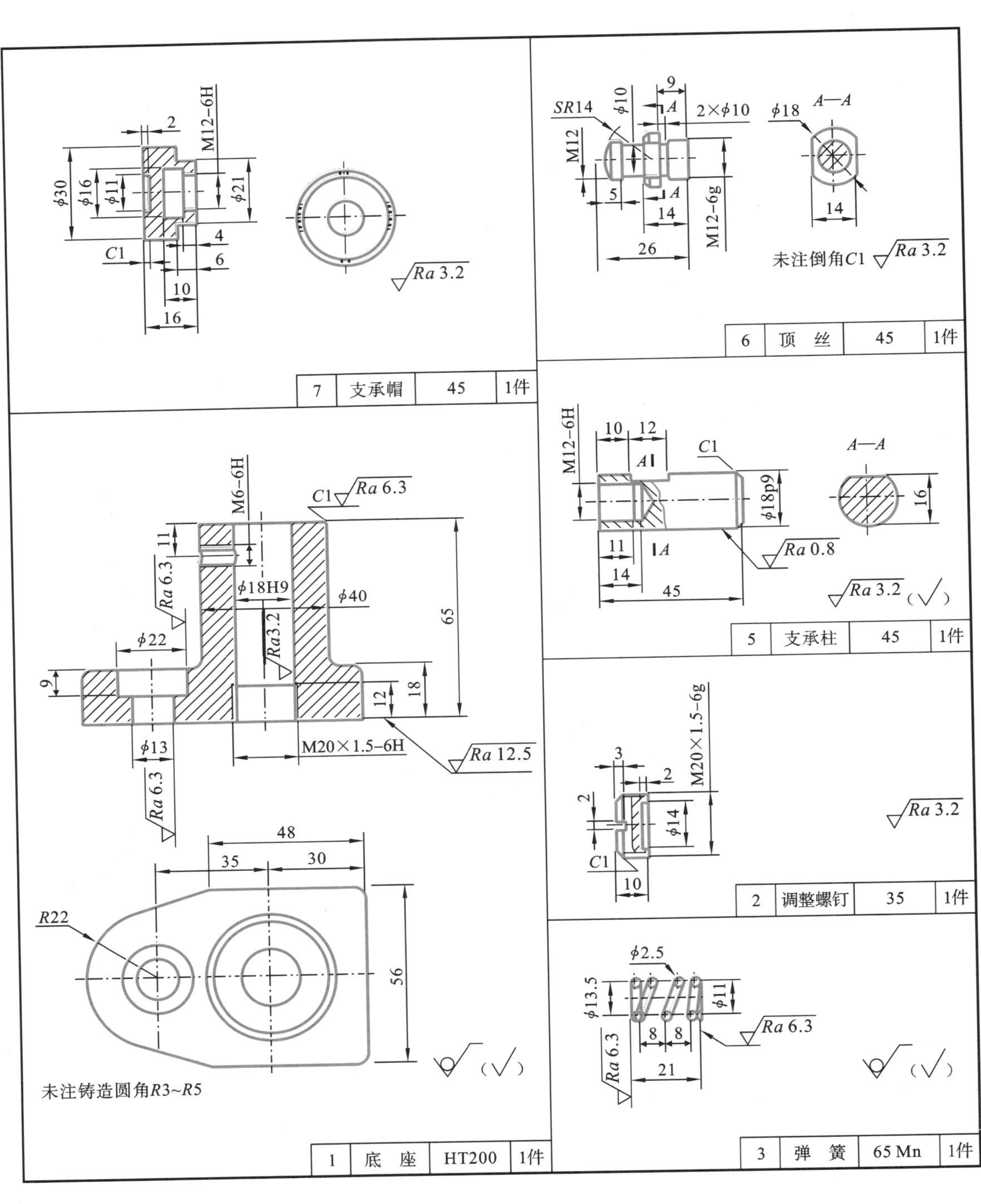

图 8-95 弹性辅助支承零件图

第3步　绘零件图图形，并制作成图块，如图8-96所示。

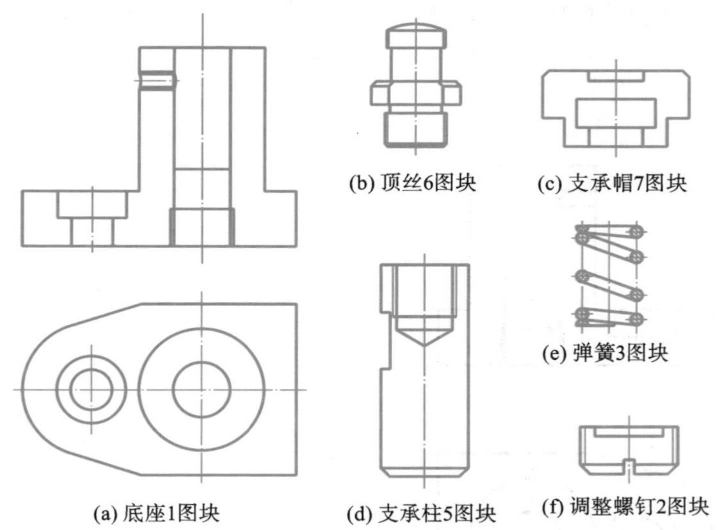

图8-96　弹性辅助支承零件图图块

第4步　绘装配图图形。

(1) 布图。绘制标题栏及明细表所需要的位置线。插入零件底座1的图块，如图8-97所示。

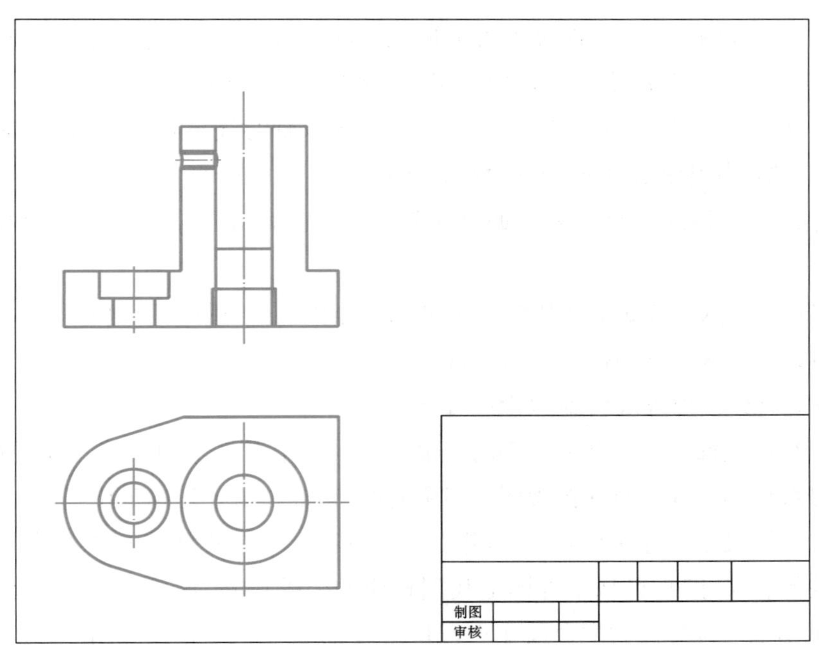

图8-97　绘制底座1的轮廓

(2) 插入支承柱 5 图块。插入时左右方向使支承柱尺寸 ϕ18p9 的轴心线与底座 ϕ18H9 的轴心线重合，上下方向使支承柱尺寸 12 的 1/2 处对准底座上 M6 中心线处，如图 8-98 所示。

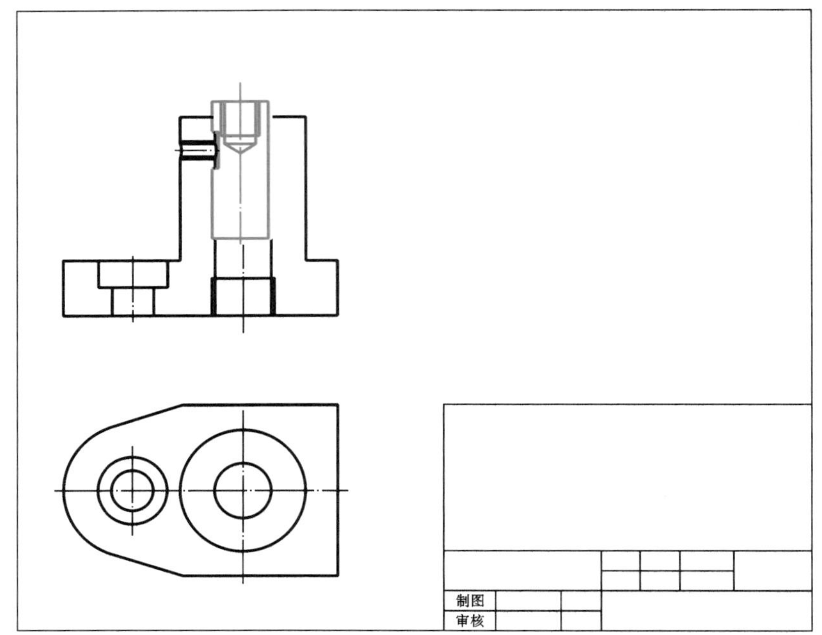

图 8-98 装入支承柱 5

(3) 插入顶丝 6 图块。插入时左右方向取轴心线重合，上下方向取支承柱 5 最上表面为贴合面，如图 8-99 所示(为减少篇幅，只截取图形，省略周边，下同)。

(4) 插入支承帽 7 图块。插入时主视图左右方向取轴心线重合，上下方向在螺纹连接范围内选择即可；再绘制俯视图上的圆，圆角圆省略不绘制，如图 8-100 所示。

(5) 分解图块，擦去遮挡线，装入调整螺钉 2。调整螺钉 2 的方向为一字槽朝下，如图 8-101所示。

(6) 将弹簧 3 装入。弹簧 3 按压缩后画出，上下面贴合，如图 8-102 所示。

(7) 将螺钉 4 装入。查国标，了解其形状和尺寸，如图 8-102 所示。

(8) 螺纹旋合处按外螺纹绘制，如图 8-103 所示。

第 5 步 绘制剖面符号线和局部剖的波浪线。同一个零件的剖面符号线要相同，不同零件的剖面符号线要不相同。删除俯视图上多余的圆，结果如图 8-104 所示。

第 6 步 标注尺寸。标注总体尺寸，弹簧 3 的高度尺寸是可变的，因此总高是有一个范围的尺寸。标注配合尺寸时，可从零件图上找到相应的公差代号，如支承柱尺寸 ϕ18p9 与底座 ϕ18H9 在装配图上应该标注为配合尺寸 ϕ18H9/p9。装配图尺寸标注如图 8-105 所示。

第 7 步 标注技术要求，如图 8-105 所示。

第 8 步 对零件进行编号、填写明细表和标题栏，完成全图，如图 8-106 所示。

第 9 步 保存文件，关闭文件。

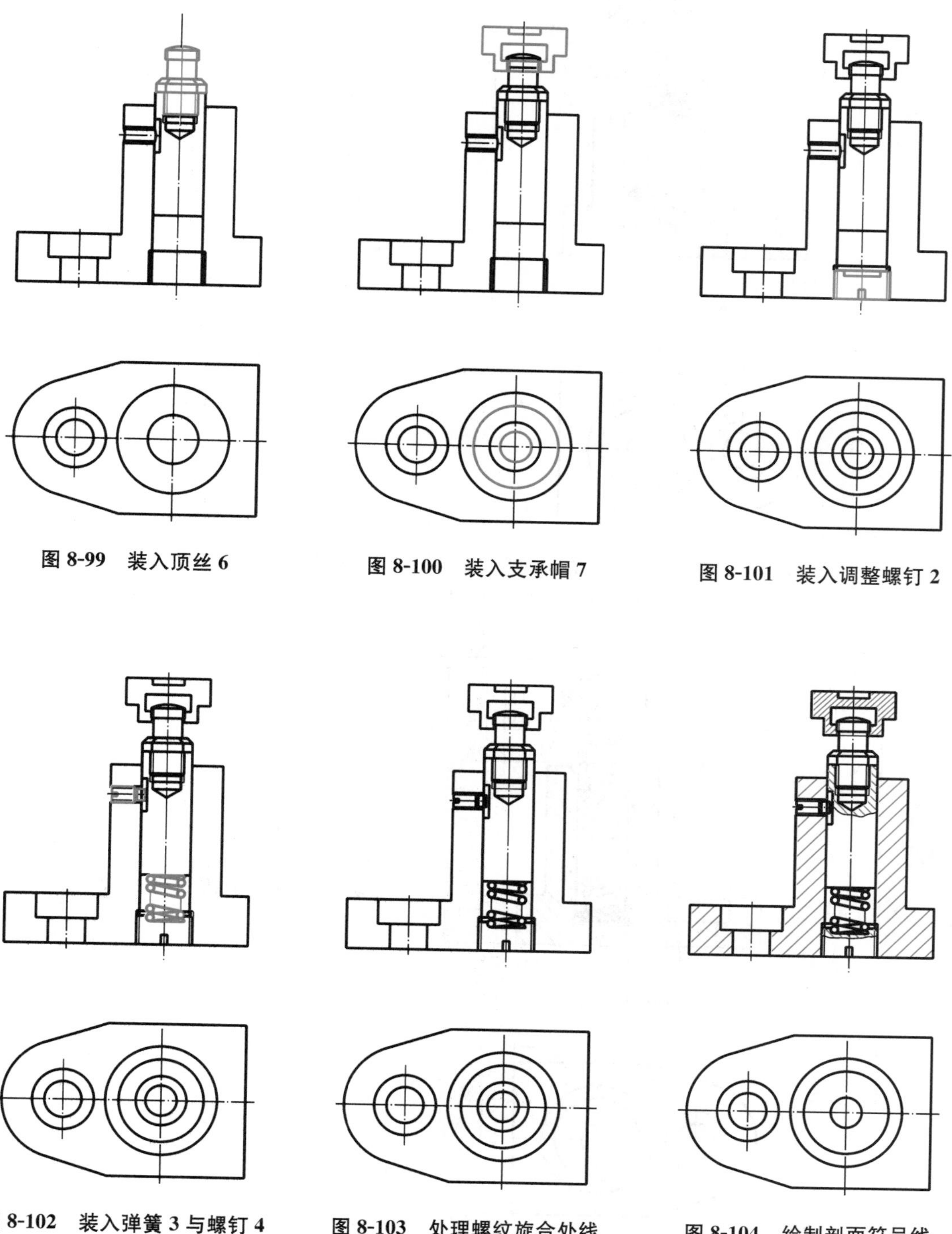

图 8-99　装入顶丝 6

图 8-100　装入支承帽 7

图 8-101　装入调整螺钉 2

图 8-102　装入弹簧 3 与螺钉 4

图 8-103　处理螺纹旋合处线

图 8-104　绘制剖面符号线

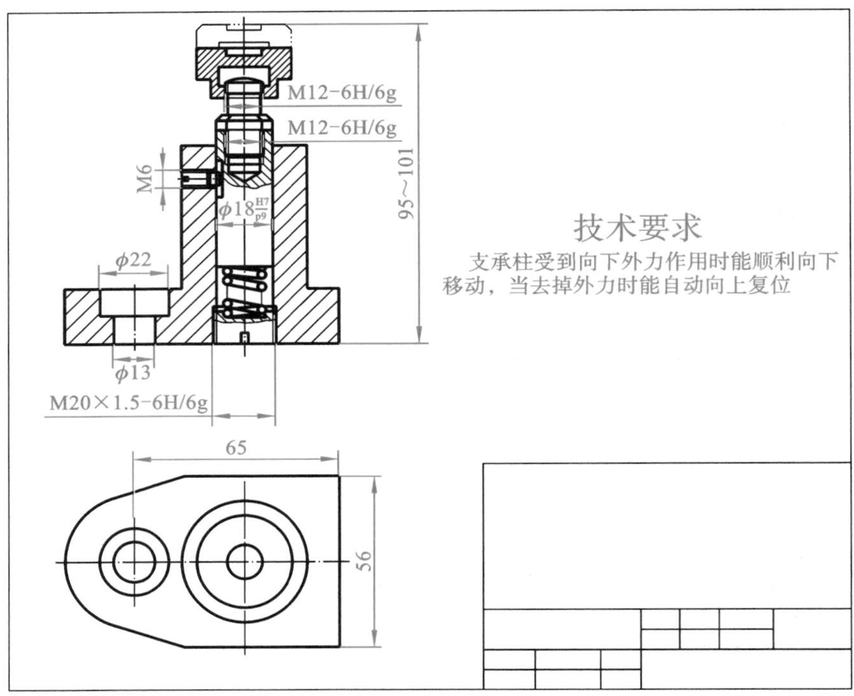

图 8-105　标注尺寸与注写技术要求

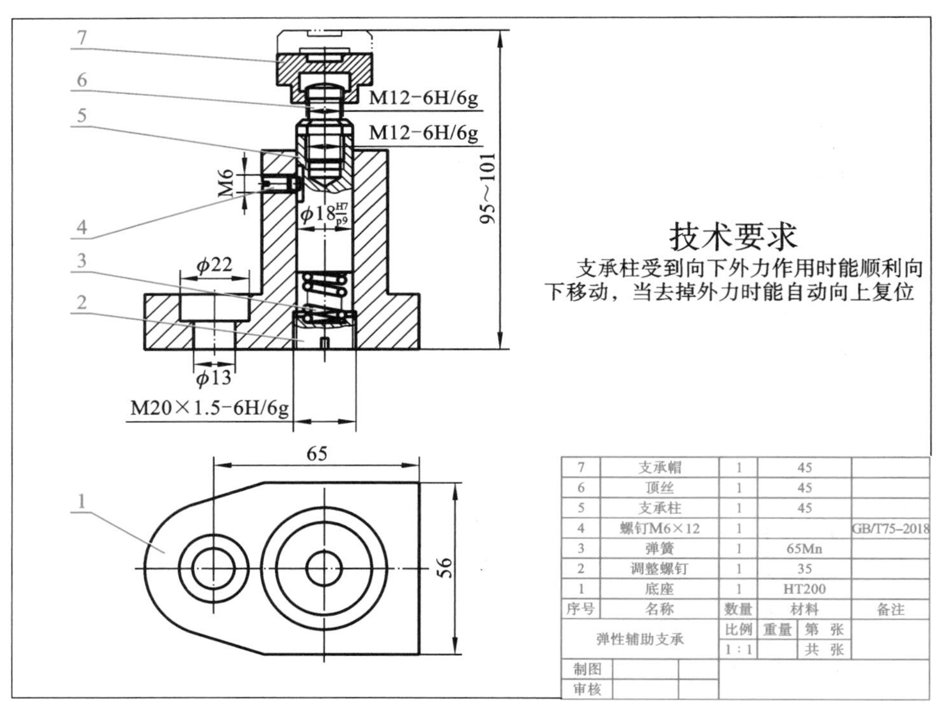

图 8-106　弹性辅助支承装配图

8.6　绘制基础建筑工程图

【体验】　绘制图8-107所示的图形。

操作步骤如下：

(1) 建立图层，换“中心线层”为当前图层。用直线命令，绘制中心线，如图8-108所示。

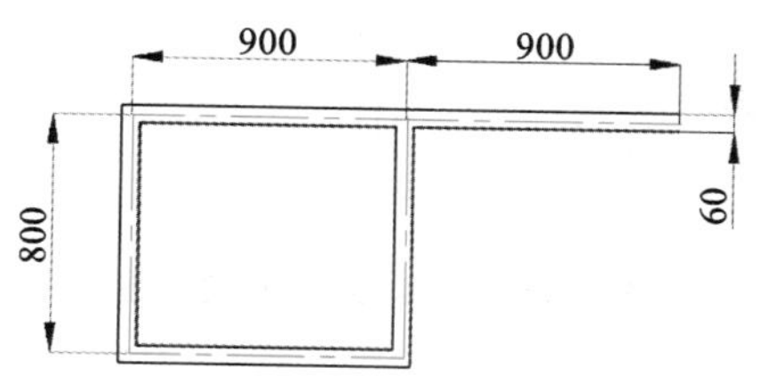

图8-107　多线体验图形

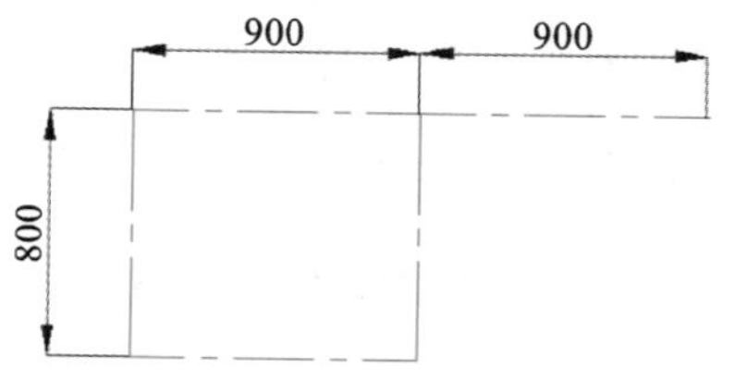

图8-108　中心线布局

(2) 输入“ML”按回车键，提示“当前设置：对正＝上，比例＝1，样式＝STANDARD 指定起点或[对正(J)/比例(S)/样式(ST)]：”，单击“对正”，选择“无”；单击“比例”，输入“60”。完成设置后，用对象捕捉，捕捉端点单击，移动光标如图8-109所示。沿着中心轴线，捕捉端点单击画出多线图形，如图8-110所示。按【Esc】键可结束绘制。

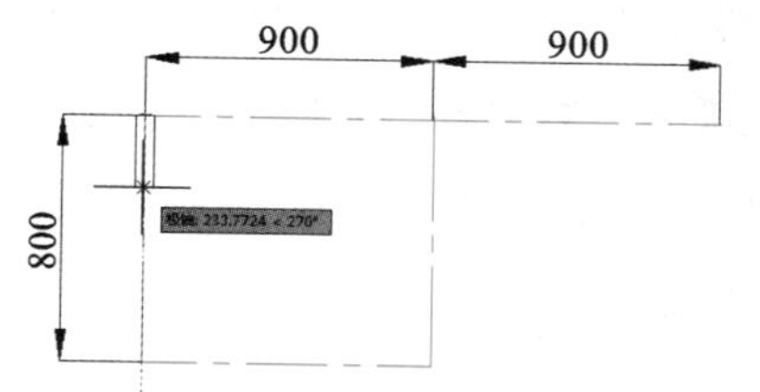

图8-109　多线的绘制

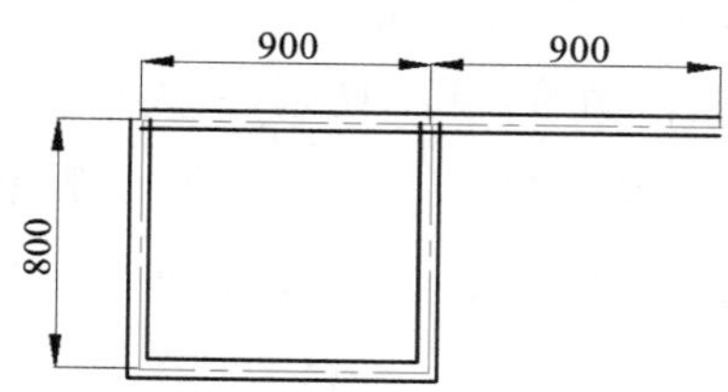

图8-110　多线绘制完成图

(3) 输入“MLEDIT”按回车键，弹出“多线编辑工具”窗口，选择角点结合，如图8-111中

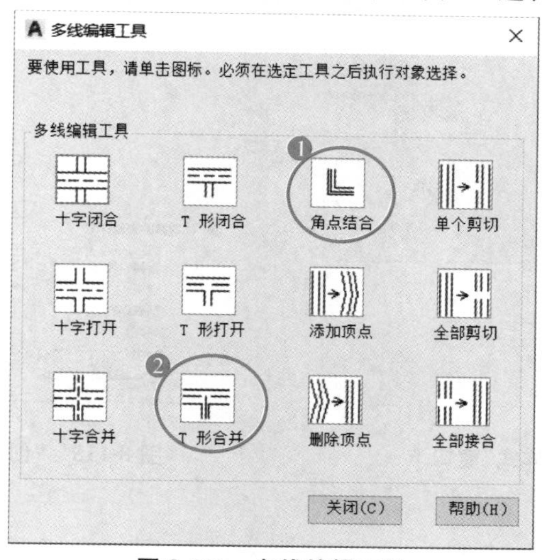

图8-111　多线编辑工具

①处所示。依次选择左上角角部的两条多线，如图 8-112 中①处所示，完成如图 8-113 中①处所示图形。再次输入“MLEDIT”按回车键，选择 T 形合并，如图 8-111 中②处所示；依次选择 T 形结合部分的两条多线，如图 8-112 中②处所示，完成如图 8-113 中②处所示图形。

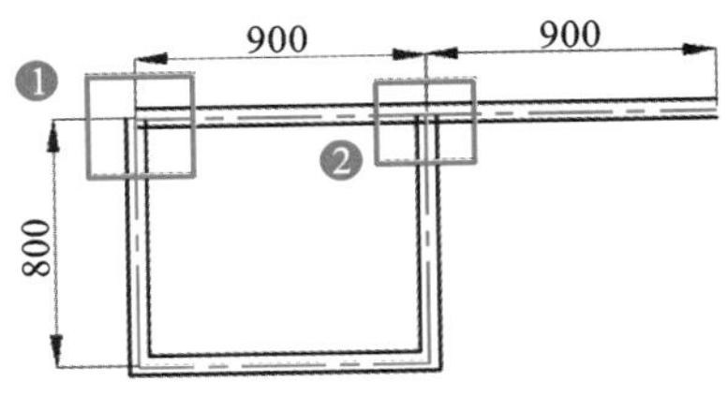

图 8-112　多线编辑的选择

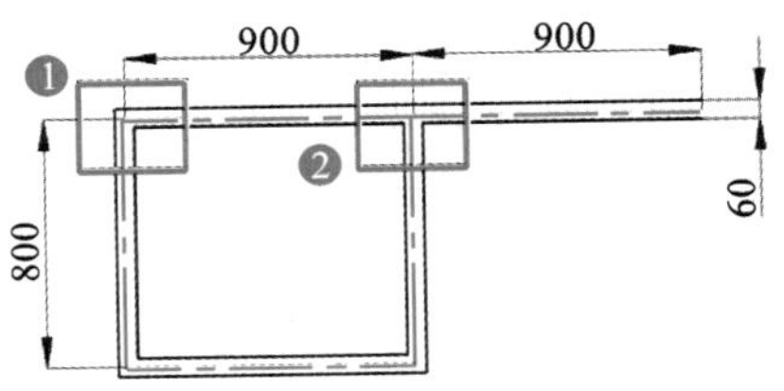

图 8-113　多线编辑的完成图

8.6.1　设置多线样式

输入命令的方式如下：

- 菜单命令：【格式】→【多线样式】
- 键盘命令：MLSTYLE↙

【操作步骤】　输入命令，弹出如图 8-114 所示窗口，默认为“STANDARD”；单击【新建】，弹出窗口如图 8-115 所示，输入新样式名，如“外墙”，单击【继续】，出现“新建多线样式：外墙”窗口，如图 8-116 所示；单击【添加】，增加“0.25”线和“－0.25”线，如图 8-117 所示。在该窗口可修改参数，如单击【线型】出现“选择线型”窗口，可对线型进行设置。

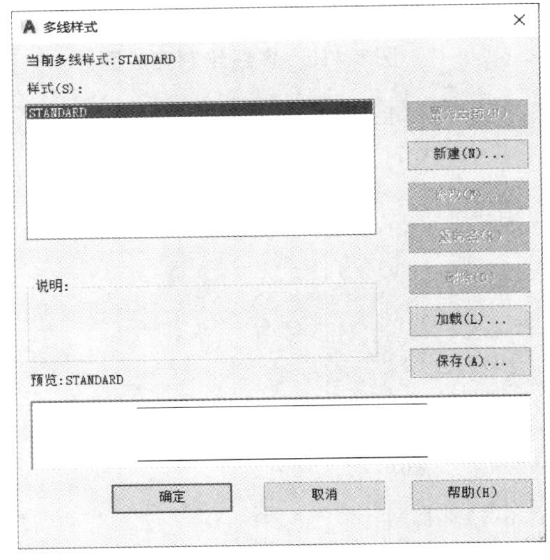

图 8-114　“多线样式”窗口

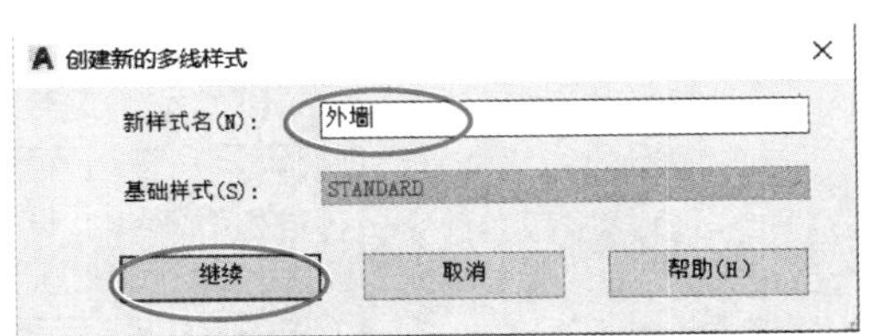

图 8-115　“创建新的多线样式”窗口

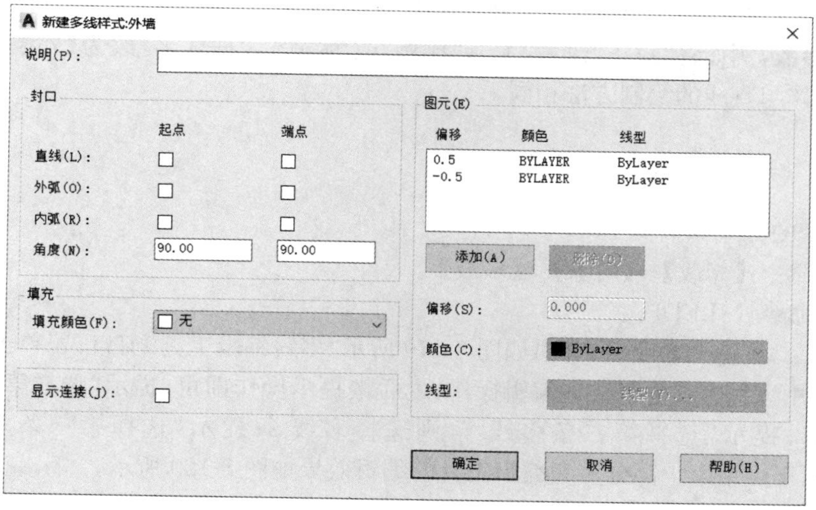

图 8-116　“新建多线样式:外墙”窗口

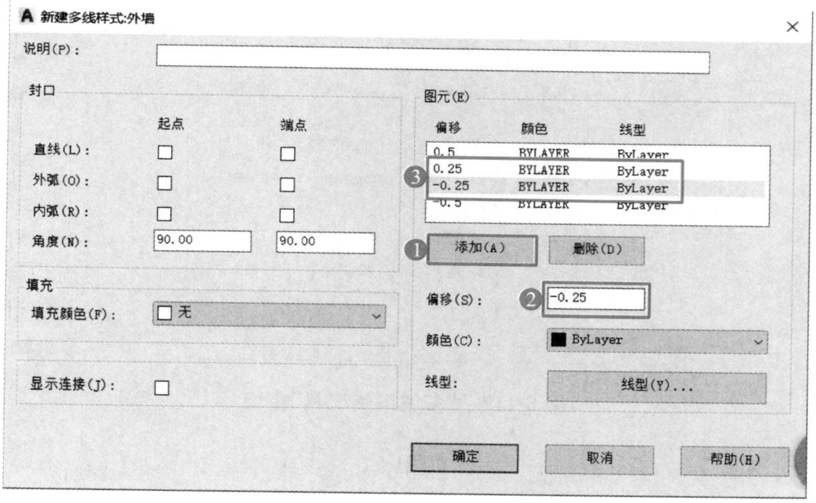

图 8-117　新建多线样式窗口

8.6.2　绘制多线

多线可包含 1～16 条平行线。如图 8-118 所示图形，这些平行线称为图元。图元的颜色、线型，以及显示或隐藏多线的封口均可以设置。输入命令的方式如下：

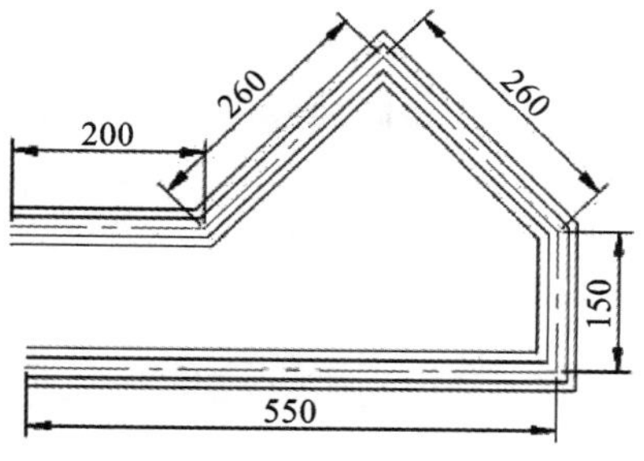

图 8-118　“多线”命令绘制的图

- 菜单命令:【绘图】→【多线】
- 键盘命令:ML↙或 MLINE↙

【操作步骤】　输入命令后，提示“当前设置:对正=上，比例=1，样式=STANDARD 指定起点或[对正(J)/比例(S)/样式(ST)]:”可选择选项修改相应参数，例如将“对正”改为“无”，“比例”改为“20”，“样式名”改为“外墙”。设置完毕后，之后的操作与直线的绘制方法相同。

8.6.3 编辑多线

输入命令的方式如下：

- 菜单命令：【修改】→【对象】→【多线】
- 键盘命令：MLEDIT↙

【操作步骤】 输入命令后，弹出如图 8-119 所示“多线编辑工具”窗口，若单击其中一个图标，则表示使用该种方式进行多线编辑操作，之后按提示操作即可；提示“选择第一条多线:”，则选择多线 1；提示“选择第二条多线:”，则选择多线 2；提示“选择第一条多线或[放弃(U)]:”，按回车键结束。部分多线编辑工具的编辑效果如图 8-120 所示。

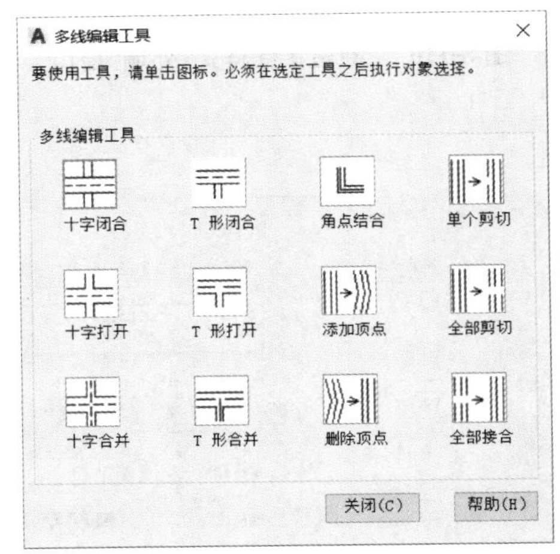

图 8-119 “多线编辑工具”窗口

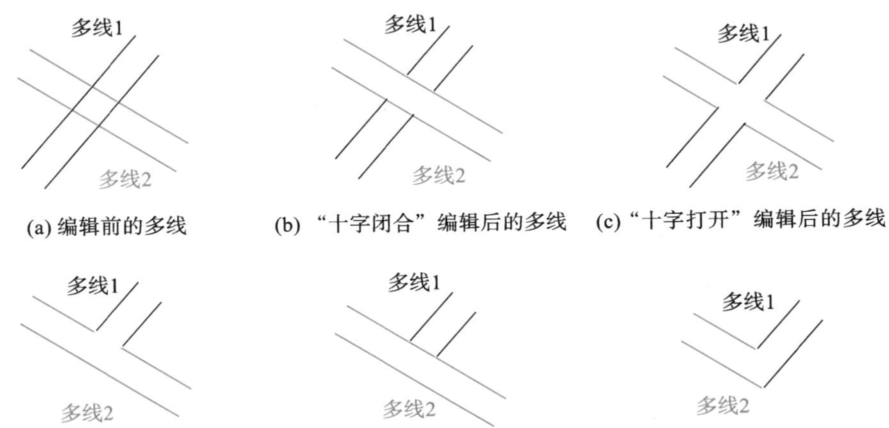

图 8-120 多线编辑工具的编辑效果

【任务 4】 绘制某住宅建筑平面图。绘制如图 8-121 所示的某住宅楼 2～6 层的建筑平面图。

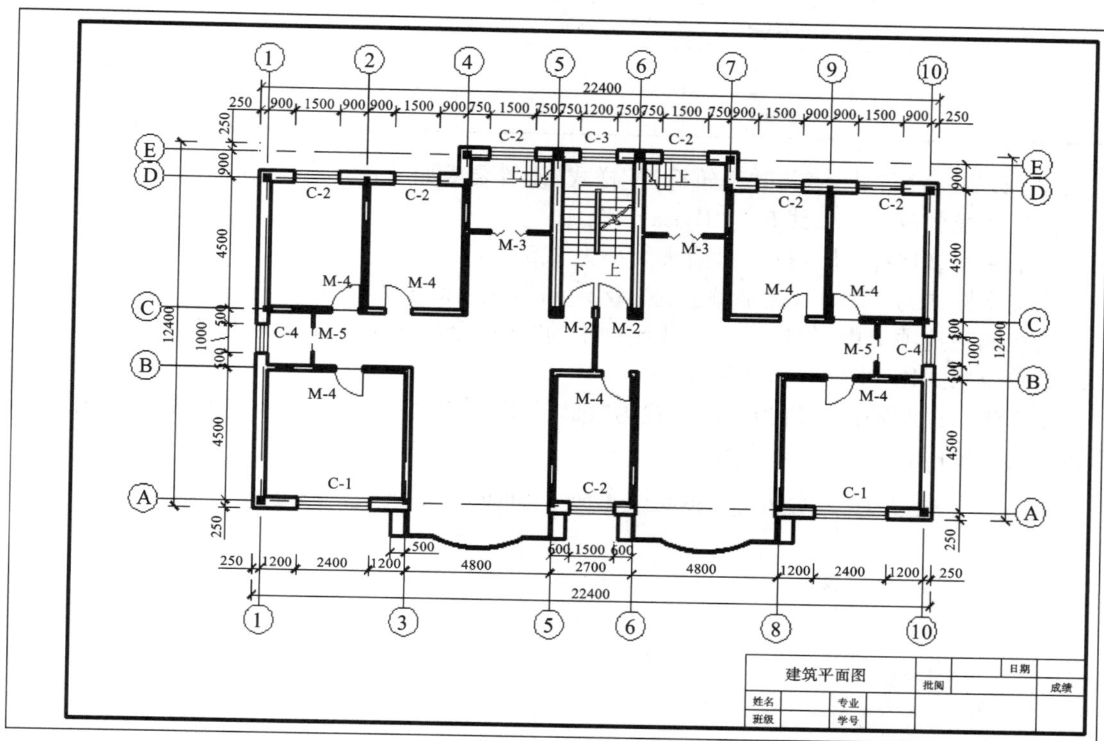

图 8-121　建筑平面图

任务 4-绘图环境设置

绘制过程如下：

第 1 步　设置绘图环境。

(1) 设置如表 8-7 所示图层，注意将线型的全局比例因子设置为 100。

表 8-7　图层设置

名　称	颜　色	线　型	线　宽	用　途
轴线	红色	Center	默认	绘制框架轴线
墙体	黑色	Continuous	0.3	绘制墙体
门窗	青色	Continuous	默认	绘制门窗
楼梯	黄色	Continuous	默认	绘制楼梯
文字	黑色	Continuous	默认	书写文本
尺寸	洋红	Continuous	默认	标注尺寸
轴线标号	蓝色	Continuous	默认	标注标号

(2) 设置文字样式。设置要求如表 8-8 所示。

表 8-8 文字样式设置

样 式 名	字 体	字 高	宽度因子	用 途
汉字	仿宋	350	0.8	标注汉字
数字	isocp. shx	350	1	标注数字
GB-0	isocp. shx	0	1	设置标注样式

(3) 设置标注样式。新建“建筑标注”样式，设置要求如下：

①尺寸线颜色、线型、线宽为“ByLayer”。

②箭头类型选择“建筑标记”，箭头大小为 2.5。

③文字样式为“GB-0”，文字颜色为“ByLayer”，文字高度为 3.5。

④在调整选项卡中，勾选标注特征比例中的“使用全局比例”，设置为 100。

⑤单位格式用“小数”，精度为 0。

第 2 步 绘制轴网。将当前层设置为“轴线”层，使用直线、偏移、修剪等命令绘制出该图形所需要的轴网，如图 8-122 所示。

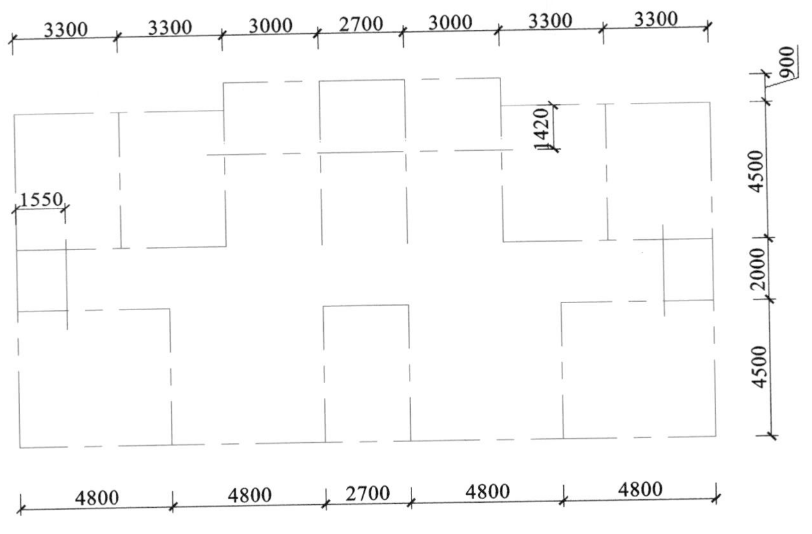

图 8-122 绘制轴网

第 3 步 绘制墙体及修改墙体。

任务 4-轴线和墙体绘制

(1) 绘制墙体。

锁定“轴线”层，选择“墙体”层为当前层。设置多线样式，单击下拉菜单栏中的【格式】→【多线样式】命令，弹出多线样式窗口。设置 370 墙体的样式，其元素特性窗口如图 8-123a 所示，同理设置 180 墙体、60 墙体和 370-1 墙体，如图 8-123b、c、d 所示。

执行多线命令，“对正方式”设为“无”，“比例”设置为“1”，“样式名”输入为“370”，结合对象追踪和对象捕捉，绘制 370 墙体，结果如图 8-124 所示。

同样的操作，在“样式”中选择“180”，绘制 180 墙体，结果如图 8-125 所示；在“样式”中选择“60”，绘制 60 墙体，结果如图 8-126 所示；在“样式”中选择“370-1”，绘制 370-1 墙体，结果如图 8-127 所示。

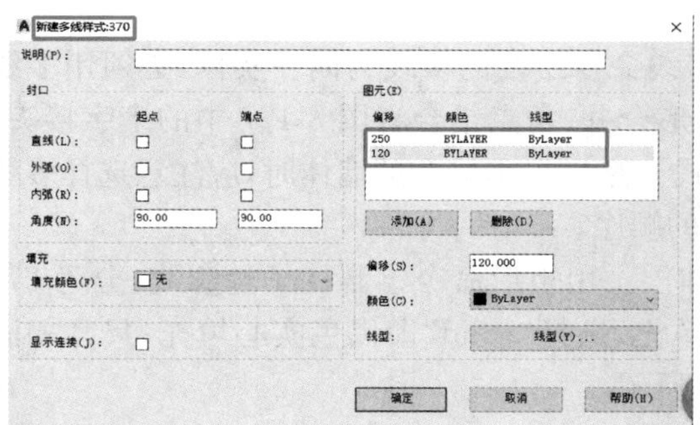

(a) 370墙体

(b) 180墙体

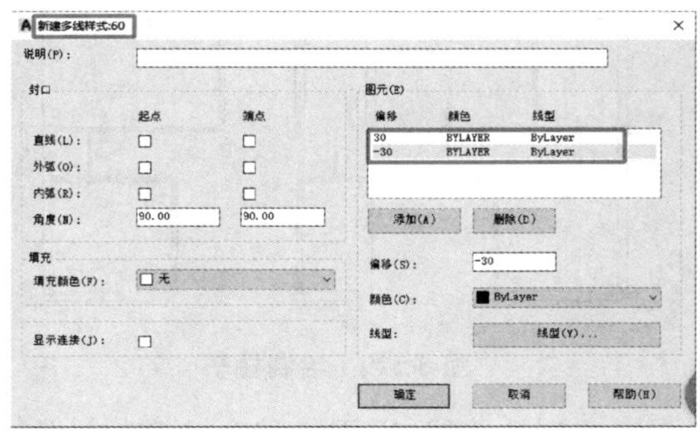

(c) 60墙体

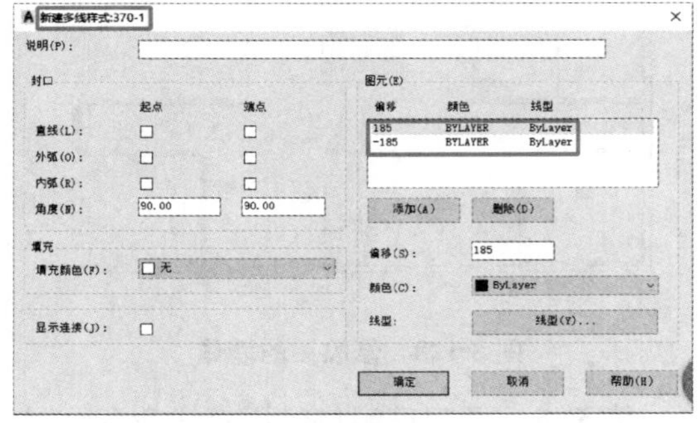

(d) 370−1墙体

图 8-123　设置墙体多线

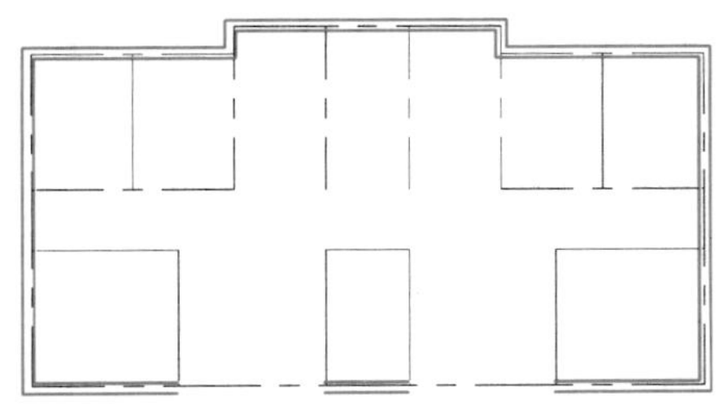

图 8-124　绘制 370 墙体

图 8-125　绘制 180 墙体

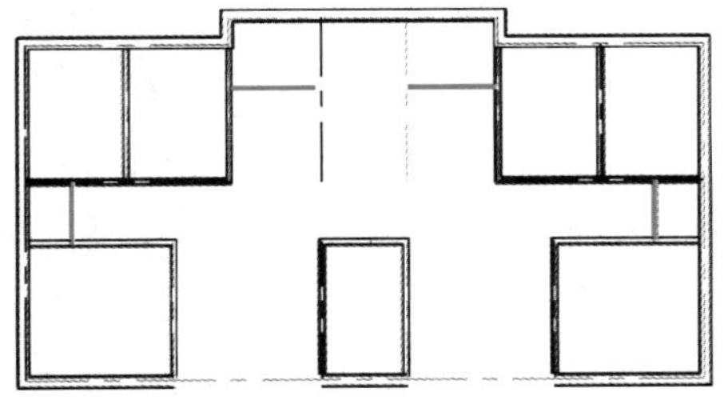

图 8-126　绘制 60 墙体

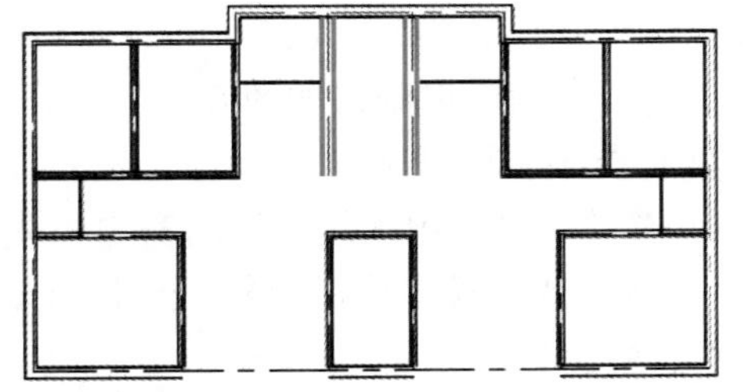

图 8-127　绘制 370-1 墙体

（2）修改墙体。

关闭"轴线"层，输入多线编辑命令。注意：多线命令绘制的多线为同一实体，必须用多线编辑命令方可修改，普通编辑命令无效。选择 T 形合并、角点结合将图 8-127 中的十字接头、T 形接头、角接头等修正为如图 8-128 所示的形式。修改 T 形接头的墙体时，应注意选择多线的顺序。如果修改结果异常，可以改变单击多线的顺序。

第 4 步　绘制柱子。选择"墙体"图层为当前层。用矩形命令绘制柱子轮廓线：分为 370×370 和 200×200 两种。对矩形内部进行图案填充，选择"solid"即黑色实心填充；尺寸相同的柱子可以用复制命令来完成。结果如图 8-129 所示。

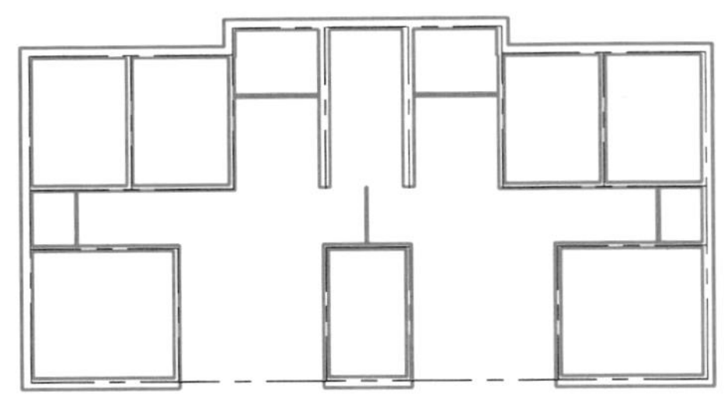

图 8-128　修改后的墙体

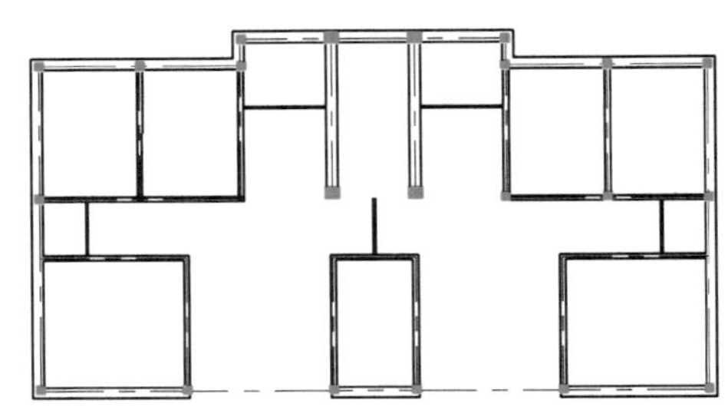

图 8-129　绘制柱子

第 5 步　开门窗洞口。用直线命令绘制门窗洞口一侧的墙线，再用偏移命令绘制另外一侧的墙线，最后用修剪命令完成门窗洞口，具体尺寸见图 8-130 和图 8-131。

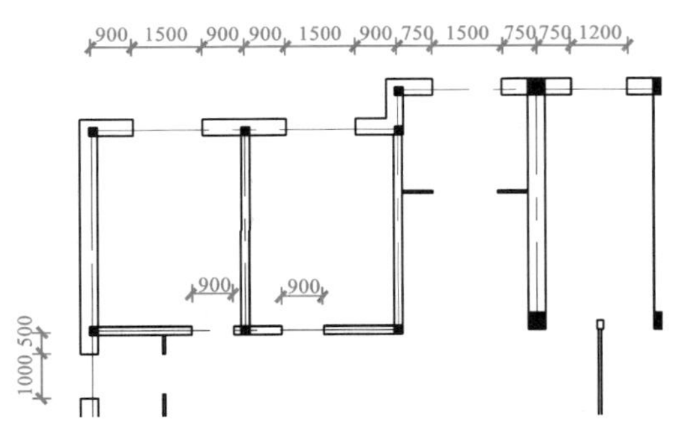

图 8-130　开门窗尺寸(1)

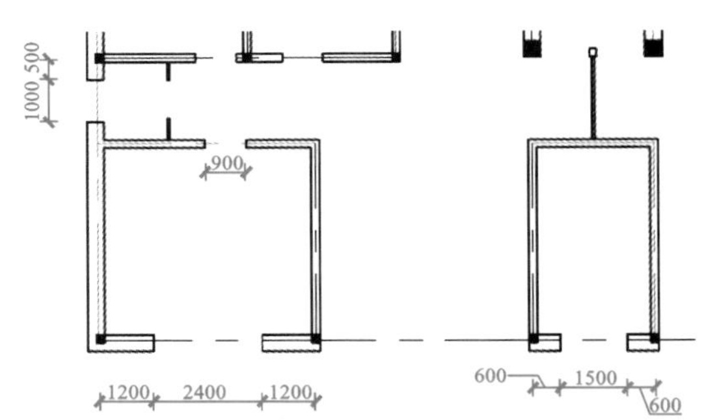

图 8-131　开门窗尺寸(2)

注意：在运用修剪命令前，需要用分解命令将多线实体分解开，才能进行修改。

最后绘制的门窗洞口如图 8-132 所示。

任务 4-柱子和门窗绘制

第 6 步　绘制门窗。

（1）绘制窗户：用多线来绘制窗户。先设置窗户的多线样式。单击下拉菜单栏中的【格式】→【多线样式】命令，弹出多线样式窗口。设置窗户的样式，其元素特性窗口如图 8-133 所示。

选择"门窗"层为当前图层，执行多线命令，样式名输入"window"，"比例"设置为"370"，"对正方式"设置为"下"，结合对象追踪和对象捕捉，绘制 370 墙体的窗户，结果如图 8-134 所示。

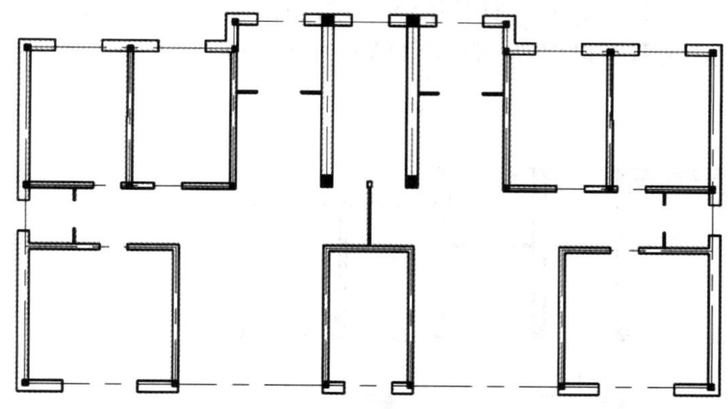

图 8-132　门窗洞口的绘制

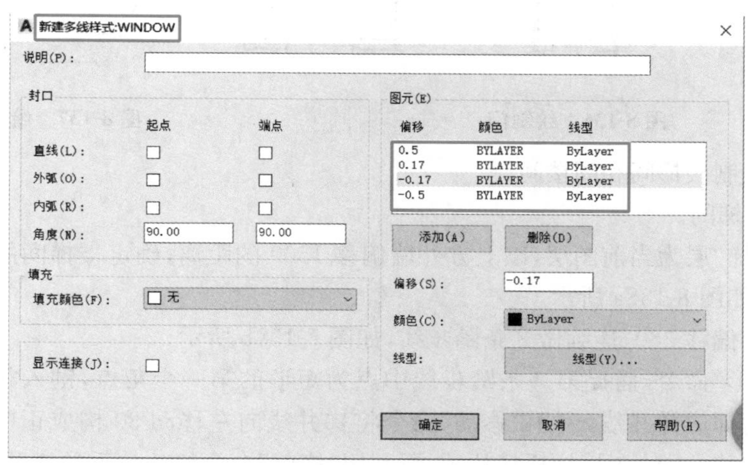

图 8-133　窗户的多线设置

（2）绘制门:门的尺寸如图 8-135 所示。使用“门窗”层为当前图层,用多段线绘制具有厚度的门体和细线表示的旋转范围,将它制作成块,插入到前面的门洞口;再制作合适大小的推拉门。门绘制结果如图 8-136 所示。

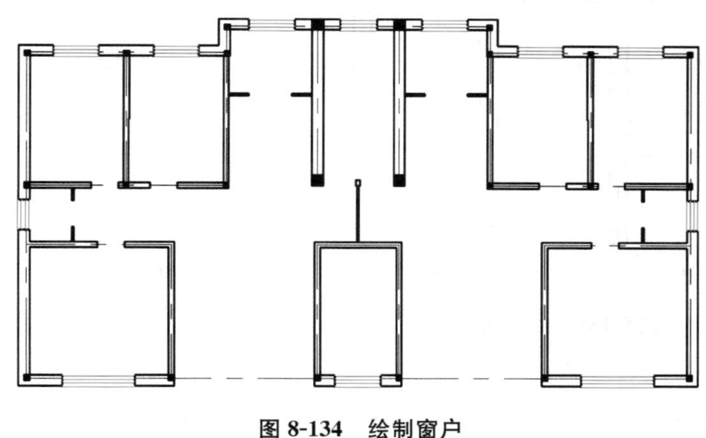

图 8-134　绘制窗户

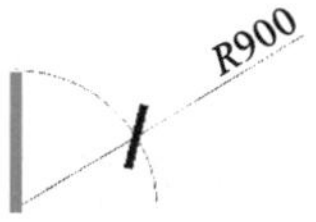

R900

图 8-135　单个门的绘制

第 7 步 绘制阳台及空调架。使用“墙体”层为当前图层。执行多线命令，设置“比例”为“50”，“对正方式”为“无”，“样式”为 STANDARD。绘制阳台平面和外挑空调架，尺寸如图 8-137所示。

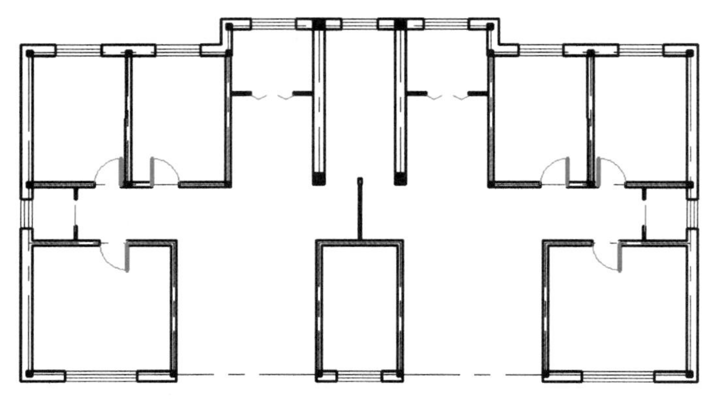

图 8-136 绘制门

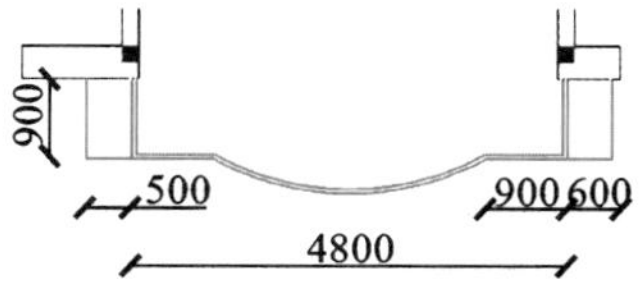

图 8-137 绘制阳台和空调架

第 8 步 绘制楼梯间和阁楼间。

任务 4-阳台和阁楼间绘制

(1) 绘制楼梯间。

①设置“楼梯”层为当前图层，以上方外墙偏移 1500 的距离，确定楼梯间的第一条踏步线，如图 8-138a 所示。

②继续向上偏移 260，连续做 8 条踏步线，如图 8-138b 所示。

③执行“矩形”命令，捕捉第一条踏步线中点为矩形的第一个角点，键入相对坐标“@60，－2000”，回车后即成梯井线，利用“移动”命令将梯井线向左移动 30 构成正中设置；执行“偏移”命令，向外偏移 60，绘制楼梯栏杆扶手，再利用“修剪”命令修改扶手的实际投影效果，如图 8-138c所示。

④执行“多段线”命令绘制楼梯上下指示箭头，执行“直线”命令和“修剪”命令绘制楼梯剖断线，如图 8-138d 所示。

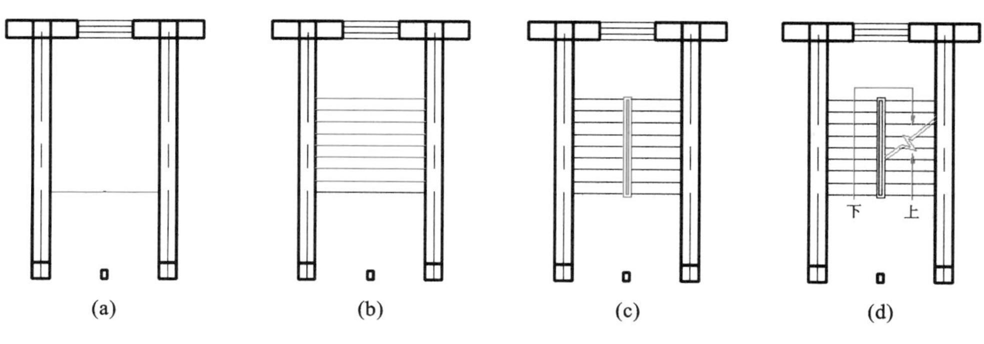

图 8-138 绘制楼梯

(2) 绘制阁楼间。

如图 8-139 所示，在合适位置画踏步线，偏移 260 距离绘制 5 条踏步线，执行“直线”命令

和“修剪”命令绘制楼梯剖断线，标上行进方向箭头。

任务 4-
尺寸标注

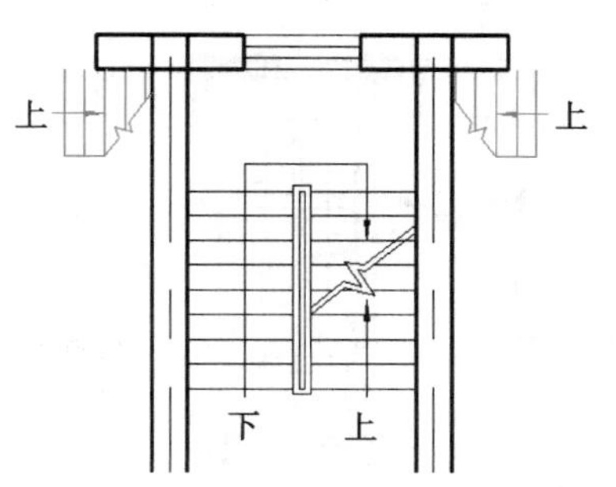

图 8-139 绘制阁楼间

第 9 步 标注文字和尺寸。

(1) 将“数字”设置为当前文字样式。设置当前图层为“文字”图层。执行“单行文字”命令，分别点取门窗编号位置，然后输入“C-2”“M-4”等编号名称，如图 8-140 所示。

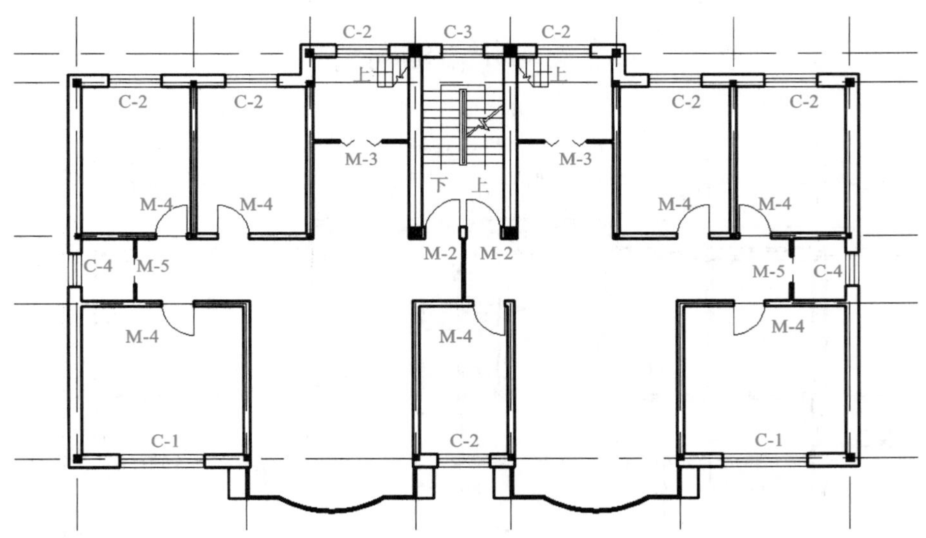

图 8-140 插入门窗编号

(2) 设置当前图层为“尺寸”图层。

①将“建筑标注”设置为当前的标注样式。

②执行“线性标注”命令，标注第一个尺寸后，再执行“连续标注”命令，连续捕捉外墙门窗的洞边线及同侧的所有轴线，回车即可。标注结果如图 8-141 所示。

(3) 标注定位轴线编号。将当前图层置为“轴线标号”层，然后执行“圆”命令，创建直径为 800 的轴线编号圆圈，再执行“单行文字”命令，为指定的轴线进行编号，如图 8-142 所示。

第 10 步 绘制图框和标题栏。根据建筑平面图第一道尺寸的大小，并适当考虑两侧尺寸标注所占用的距离来确定图幅大小。本例应选用 A3 图幅，即 420×297，并放大 100 倍。插入标题栏图块，并放大 100 倍，放置于右下角。最后完成的建筑平面图即图 8-121。

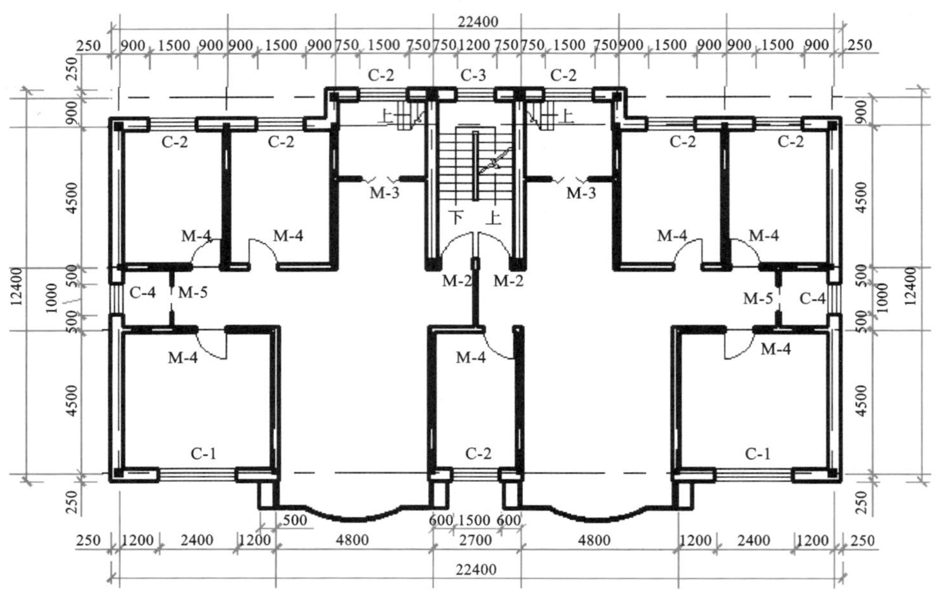

图 8-141 标注尺寸

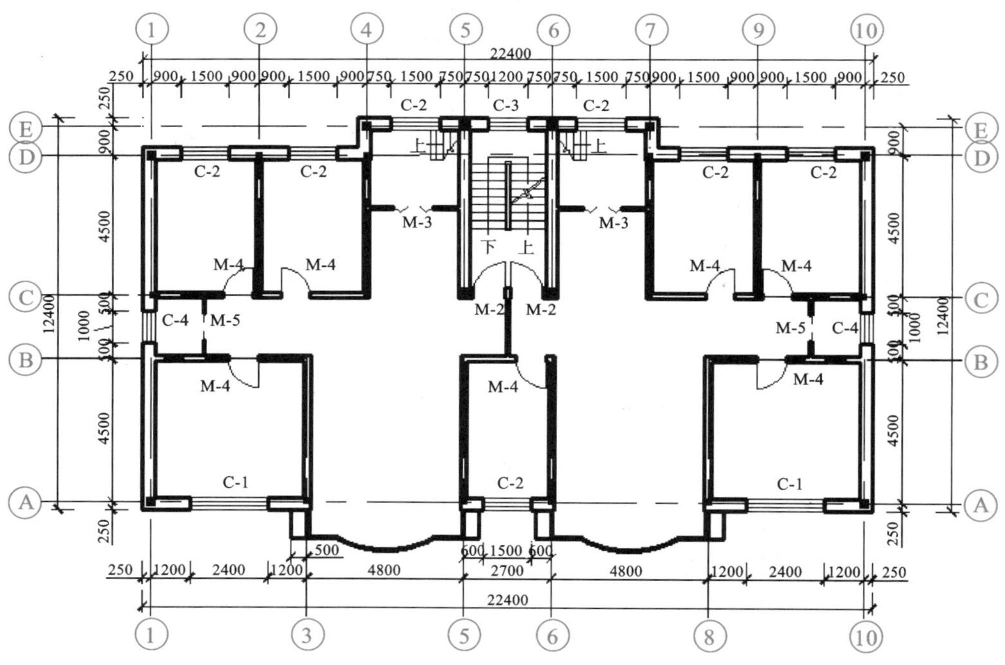

图 8-142 标注轴线